U0958127

高等学校计算机教材

SQL Server 实用教程

（第 4 版）

（SQL Server 2012 版）

郑阿奇　主编

刘启芬　顾韵华　编著

電子工業出版社
Publishing House of Electronics Industry
北京 · BEIJING

内 容 简 介

本书以 Microsoft SQL Server 2012 中文版为平台，系统地介绍数据库基础、SQL Server 2012 和综合应用等内容。SQL Server 2012 内容主要包括数据库的创建，表的创建和操作，数据库的查询、视图和游标，T-SQL 语言，索引和数据完整性，存储过程和触发器，备份与恢复，系统安全管理和 SQL Server 其他功能等。实验部分训练 SQL Server 基本操作和基本命令，其数据库自成系统。实习部分通过创建 SQL Server 2012 实习数据库及其数据库常用对象，将数据库、表、视图、触发器、完整性、存储过程等进行综合应用；之后，通过学生成绩管理系统，介绍目前流行的 4 种开发平台操作 SQL Server 2012 数据库，包括 PHP 5.3.29、Java EE（8/8/2014）、ASP.NET 4.5、Visual C#2013，统一开发学生成绩管理系统。

本书免费提供教学课件和配套的客户端（SQL Server 2012 应用系统数据库）和所有源程序文件。

本书可作为大学本科、高职高专数据库课程教材和社会培训教材，也可供广大数据库应用开发人员参考。

图书在版编目（CIP）数据

SQL Server 实用教程：SQL Server 2012 版 / 郑阿奇主编；刘启芬，顾韵华编著．—4 版．—北京：电子工业出版社，2015.7

ISBN 978-7-121-26038-4

I．①S… II．①郑… ②刘… ③顾… III．①关系数据库系统－教材 IV．①TP311.138

中国版本图书馆 CIP 数据核字（2015）第 097800 号

策划编辑：袁　玺
责任编辑：郝黎明
印　　刷：北京虎彩文化传播有限公司
装　　订：北京虎彩文化传播有限公司
出版发行：电子工业出版社
　　　　　北京市海淀区万寿路 173 信箱　　邮编：100036
开　　本：787×1092　1/16　印张：25.25　字数：646.4 千字
版　　次：2009 年 12 月第 1 版
　　　　　2015 年 7 月第 2 版
印　　次：2020 年 6 月第 8 次印刷
定　　价：52.00 元

凡所购买电子工业出版社图书有缺损问题，请向购买书店调换。若书店售缺，请与本社发行部联系，联系及邮购电话：(010)88254888。

质量投诉请发邮件至 zlts@phei.com.cn，盗版侵权举报请发邮件至 dbqq@phei.com.cn。

服务热线：(010)88258888。

前　言

20世纪80年代后期，Microsoft、Sybase和Ashton-Tate这3家公司共同开发了最初的SOL Server，1988年，把该产品移植到OS/2上，1992年，将SOL Server移植到了Windows NT平台上。1993年，SOL Server 4.2面世，它是个桌面数据库系统，虽然其功能相对有限，但是采用Windows GUI，向用户提供了易于使用的用户界面。Microsoft公司专注于Windows NT平台上的SOL Server开发，并于1995年发布了SOL Server 6.05，该版本提供了廉价的可以满足众多小型商业应用的数据库方案。后来SOL Server不断更新，先后推出6.5版、7.0版、2000版、2005版、2008版和2012版。目前SQL Server已经是市场上最流行的大中型关系型数据库管理系统。

为了适应市场的需要，我国高校的许多专业都开设介绍SQL Server数据库管理系统的课程。本书以SQL Server 2012为平台，结合近年来教学与应用开发的实践，在简单介绍数据库基础后，系统介绍SQL Server，然后是Server综合应用。SQL Server 2012部分内容包括数据库的创建，表的创建和操作，数据库查询、视图和游标，T-SQL语言，索引和数据完整性，存储过程和触发器，备份与恢复，系统安全管理和SQL Server其他功能等。这部分内容的介绍不再强调命令的格式，而是突出主要功能介绍和配套举例。而详细格式和功能说明可参考有关文档。

SQL Server综合应用以当前最流行的数据库应用开发工具为平台开发SQL Server数据库应用系统，平台包括PHP5.3.29、Java EE（8/8/2014）、ASP.NET4.5和Visual C#2013等，开发具有相同功能的同一个数据库应用系统。选用的实例既典型又小而精，教和学将非常方便。

实验部分训练SQL Server基本操作和基本命令，其数据库自成系统。

本书配有教学课件和配套的客户端（SQL Server 2012应用系统数据库）和所有源程序文件。需要者请到出版社网站（http://www.hzbook.com）免费注册下载。

本书由南京师范大学郑阿奇担任主编，刘启芬、顾韵华编著。参加本书编写的还有丁有和、徐文胜、彭作民、孙德荣、周怡明、刘博宇、郑进、周何骏、陶卫冬、严大牛、周怡君、吴明祥、王海娇、韩翠青、孙承龙等。此外，还有许多同志对本书提供了很多帮助，在此一并表示感谢！

由于编者水平有限，书中错误在所难免，敬请广大读者批评指正。

编　者

目　录

第 1 章 数据库基础和 SQL Server 2012 环境的构建

为了更好地学习 SQL Server，首先需要介绍数据库的基本概念，如果学习过数据库原理，那么本章数据库原理部分仅作为参考。

1.1 数据库基本概念

1.1.1 数据库、数据库管理系统与数据库系统

1. 数据库

数据库（Database DB）是存放数据的仓库，而且这些数据存在一定的关联，并按一定的格式存放在计算机中。从广义上讲，数据不仅包含数字，还包括文本、图像、音频、视频等。例如，把一个学校的学生、课程、学生成绩等数据有序地组织并存放在计算机内，就可以构成一个数据库。因此，数据库由一些持久的相互关联的数据的集合组成，并以一定的组织形式存放在计算机的存储介质中。

2. 数据库管理系统

数据库管理系统（Database Management System，DBMS）是管理数据库的系统，它按一定的数据模型组织数据。数据库管理系统应提供如下功能。

（1）数据定义功能：可定义数据库中的数据对象。

（2）数据操纵功能：可对数据库表进行基本操作，如插入、删除、修改、查询等。

（3）数据的完整性检查功能：保证用户输入的数据满足相应的约束条件。

（4）数据库的安全保护功能：保证只有具有权限的用户才能访问数据库中的数据。

（5）数据库的并发控制功能：使多个应用程序可在同一时刻并发地访问数据库中的数据。

（6）数据库系统的故障恢复功能：使数据库在运行出现故障时进行数据库恢复，以保证数据库的可靠运行。

（7）在网络环境下访问数据库的功能。

（8）方便、有效地存取数据库信息的接口和工具。编程人员通过程序开发工具与数据库的接口编写数据库应用程序。数据库管理员（Database Administrator，DBA）通过提供的工具对数据库进行管理。

数据库管理系统是一个系统软件。目前，比较流行的数据库管理系统有 SQL Server、Oracle、MySQL、Sybase、DB2、Access、Visual FoxPro 等。其中，SQL Server 是目前最流行的中大型关系数据库管理系统（Relational Database Management System，RDBMS），被广泛应用于各种数据库应用场合。本书介绍的是 SQL Server 2012 版。

3. 数据库系统

数据、数据库、数据库管理系统与操作数据库的应用程序，加上支撑它们的硬件平台、软件平台和与数据库有关的人员一起构成了一个完整的数据库系统。如图 1.1 所示描述了数据库系统的构成。

1.1.2 数据模型

数据库管理系统根据数据模型对数据进行存储和管理，数据库管理系统采用的数据模型主要有层次模型、网状模型和关系模型。

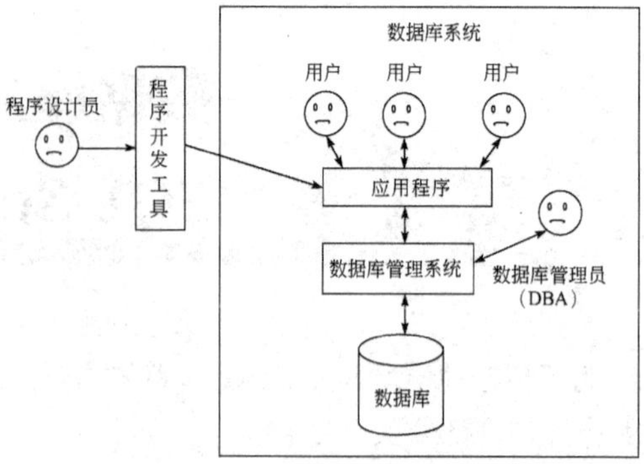

图 1.1 数据库系统的构成

1. 层次模型

层次模型将数据组织成一对多关系的结构，采用关键字来访问其中每一层次的每一部分。它存取方便且速度快；结构清晰，容易理解；数据修改和数据库扩展容易实现；检索关键属性十分方便。但其结构不够灵活；同一属性的数据要存储多次，数据冗余大；不适合于拓扑空间数据的组织。

如图 1.2 所示为某学校按层次模型组织的数据示例。

2. 网状模型

网状模型具有多对多类型的数据组织方式。它能明确而方便地表示数据间的复杂关系，且数据冗余小。但网状结构的复杂，增加了用户查询和定位的困难度；需要存储数据间联系的指针，使得数据量增大；数据的修改不方便。

如图 1.3 所示为按网状模型组织的数据示例。

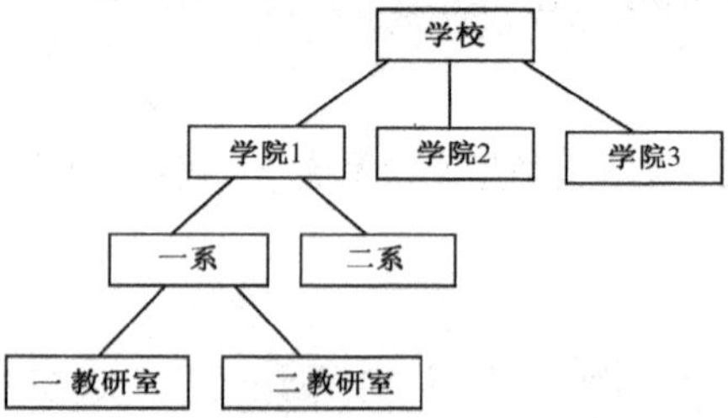

图 1.2 按层次模型组织的数据示例

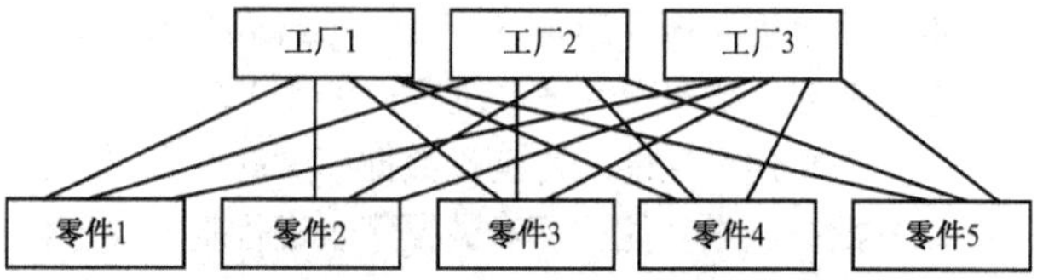

图 1.3 按网状模型组织的数据示例

3. 关系模型

关系模型以记录组或二维数据表的形式组织数据，以便于利用各种实体与属性之间的关系进行存储和变换，不分层也无指针，是建立空间数据和属性数据之间关系的一种非常有效的数据组织方法。它结构特别灵活，概念单一，满足所有布尔逻辑运算和数学运算规则形成的查询要求；能搜索、组合和比较不同类型的数据；增加和删除数据非常方便；具有更高的数据独立性和更好的安全保密性。但数据库大时，其查找满足特定关系的数据费时，而且无法表达空间关系。

例如，学生成绩管理系统所涉及的“学生”、“课程”和“成绩”3 个表中，“学生”表涉及的主要信息有学号、姓名、性别、出生时间、专业、总学分、备注；“课程”表涉及的主要信息有课程号、课程名、开课学期、学时和学分；“成绩”表涉及的主要信息有学号、课程号和成绩。如表 1.1～表 1.3 所示分别描述了学生成绩管理系统中“学生”、“课程”和“成绩”3 个表的部分数据。

表格中的一行称为一个记录，一列称为一个字段，每列的标题称为字段名。如果给每个关系表取一个名字，则有 n 个字段的关系表的结构可表示为：关系表名（字段名 1，…，字段名 n），通常把关系表的结构称为关系模式。

表 1.1 “学生”表

学　号	姓　名	性　别	出生时间	专　业	总学分	备　注
081101	王林	男	1990-02-10	计算机	50	
081103	王燕	女	1989-10-06	计算机	50	
081108	林一帆	男	1989-08-05	计算机	52	已提前修完一门课
081202	王林	男	1989-01-29	通信工程	40	有一门课不及格，待补考
081204	马琳琳	女	1989-02-10	通信工程	42	

表 1.2 “课程”表

课程号	课程名	开课学期	学　时	学　分
101	计算机基础	1	80	5
102	程序设计与语言	2	68	4
206	离散数学	4	68	4

表 1.3 “成绩”表

学　号	课程号	成　绩	学　号	课程号	成　绩
081101	101	80	081108	101	85
081101	102	78	081108	102	64
081101	206	76	081108	206	87
081103	101	62	081202	101	65
081103	102	70	081204	101	91

在关系表中，如果一个字段或几个字段组合的值可唯一标识其对应记录，则称该字段或字段组合为码。

例如，表 1.1 中的“学号”可唯一标识每一个学生，表 1.2 中的“课程号”可唯一标识每一门课。表 1.3 中的“学号”和“课程号”可唯一标识每一个学生一门课程的成绩。

有时一个表可能有多个码。例如，表 1.1 中，姓名不允许重名，而“学号”、“姓名”均是学生信息表码。对于每一个关系表，通常可指定一个码为“主码”，在关系模式中，一般用下画线标出主码。

设表 1.1 的名称为 xsb，关系模式可分别表示为：xsb（学号，姓名，性别，出生时间，专业，总学分，备注）。

设表 1.2 的名称为 kcb，关系模式可分别表示为：kcb（课程号，课程名，开课学期，学时，学分）。

设表 1.3 的名称为 cjb，关系模式可分别表示为：cjb（学号，课程号，成绩）。

通过上面的分析可以看出，关系模型更适合组织数据，所以使用最广泛。目前，主流的关系数据库管理系统包括 Oracle、SQL Server、MySQL、Access 和 Visual FoxPro 等。SQL Server 是目前最流行的关系数据库管理系统。

1.1.3 关系数据库语言

SQL 语言的全名是结构化查询语言（Structured Query Language，SQL），是用于数据库中的标准数据查询语言，IBM 公司最早使用在其开发的数据库系统。1986 年 10 月，美国 ANSI 对 SQL 进行规范后，以此作为关系数据库管理系统的标准语言。

作为关系数据库的标准语言，它已被众多商用数据库管理系统产品采用，不过不同的数据库管理系统在其实践过程中都对 SQL 规范做了某些改变和扩充。所以，实际上，不同数据库管理系统之间的 SQL 语言不能完全相互通用。例如，Microsoft 公司的 SQL Server 支持的是 T-SQL，而甲骨文公司的 Oracle 数据库所使用的 SQL 语言则是 PL-SQL。

1.2 数据库设计

数据模型按不同的应用层次分成3种类型：概念数据模型、逻辑数据模型、物理数据模型。

1.2.1 概念数据模型

概念数据模型（Conceptual Data Model）是面向数据库用户的实现世界的模型，主要用来描述世界的概念化结构，它使数据库的设计人员在设计的初始阶段，摆脱计算机系统及数据库管理系统的具体技术问题，集中精力分析数据及数据之间的联系等，与具体的数据管理系统无关。概念数据模型必须换成逻辑数据模型，才能在数据库管理系统中实现。

概念数据模型用于信息世界的建模，一方面应该具有较强的语义表达能力，能够方便、直接地表达应用中的各种语义知识，另一方面还应该简单、清晰，易于用户理解。在概念数据模型中，最常用的是E-R模型、扩充的E-R模型、面向对象模型及谓词模型。

通常，E-R模型把每一类数据对象的个体称为“实体”，而把每一类对象个体的集合称为“实体集”，例如，在学生成绩管理系统中主要涉及“学生”和“课程”两个实体集。其他非主要的实体可以有很多，如班级、班长、任课教师、辅导员等实体。

把每个实体集涉及的信息项称为属性。就“学生”实体集而言，它的属性有学号、姓名、性别、出生时间、专业、总学分和备注。“课程”实体集的属性有课程号、课程名、开课学期、学时和学分。

实体集中的实体彼此是可区别的。如果实体集中的属性或最小属性组合的值能唯一标识其对应实体，则将该属性或属性组合称为码。码可能有多个，对于每一个实体集，可指定一个码为主码。

如果用矩形框表示实体集，用带半圆的矩形框表示属性，用线段连接实体集与属性，当一个属性或属性组合指定为主码时，在实体集与属性的连接线上标记一斜线，则可以用如图1.4所示的形式描述学生成绩管理系统中的实体集及每个实体集涉及的属性。

实体集A和实体集B之间存在各种关系，通常把这些关系称为“联系”。通常将实体集及实体集联系的图表称为实体（Entity）-联系（Relationship）模型。

E-R图就是E-R模型的描述方法，即实体-联系图。通常，关系数据库的设计者使用E-R图来对信息世界建模。在E-R图中，使用矩形表示实体型，使用带半圆的矩形框表示属性，使用菱形表示联系。从分析用户项目涉及的数据对象及数据对象之间的联系出发，到获取E-R图的这一过程称为概念结构设计。

两个实体集A和B之间的联系可能是以下3种情况之一。

1. 一对一的联系（1∶1）

A中的一个实体至多与B中的一个实体相联系，B中的一个实体也至多与A中的一个实体相联系。例如，“班级”与“班长”这两个实体集之间的联系是一对一的联系，因为一个班级只有一个班长，反过来，一个班长只属于一个班级。“班级”与“班长”两个实体集的E-R模型如图1.5所示。

2. 一对多的联系（1∶*n*）

A中的一个实体可以与B中的多个实体相联系，而B中的一个实体至多与A中的一个实体相联系。例如，“班级”与“学生”这两个实体集之间的联系是一对多的联系，因为一个班级可有若干学生，反过来，一个学生只能属于一个班级。“班级”与“学生”两个实体集的E-R模型如图1.6所示。

3. 多对多的联系（*m*∶*n*）

A中的一个实体可以与B中的多个实体相联系，而B中的一个实体也可与A中的多个实体相联系。例如，“学生”与“课程”这两个实体集之间的联系是多对多的联系，因为一个学生可选多门课程，反过来，一门课程可被多个学生选修。“学生”与“课程”两个实体集的 E-R 模型如图 1.7 所示。

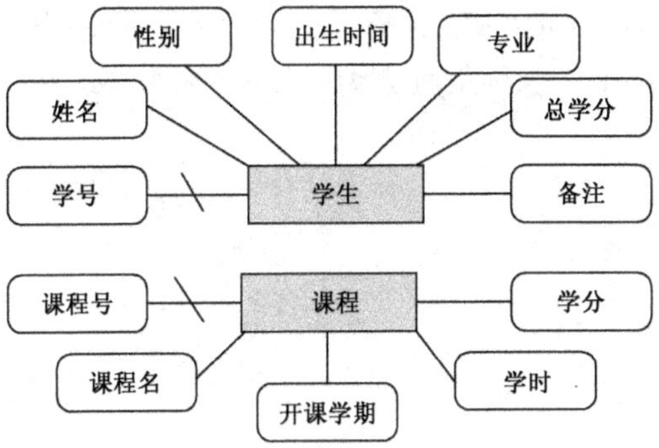

图 1.4 “学生”和“课程”实体集属性的描述

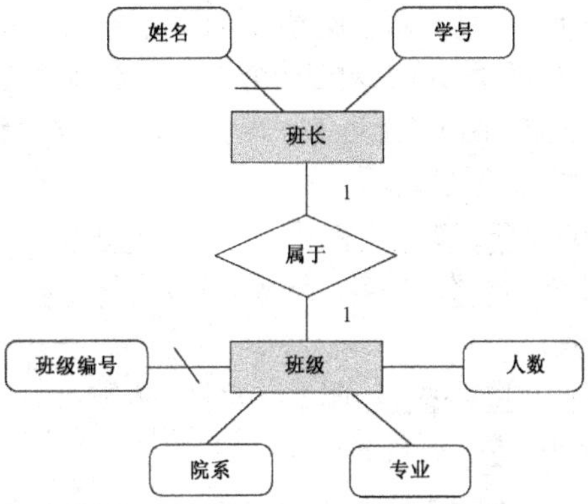

图 1.5 “班级”与“班长”两个实体集的 E-R 模型

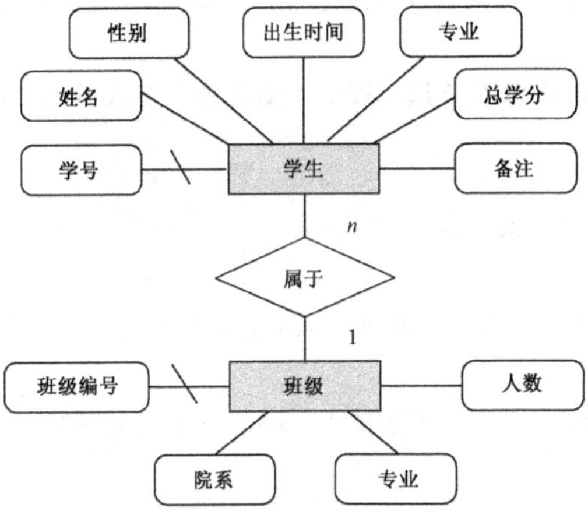

图 1.6 “班级”与“学生”两个实体集的 E-R 模型

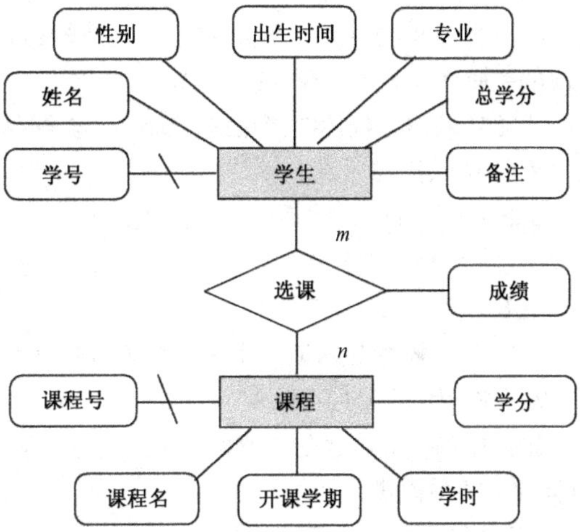

图 1.7 “学生”与“课程”两个实体集间的 E-R 模型

1.2.2 逻辑数据模型

逻辑数据模型（Logical Data Model）是用户从数据库所看到的模型，是具体的数据库管理系统所支持的数据模型。此模型既要面向用户，又要面向系统，主要用于数据库管理系统的实现。

前面用 E-R 图描述学生成绩管理系统中实体集与实体集之间的联系。为了设计关系型的学生成绩管理数据库，需要确定包含的表和每个表的结构。

前面已介绍了实体集之间的联系，下面将根据 3 种联系从 E-R 图获得关系模式的方法。

1. 一对一联系的 E-R 图到关系模式的转换

对于一对一的联系，既可单独对应一个关系模式，也可以不单独对应一个关系模式。

（1）联系单独对应一个关系模式：由联系属性、参与联系的各实体集的主码属性构成关系模式，其主码可选参与联系的实体集的任一方的主码。

例如，图 1.5 描述的“班级（bjb）”与“班长（bzb）”实体集通过属于（syb）联系 E-R 模型，可设计如下关系模式（下画线表示该字段为主码）。

bjb（班级编号，院系，专业，人数）

bzb（学号，姓名）

syb（学号，班级编号）

（2）联系不单独对应一个关系模式：联系的属性及一方的主码加入另一方实体集对应的关系模式中。

例如，图 1.5 描述的“班级（bjb）”与“班长（bzb）”实体集通过属于（syb）联系 E-R 模型，可设计如下关系模式。

bjb（班级编号，院系，专业，人数）

bzb（学号，姓名，班级编号）

或者：

bjb（班级编号，院系，专业，人数，学号）

bzb（学号，姓名）

2．一对多联系的 E-R 图到关系模式的转换

对于一对多的联系，既可单独对应一个关系模式，也可以不单独对应一个关系模式。

（1）联系单独对应一个关系模式：由联系的属性、参与联系的各实体集的主码属性构成关系模式，*n* 端的主码作为该关系模式的主码。

例如，图 1.6 描述的“班级（bjb）”与“学生（xsb）”实体集通过属于（syb）联系 E-R 模型，可设计如下关系模式。

bjb（班级编号，院系，专业，人数）

xsb（学号，姓名，性别，出生时间，专业，总学分，备注）

syb（学号，班级编号）

（2）联系不单独对应一个关系模式：将联系的属性及 1 端的主码加入 *n* 端实体集对应的关系模式中，主码仍为 *n* 端的主码。

例如，图 1.6 描述的“班级（bjb）”与“学生（xsb）”实体集通过属于（syb）联系 E-R 模型，可设计如下关系模式。

bjb（班级编号，院系，专业，人数）

xsb（学号，姓名，性别，出生时间，专业，总学分，备注，班级编号）

3．多对多联系的 E-R 图到关系模式的转换

对于多对多的联系，单独对应一个关系模式。该关系模式包括联系的属性、参与联系的各实体集的主码属性，该关系模式的主码由各实体集的主码属性共同组成。

例如，图 1.7 描述的“学生（xsb）”与“课程（kcb）”实体集通过成绩（cgb）联系 E-R 模型可设计如下关系模式。

xsb（学号，姓名，性别，出生时间，专业，总学分，备注）

kcb（课程号，课程名，开课学期，学时，学分）

cjb（学号，课程号，成绩）

关系模式 cjb 的主码是由“学号”和“课程号”两个属性组合起来构成的一个主码，一个关系模式只能有一个主码。

至此，已介绍了根据 E-R 图设计关系模式的方法，通常这一设计过程称为逻辑结构设计。

设计好一个项目的关系模式后，就可以在数据库管理系统环境下，创建数据库、关系表及其他数据库对象，输入相应数据，并根据需要对数据库中的数据进行各种操作。

1.2.3　物理数据模型

物理数据模型（Physical Data Model）是面向计算机物理表示的模型，描述了数据在储存介质上的组织结构，它不但与具体的数据库管理系统有关，而且还与操作系统和硬件有关。每一种逻辑数据模型在实现时都有其对应的物理数据模型。数据库管理系统为了保证其独立性与可移植性，大部分物理数据模型的实现工作由系统自动完成，而设计者只设计索引、聚集等特殊结构。

1.3　数据库应用系统

1.3.1　应用系统的数据接口

客户端应用程序或应用服务器向数据库服务器请求服务时，首先必须和数据库建立连接。虽然现有数据库管理系统几乎都遵循 SQL 标准，但不同厂家开发的数据库管理系统有差异，存在适应性和可移植性等方面的问题，为此，人们研究和开发了连接不同数据库管理系统的通用方法、技术和软件接口。

1. ODBC 数据库接口

ODBC 即开放式数据库互连（Open Database Connectivity），是 Microsoft 公司推出的一种实现应用程序和关系数据库之间通信的接口标准。符合该标准的数据库就可以通过 SQL 语句编写的程序对数据库进行操作，但只针对关系数据库。目前所有的关系数据库都符合该标准。ODBC 本质上是一组数据库访问 API（应用程序编程接口），由一组函数调用组成，核心是 SQL 语句。

在具体操作时，首先必须用 ODBC 管理器注册一个数据源，管理器根据数据源提供的数据库位置、数据库类型及 ODBC 驱动程序等信息，建立起 ODBC 与具体数据库的联系。这样，只要应用程序将数据源名提供给 ODBC，ODBC 就能建立起与相应数据库的连接。

2. ADO 数据库接口

ADO（ActiveX Data Object）是 Microsoft 公司开发的基于 COM 的数据库应用程序接口，通过 ADO 连接数据库，可以灵活地操作数据库中的数据。使用 ADO 访问关系数据库有两种途径：一种是通过 ODBC 驱动程序，另一种是通过数据库专用的 OLE DB Provider，后者有更高的访问效率。

随着网络技术的发展，网络数据库及相关的操作技术也越来越多地应用到实际中，而数据库操作技术也在不断地发展完善。ADO 对象模型进一步发展成了 ADO.NET。ADO.NET 是.NET Framework SDK 中用于操作数据库的类库总称，ADO.NET 相对于 ADO 的最大优势在于对数据的更新修改可在与数据源完全断开连接的情况下进行，然后再把数据更新的结果和状态传回到数据源，这样大大减少了由于连接过多对数据库服务器资源的占用。

3. ADO.NET 数据库接口

ADO.NET 数据模型从 ADO 发展而来，但它不只是对 ADO 的改进，而是采用了一种全新的技术。主要体现在以下几个方面。

（1）ADO.NET 不是采用 ActiveX 技术，而是与.NET 框架紧密结合的产物。

（2）ADO.NET 包含对 XML 标准的完全支持，这对于跨平台交换数据具有重要意义。

（3）ADO.NET 既能在与数据源连接的环境下工作，又能在断开与数据源连接的条件下工作。特别是后者非常适合于网络应用的需要，因为在网络环境下，始终做到保持与数据源连接，不符合网站的要求，不仅效率低，付出代价高，而且常会引发由于多个用户同时访问而带来的冲突。因此 ADO.NET 系统集中主要精力解决在断开与数据源连接的条件下数据处理的问题。

ADO.NET 提供了面向对象的数据库视图，并且在其对象中封装了许多数据库属性和关系。最重要的是，它通过多种方式封装和隐藏了很多数据库访问的细节，如可以完全不知道对象在与 ADO.NET 对象交互，不必担心数据移动到另外一个数据库或者从另一个数据库获得数据等。图 1.8 显示了通过 ADO.NET 访问数据库的接口模型。

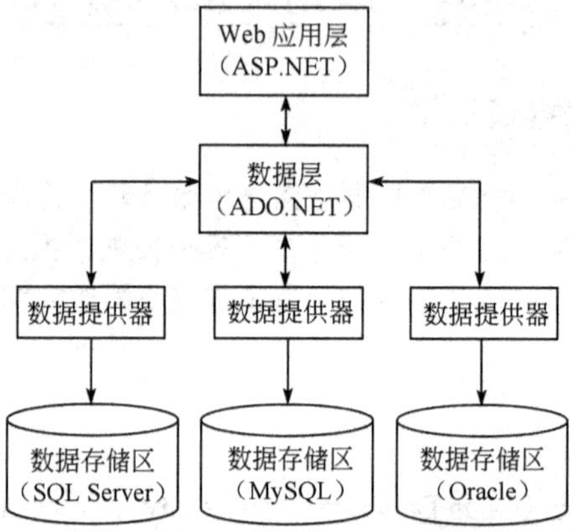

图 1.8　通过 ADO.NET 访问数据库的接口模型

数据层是实现 ADO.NET 断开式连接的核心，从数据源读取的数据先缓存到数据集中，然后被程序或控件调用。数据源可以是数据库或 XML 数据。

数据提供器用于建立数据源与数据集之间的联系，它能连接各种类型的数据源，并能按要求将数据源中的数据提供给数据集，或者从数据集向数据源返回编辑后的数据。

4．JDBC 数据库接口

JDBC（Java Database Connectivity）是 JavaSoft （原来 Sun 公司的业务部门）开发的，Java 语言编写的用于数据库连接和操作的类和接口，可为多种关系数据库提供统一的访问方式。通过 JDBC 对数据库的访问包括 4 个主要组件：Java 应用程序、JDBC 驱动器管理器、驱动器和数据源。

在 JDBC API 中有两层接口：应用程序层和驱动程序层，前者使开发人员可以通过 SQL 调用数据库和取得结果，后者处理与具体数据库驱动程序的所有通信。

使用 JDBC 接口操作数据库有如下优点。

（1）JDBC API 与 ODBC 十分相似，有利于用户理解。

（2）使编程人员从复杂的驱动器调用命令和函数中解脱出来，而致力于应用程序功能的实现。

（3）JDBC 支持不同的关系数据库，增强了程序的可移植性。

使用 JDBC 的主要缺点：访问数据记录的速度会受到一定影响，此外，由于 JDBC 结构中包含了不同厂家的产品，这给数据源的更改带来了较大麻烦。

5．数据库连接池技术

对于网络环境下的数据库应用，由于用户众多，使用传统的 JDBC 方式进行数据库连接，系统资源开销过大成为制约大型企业级应用效率的瓶颈，采用数据库连接池技术对数据库连接进行管理，可以大大提高系统的效率和稳定性。

1.3.2 C/S 架构的应用系统

数据库管理系统通过命令和适合专业人员的界面操作数据库。对于一般的数据库应用系统，除了数据库管理系统外，还需要设计适合普通人员操作数据库的界面。目前，流行的开发数据库界面的工具主要有 Visual C#、Visual Basic、Visual C++、PowerBuilder、Delphi 等。应用程序与数据库、数据库管理系统之间的关系如图 1.9 所示。

从图中可看出，当应用程序需要处理数据库中的数据时，首先向数据库管理系统发送一个数据请求，数据库管理系统接收到这一请求后，对其进行分析，然后执行数据库操作，并把处理结果返回给应用程序。由于应用程序直接与用户交互，而数据库管理系统不直接与用户打交道，所以应用程序被称为“前台”，而数据库管理系统被称为“后台”。由于应用程序是向数据库管理系统提出服务请求，通常称为客户（Client）程序，而数据库管理系统是为应用程序提供服务，通常称为服务器（Server）程序，所以又将这一操作数据库的模式称为 C/S（客户/服务器）架构。

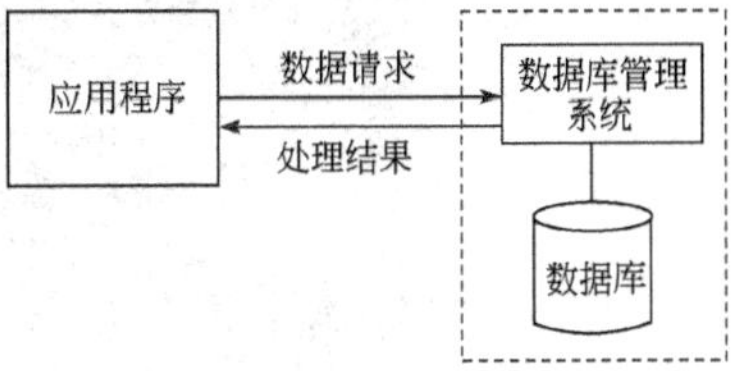

图 1.9 3 个关系

应用程序和数据库管理系统可以运行在同一台计算机上（单机方式），也可以运行在网络环境。在网络环境下，数据库管理系统在网络中的一台主机上运行，应用程序可以在网络上的多台主机上运行，即一对多的方式。例如，用 Visual C# 2013 开发的 C/S 架构的图书管理系统的“借书还书”界面如图 1.10 所示。

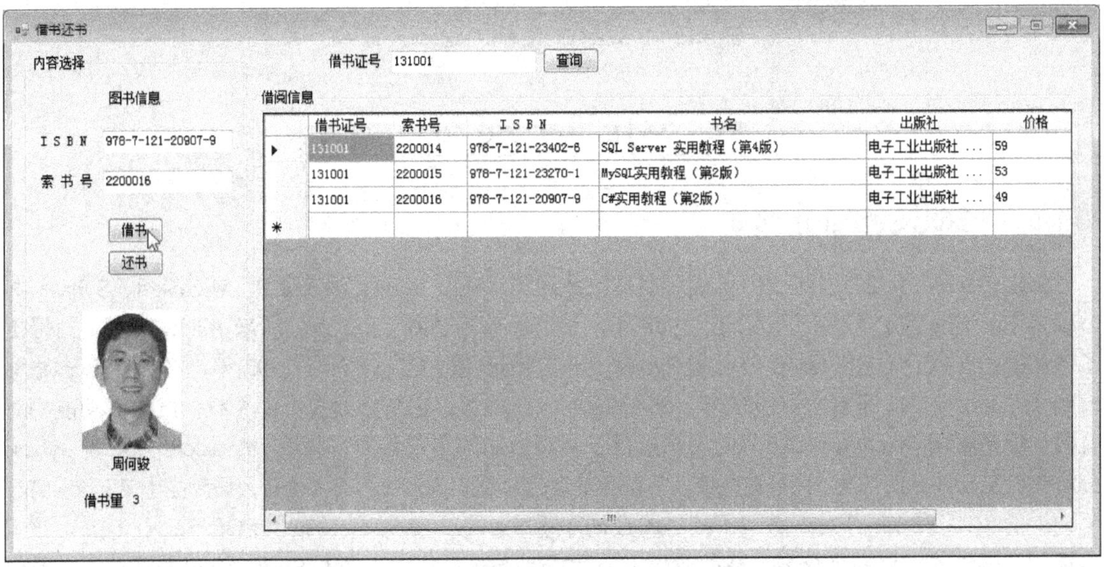

图 1.10 C/S 架构的图书管理系统的“借书还书”界面

1.3.3 B/S 架构的应用系统

基于 Web 的数据库应用采用三层（浏览器/Web 服务器/数据库服务器）模式，也称 B/S 架构，如图 1.11 所示。其中，浏览器（Browser）是用户输入数据和显示结果的交互界面，用户在浏览器表单中输入数据，然后将表单中的数据提交并发送到 Web 服务器，Web 服务器接收并处理用户的数据，通过数据库服务器，从数据库中查询需要的数据（或把数据录入数据库）回送 Web 服务器，Web 服务器

图 1.11 三层 B/S 架构

把返回的结果插入 HTML 页面，传送给客户端，在浏览器中显示出来。

目前，流行的开发数据库 Web 界面的工具主要有 ASP.NET(C#)、PHP、Java EE 等。例如，用 ASP.NET 开发的 B/S 架构的图书管理系统的读者信息查询页面如图 1.12 所示。

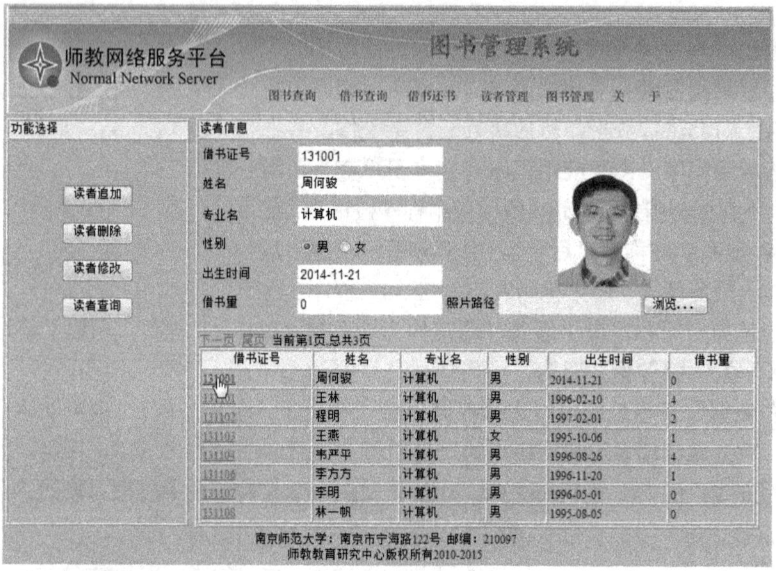

图 1.12 B/S 架构的读者信息查询页面

1.4 SQL Server 2012 简介

1.4.1 SQL Server 的演变

SOL Server 从 20 世纪 80 年代后期开始被开发，SOL Server 最初是由 Microsoft、Sybase 和 Ashton-Tate 这 3 家公司共同开发的，1988 年，该产品被移植到 OS/2 上。后来 Aston-Tate 公司退出了该产品的开发，而 Microsoft 公司和 Sybase 公司共同开发 SOL Server，1992 年，将 SOL Server 移植到了 Windows NT 平台上。1993 年，SOL Server 4.2 面世，它是桌面数据库系统，虽然其功能相对有限，但是采用 Windows GUI，向用户提供了易于使用的用户界面。此后 Microsoft 公司和 Sybase 公司在 SOL Server 的开发方面分道扬镳，各自开发自己的 SOL Server。Microsoft 公司专注于 Windows NT 平台上的 SOL Server 开发，重写了核心的数据库系统，并于 1995 年发布了 SOL Server 6.05，该版本提供了廉价的可以满足众多小型商业应用的数据库方案。此后，SQL Server 迅速发展，并且推出了多种版本。

1996 年，Microsoft 公司推出了 SOL Server 6.5 版本，由于受到旧有结构的限制，Microsoft 再次重写 SOL Server 的核心数据库引擎，并于 1998 年发布 SQL Server 7.0，此版本在数据存储和数据库引擎方面发生了根本性的变化，提供了面向中、小型商业应用数据库功能支持，为了适应技术的发展，还包括了一些 Web 功能。此外，Microsoft 公司的开发工具 Visual Studio 6.0 也对其提供了非常不错的支持。SQL Server 7.0 是该家族第一个得到了广泛应用的成员。

SQL Server 2000 继承了 SQL Server 7.0 版本的优点，同时又比它增加了许多更先进的功能。其具有使用方便、可伸缩性好、与相关软件集成程度高等优点，可跨越从运行 Windows 98 的膝上型计算机到运行 Windows 2000 的大型多处理器的服务器等平台的使用。

SQL Server 2005 是一个全面的数据库平台，使用集成的商业智能（Business Intelligence，BI）工具提供了企业级的数据管理。SQL Server 2005 数据库引擎为关系型数据和结构化数据提供了更安全可靠的存储功能，使用户可以构建和管理用于业务的高可用和高性能数据的应用程序。它不仅可以有效地执行大规模联机事务处理，而且可以完成数据仓库和电子商务应用等具有挑战性的工作。

SQL Server 2008 是一个重大的产品版本，它推出了许多新的特性和关键的改进，使得它成为较强大和全面的 SQL Server 版本。它满足数据爆炸和下一代数据驱动应用程序的需求，支持数据平台愿景：关键任务企业数据平台、动态开发、关系数据和商业智能。

SOL Server 2012 于 2012 年 3 月 7 日发布。支持的操作系统平台包括 Windows 桌面和服务器操作系统。SQL Server 2012 在之前版本的基础上新增了许多功能，使其功能进一步加强，是目前较新、功能较为强大的 SQL Server 版本，是一个能用于大型联机事务处理、数据仓库和电子商务等方面应用的数据库平台，也是一个能用于数据集成、数据分析和报表解决方案的商业智能平台。SQL Server 2012 扩展了性能、可靠性、可用性、可编程性和易用性等方面的功能，为系统管理员和普通用户带来了强大的、集成的、便于使用的工具，使系统管理员与普通用户能更方便、更快捷地管理数据库或设计开发应用程序。

1.4.2 SQL Server 2012 的版本及支持功能

1. SQL Server 2012 的版本

SQL Server 2012 分为主要版、专业版和扩展版 3 类 6 个版本。根据应用程序的需要，安装要求会有所不同。不同版本的 SQL Server 能够满足单位和个人独特的性能、运行时及价格要求。SQL Server 组件的安装还取决于用户的具体需要。下面分别介绍这 6 个版本，其中前面 3 个为主要版本，第 4 个为专业版本，后面两个为扩展版本。

1）SQL Server 2012 Enterprise

SQL Server 2012 Enterprise（企业版）提供了全面的高端数据中心功能，性能极为快捷，虚拟化不受限制，还具有端到端的商业智能，即可为关键任务工作负荷提供较高服务级别，支持最终用户访问深层数据。

2）SQL Server 2012 Business Intelligence

SQL Server 2012 Business Intelligence（商业智能版）提供了综合性平台，可支持组织构建和部署安全的、可扩展且易于管理的 BI 解决方案。它提供基于浏览器的数据浏览与可见性等卓越功能、功能强大的数据集成功能及增强的集成管理。

3）SQL Server 2012 Standard

SQL Server 2012 Standard（标准版）提供了基本数据管理和商业智能数据库，使部门和小型组织能够顺利运行其应用程序，并支持将常用开发工具用于内部部署和云部署，有助于以最少的 IT 资源获得高效的数据库管理。

4）SQL Server 2012 Web

SQL Server 2012 Web（专业版）对于为从小规模至大规模 Web 资产提供可伸缩性、经济性和可管理性功能的 Web 宿主和 Web VAP 来说，是一项总拥有成本较低的选择。

5）SQL Server 2012 Developer

SQL Server 2012 Developer（开发版）支持开发人员基于 SQL Server 构建任意类型的应用程序。

它包括 Enterprise 版的所有功能，但有许可限制，只能用于开发和测试系统，而不能用于生产服务器。它是构建和测试应用程序的人员的理想之选。

6）SQL Server 2012 Express

SQL Server 2012 Express（精简版）是入门级的免费数据库，是学习和构建桌面及小型服务器数据驱动应用程序的理想选择。它是独立软件供应商、开发人员和热衷于构建客户端应用程序的人员的最佳选择。如果用户需要使用更高级的数据库功能，则可以无缝升级到其他更高端的 SQL Server 版本。SQL Server 2012 中新增了 SQL Server Express LocalDB，该版本具备所有可编程性功能，但需在用户模式下运行，具有快速的零配置安装和较少必备组件要求。

2．不同版本的 SQL Server 2012 所支持的功能

不同版本的 SQL Server 2012 所支持的功能如表 1.4 所示。

表 1.4　不同版本的 SQL Server 2012 所支持的功能

功能＼版本	企业版	商业智能版	标准版	专业版	Express(A)	Express(T)	Express
单个实例使用的最大计算能力（数据库引擎）	操作系统最大值	4 个插槽或 16 核取较小值	4 个插槽或 16 核，取较小值	4 个插槽或 16 核，取较小值	1 个插槽或 4 核，取较小值	1 个插槽或 4 核，取较小值	1 个插槽或 4 核，取较小值
Analysis Services、Reporting Services	操作系统支持的最大值	操作系统支持的最大值	同前	同前	同前	同前	同前
利用的最大内存（SQL Server 数据库引擎）	操作系统支持的最大值	64 GB	64 GB	64 GB	1 GB	1 GB	1 GB
利用的最大内存（Analysis Services）	操作系统支持的最大值	操作系统支持的最大值	64 GB	不适用	不适用	不适用	不适用
利用的最大内存（Reporting Services）	操作系统支持的最大值	操作系统支持的最大值	64 GB	64 GB	4 GB	不适用	不适用
最大关系数据库大小	524 PB	524 PB	524 PB	524 PB	10 GB	10 GB	10 GB

注：Express (A)：Express with Advanced Services。Express(T)：Express with Tools。

此外，这些版本在高可用性、伸缩性和性能、安全性、复制、管理工具、RDBMS 可管理性、开发工具、可编程性、Integration Services（集成服务）、Master Data Services（MDS）、数据仓库、Analysis Services（分析服务）、BI 语义模型、Power Pivot for SharePoint、数据挖掘、Reporting Services（报表服务）、商业智能客户端、空间和位置服务、其他数据库服务、其他组件等方面的支持都不相同。

1.4.3　服务器组件和管理工具

SQL Server 2012 除了具有基本功能外，还配置了许多服务器组件和管理工具，通过联机丛书提供 SQL Server 的核心文档。

1．服务器组件

SQL Server 2012 服务器组件用于基于数据库的其他扩展功能，使用 SQL Server 安装向导的“功能选择”窗口需要选择安装 SQL Server 时要安装的组件。默认情况下未选中任何功能，下面对 SQL Server 2012 服务器组件进行说明。

1）SQL Server 数据库引擎

SQL Server 数据库引擎包括数据库引擎（用于存储、处理和保护数据的核心服务）、复制、全文搜索、用于管理关系数据和 XML 数据的工具及 Data Quality Services (DQS) 服务器。

2）Analysis Services

Analysis Services 包括用于创建和管理联机分析处理（On-Line Analysis Processing，OLAP）及数据挖掘应用程序的工具。

3）Reporting Services

Reporting Services 包括用于创建、管理和部署表格报表、矩阵报表、图形报表及自由格式报表的服务器和客户端组件。Reporting Services 还是一个可用于开发报表应用程序的可扩展平台。

4）Integration Services

Integration Services 是一组图形工具和可编程对象，用于移动、复制和转换数据。它还包括 Integration Services 的 DQS 组件。

5）MDS

MDS 是针对主数据管理的 SQL Server 解决方案。可以配置 MDS 来管理任何领域（产品、客户、账户）；MDS 中可包括层次结构、各种级别的安全性、事务、数据版本控制和业务规则，以及可用于管理数据的用于 Excel 的外接程序。

2. 管理工具

1）SQL Server Management Studio

SQL Server Management Studio 是用于访问、配置、管理和开发 SQL Server 组件的集成环境。SQL Server Management Studio 使各种技术水平的开发人员和管理员都能使用 SQL Server。SQL Server Management Studio 的安装需要 Internet Explorer 6 SP1 或更高版本。

2）SQL Server 配置管理器

SQL Server 配置管理器为 SQL Server 服务、服务器协议、客户端协议和客户端别名提供基本配置管理。

3）SQL Server Profiler

SQL Server Profiler 提供了一个图形用户界面，用于监视数据库引擎实例或 Analysis Services 实例。

4）数据库引擎优化顾问

数据库引擎优化顾问可以协助创建索引、索引视图和分区的最佳组合。

5）数据质量客户端

数据质量客户端提供了一个非常简单和直观的图形用户界面，用于连接到 DQS 数据库并执行数据清理操作。它还允许用户集中监视在数据清理操作过程中执行的各项活动。数据质量客户端的安装需要 Internet Explorer 6 SP1 或更高版本。

6）SQL Server Data Tools

SQL Server Data Tools（SSDT）提供 IDE，以便为 Analysis Services、Reporting Services 和 Integration Services 商业智能组件生成解决方案。SSDT 还包含“数据库项目”，为数据库开发人员提供集成环境，以便在 Visual Studio 内为任何 SQL Server 平台执行其所有数据库设计工作。数据库开发人员可以使用 Visual Studio 中功能强大的服务器资源管理器，轻松创建或编辑数据库对象和数据或执行查询。

SQL Server Data Tools 的安装需要 Internet Explorer 6 SP1 或更高版本。

7）连接组件

连接组件为安装用于客户端和服务器之间通信的组件及用于 DB-Library、ODBC 和 OLE DB 的网络库。

1.5 SQL Server 2012 的安装和运行

1.5.1 SQL Server 2012 的安装环境

1. 支持的操作系统

虽然开发版本支持 Windows Vista、Windows 7 等桌面操作系统，但 Web、Enterprise 和 BI 版本支持的操作系统版本只有 Windows Server 2008 和 Windows Server 2008 R2。其中 32 位软件可安装在 32 位和 64 位 Windows Server 上。

2. 应用于 Internet 服务器

在 Internet 服务器[如运行 Internet Information Services(IIS)的服务器]上通常都会安装 SQL Server 客户端工具。客户端工具包括连接到 SQL Server 实例的应用程序所使用的客户端连接组件。

尽管可以在运行 IIS 的计算机上安装 SQL Server 实例，但这种做法通常只用于仅包含一台服务器的小型网站。大多数网站都将其中间层 IIS 系统安装在一台服务器上或服务器群集中，将数据库安装在另外一个服务器或服务器联合体上。

3. 应用于 C/S 应用程序

在运行直接连接到 SQL Server 实例的 C/S 应用程序的计算机上，只能安装 SQL Server 客户端组件。如果要在数据库服务器上管理 SQL Server 实例，或者打算开发 SQL Server 应用程序，可选择安装客户端组件。

客户端工具可选择安装向后兼容组件、SQL Server Data Tools、连接组件、管理工具、软件开发包和 SQL Server 联机丛书组件。

4. .NET Framework 要求

在选择数据库引擎、Reporting Services、MDS、DQS、复制或 SQL Server Management Studio 时，需要.NET 3.5 SP1 和.NET 4.0，它由 SQL Server 安装程序自动安装。

5. 网络软件和网络协议

独立安装的命名实例和默认实例支持以下网络协议：共享内存、命名管道、TCP/IP 和 VIA。SSDT、Reporting Services 的报表设计器组件等需要 Internet Explorer 7 以上的版本。

6. 虚拟化支持

Windows Server 2008 和 Windows Server 2012 有关版本中以 Hyper-V 角色运行的虚拟机环境中支持 SQL Server 2012。

7. 硬件条件

（1）显示器：Super-VGA (800×600)以上分辨率。

（2）DVD 驱动器：如果从光盘进行安装，需要 DVD 驱动器。

（3）最小内存：Express 版本为 512MB；其他版本为 1GB。

（4）处理器速度：x86 处理器为 1.0GHz；x64 处理器为 1.4GHz。

8. 硬盘空间要求

在安装 SQL Server 2012 的过程中，Windows Installer 会在系统驱动器中创建临时文件，至少 6GB

的可用磁盘空间用来存储这些文件。实际硬盘空间需求取决于系统配置和用户决定安装的功能。表 1.5 列出了 SQL Server 2012 组件的磁盘空间要求。

表 1.5 SQL Server 2012 组件的磁盘要求

功　能	磁盘空间
数据库引擎和数据文件、复制、全文搜索及 DQS	811 MB
Analysis Services 和数据文件	345 MB
Reporting Services 和报表管理器	304 MB
Integration Services	591 MB
MDS	243 MB
客户端组件（除 SQL Server 联机丛书组件和 Integration Services 工具之外）	1823 MB
用于查看和管理帮助内容的 SQL Server 联机丛书组件 1	375 KB

1.5.2 SQL Server 2012 的安装和运行

为了学习 SQL Server 2012，如果没有正版 SQL Server 2012，可在网上下载 SQL Server 2012 映像文件（如 SQLServer 2012SP1-FullSlipstream-x86-CHS），用解压工具解压，生成的目录中包含的文件如图 1.13 所示。

1. SQL Server 2012 的安装

（1）运行“setup.exe”文件。系统显示 SQL Server 安装中心，左边是大类，右边是对应该类的内容。系统首先显示“计划”选项卡，如图 1.14 所示。

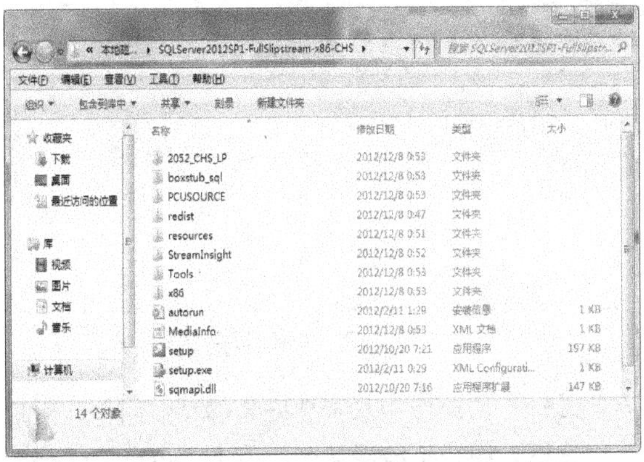

图 1.13 包含的文件

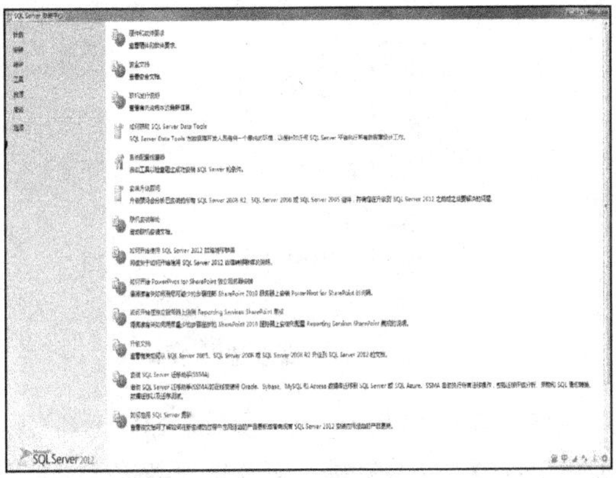

图 1.14 安装计划

（2）选择“安装”选项卡，系统检查安装基本条件，打开“安装程序支持规则”窗口。如果有检查未通过的规则，必须进行更正，否则安装将无法继续。如果全部通过，系统显示如图 1.15 所示。单击“确定”按钮进入下一步。

（3）打开“产品密钥”窗口，选中“输入产品密钥”单选按钮，输入 SQL Server 对应版本的产品密钥，如图 1.16 所示。完成后单击“下一步”按钮。

（4）打开“许可条款”窗口，阅读并接受许可条款，单击“下一步”按钮，打开“产品更新”窗口，通过网络对安装内容进行更新，如图 1.17 所示。完成后单击“下一步”按钮。

（5）打开“安装安装程序文件”窗口，安装 SQL Server 2012 程序，共 4 个，如图 1.18 所示。安装完成后，打开“安装安装程序规则”窗口，在此用户可了解安装支持文件时是否发现问题。如有问题，解决问题后方可继续。

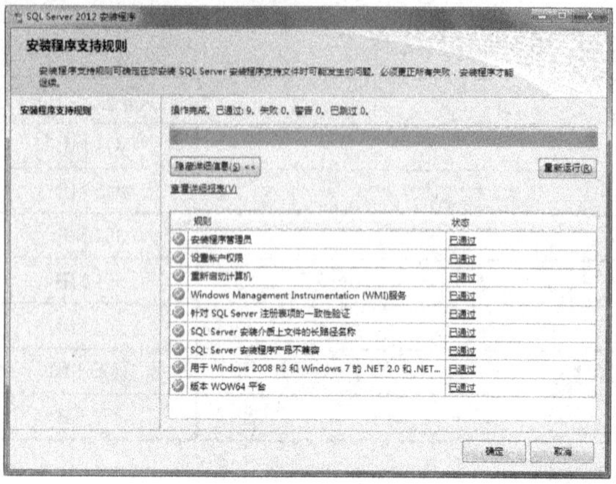

图 1.15 “安装程序支持规则”窗口

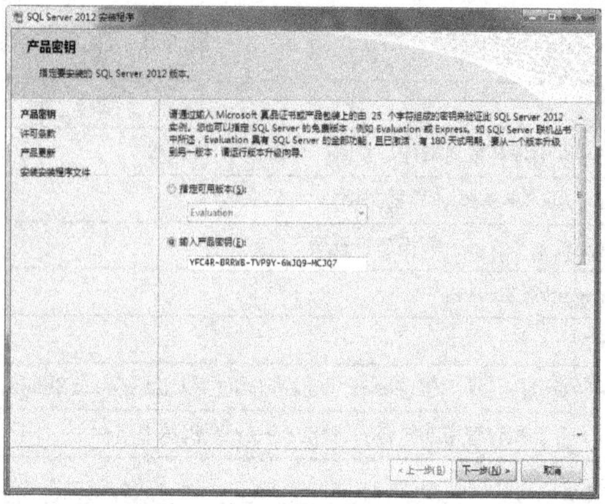

图 1.16 输入产品密钥

（6）打开“设置角色”窗口，如图 1.19 所示。选中“SQL Server 功能安装”单选按钮，即可安装用户需要的所有功能。选中“具有默认值的所有功能”单选按钮，则安装用户指定的功能，单击“下一步”按钮。

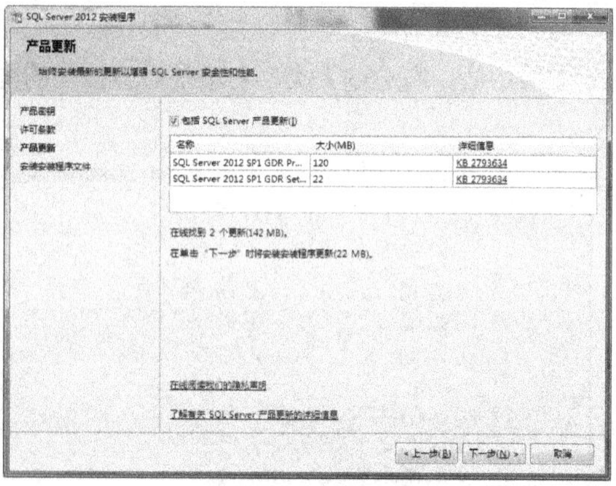

图 1.17 “产品更新”窗口

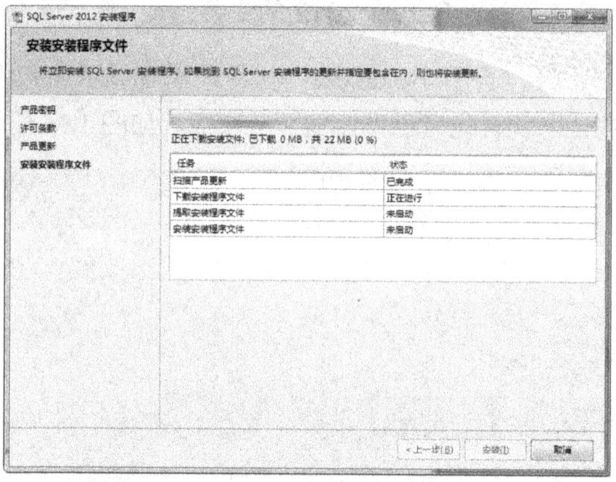

图 1.18 安装程序

（7）打开“功能选择”窗口，如图 1.20 所示。在“功能”选项组中选择要安装的功能组件，用户如果仅仅需要基本功能，可勾选“数据库引擎服务”复选框。用户不能确认时，单击“全选”按钮安装全部组件后，单击“下一步”按钮。此后打开“安装规则”窗口，在此用户可了解安装支持文件时是否发现问题。如有问题，解决问题后方可继续。单击“下一步”按钮。

（8）打开“实例配置”窗口，如图 1.21 所示。如果是第一次安装，则既可以使用默认实例，又可以自行指定实例名称。如果当前服务器上已经安装了一个默认的实例，则再次安装时必须指定一个实例名称。系统允许在一台计算机上安装 SQL Server 的不同版本，或者同一版本的多个 SQL Server，把 SQL Server 看成是一个 DBMS 类，采用这个实例名称区分不同的 SQL Server。

如果选中“默认实例”单选按钮，则实例名称默认为 MSSQLSERVER。如果选中“命名实例”单选按钮，需在后面的文本框中输入用户自定义的实例名称，如图 1.21 所示。

（9）打开“磁盘空间要求”窗口，如图 1.22 所示。窗口中显示根据用户选择 SQL Server 2012 安装内容所需要的磁盘容量。单击“下一步”按钮。

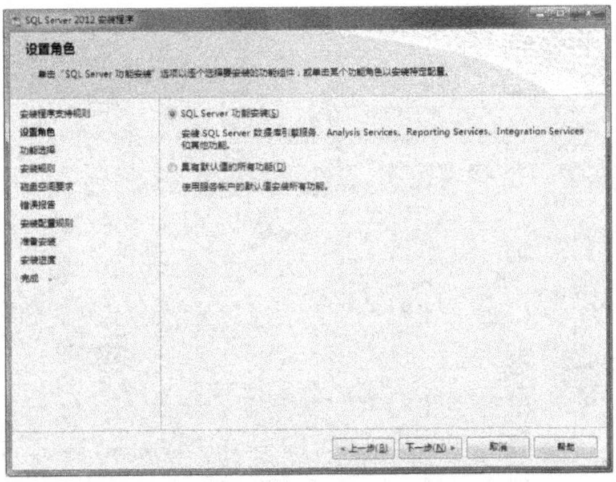

图 1.19 “设置角色”窗口

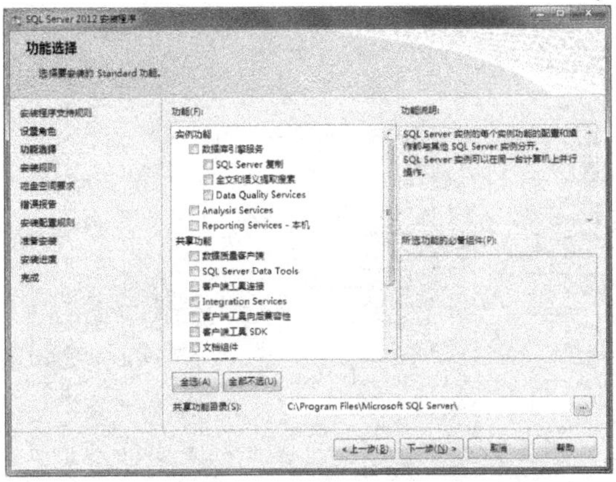

图 1.20 “功能选择”窗口

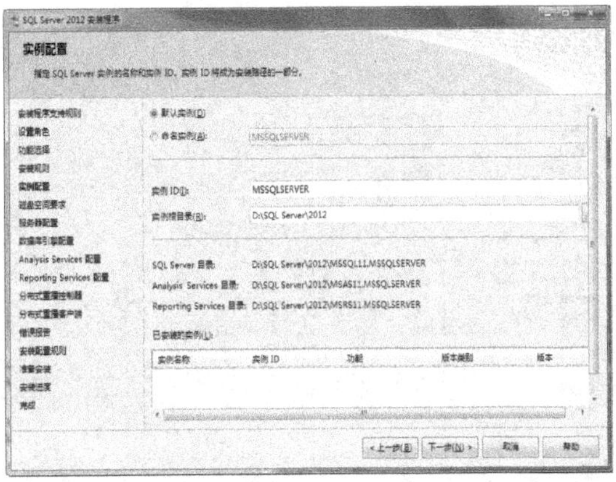

图 1.21 “实例配置”窗口

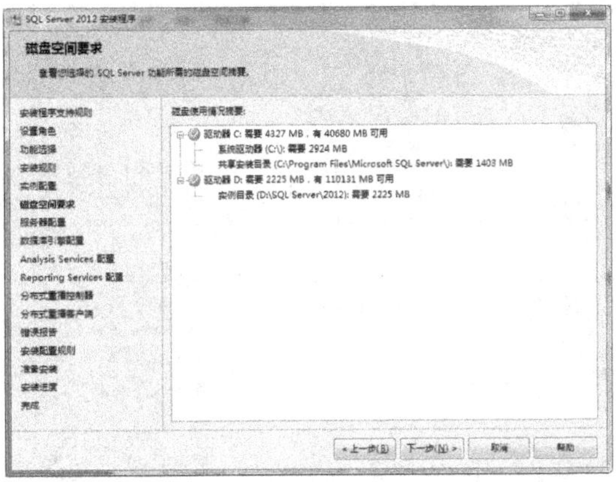

图 1.22 “磁盘空间要求”窗口

（10）打开“服务器配置”窗口。在“服务账户”选项卡中为每个 SQL Server 服务单独配置账户名、密码及启动类型。“账户名”可以在下拉列表中进行选择，也可以单击“对所有 SQL Server 服务器使用相同的账户”按钮，为所有的服务分配一个相同的登录账户。配置完成后的界面如图 1.23 所示，单击“下一步”按钮。

（11）打开“数据库引擎配置”窗口，共包含 3 个选项卡。

在“服务器配置”选项卡中选择身份验证模式。身份验证模式是一种安全模式，用于验证客户端与服务器的连接，它有两个选项：Windows 身份验证模式和混合模式。在 Windows 身份验证模式中，用户通过 Windows 账户连接时，使用 Windows 操作系统用户账户名和密码；混合模式允许用户使用 SQL Server 身份验证或 Windows 身份验证。而建立连接后，系统的安全机制对于两种连接是一样的。这里选中“混合模式”单选按钮为身份验证模式，并为内置的系统管理员“sa”账户设置密码，为了便于介绍，这里密码设为“123456”，如图 1.24 所示。在实际操作过程中，密码要尽量复杂以提高安全性。单击“添加当前用户”按钮，这样该用户（这里为“Administrator”）具有操作该 SQL Server 2012 实例的所有权限。

在“数据目录”选项卡中指定数据库文件存放的位置，这里指定为“D:\SQL Server\2012”，系统把不同类型的数据文件安装在该目录对应的子目录下，如图 1.25 所示。

在“FILESTREAM”选项卡中指定数据库中 T-SQL、文件 I/O 和允许远程用户访问 FILESTREAM，如图 1.26 所示。单击“下一步”按钮。

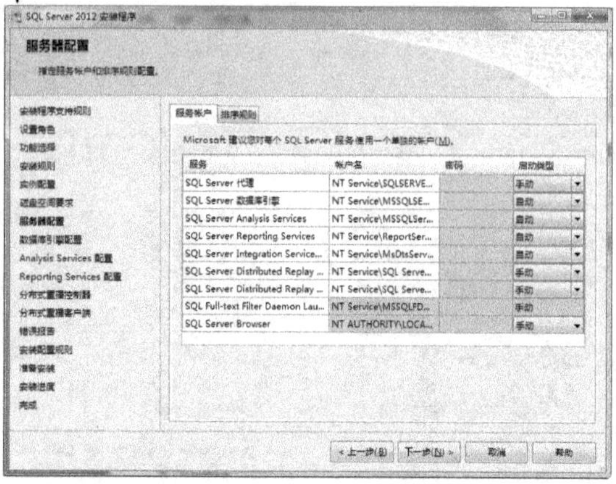

图 1.23 “服务器配置”窗口

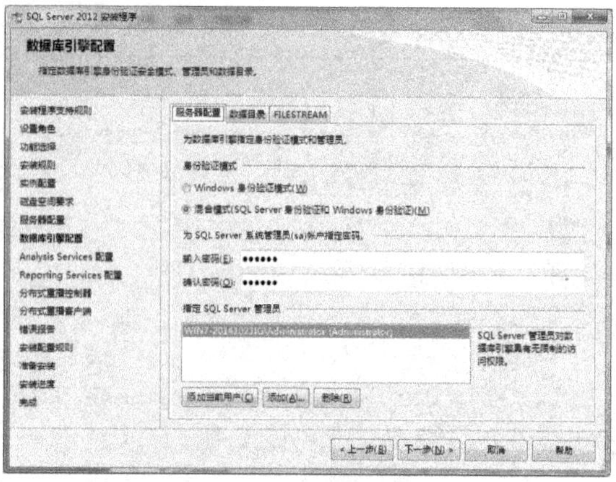

图 1.24 “数据库引擎配置”窗口

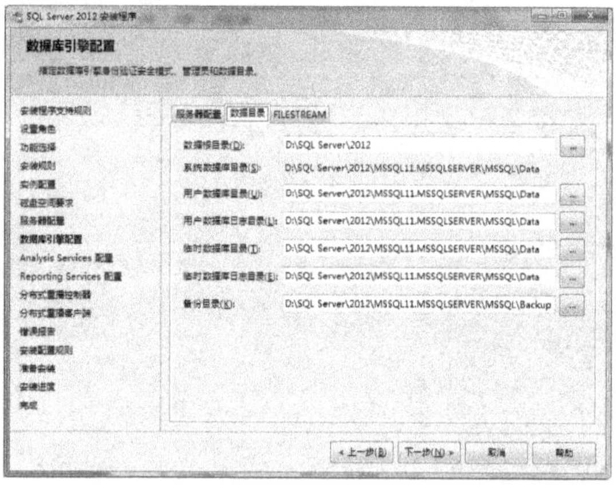

图 1.25 数据目录

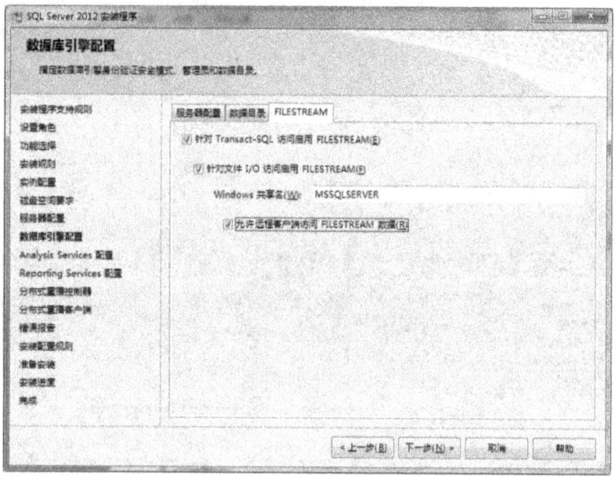

图 1.26 “FILESTREAM”选项卡

如果选择“Analysis Services 配置”、“Reporting Services 配置”和“分布式重播控制器”选项卡，则系统分别打开这些窗口进行配置。

（12）打开“完成”窗口，在此显示为了安装 SQL Server 2012，目前已经安装的程序的状态，如图 1.27 所示。单击“关闭”按钮，打开“错误报告”窗口，如图 1.28 所示。

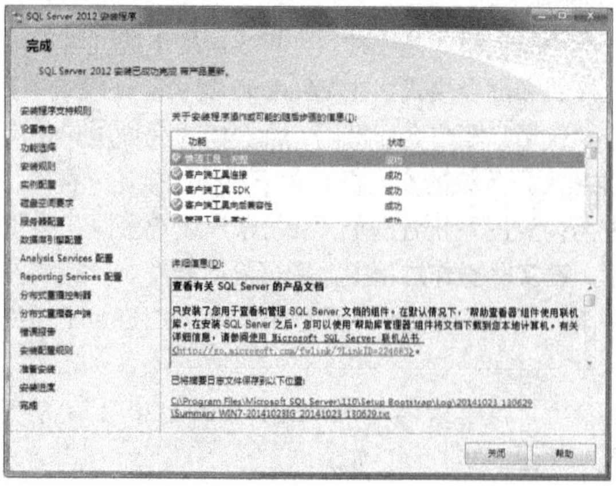

图 1.27 “完成”窗口

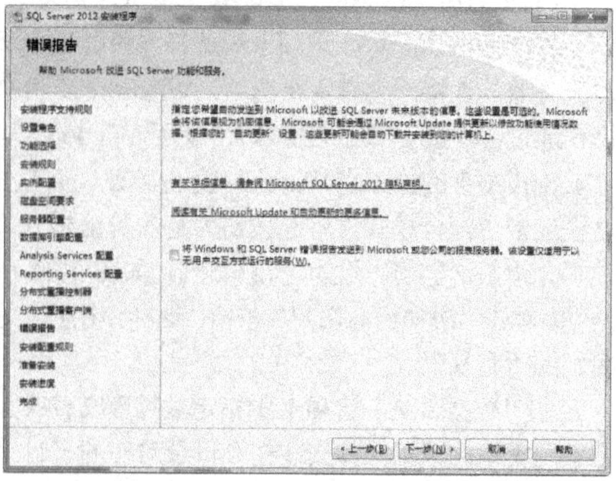

图 1.28 “错误报告”窗口

（13）打开“安装配置规则”窗口，在此用户可了解安装支持文件时是否发现问题。如有问题，解决问题后方可继续，单击“下一步”按钮。

（14）打开“准备安装”窗口，显示“已准备好安装”的内容，其中有的已经安装，如图 1.29 所示。单击“安装”按钮，系统便开始安装。安装结束，系统重新启动计算机。

2. SQL Server 2012 的运行

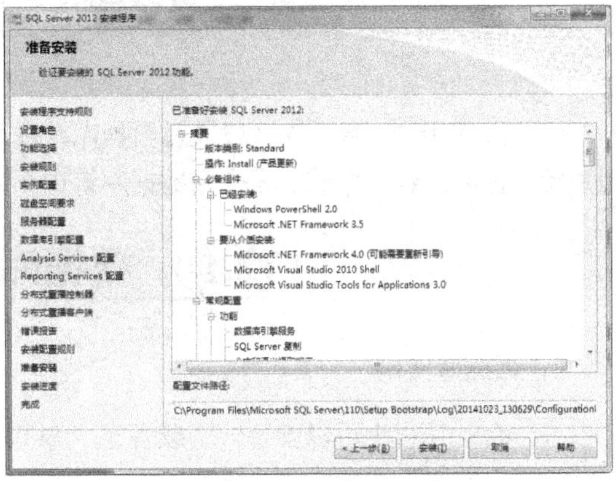

图 1.29　“准备安装”窗口

SQL Server 2012 安装结束后，系统重新启动计算机，在系统的程序菜单中增加了“Microsoft SQL Server 2008”、“Microsoft SQL Server 2012”和“Microsoft Visual Studio 2010”3 个主菜单，每个菜单下包含若干个菜单项，如图 1.30 所示。

选择“Microsoft SQL Server 2012”→“Microsoft SQL Server Management Studio”命令，弹出“连接到服务器”对话框，如图 1.31 所示。根据安装时的选择，可直接单击“连接”按钮，打开“Microsoft SQL Server Management Studio(管理员)”窗口，如图 1.32 所示。

图 1.30　系统菜单

图 1.31　“连接到服务器”对话框

图 1.32　“Microsoft SQL　Server Management Studio(管理员)”窗口

第2章 数据库的创建

在实际应用中，数据库一般通过数据库管理系统创建。SQL Server 2012 是目前较流行的数据库管理系统，在创建数据库前，先介绍数据库管理系统对数据库的管理方法。

2.1 数据库及其数据库对象

1. 数据库实例

在一台计算机上可以安装一个或者多个 SQL Server（不同版本或者同一版本），其中的每一个称为一个数据库实例。一般安装的第 1 个 SQL Server 采用默认实例（在安装时指定）。通过实例名称来区分不同的 SQL Server。

2. 数据库对象

数据库是一个容器，里面重复数据库对象。下面先简单介绍 SQL Server 2012 中所包含的常用数据库对象。

- 表：表是最主要的数据库对象。表由行和列组成，因此也称为二维表。表是存放数据及表示关系的主要形式。

例如，对于学生成绩管理系统，学生信息、课程信息和成绩信息分别存放在学生表、课程表和成绩表中。

- 视图：视图是从一个或多个基本表中引用表。由于视图本身并不存储实际数据，因此也可以称之为虚表。当基本表中的数据发生变化时，从视图中查询出来的数据也随之改变。

例如，对于成绩表，因为其包含学号和课程号，通过成绩表不能直接看出学生姓名、课程名等比较直观的信息。所以，我们可以定义一个学生课程成绩视图，将学生表、课程表与成绩表关联起来，生成一个包含学号、姓名、课程号、课程名和成绩的虚表，打开这个表就能看到这些字段在一起的一个表。同时，视图一经定义，即可像基本表一样被查询、修改、删除和更新。修改、删除和更新的内容会反映到基本表中。

- 索引：表中的记录通常按其输入的时间顺序存放，这种顺序称为记录的物理顺序。为了实现对表记录的快速查询，可以对表的记录按某个或某些字段或它们的组合（称为索引表达式）进行排序，这种顺序称为逻辑顺序。通过逻辑顺序搜索索引表达式的值，可以实现对该类数据记录的快速访问。

例如，在学生表中，对学号字段进行索引，这样按学号进行查找对应学生信息记录时，很快就可进行定位。将学号字段指定为“主键”，在学生表中就不可能存放相同学号的学生记录。

- 约束：约束用于保障数据的一致性与完整性。具有代表性的约束就是主键和外键。主键约束当前表记录的主键字段值的唯一性，外键约束当前表记录与其他表的关系。

例如，在成绩表中，学号作为外键与学生表中的学号（主键）建立关联，以使成绩对应相应的学生。

- 存储过程：存储过程是一组为了完成特定功能的 SQL 语句集合。这个语句集合经过编译后存储在数据库中，存储过程具有接收（输入）参数、输出参数、返回单个或多个值的功能。存储过程独立于表存在。

例如，在学生数据库中，编写若干条 T-SQL 语句计算总学分作为存储过程，可以汇总成绩表相应学生的总学分，然后放到学生表相应的学生总学分字段中。学号作为输入参数，计算制定学生的总学分；输入参数为空，则计算所有学生的总学分。

- 触发器：触发器与表紧密关联。它可以实现更加复杂的数据操作，更加有效地保障数据库系统中数据的完整性和一致性。触发器基于一个表创建，但可以对多个表进行操作。

例如，若在学生表中没有学生，则成绩表的成绩不能输入。

- 默认值：默认值是在用户没有给出具体数据时，系统所自动生成的数值。它是 SQL Server 2008 系统确保数据一致性和完整性的方法。

例如，在学生表中，学号的默认值设置为初始学号，这样增加记录时系统预置了一个初始学号，用户只要修改后面两位，而不需要输入所有号。又如，设置性别的默认值为男，这样增加记录时只需要为女学生修改性别字段内容。

- 用户和角色：用户是指对数据库有存取权限的使用者；角色是指一组数据库用户的集合。
- 规则：规则用来限制表字段的数据范围。

例如，在学生表中，出生时间字段通过采用规则设置为当前日期前的 16 年到 65 年之间。

- 类型：用户可以根据需要在给定的系统类型之上定义自己的数据类型。

例如，可以定义系统的逻辑类型为性别类型，这样我们处理性别数据时可以采用性别类型。

- 函数：用户可以根据需要将系统若干个语句或者系统函数进行组合实现特定功能，定义成自己的函数。然后，在需要该功能处调用该函数。

3. 数据库中的架构

简单地说，架构的作用是将数据库中的所有对象分成不同的集合，每一个集合就称为一个架构。数据库中的每一个用户都会有自己的默认架构。这个默认架构可以在创建数据库用户时由创建者设定，若不设定，则系统默认架构为 dbo。数据库用户只能对属于自己架构中的数据库对象执行相应的数据操作，至于操作的权限则由数据库角色决定。

4. SQL Server 系统数据库

安装 SQL Server 后，下列系统数据库即可生成，它们用于 SQL Serve 系统内部。

（1）master 数据库：它记录 SQL Server 系统的所有系统级信息。包括实例范围的元数据（如登录账户）、端点、链接服务器和系统配置设置。此外，master 数据库还记录了所有其他数据库的存在、数据库文件的位置及 SQL Server 的初始化信息。因此，如果 master 数据库不可用，则 SQL Server 无法启动。

（2）model 数据库：它用作在 SQL Server 实例上创建的所有数据库的模板。当发出 CREATEDATABASE 语句时，将通过复制 model 数据库中的内容来创建数据库的第一部分，然后用空页填充新数据库的剩余部分。如果修改 model 数据库，之后创建的所有数据库都将继承这些修改。例如，可以设置权限或数据库选项或添加对象，如表、函数或存储过程。

如果用特定于用户的模板信息修改 model 数据库，建议备份 model。

（3）tempdb 数据库：tempdb 系统数据库是一个全局资源，可供连接到 SQL Server 实例的所有用户使用。tempdb 中的操作是最小日志记录操作，这将使事务产生回滚。每次启动 SQL Server 时都会重新创建 tempdb，从而在系统启动时总是保持一个干净的数据库副本。在断开连接时会自动删除临时表和存储过程，并且在系统关闭后没有活动连接。因此 tempdb 中不会有内容从一个 SQL Server 会话保存到另一个会话。不允许对 tempdb 进行备份和还原操作。

（4）msdb 数据库：SQL Server 代理使用 msdb 数据库来计划警报和作业，SQL Server Management Studio、Service Broker 和数据库邮件等其他功能也使用该数据库。在进行任何更新 msdb 的操作（如备份或还原任何数据库）后，建议备份 msdb。

（5）resource 数据库：为只读数据库，包含了 SQL Server 中的所有系统对象。SQL Server 系统对象在物理上保留在 resource 数据库中，但在逻辑上显示在每个数据库的 sys 架构中。resource 数据库不包含用户数据或用户元数据。

resource 数据库支持更为轻松、快捷地升级到新的 SQL Server 版本。在早期版本的 SQL Server 中，进行升级需要删除和创建系统对象。由于 resource 数据库文件包含所有系统对象，因此，现在仅通过将单个 resource 数据库文件复制到本地服务器便可完成升级。

5. 文件和文件组

操作系统只能管理文件，当然数据库及其数据库对象仍然存放在文件中，按照文件组方式组织。文件组是一个逻辑名，可以包含若干物理文件。

从系统管理的需求出发，采用多个数据文件来存储数据，可以避免数据文件过大。同时，数据文件存放在不同的硬盘上，可以提高处理速度。

6. FILESTREAM

借助 FILESTREAM，基于 SQL Server 的应用程序可以将非结构化的数据（如文档和图像）存储在文件系统中。应用程序在利用丰富的流式 API 和文件系统性能的同时，还可保持非结构化数据和对应的结构化数据之间的事务一致性。

2.2 通过界面方式创建数据库

创建数据库是对该数据库进行操作的前提，在 Microsoft SQL Server 2012 环境下，创建数据库有两种方式：一种是通过界面方式创建数据库，另一种是通过命令方式创建数据库。

通过 SQL Server 2012 界面创建数据库主要通过“Microsoft SQL Server Management Studio”窗口中所提供的图形化向导进行。

2.2.1 数据库的创建

首先要明确，能够创建数据库的用户必须是系统管理员，或是被授权使用 CREATE DATABASE 语句的用户。

数据库中存放数据记录可能会越来越多。在 SQL Server 中，数据文件和日志文件可以指定初始大小、增长方式和最大容量。当数据库内容初始大小无法存放时，就会按照增长方式增加文件大小，但不能超过最大容量。

创建数据库必须确定数据库名、所有者（即创建数据库的用户）、数据库大小（最初的大小、最大的大小、是否允许增长及增长方式）和存储数据库的文件。

对于新创建的数据库，系统对数据文件的默认值为：初始文件大小为 5MB；最大容量不受限制（仅受硬盘空间的限制）；允许数据库自动增长，增量为 1 MB。

对日志文件的默认值为：文件初始大小为 1 MB；最大容量不受限制（仅受硬盘空间的限制）；允许日志文件自动增长，增长方式为按 10%的比例增长。

下面以创建学生成绩管理系统的数据库（pxscj）为例，说明使用“Microsoft SQL Server Management Studio”窗口图形化向导创建数据库的过程。

【例 2.1】 创建数据库 pxscj，数据文件和日志文件的属性按默认值设置。

创建该数据库的步骤如下。

（1）以系统管理员身份登录计算机，在桌面上选择“开始”→“所有程序”→“Microsoft SQL Server 2012”命令，选择并启动“SQL Server Management Studio”。如图 2.1 所示，使用默认的系统配置连接到数据库服务器。

图 2.1　连接到数据库服务器

> **说明：**
>
> （1）可选择的服务器类型有数据库引擎、Analysis Services、报表服务（Reporting Services）、Integration Services（集成服务），默认的选择类型为数据库引擎类型。
>
> （2）服务器名称的格式为“计算机名/实例名”，因为在安装时使用的是默认实例，所以使用计算机名作为服务器名称。当然，使用计算机的 IP 地址也可以。

单击“连接”按钮，打开“Microsoft SQL Server Management Studio”窗口，并且默认打开“对象资源管理器”面板。

（2）在“对象资源管理器”中选择“数据库”，右击，在弹出的快捷菜单中选择“新建数据库”命令，打开“新建数据库”窗口。

（3）在“新建数据库”窗口的左上方共有 3 个选项卡：“常规”、“选项”和“文件组”。这里只配置“常规”选项卡，其他选项卡使用系统默认设置。

在“新建数据库”窗口的左上方选择“常规”选项卡，在“数据库名称”文本框中填写要创建的数据库名称“pxscj”，也可以在“所有者”文本框中指定数据库的所有者，如 sa。这里使用默认值，其他属性也按默认值设置，如图 2.2 所示。

> **说明：**
>
> （1）单击“路径”选项右面的 … 按钮来自定义路径，默认路径为“D:\ SQL Server\2012\MSSQL11.MSSQLSERVER\MSSQL\DATA”，因为安装 SQL Server 时指定的数据文件路径为“D:\ SQL Server\2012”。
>
> （2）文件组。在 SQL Server 中，数据库存放在数据文件和日志文件中，日志文件记录操作数据库的过程。用户配置这些文件的文件名及其存放路径（位置），以文件组方式进行组织。
>
> 默认情况下，数据库包括一个“行数据”类型文件和一个日志文件，分别对应“PRIMARY”和“不适用”文件组。第一个“行数据”类型文件存放定义数据库的信息和数据，对应的文件扩展名是“.mdf”，日志文件的文件扩展名是“.ldf”。第 2 个“行数据”类型文件称为辅助数据文件，对应的文件扩展名是“.ndf”。日志文件也可以包括多个文件，扩展名一样。
>
> （3）在“文件名”文本框中输入用户自己确定的数据库文件，系统默认的文件名与逻辑名称相同，这里为“pxscj.mdf”和“pxscj_log.ldf”。
>
> （4）初始大小：系统默认为 5MB，用户可以进行修改。当数据库的存储空间大于初始大小时，数据库文件会自动增长。使数据库文件自动增长的方法如下：

单击“自动增长”选项右面的…按钮，弹出如图 2.3 所示的“更改 pxscj 的自动增长设置”对话框，在该对话框中可以设置数据库是否自动增长、增长方式、数据库文件最大文件大小。“日志”类型文件的自动增长设置对话框与“数据”类型文件类似。数据库文件大小、增长方式和路径在这里都使用默认值，确认后单击“确定”按钮。

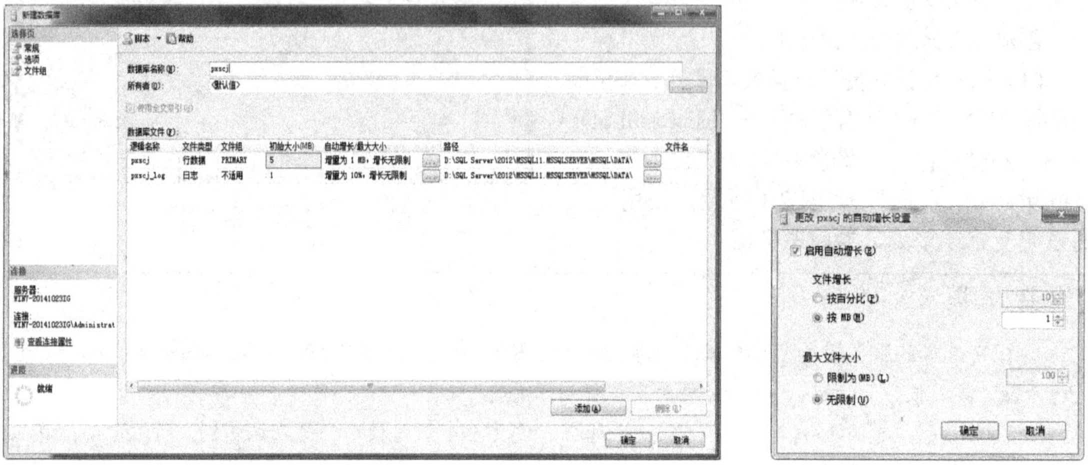

图 2.2 “新建数据库”窗口　　图 2.3 自动增长设置

至此，数据库 pxscj 已经创建完成了。此时，可以在“Microsoft SQL Server Management Studio（管理员）”窗口的“数据库”下找到“pxscj”数据库，在“D:\ SQL Server\2012\MSSQL11.MSSQLSERVER\MSSQL\DATA”目录下找到对应的两个文件，如图 2.4 所示。

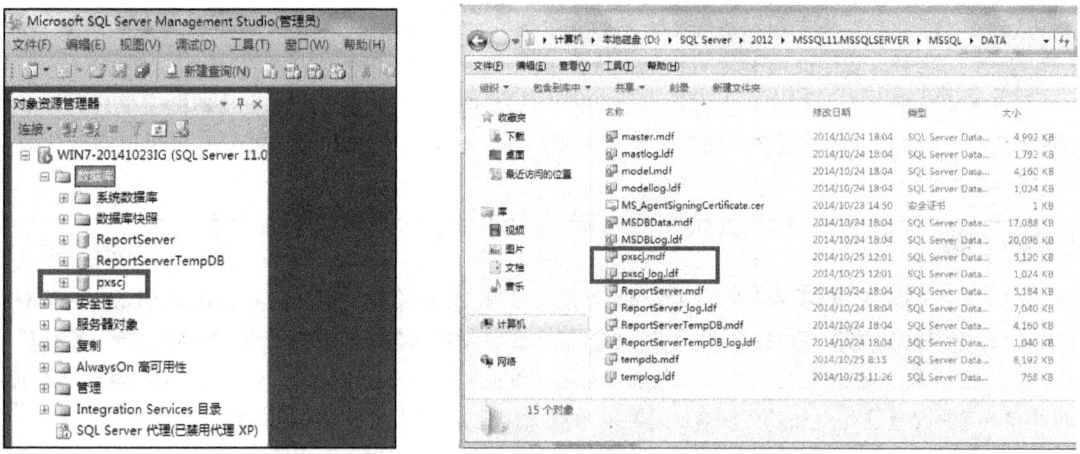

(a) 数据库　　(b) 数据库文件

图 2.4 创建后的 pxscj 数据库

2.2.2 数据库的修改和删除

1. 数据库的修改

数据库成功创建后，数据文件名和日志文件名就不能改变了。对已存在的数据库可以进行的修改包括以下几项。

- 增加或删除数据文件。
- 改变数据文件的大小和增长方式。
- 改变日志文件的大小和增长方式。
- 增加或删除日志文件。
- 增加或删除文件组。
- 重命名数据库。

操作步骤：在“Microsoft SQL Server Management Studio”窗口中选择需要进行修改的数据库（如pxscj），右击，在弹出的快捷菜单中选择“属性”命令，打开如图 2.5 所示的“数据库属性-pxscj”窗口。从图中的“选项页”选项组中可以看出，它包括 9 个选项卡。选择列表中的这些选项卡，可以查看数据库系统的各种属性和状态。

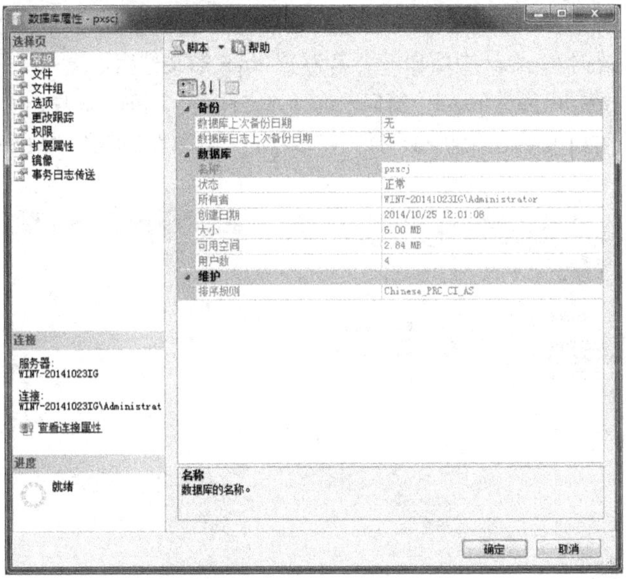

图 2.5　“数据库属性-pxscj”窗口

下面详细介绍对已经存在的数据库可以进行的修改操作。

1）改变数据库文件参数

在“数据库属性-pxscj”窗口中的“选项页”选项组中选择“文件”选项卡，在右边的“初始大小”列中输入要修改的数据，也可修改增长方式。修改方法与创建数据库相同。

2）增加或删除辅助数据文件

当原有数据库的存储空间不够大时，除了可以采用扩大原有数据文件存储容量外，还可以增加新的数据文件（称为辅助数据文件）。

【例 2.2】 在 pxscj 数据库中增加数据文件 pxscj1，其属性均取系统默认值。

操作步骤：打开“数据库属性-pxscj”窗口，在“选项页”选项组中选择“文件”选项卡，单击右下角的“添加”按钮，则在数据库文件下方会新增加一行文件项，如图 2.6 所示。

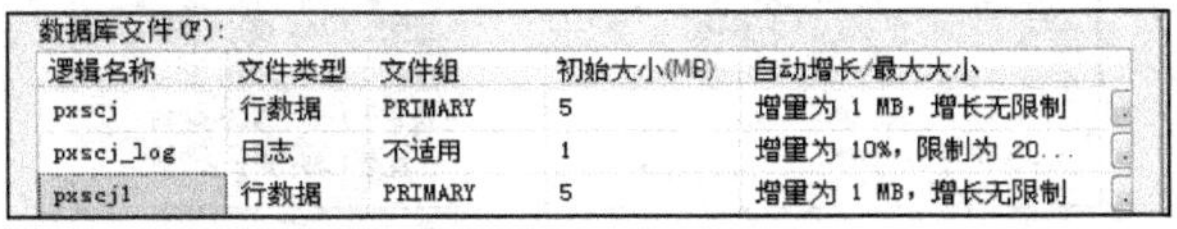

图 2.6　增加数据文件

在“逻辑名称”列中输入数据文件名“pxscj1”，并设置文件的初始大小和增长属性，单击“添加”按钮，完成数据文件的添加。

当不再需要数据库中的某些辅助数据文件时，应及时将其删除。操作步骤：选中需删除的辅助数据文件 pxscj1，单击右下角的“删除”按钮，再单击“确定”按钮即可删除。

> **注意：**
>
> 主数据文件不能被删除，因为在主数据文件中存放着数据库的主要信息和启动信息，若将其删除，数据库将无法启动。

3）增加或删除文件组

数据库管理员从系统管理策略角度出发，有时可能需要增加或删除文件组。这里以示例说明其操作方法。

【例 2.3】 设要在数据库 pxscj 中增加一个名为 FGroup 的文件组。

操作步骤：打开“数据库属性-pxscj”窗口，选择“文件组”选项卡。单击右下角的“添加”按钮，这时在“PRIMARY”行的下面会出现新的一行。在该行的“名称”列输入“MyFGroup”，单击“确定”按钮，如图 2.7 所示。

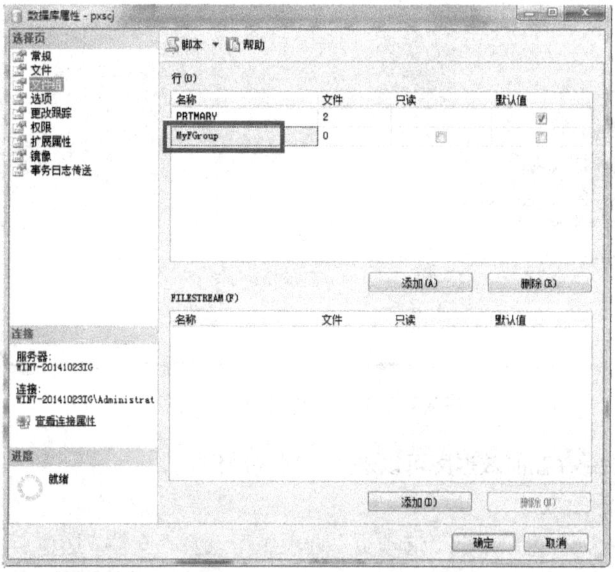

图 2.7 新增文件组

增加了文件组后，即可在新增文件组中加入数据文件。例如，在 pxscj 数据库新增的文件组 MyFGroup 中增加数据文件 pxscj2。

操作步骤：选择“文件”选项卡，按增加数据文件的操作方法添加数据文件。在“文件组”下拉列表中选择“MyFGroup”选项，如图 2.8 所示，单击“确定”按钮。

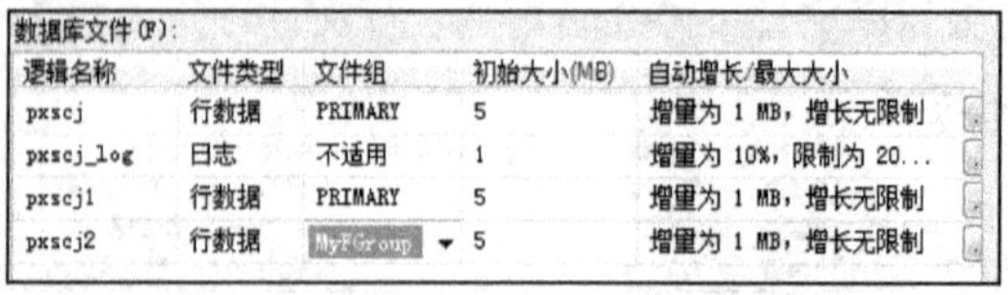

逻辑名称	文件类型	文件组	初始大小(MB)	自动增长/最大大小
pxscj	行数据	PRIMARY	5	增量为 1 MB，增长无限制
pxscj_log	日志	不适用	1	增量为 10%，限制为 20...
pxscj1	行数据	PRIMARY	5	增量为 1 MB，增长无限制
pxscj2	行数据	MyFGroup	5	增量为 1 MB，增长无限制

图 2.8 将数据文件加入新增的文件组中

选中需删除的文件组，单击右下角的“删除”按钮，再单击“确定”按钮即可删除文件组。

> **注意：**
>
> 可以删除用户定义的文件组，但不能删除主文件组（PRIMARY）。删除用户定义的文件组后，该文件组中所有的文件都将被删除。

4）数据库的重命名

在“Microsoft SQL Server Management Studio”窗口中展开“数据库”，选择要重命名的数据库，右击，在弹出的快捷菜单中选择“重命名”命令，输入新的数据库名称即可更改数据库的名称。一般情况下，不建议用户更改已经创建好的数据库名称，因为许多应用程序可能已经使用了该名称，在更改了数据库名称之后，还需要修改相应的应用程序。

2. 数据库的删除

数据库系统在长时间使用之后，系统的资源消耗加剧，导致运行效率下降，因此数据库管理员需要适时地对数据库系统进行一定的调整。通常的做法是把一些不需要的数据库删除，以释放被其占用的系统空间和消耗。用户可以利用图形向导方式轻松地完成数据库的删除工作。

【例 2.4】 删除 pxscj 数据库。

在“Microsoft SQL Server Management Studio”窗口中选择要删除的数据库“pxscj”，右击，在弹出的快捷菜单中选择“删除”命令，弹出如图 2.9 所示的“删除对象”对话框，单击右下角的“确定”按钮即可删除数据库 pxscj。

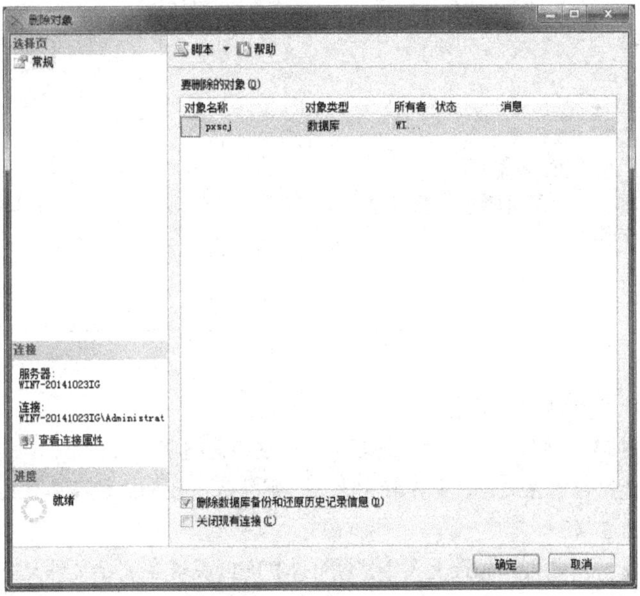

图 2.9　删除数据库

> **注意：**
>
> 删除数据库后，该数据库的所有对象均被删除，将不能再对该数据库做任何操作，因此删除时应十分慎重。由于本书前后所使用的示例数据库“学生成绩管理系统”命名为“pxscj”，所以这里并不删除 pxscj 数据库，以后数据库对象的操作演示都将在该数据库上进行。

2.3 通过命令方式创建数据库

除了可以通过“Microsoft SQL Server Management Studio”的图形界面方式创建数据库外，还可以使用 T-SQL 命令（称之为命令方式）来创建数据库。与界面方式创建数据库相比，命令方式更为常用，使用也更为灵活。

2.3.1 创建数据库：CREATE DATABASE

通过命令方式创建数据库，使用 CREATE DATABASE 命令，创建前要确保用户具有创建数据库的权限。

CREATE DATABASE 命令的主要格式如下。

```
CREATE DATABASE 数据库名
[ON
     [ PRIMARY ]
     [ <数据文件选项>…
     [ , <数据文件组选项> … ]
     [ LOG ON { <日志文件选项> … } ]  ]
     [ COLLATE 排序名 ]
     …
]
```

（1）数据文件选项的语法格式如下。

```
<数据文件选项> =
{  (
    NAME =逻辑文件名,
    FILENAME = { '操作系统文件名' | '存储路径' }
    [ , SIZE =文件初始容量]
    [ , MAXSIZE = { 文件最大容量 | UNLIMITED } ]
    [ , FILEGROWTH = 文件增量 [ 容量 | % ] ]
  )
}
```

说明：

（1）逻辑文件名：数据库使用的名称。

（2）操作系统文件名：操作系统在创建物理文件时使用的路径和文件名。

（3）文件初始容量：对于主文件，若不指出大小，则默认为 model 数据库主文件的大小。对于辅助数据文件，自动设置为 3 MB。

（4）文件最大容量：指定文件的最大大小。UNLIMITED 关键字表示文件大小不受限制，但实际上受磁盘可用空间的限制。如果不指定 MAXSIZE 选项，则文件将增长到磁盘空间满。

（5）文件增量：有百分比和容量值两种格式，前者如 10%，即每次在原来空间大小的基础上增长 10%；后者如 5 MB，即每次增长 5 MB，而不管原来空间大小是多少。

注意：

没有说明的部分参考联机文档，后面不再特别说明。

（2）数据文件组选项的语法格式如下。

```
<数据文件组选项>=
{
    FILEGROUP 文件组名 [ DEFAULT ]
    <文件选项>…
}
```

（1）DEFAULT 关键字：指定命名文件组为数据库中的默认文件组。
（2）<文件选项>：用于指定属于该文件组的文件的属性，其格式描述和数据文件的属性描述相同。

另外，COLLATE 排序名用于指定数据库的默认排序规则。“排序名”既可以是 Windows 排序规则名称，又可以是数据库排序规则名称（默认）。

【例 2.5】 创建一个名为 test1 的数据库，其初始大小为 5 MB，最大为 50 MB，允许数据库自动增长，增长方式是按 10%的比例增长的。日志文件初始为 2 MB，最大可增长到 5 MB，按 1 MB 增长。数据文件和日志文件的存放位置为“D:\SQL Server\2012\Data”。假设 SQL Server 服务已启动，并以系统管理员身份登录计算机。

在“Microsoft SQL Server Management Studio”窗口中单击“新建查询”按钮，新建一个查询窗格，在查询分析器窗格中输入如下 T-SQL 语句并执行。

```
CREATE DATABASE  test1
   ON
   (
      NAME= "test1_data",
      FILENAME="D:\SQL Server\2012\test1.mdf",
      SIZE=5MB,
      MAXSIZE=50MB,
      FILEGROWTH=10%
   )
   LOG ON
   (
      NAME="test1_log",
      FILENAME="D:\SQL Server\2012\test1.ldf",
      SIZE=2MB,
      MAXSIZE=5MB,
      FILEGROWTH=1MB
   );
```

输入完毕后，单击“执行”按钮，如图 2.10 所示。结果窗口将显示命令执行情况。如果消息框中显示错误信息，需要查找原因，然后更正后执行，也可通过调试查找原因。

当命令成功执行后，在“对象资源管理器”面板中展开“数据库”，可以看到，新建的数据库“test1”就显示于其中。如果没有发现“test1”，则选择“数据库”选项，右击，在弹出的快捷菜单中选择“刷新”命令即可。

通过“数据库属性”对话框，可以看到新建立 test1 数据库的各项属性完全符合预定要求。

【例 2.6】 创建一个名为 test2 的数据库，它有两个数据文件，其中主数据文件为 20 MB，最大不限，按 10%的比例增长。有一个辅助数据文件为 20 MB，最大不限，按 10%的比例增长；有一个日志文件，为 50 MB，最大为 100 MB，按 10 MB 增长。

在查询分析器窗格中输入如下 T-SQL 语句并执行。

```
CREATE DATABASE  test2
    ON
    PRIMARY
    (
        NAME = 'test2_data1',
        FILENAME = 'D:\SQL Server\2012\test2_data1.mdf',
        SIZE = 20 MB,
        MAXSIZE = UNLIMITED,
        FILEGROWTH = 10%
    ),
    (
        NAME = 'test2_data2',
        FILENAME = 'D:\SQL Server\2012\test2_data2.ndf',
        SIZE = 20 MB,
        MAXSIZE = UNLIMITED,
        FILEGROWTH = 10%
    )
    LOG ON
    (
        NAME = 'test2_log1',
        FILENAME = 'D:\SQL Server\2012\test2_log1.ldf',
        SIZE = 50 MB,
        MAXSIZE = 100 MB,
        FILEGROWTH = 10 MB
    );
```

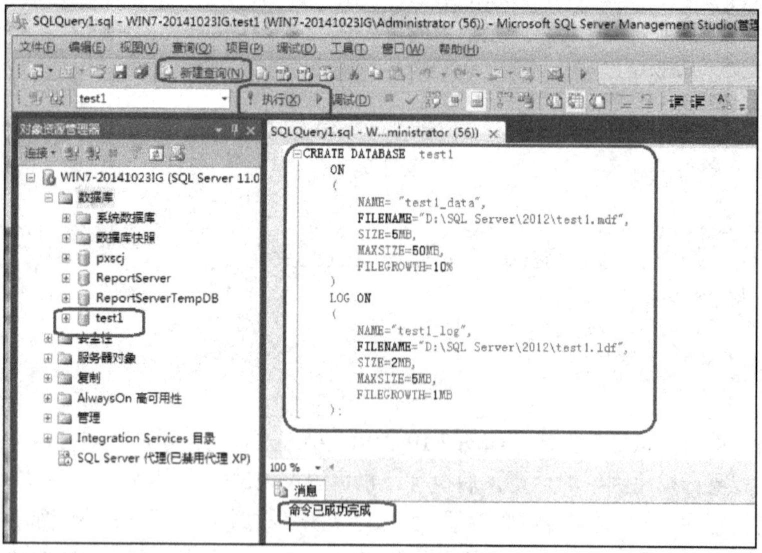

图 2.10　在查询分析器窗格中执行创建数据库命令

注意：

在 FILENAME 中使用的文件扩展名，“.mdf” 用于主数据文件，“.ndf” 用于辅助数据文件，“.ldf” 用于日志文件。FILENAME 选项中指定的数据和日志文件的目录 “D:\SQL Server\2012” 必须存在，否则将产生错误，即创建数据库失败。

【例 2.7】 创建一个具有两个文件组的数据库 test3。要求：

（1）主文件组包括文件 test3_dat1，文件初始大小为 20 MB，最大为 60 MB，按 5 MB 增长。

（2）有一个文件组名为 test3Group1，包括文件 test3_dat2，文件初始大小为 10 MB，最大为 30 MB，按 10%的比例增长。

在查询分析器窗格中输入如下 T-SQL 语句并执行。

```
CREATE DATABASE  test3
    ON
    PRIMARY
    (
        NAME ='test3_dat1',
        FILENAME = 'D:\SQL Server\2012\test3_dat1.mdf',
        SIZE = 20MB,
        MAXSIZE = 60MB,
        FILEGROWTH = 5MB
    ),
    FILEGROUP  test3Group1
    (
        NAME ='test3_dat2',
        FILENAME = 'D:\SQL Server\2012\test3_dat2.ndf',
        SIZE = 10MB,
        MAXSIZE = 30MB,
        FILEGROWTH = 10%
    )
```

2.3.2　修改数据库：ALTER DATABASE

使用 ALTER DATABASE 命令可对数据库进行修改，语法格式如下。

```
ALTER DATABASE 数据库名
{   ADD FILE <文件选项>… [TO FILEGROUP 文件组名 ]        /*在文件组中增加数据文件*/
   | ADD LOG FILE <文件选项>…                            /*增加日志文件*/
   | REMOVE FILE 逻辑文件名                              /*删除数据文件*/
   | ADD FILEGROUP 文件组名 […]                          /*增加文件组*/
   | REMOVE FILEGROUP 文件组名                           /*删除文件组*/
   | MODIFY FILE <文件选项>                              /*更改文件属性*/
   | MODIFY NAME = 新数据库名                            /*数据库更名*/
   | MODIFY FILEGROUP 文件组名
   {     <文件组可更新选项>
         | DEFAULT
         | NAME = 新文件组名
   }                                                     /*更改文件组属性*/
   | SET <属性选项>… [ WITH <终止> ]                     /*设置数据库属性*/
   | COLLATE 排序名                                      /*指定数据库排序规则*/
}
```

1. 命令主体

ALTER DATABASE 命令主体结构说明如下。

（1）ADD FILE 子句：向数据库添加数据文件，<文件属性>给出文件的属性，其构成参见 CREATE

DATABASE 语法说明。关键字 TO FILEGROUP 指出了添加的数据文件所在的文件组名，若省略，则为主文件组。

（2）ADD LOG FILE 子句：向数据库添加日志文件，<文件属性>给出日志文件的属性。

（3）REMOVE FILE 子句：从数据库中删除数据文件，被删除的数据文件由其中的参数“逻辑文件名”给出。当删除一个数据文件时，逻辑文件与物理文件全部被删除。

（4）ADD FILEGROUP 子句：向数据库中添加文件组，被添加的文件组名由参数“文件组名”给出。

（5）REMOVE FILEGROUP 子句：删除文件组，被删除的文件组名由参数“文件组名”给出。

（6）MODIFY FILE 子句：修改数据文件的属性，被修改文件的逻辑名由<文件属性>的 NAME 选项给出，可以修改的文件属性包括 FILENAME、SIZE、MAXSIZE 和 FILEGROWTH，但要注意，一次只能修改其中的一个属性。修改文件大小时，修改后的大小不能小于当前文件的大小。

（7）MODIFY NAME 子句：更改数据库名，新的数据库名由参数“新数据库名”给出。

（8）MODIFY FILEGROUP 子句：用于修改文件组的属性。“文件组名”为要修改的文件组名称。

- <文件组可更新选项>：设置文件组读写权限。
- DEFAULT 选项：表示将默认数据库文件组改为指定文件组。
- NAME 选项：用于将文件组名称改为新文件组名。

（9）SET 子句：用于设置数据库的属性，<属性选项>中指定了要修改的属性。例如，设为 READ_ONLY 时，用户可以从数据库读取数据，但不能修改数据库。其他属性请参考 SQL Server 联机丛书。

2. 文件组可更新选项

其语法格式如下。

```
<文件组可更新选项>::=
{
    { READONLY | READWRITE }
  | { READ_ONLY | READ_WRITE }
}
```

（1）READONLY 和 READ_ONLY 选项：用于将文件组设为只读。

（2）READWRITE 和 READ_WRITE 选项：将文件组设为读/写模式。

一般使用 READ_ONLY 和 READ_WRITE，另外两个选项将在以后的版本中删除。

【例 2.8】 假设已经创建了数据库 test1，它只有一个主数据文件，其逻辑文件名为 test1_data，大小为 5 MB，最大为 50 MB，增长方式为按 10%的比例增长。

要求：修改数据库 test1 现有数据文件 test1_data 的属性，将主数据文件的最大容量改为 100 MB，增长方式改为按每次 5 MB 增长。

在查询分析器窗格中输入如下 T-SQL 语句并执行。

```
ALTER DATABASE test1
   MODIFY FILE
   (
      NAME ='test1_data',
      MAXSIZE =100 MB,                    /*将主数据文件的最大容量改为 100 MB*/
      FILEGROWTH = 5 MB                   /*将主数据文件的增长方式改为按 5 MB 增长*/
   )
GO
```

单击“执行”按钮执行输入的 T-SQL 语句，右击“对象资源管理器”中的“数据库”选项，在弹出的快捷菜单中选择“刷新”命令，之后右击数据库 test1 的图标，在弹出的快捷菜单中选择“属性”命令，在“文件”选项卡中查看修改后的数据文件。

> **注意：**
>
> GO 命令不是 T-SQL 语句，但它是 SSMS 代码编辑器识别的命令。SQL Server 实用工具将 GO 命令解释为应该向 SQL Server 实例发送当前批 T-SQL 语句的信号。当前批语句由上一个 GO 命令后输入的所有语句组成，如果是第一条 GO 命令，则由会话或脚本开始后输入的所有语句组成。
>
> GO 命令和 T-SQL 语句不能在同一行中，否则运行时会发生错误。

【例 2.9】 先为数据库 test1 增加数据文件 test1bak，然后删除该数据文件。

在查询分析器窗格中输入如下 T-SQL 语句并执行。

```
ALTER DATABASE test1
   ADD FILE
   (
      NAME = 'test1bak',
      FILENAME = 'D:\SQL Server\2012\test1bak.ndf',
      SIZE = 10 MB,
      MAXSIZE = 50 MB,
      FILEGROWTH = 5%
   )
```

通过查看“数据库属性”窗口中的文件属性来观察数据库 test1 是否增加数据文件 test1bak。

删除数据文件 test1bak 的命令如下。

```
ALTER DATABASE test1
   REMOVE FILE test1bak
GO
```

【例 2.10】 为数据库 test1 添加文件组 fgroup，并为此文件组添加两个大小均为 10 MB 的数据文件。

在查询分析器窗格中输入如下 T-SQL 语句并执行。

```
ALTER DATABASE test1
   ADD FILEGROUP fgroup
GO
ALTER DATABASE test1
   ADD FILE
   (
      NAME = 'test1_data2',
      FILENAME = 'D:\SQL Server\2012\test1_data2.ndf',
      SIZE = 10 MB
   ),
   (
      NAME = 'test1_data3',
      FILENAME = 'D:\SQL Server\2012\test1_data3.ndf',
      SIZE = 10 MB
   )
   TO FILEGROUP fgroup
GO
```

【例 2.11】 从数据库中删除文件组，将添加到 test1 数据库中的文件组 fgroup 删除。

> **注意：**
>
> 被删除的文件组中的数据文件必须先删除，且不能删除主文件组。

在查询分析器窗格中输入如下 T-SQL 语句并执行。

```
ALTER DATABASE  test1
   REMOVE FILE  test1_data2
GO
ALTER DATABASE  test1
   REMOVE FILE  test1_data3
GO
ALTER DATABASE  test1
   REMOVE FILEGROUP fgroup
GO
```

【例 2.12】 为数据库 test1 添加一个日志文件。
在查询分析器窗格中输入如下 T-SQL 语句并执行。

```
ALTER DATABASE  test1
   ADD LOG FILE
   (
      NAME = ' test1_log2',
      FILENAME = ' D:\SQL Server\2012\test1_log2.ldf',
      SIZE = 5 MB,
      MAXSIZE =10 MB,
      FILEGROWTH = 1 MB
   )
GO
```

【例 2.13】 从数据库 TEST1 中删除一个日志文件，将日志文件 TEST1_LOG2 删除。
将数据库 TEST1 的名改为 just_test3。进行此操作时必须保证该数据库此时没有被其他任何用户使用。
在查询分析器窗格中输入如下 T-SQL 语句并执行。

```
ALTER DATABASE TEST1
   REMOVE FILE TEST1_LOG2
GO
ALTER DATABASE test3
   MODIFY NAME = just_test3
GO
```

> **注意：**
>
> 不能删除主日志文件。

2.3.3 删除数据库：DROP DATABASE

删除数据库使用 DROP DATABASE 命令。其语法格式如下。

```
DROP DATABASE 数据库名…
```

其中，“数据库名”是要删除的数据库名。例如，要删除数据库 test2，使用如下命令。

```
DROP DATABASE test2
GO
```

注意：

使用 DROP DATABASE 语句不会出现确认信息，所以要慎用。另外，不能删除系统数据库，否则将导致服务器无法使用。

2.3.4　数据库快照：AS SNAPSHOT

数据库快照就是指数据库在某一指定时刻的情况，数据库快照提供了源数据库在创建快照时刻的只读、静态视图。虽然数据库在不断变化，但数据库快照一旦创建就不能再改变。多个快照可以位于一个源数据库中，并且可以作为数据库始终驻留在同一服务器实例上。创建快照时，每个数据库快照在事务上与源数据库一致。在被数据库所有者显式删除之前，快照始终存在。

快照可用于报表。另外，如果源数据库出现用户错误，还可将源数据库恢复到创建快照时的状态。丢失的数据仅限于创建快照后数据库更新的数据。

创建数据库快照也使用 CREATE DATABASE 命令。其语法格式如下。

```
CREATE DATABASE 数据库快照名
    ON(
        NAME = 逻辑文件名,
        FILENAME = '操作系统文件名'
    ) [, … ]
    AS SNAPSHOT OF 源数据库名
```

说明：

（1）数据库快照名：数据库快照的名称，这个名称在 SQL Server 实例中必须唯一且符合标识符规则。

（2）ON 子句：若要创建数据库快照，要在源数据库中指定文件列表。若要使快照工作，则必须分别指定所有数据文件。其中，NAME 是逻辑文件名，FILENAME 是操作系统文件名（包含路径）。日志文件不允许用于数据库快照。

（3）AS SNAPSHOT OF 子句：指定要创建的快照为“源数据库名”指定的数据库的快照。数据库快照必须与源数据库处于同一实例中。

注意：

创建了数据库快照之后，快照的源数据库就会存在一些限制。若不能对数据库删除、分离或还原；源数据库的性能会受到影响；不能从源数据库或其他快照上删除文件；源数据库必须处于在线状态。

【例 2.14】 创建 test1 数据库的快照 test1_s1。

在查询分析器窗格中输入以下 T-SQL 语句并执行。

```
CREATE DATABASE test1_s1
    ON
    (
        NAME=test1,
        FILENAME='D:\SQL Server\2012\test1_s1.mdf'
    )
```

```
    AS SNAPSHOT OF test1
GO
```

命令执行成功之后，在“对象资源管理器”面板中刷新“数据库”选项，展开“数据库”。选择“数据库快照”选项，即可看见刚刚创建的数据库快照 test1_s1。

注意，由于 SQL Server 2012 标准版不支持数据库快照，所以运行该命令会显示错误信息，如图 2.11 所示。

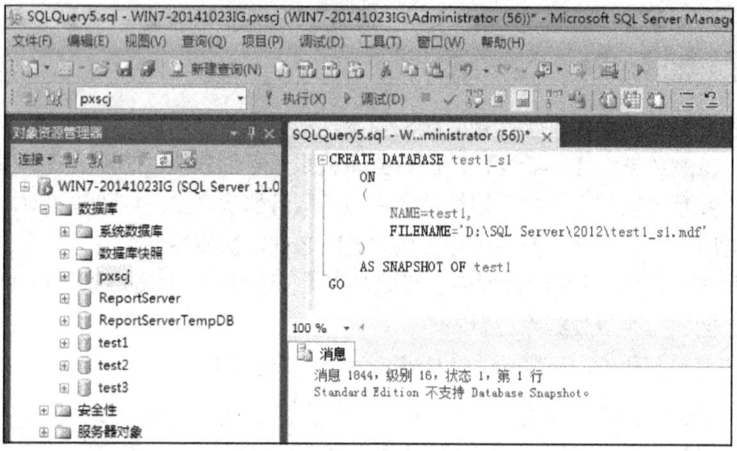

图 2.11　错误信息

删除数据库快照的方法和删除数据库的方法完全相同，可以使用界面方式删除，也可以使用命令方式删除。例如：

```
DROP DATABASE test1_01;
```

习　题

1．简述 SQL Server 2012 的数据库对象和数据类型。

2．创建学生成绩（pxscj）数据库。

3．写出创建产品销售数据库 cpxs 的 T-SQL 语句：数据库初始大小为 10 MB，最大容量为 100 MB，数据库自动增长，增长方式是按 10%的比例增长；日志文件初始为 2 MB，最大可增长到 5 MB（默认为不限制），按 1 MB 增长（默认是按 10%的比例增长）；其余参数自定。

5．将创建的 cpxs 数据库的增长方式改为按 5 MB 增长。

6．创建 pxscj 数据库的数据库快照。

第3章 表的创建和操作

创建数据库之后，下一步就需要建立数据库表。表是数据库中最基本的数据对象，用于存放数据库中的数据。对表中数据的操作包括添加、修改、删除、查询等。

3.1 表结构和数据类型

3.1.1 表和表结构

每个数据库包含了若干个表。表是 SQL Server 中最主要的数据库对象，它是用来存储数据的一种逻辑结构。表由行和列组成，因此也称为二维表。表是在日常工作和生活中经常使用的一种表示数据及其关系的形式，表 3.1 就是用来表示学生情况的一个“学生”表。

表 3.1 “学生”表

学号	姓名	性别	出生时间	专业	总学分	备注
191301	王林	男	1990-2-10	计算机	50	
191302	程明	男	1991-2-1	计算机	50	
191303	王燕	女	1989-10-6	计算机	50	
191304	韦严平	男	1990-8-26	计算机	50	
191306	李方方	男	1990-11-20	计算机	50	
191307	李明	男	1990-5-1	计算机	54	提前修完《数据结构》
191308	林一帆	男	1989-8-5	计算机	52	班长
……						

每个表都有一个名称，以标识该表。表 3.1 的名称是“学生”，它共有 7 列，每一列也都有一个名称称为列名（一般用标题作为列名），描述了学生某一方面的属性。每个表由若干行组成，表的第一行为各列标题，其余各行都是数据。

下面简单介绍与表有关的几个概念。

（1）表结构。组成表的各列的名称及数据类型，统称为表结构。

（2）记录。每个表包含了若干行数据，它们是表的“值”，表中的一行称为一个记录。因此，表是记录的有限集合。

（3）字段。每个记录由若干个数据项构成，将构成记录的每个数据项称为字段。例如，表 3.1 中的表结构为（学号，姓名，性别，出生时间，专业，总学分，备注），包含 7 个字段，由 5 个记录组成。

（4）空值。空值（NULL）通常表示未知、不可用或将在以后添加的数据。若一个列允许为空值，则向表中输入记录值时可不为该列给出具体值；而一个列若不允许为空值，则在输入时必须给出具体值。

（5）关键字。若表中记录的某一字段或字段组合能唯一标识记录，则称该字段或字段组合为候选关键字（Candidate Key）。若一个表有多个候选关键字，则选定其中一个为主关键字（Primary Key），也称为主键。当一个表仅有唯一的一个候选关键字时，该候选关键字就是主关键字。这里的主关键字与第 1 章中的主码所起的作用是相同的，都用来唯一标识记录行。

例如，在“学生”表中，两个及其以上记录的姓名、性别、出生时间、专业、总学分和备注这 6 个字段的值有可能相同，但是学号字段的值对表中所有记录来说一定不同，即通过学号字段可以将表中的不同记录区分开来。因此，学号字段是唯一的候选关键字，学号就是主关键字。

又如，“学生成绩”表记录的候选关键字是（学号，课程号）字段组合，它也是唯一的候选关键字。

注意：

表的关键字不允许为空值。空值不能与数值数据 0 或字符类型的空字符混为一谈。任意两个空值都不相等。

3.1.2 数据类型

设计数据库表结构，除了表属性外，主要就是设计列属性。在表中创建列时，必须为其指定数据类型，列的数据类型决定了数据的取值、范围和存储格式。

列的数据类型可以是 SQL Server 提供的系统数据类型，也可以是用户定义的数据类型。SQL Server 提供的数据类型如表 3.2 所示。

表 3.2 SQL Server 提供的数据类型

数据类型	符号标识
整数型	bigint、int、smallint、tinyint
精确数值型	decimal、numeric
浮点型	float、real
货币型	money、smallmoney
位型	bit
字符型	char、varchar、varchar(MAX)
Unicode 字符型	nchar、nvarchar、nvarchar(MAX)
文本型	text、ntext
二进制型	binary、varbinary、varbinary(MAX)
日期时间类型	datetime、smalldatetime、date、time、datetime2、datetimeoffset
时间戳型	timestamp
图像型	image
其他	cursor、sql_variant、table、uniqueidentifier、xml、hierarchyid

在讨论数据类型时，使用了精度、小数位数和长度 3 个概念，前两个概念针对数值型数据，它们的含义如下。

- 精度：指数值数据中所存储的十进制数据的总位数。
- 小数位数：指数值数据中小数点右边可以有的数字位数的最大值。例如，数值数据 3890.587 的精度是 7，小数位数是 3。
- 长度：指存储数据所使用的字节数。

下面分别说明常用的系统数据类型。

1．整数型

整数型包括 bigint、int、smallint 和 tinyint，从标识符的含义就可以看出，它们的表示数范围逐渐缩小。

（1）bigint：大整数，数范围为-2^{63}～$2^{63}-1$，其精度为 19，小数位数为 0，长度为 8 字节。

（2）int：整数，数范围为-2^{31}～$2^{31}-1$，其精度为 10，小数位数为 0，长度为 4 字节。

（3）smallint：短整数，数范围为-2^{15}～$2^{15}-1$，其精度为 5，小数位数为 0，长度为 2 字节。

（4）tinyint：微短整数，数范围为 0～255，其精度为 3，小数位数为 0，长度为 1 字节。

2．精确数值型

精确数值型数据由整数部分和小数部分构成，其所有的数字都是有效位，能够以完整的精度存储十进制数。精确数值型包括 decimal 和 numeric 两类。但这两种数据类型在功能上完全等价。

声明精确数值型数据的格式是 numeric | decimal(*p*[,*s*])，其中 *p* 为精度，*s* 为小数位数，*s* 的默认值为 0。例如，指定某列为精确数值型，精度为 6，小数位数为 3，即 decimal(6,3)，那么当向某记录的该列赋值 56.342 689 时，该列实际存储的是 56.343。

decimal 和 numeric 可存储$-10^{38}+1$～$10^{38}-1$ 的固定精度和小数位的数字数据，它们的存储长度随精度变化而变化，最少为 5 字节，最多为 17 字节。

> **注意：**
>
> 声明精确数值型数据时，其小数位数必须小于精度。在给精确数值型数据赋值时，必须使所赋数据的整数部分位数不大于列的整数部分的长度。

3．浮点型

浮点型也称近似数值型。顾名思义，这种类型不能提供精确表示数据的精度，使用这种类型来存储某些数值时，有可能会损失一些精度，所以它可用于处理取值范围非常大且对精确度要求不太高的数值量，如一些统计量。

有两种浮点型数据类型：float[(*n*)]和 real，两者通常都使用科学计数法表示数据，即形为尾数 E 阶数，如 5.6432E20、–2.98E10、1.287659E–9 等。

（1）real：使用 4 字节存储数据，表数范围为–3.40E+38～3.40E+38，数据精度为 7 位有效数字。

（2）float：float 型数据的数范围为–1.79E+308～1.79E+308。定义中 *n* 的取值范围是 1～53，用于指示其精度和存储大小。当 *n* 在 1～24 之间时，实际上将定义一个 real 型数据，存储长度为 4 字节，精度为 7 位有效数字。

当 *n* 在 25～53 之间时，存储长度为 8 字节，精度为 15 位有效数字。当省略 *n* 时，代表 *n* 在 25～53 之间。

4．货币型

SQL Server 提供了两个专门用于处理货币的数据类型：money 和 smallmoney。它们用十进制数表示货币值。

（1）money：数据的数范围为-2^{63}～$2^{63}-1$，其精度为 19，小数位数为 4，长度为 8 字节。money 的数范围与 bigint 相同，不同的只是 money 型有 4 位小数。实际上，money 就是按照整数进行运算的，只是将小数点固定在末 4 位。

（2）smallmoney：数范围为-2^{31}～$2^{31}-1$，其精度为 10，小数位数为 4，长度为 4 字节。

可见 smallmoney 与 int 的关系就如同 money 与 bigint 的关系。

当向表中插入 money 或 smallmoney 类型的值时，必须在数据前面加上货币表示符号（$），并且数据中间不能有逗号（,）；若货币值为负数，则需要在符号$的后面加上负号（-）。例如，$15 000.32、$680、$-20 000.9088 都是正确的货币数据表示形式。

5．位型

SQL Server 的位（bit）型数据相当于其他语言中的逻辑型数据，它只存储 0 和 1，长度为 1 字节。但要注意，SQL Server 对表中 bit 类型列的存储进行了优化：如果一个表中有不多于 8 个的 bit 列，则这些列将作为 1 字节存储；如果表中有 9～16 个 bit 列，则这些列将作为 2 字节存储，更多列的情况依此类推。

当为 bit 类型数据赋 0 时，其值为 0，而赋非 0（如 100）时，其值为 1。

字符串值 TRUE 和 FALSE 可以转换为以下 bit 值：TRUE 转换为 1，FALSE 转换为 0。

6．字符型

字符型数据用于存储字符串，字符串中可包括字母、数字和其他特殊符号（如#、@、&等）。在输入字符串时，需将串中的符号用单引号或双引号括起来，如'abc'、"Abc<Cde"。

SQL Server 字符型包括两类：固定长度（char）或可变长度（varchar）字符数据类型。

（1）char[(*n*)]：定长字符数据类型，其中 *n* 定义字符型数据的长度，*n* 在 1～8000 之间，默认为 1。当表中的列定义为 char(*n*)类型时，若实际存储的串长度不足 *n*，则在串的尾部添加空格以达到长度 *n*，所以 char(*n*)的长度为 *n*。

例如，某列的数据类型为 char(20)，而输入的字符串为"ahjm1922"，则存储的是字符 ahjm1922 和 12 个空格。若输入的字符个数超出了 *n*，则超出的部分被截断。

（2）varchar[(*n*)]：变长字符数据类型，其中，*n* 的规定与定长字符型 char 中的 *n* 完全相同，但这里 *n* 表示的是字符串可达到的最大长度。

varchar(*n*)的长度为输入字符串的实际字符个数，而不一定是 *n*。例如，表中某列的数据类型为 varchar(100)，而输入的字符串为"ahjm1922"，则存储的就是字符 ahjm1922，其长度为 8 字节。当列中的字符数据值长度接近一致时，如姓名，此时可使用 char；当列中的数据值长度显著不同时，使用 varchar 较为恰当，可以节省存储空间。

7．Unicode 字符型

Unicode 是“统一字符编码标准”，用于支持国际上非英语语种的字符数据的存储和处理。SQL Server 的 Unicode 字符型可以存储 Unicode 标准字符集定义的各种字符。

Unicode 字符型包括 nchar[(*n*)]和 nvarchar[(*n*)]两类。nchar 是固定长度 Unicode 数据的数据类型，nvarchar 是可变长度 Unicode 数据的数据类型，二者均使用 Unicode UCS-2 字符集。

（1）nchar[(*n*)]：为包含 *n* 个字符的固定长度 Unicode 字符型数据，*n* 的值在 1～4000 之间，长度为 2*n* 字节。若输入的字符串长度不足 *n*，将以空白字符补足。

（2）nvarchar[(*n*)]：为最多包含 *n* 个字符的可变长度 Unicode 字符型数据，*n* 的值在 1～4000 之间，默认为 1。长度是所输入字符个数的两倍。

实际上，nchar、nvarchar 与 char、varchar 的使用非常相似，只是字符集不同（前者使用 Unicode 字符集，后者使用 ASCII 字符集）。

8．文本型

当需要存储大量的字符数据，如较长的备注、日志信息等时，字符型数据最长 8000 个字符的限制可能使它们不能满足这种应用需求，此时可使用文本型数据。

文本型包括 text 和 ntext 两类，分别对应 ASCII 字符和 Unicode 字符。

（1）text 类型：可以表示最大长度为 $2^{31}-1$ 个字符，其数据的存储长度为实际字符数个字节。

（2）ntext 类型：可表示最大长度为 $2^{30}-1$ 个 Unicode 字符，其数据的存储长度是实际字符个数的两倍（以字节为单位）。

9. 二进制型

二进制数据类型表示的是位数据流，包括 binary（固定长度）和 varbinary（可变长度）两种。

（1）binary [(*n*)]：固定长度的 *n* 字节的二进制数据。*n* 的取值范围为 1～8000，默认为 1。binary(*n*)数据的存储长度为 *n*+4 字节。若输入的数据长度小于 *n*，则不足部分用 0 填充；若输入的数据长度大于 *n*，则多余部分被截断。

（2）varbinary [(*n*)]：*n* 字节变长二进制数据。*N* 的取值范围为 1～8000，默认为 1。varbinary(*n*)数据的存储长度为实际输入数据长度+4 字节。

10. 日期时间类型

日期时间类型数据用于存储日期和时间信息。日期时间数据类型包括 datetime、smalldatetime、date、time、datetime2 和 datetimeoffset。

（1）datetime：datetime 类型可表示的日期范围从 1753 年 1 月 1 日到 9999 年 12 月 31 日，精确度为 0.003s（3.33ms 或 0.00333s）。例如，1～3ms 的值都表示为 0ms，4～6ms 的值都表示为 4ms。

datetime 类型数据长度为 8 字节，日期和时间分别使用 4 字节存储。前 4 字节用于存储 datetime 类型数据中距 1900 年 1 月 1 日的天数。若为正数，表示日期在 1900 年 1 月 1 日之后，若为负数，则表示日期在 1900 年 1 月 1 日之前。后 4 字节用于存储 datetime 类型数据中距 12:00（24 小时制）的毫秒数。

用户以字符串形式输入 datetime 类型数据，系统也以字符串形式输出 datetime 类型数据。通常将用户输入到系统及系统输出的 datetime 类型数据的字符串形式称为 datetime 类型数据的“外部形式”，而将 datetime 在系统内的存储形式称为“内部形式”。SQL Server 负责 datetime 类型数据的两种表现形式之间的转换，包括合法性检查。

用户给出 datetime 类型数据值时，日期部分和时间部分分别给出。

日期部分的表示形式常用的格式如表 3.3 所示。

表 3.3 日期部分的表示形式常用的格式

日 期	格 式
年 月 日	2001 Jan 20、2001 January 20
年 日 月	2001 20 Jan
月 日[,]年	Jan 20 2001、Jan 20,2001、Jan 20,01
月 年 日	Jan 2001 20
日 月[,]年	20 Jan 2001、20 Jan,2001
日 年 月	20 2001 Jan
年（4 位数）	2001 表示 2001 年 1 月 1 日
年月日	20010120、010120
月/日/年	01/20/01、1/20/01、01/20/2001、1/20/2001
月-日-年	01-20-01、1-20-01、01-20-2001、1-20-2001
月.日.年	01.20.01、1.20.01、01.20.2001、1.20.2001

说明：

年可用 4 位或两位表示，月和日可用 1 位或两位表示。

时间部分常用的表示格式如表 3.4 所示。

表 3.4 时间部分常用的表示格式

时　间	格　式
时:分	10:20、08:05
时:分:秒	20:15:18、20:15:18.2
时:分:秒:毫秒	20:15:18:200
时:分 AM/PM	10:10AM、10:10PM

（2）smalldatetime：smalldatetime 类型数据可表示从 1900 年 1 月 1 日到 2079 年 6 月 6 日的日期和时间，数据精确到分，即 29.998 s 或更低的值向下舍入为最接近的分，29.999 s 或更高的值向上舍入为最接近的分钟。

smalldatetime 类型数据的存储长度为 4 字节，前 2 字节用来存储 smalldatetime 类型数据中日期部分距 1900 年 1 月 1 日之后的天数。后 2 字节用来存储 smalldatetime 类型数据中时间部分距中午 12 点的分钟数。

用户输入 smalldatetime 类型数据的格式与 datetime 类型数据完全相同，只是它们的内部存储可能不相同。

（3）date：date 类型数据可以表示从公元元年 1 月 1 日到 9999 年 12 月 31 日的日期，date 类型只存储日期数据，不存储时间数据，存储长度为 3 字节，表示形式与 datetime 数据类型的日期部分相同。

（4）time：time 数据类型只存储时间数据，表示格式为“hh:mm:ss[.nnnnnnn]”。其中，hh 表示小时，范围为 0～23；mm 表示分钟，范围为 0～59；ss 表示秒数，范围为 0～59；n 是 0～7 位数字，范围为 0～999 9999，表示秒的小数部分，即微秒数。所以 time 数据类型的取值范围为 00:00:00.000 000 0～23:59:59.999 999 9。time 类型的存储大小为 5 字节。另外还可以自定义 time 类型微秒数的位数，例如，time(1)表示小数位数为 1，默认为 7。

（5）datetime2：新的 datetime2 数据类型和 datetime 类型一样，也用于存储日期和时间信息。但是 datetime2 类型的取值范围更广，日期部分取值范围从公元元年 1 月 1 日到 9999 年 12 月 31 日，时间部分的取值范围为 00:00:00.000 000 0～23:59:59.999 999。另外，用户还可以自定义 datetime2 数据类型中微秒数的位数。例如，datetime(2)表示小数位数为 2。datetime2 类型的存储大小随着微秒数的位数（精度）而改变，精度小于 3 时为 6 字节，精度为 4 和 5 时为 7 字节，所有其他精度则需要 8 字节。

（6）datetimeoffset：datetimeoffset 数据类型也用于存储日期和时间信息，取值范围与 datetime2 类型相同。但 datetimeoffset 类型具有时区偏移量，此偏移量指定时间相对于协调世界时（UTC）偏移的小时和分钟数。

datetimeoffset 的格式为“YYYY-MM-DD hh:mm:ss[.nnnnnnn] [{+|–}hh:mm]”。其中，hh 为时区偏移量中的小时数，范围为 00～14；mm 为时区偏移量中的额外分钟数，范围为 00～59。时区偏移量中必须包含“+”（加）或“–”（减）号。这两个符号表示是在 UTC 时间的基础上加上还是从中减去时区偏移量以得出本地时间。时区偏移量的有效范围为–14:00～+14:00。

11．时间戳型

其标识符是 timestamp。若创建表时定义一个列的数据类型为时间戳类型，那么每当对该表加入新行或修改已有行时，都由系统自动将一个计数器值加到该列，即将原来的时间戳值加上一个增量。

记录 timestamp 列的值实际上反映了系统对该记录修改的相对（相对于其他记录）顺序。一个表只能有一个 timestamp 列。timestamp 类型数据的值实际上是二进制格式数据，其长度为 8 字节。

12．图像型

其标识符是 image，它用于存储图片、照片等。实际存储的是可变长度二进制数据，介于 0 与 $2^{31}-1$ (2 147 483 647)字节之间。该类型是为了向下兼容而保留的数据类型，Microsoft 公司推荐用户使用 varbinary(MAX)数据类型来替代 image 类型。

13．其他数据类型

其他几种数据类型有 cursor、sql_variant、table、uniqueidentifier、xml 和 hierarchyid。

（1）cursor：游标数据类型，用于创建游标变量或定义存储过程的输出参数。

（2）sql_variant：一种存储 SQL Server 支持的各种数据类型（除 text、ntext、image、timestamp 和 sql_variant 外）值的数据类型。sql_variant 的最大长度可达 8016 字节。

（3）table：用于存储结果集的数据类型，结果集可以供后续处理。

（4）uniqueidentifier：唯一标识符类型。系统将为这种类型的数据产生唯一标识值，它是一个 16 字节长的二进制数据。

（5）xml：用来在数据库中保存 XML 文档和片段的一种类型，但是此种类型的文件大小不能超过 2 GB。

（6）hierarchyid：可表示层次结构中的位置。

varchar、nvarchar、varbinary 这 3 种数据类型可以使用 MAX 关键字。例如，varchar(MAX)、nvarchar(MAX)、varbinary(MAX)，加了 MAX 关键字的这几种数据类型最多可存放 $2^{31}-1$ 个字节的数据，分别可以用来替换 text、ntext 和 image 数据类型。

3.1.3　表结构设计

创建表的实质就是定义表结构，设置表和列的属性。在创建表之前，先要确定表的名称、表的属性，同时确定表所包含的列名、列的数据类型、长度、是否可为空值、约束条件、默认值设置、规则及所需索引、哪些列是主键、哪些列是外键等，这些属性构成表结构。

本节以本书所用到的学生管理系统的 3 个表：学生表（xsb）、课程表（kcb）和成绩表（cjb）为例介绍如何设计表的结构。学生表包含的属性有学号、姓名、性别、出生时间、专业、总学分、备注。为了便于理解，基础部分使用中文属性名来表示列名（在实际开发中，应该使用英文字母来表示列名）。

其中，“学号”列的数据是学生的学号，学号值有一定的意义。例如，“191301”中“19”表示所属班级，“13”表示学生的年级，“01”表示学生在班级中的序号，所以“学号”列的数据类型可以是 6 位的定长字符型数据；“姓名”列记录学生的姓名，姓名一般不超过 4 个中文字符，可以采用 8 位定长字符型数据；“性别”列只有“男”、“女”两种值，所以可以使用 bit 型数据，值 1 表示“男”，值 0 表示“女”，默认是 1；“出生时间”是日期时间类型数据，列类型定为 date；“专业”列为 12 位定长字符型数据；“总学分”列是整数型数据，值在 0～160 之间，列类型定为 int，默认是 0；“备注”列需要存放学生的备注信息，备注信息的内容在 0～500 个字之间，所以应该使用 varchar 类型。在 xsb 表中，只有“学号”列能唯一标识一名学生，所以将“学号”列设为该表主键。最后设计的 xsb 的表结构如表 3.5 所示。

表 3.5　xsb（学生表）表结构

列　名	数据类型	长　度	是否可空	默认值	说　明
学号	定长字符型（char）	6	×	无	主键，前两位表示班级，中间两位为年级号，后两位为序号
姓名	定长字符型（char）	8	×	无	
性别	位型（bit）	默认值	√	1	1 表示男；0 表示女

（续表）

列　名	数据类型	长　度	是否可空	默认值	说　明
出生时间	日期型（date）	默认值	√	无	
专业	定长字符型（char）	12	√	无	
总学分	整数型（int）	默认值	√	0	
备注	不定长字符型（varchar）	500	√	无	

当然，如果要包含学生的“照片”列，可以使用 image 或 varbinary(MAX)数据类型，要包含学生的“联系方式”列，可以使用 XML 数据类型。

参照 xsb 表结构的设计方法，同样可以设计出其他两个表的结构，如表 3.6 所示为 kcb 的表结构，如表 3.7 所示为 cjb 的表结构。

表 3.6　kcb（课程表）表结构

列　名	数据类型	长　度	是否可空	默认值	说　明
课程号	定长字符型（char）	3	×	无	主键
课程名	定长字符型（char）	16	×	无	
开课学期	整数型（tinyint）	1	√	1	范围为 1～8
学时	整数型（tinyint）	1	√	0	
学分	整数型（tinyint）	1	×	0	范围为 1～6

表 3.7　cjb（成绩表）表结构

列　名	数据类型	长　度	是否可空	默认值	说　明
学号	定长字符型（char）	6	×	无	主键
课程号	定长字符型（char）	3	×	无	主键
成绩	整数型（int）	默认值	√	0	范围为 0～100

表结构设计完后即可开始在数据库中创建表，本书所用到的学生管理系统的表都在 pxscj 数据库中创建。创建和操作数据库中的表既可以通过“Microsoft SQL Server Management Studio”窗口中的界面方式进行，又可以通过 T-SQL 命令方式进行。

3.2　通过界面方式创建表

3.2.1　创建表

例如，通过“对象资源管理器”创建表 xsb，步骤如下。

（1）启动 SQL Server Management Studio，在“对象资源管理器”面板中展开“数据库”，右击“pxscj”数据库中的“表”选项，在弹出的快捷菜单中选择“新建表”命令，如图 3-1 所示，打开表设计器窗口，如图 3.2 所示。

在右边“属性”面板中显示数据库名称为“pxscj”，用户修改表名称为“xsb”。

（2）在表设计器窗口中，根据（附录 A）已经设计好的 xsb 的表结构分别输入或选择各列的名称、数据类型、是否允许为空值等属性。

用户删除学号和姓名字段的“允许 Null 值”，使其不能为空。

（3）根据需要，可以在“列属性”选项卡中填入相应内容。

在专业字段的“默认值或绑定”文本框中输入“计算机”；把相应的性别字段的“默认值或绑定”文本框设置为 1；把总学分字段的“默认值或绑定”文本框设置为 0。

在“说明”项中分别填写有关字段的说明信息。

（4）在“学号”列上右击，在弹出的快捷菜单中选择“设置主键”→“设为主键”命令，该字段前就会显示小钥匙图标。

学生表（xsb）设计后的结果如图 3.2 所示，单击“保存”图标保存设计表结构。

说明：

“列属性”选项卡中有“标识规范”属性，用于对表创建所生成序号值的一个标识列，该序号值唯一标识表中的一行，可以作为键值。每个表只能有一个列设置为标识属性，该列只能是 decimal、int、numeric、smallint、bigint 或 tinyint 数据类型，设置为标识属性的列称为标识列或 identity 列。定义标识属性时，可指定其种子值（即起始值）、增量值，二者的默认值均为 1。系统自动更新标识列值，标识列不允许为空值。在需要系统帮助维护，且既保证唯一性又保证增量方向性时，可以选用该属性。如果要将某个字段设置为自动增加，可以选中这个字段，在“列属性”选项卡中展开“标识规范”属性，将“是标识”选项设置为“是”，再设置“标识增量”和“标识种子”的值即可。

图 3.1　选择“新建表”命令

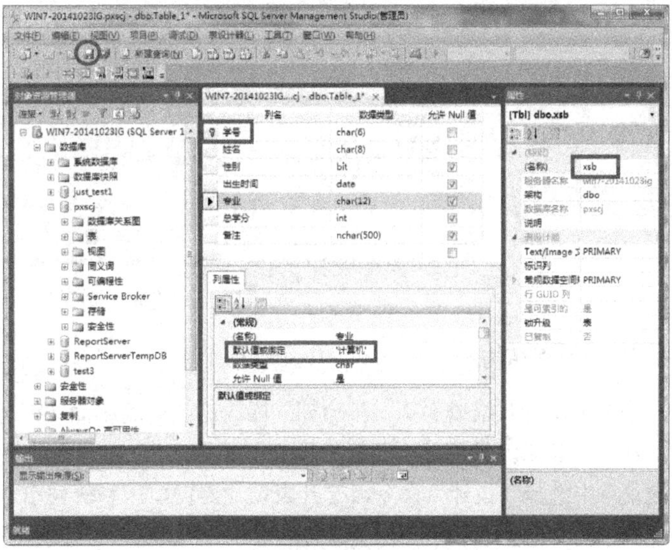

图 3.2　表设计器窗口

使用同样的方法创建课程表，表名称为 kcb；创建成绩表，表名称为 cjb。

说明：

创建表时，如果主键由两个或两个以上的列组成（例如，课程表的主键为学号列和课程号列），在设置主键时，则需要在按住 Ctrl 键的同时选择多个列，然后右击，在弹出的快捷菜单中选择“设置主键”命令，将多个列设置为表的主键。

3.2.2　修改表结构

创建了一个表之后，使用过程中可能需要对表结构进行修改。

默认情况下，SQL Server 用户不能通过界面方式修改表的结构，而需要先删除原来的表，再重新创建新表。如果需要通过界面方式修改表，在“Microsoft SQL Server Management Studio”窗口中选择“工具”→“选项”命令，在弹出的“选项”对话框中选择“设计器”选项，取消勾选“阻止保存要求重新创建表的更改”复选框，如图 3.3 示。

1. 更改表名

在“对象资源管理器”面板中选择需要重命名的表，右击，在弹出的快捷菜单中选择“重命名”命令，输入新的表名后单击“确定”按钮。

> **注意：**
>
> SQL Server 虽然允许改变一个表的名称，但当表名改变后，与此相关的某些对象（如视图）及通过表名与表相关的存储过程将无效。

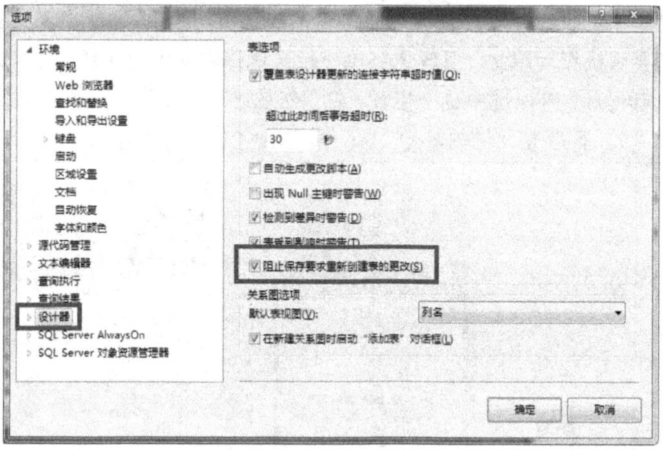

图 3.3 “选项”对话框

2. 修改表结构

修改表结构包括增加列、删除列、修改已有列的属性（列名、数据类型、是否为空值等）。

在“对象资源管理器”面板中展开“数据库”，在选择的数据库中选择修改表，右击，在弹出的快捷菜单中选择“设计”命令，打开表设计器窗口。系统列出已经存在的表结构，用户就像通过界面设计表结构一样修改表结构。

如果要在某列之前加入新列，则可以右击该列，在弹出的快捷菜单中选择“插入列”命令，在空白行中填写列信息即可。如果要删除某列，则可以右击该列，在弹出的快捷菜单中选择“删除列”命令。修改完毕后，关闭该窗口，此时将弹出“保存更改”对话框，单击“是”按钮，保存修改后的表。

> **注意：**
>
> 在 SQL Server 中，被删除的列是不可恢复的，所以在删除列之前需要慎重考虑。并且，在删除一个列以前，必须保证基于该列的所有索引和约束都已删除。

改变列的数据类型时，要求满足下列条件。

（1）原数据类型必须能够转换为新数据类型。

（2）新数据类型不能为 timestamp 类型。

（3）如果被修改列属性中有“标识规范”属性，则新数据类型必须是有效的“标识规范”数据类型。

注意：

表中尚未有记录值时，可以修改表结构，如更改列名、列的数据类型、长度和是否允许空值等属性；但当表中有了记录后，建议不要轻易改变表结构，特别不要改变数据类型，以免产生错误。

在修改列的数据类型时，如果列中存在列值，可能会弹出警告框，若确认修改，可以单击“是”按钮，但是此操作可能会导致一些数据永久丢失，请谨慎使用。

另外，具有某些特性（具体参考有关文档）的列不能被修改。

3.2.3　删除表

在“对象资源管理器”面板中展开“数据库”选项，在选择的数据库中选择修改表，右击，在弹出的快捷菜单中选择“删除”命令，打开“删除对象”窗口。单击“确定”按钮即可删除指定表。

注意：

（1）删除一个表时，表的定义、表中的所有数据、表的索引、触发器及约束等均被删除。

（2）不能删除系统表和外键约束所参照的表。

3.3　通过命令方式创建表

3.3.1　创建表：CREATE TABLE

创建表使用 CREATE TABLE 命令，其语法格式如下。

```
CREATE TABLE [ 数据库名. [ 架构名 ] . | 架构名. ] 表名
(
    <列定义>
    ……
    [ <表约束> ]
) ……
```

其中，<列定义>的语法格式如下。

```
    <列定义>=
    列名 数据类型                                          /*指定列名、列的数据类型*/
    [ FILESTREAM ]                                         /*指定 FILESTREAM 属性*/
    [ COLLATE 排序名 ]                                     /*指定排序规则*/
    [ NULL | NOT NULL ]                                    /*指定是否为空*/
    [
       [ CONSTRAINT 约束名 ]
       DEFAULT 常量表达式                                  /*指定默认值*/
    ]
    | [ IDENTITY [ (初值, 增量) ] [ NOT FOR REPLICATION ]] /*指定列为标识列*/
    [ ROWGUIDCOL ]                                         /*指定列为全局标识符列*/
    [ <列约束> … ]                                         /*指定列的约束*/
```

说明：

（1）FILESTREAM：允许以独立文件的形式存放大对象数据，而不是像以往一样将所有数据都保存到数据文件中。

（2）NULL | NOT NULL：NULL 表示列可取空值，NOT NULL 表示列不可取空值。

（3）DEFAULT 常量表达式：为所在列指定默认值，默认值“常量表达式”必须是一个常量值、标量函数或 NULL 值。DEFAULT 定义可适用于除定义为 timestamp 或带 identity 属性的列以外的任何列。

（4）IDENTITY：指出该列为标识符列，为该列提供唯一的、递增的值。“初值”是标识字段的起始值，默认值为 1，“增量”是标识增量，默认值为 1。如果为 IDENTITY 属性指定了 NOT FOR REPLICATION 选项，则复制代理执行插入时，标识列中的值将不会增加。

（5）ROWGUIDCOL：表示新列是行的全局唯一标识符列，ROWGUIDCOL 属性只能指派给 uniqueidentifier 列。该属性并不强制列中所存储值的唯一性，也不会为插入到表中的新行自动生成值。

（6）<列约束>：列的完整性约束，指定主键、替代键、外键等。例如，若指定该列为主键，则使用 PRIMARY KEY 关键字。

【例 3.1】 设已经创建了数据库 test1，现在该数据库中需创建学生表 xsb1，该表的结构如表 3.5 所示。

在“Microsoft SQL Server Management Studio”窗口中单击“新建查询”按钮，在查询编辑器窗口中输入以下 T-SQL 语句并执行。执行结果如图 3.4 所示。

```
USE test1
GO
CREATE TABLE xsb1
(
    学号      char(6)          NOT NULL PRIMARY KEY,
    姓名      char(8)          NOT NULL,
    性别      bit              NULL DEFAULT 1,
    出生时间  date             NULL,
    专业      char(12)         NULL DEFAULT '计算机'
    总学分    int              NULL DEFAULT 0,
    备注      varchar(500)     NULL
)
GO
```

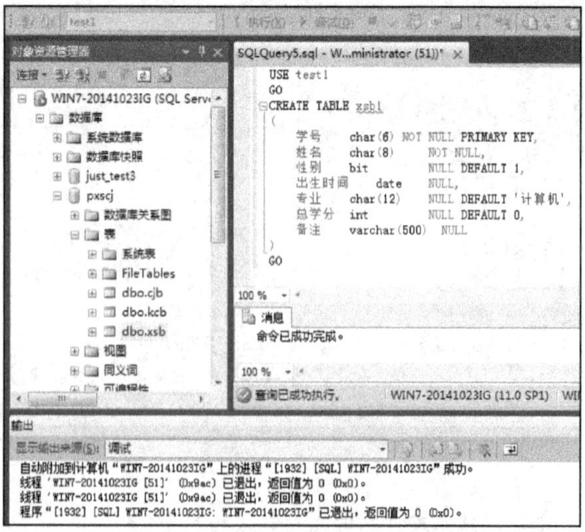

图 3.4 执行结果 1

首先使用 USE test1 语句将数据库 test1 指定为当前数据库，然后使用 CREATE TABLE 语句在该数据库中创建表 xsb1。如果在"Microsoft SQL Server Management Studio"窗口中，当前的数据库为 test1，则不需要使用 USE test1 语句。

执行命令后，在 test1 数据库中就创建了 xsb1 表，并且当前数据库变成了 test，此后在 test1 数据库中操作不需要使用 USE test1 命令。

【例 3.2】 创建一个带计算列的表 pcj，表中包含课程的课程号、总成绩、学习该课程的人数及课程的平均成绩。

在查询分析器窗格中输入以下 T-SQL 语句并执行。

```
CREATE TABLE pcj
(
    课程号    char(3)       PRIMARY KEY,
    总成绩    real          NOT NULL,
    人数      int           NOT NULL,
    平均成绩 AS 总成绩/人数 PERSISTED
)
```

说明：

如果没有使用 PERSISTED 关键字，则在计算列上不能添加 PRIMARY KEY、UNIQUE、DEFAULT 等约束条件。因为计算列上的值是通过服务器计算得到的，所以在插入或修改数据时不能对计算列赋值。

SQL Server 中创建的表通常称为持久表，在数据库中持久表一旦创建将一直存在，多个用户或者多个应用程序可以同时使用持久表。有时需要临时存放数据。例如，临时存储复杂的 SELECT 语句的结果，此后，可能要重复地使用这个结果，但这个结果又不需要永久保存。这时，可以使用临时表。用户可以像操作持久表一样操作临时表。只不过临时表的生命周期较短，当断开与该数据库的连接时，服务器会自动将其删除。

在表名称前添加"#"或"##"符号，创建的表就是临时表，添加"#"符号表示创建的是本地临时表，只能由创建者使用。添加"##"符号表示创建的是全局临时表，可以被所有用户使用。

3.3.2 修改表结构：ALTER TABLE

修改表结构可以使用 ALTER TABLE 命令，语法格式如下。

```
ALTER TABLE [ 数据库名.[架构名]. | 架构名. ] 表名
{
    ALTER COLUMN 列名{…}                                /*修改已有列的属性*/
    | ADD                                              /*添加列*/
    {
        <列定义>
        | 列名 AS 表达式 [PERSISTED [NOT NULL]]         /*定义计算列*/
        | <表约束>
    } [ , … ]
    | DROP
    {
        [ CONSTRAINT ] 约束名                           /*删除约束*/
        [ WITH ( <删除聚集约束选项> … ) ]
        | COLUMN 列名                                   /*删除列*/
    } [ , … ]
```

```
    | [ WITH { CHECK | NOCHECK } ] { CHECK | NOCHECK } CONSTRAINT { ALL | 约束名 }
    ......
}
```

1．命令主体

ALTER TABLE 命令主体结构说明如下。

（1）表名：要修改的表名。

（2）ALTER COLUMN 子句：修改表中指定列的属性，“列名”给出要修改的列。

若表中该列所存数据的数据类型与将要修改的列类型冲突，则发生错误。例如，原来 char 类型的列要修改成 int 类型，而原来列值包含非数字字符，则无法修改。

（3）ADD 子句：向表中增加新列，新列的定义方法与 CREATE TABLE 命令中定义列的方法相同。一次还可以添加多个列，中间用逗号隔开。

（4）DROP 子句：从表中删除列或约束。

> **注意：**
>
> 在删除一个列之前，必须先删除基于该列的所有索引和约束。

（5）WITH 子句：[WITH { CHECK | NOCHECK }]指定表中的数据是否用新添加的或重新启用的 FOREIGN KEY 或 CHECK 约束进行验证。ALL 关键字指定启用或禁用所有约束。有关 FOREIGN KEY 和 CHECK 约束的内容将在后面章节专门介绍。

2．ALTER COLUMN 子句

该子句的语法格式如下。

```
ALTER COLUMN 列名
{
    类型名 [ ( 精度[ , 位数] ) ]
    [ COLLATE 排序名 ]
    [ NULL | NOT NULL ]
    ......
}
```

（1）类型名：为被修改列的新的数据类型。当要修改成数值类型时，可以使用“(精度[, 位数])”分别指定数值的精度和小数位数。

（2）[NULL | NOT NULL]：表示将列设置为是否可为空，设置成 NOT NULL 时要注意表中该列是否有空数据。

【例 3.3】 在 test1 数据库 xsb1 表中增加“入学时间”列。

在“Microsoft SQL Server Management Studio”窗口中新建一个查询，并输入如下脚本。

```
USE test1
GO
ALTER TABLE xsb1
    ADD 入学时间 date
GO
```

输入完成后执行该脚本，然后可以在“对象资源管理器”面板中展开“pxscj”选项中表 dbo.xsb 的结构，查看执行结果。如果原表中已经存在与添加列同名的列，则语句运行将出错。

【例 3.4】 修改表 xsb1 中已有列的属性：将名为“姓名”的列长度由原来的 8 改为 10；将名为“入学时间”的列的数据类型由原来的 date 改为 smalldatetime。

新建一个查询，在查询分析器窗格中输入并执行如下脚本。

```
ALTER TABLE xsb1
    ALTER COLUMN 姓名 char(10)
GO
ALTER TABLE xsb1
    ALTER COLUMN 入学时间 smalldatetime
GO
```

说明：

在 ALTER TABLE 语句中，一次只能包含 ALTER COLUMN、ADD、DROP 子句中的一条。而且使用 ALTER COLUMN 子句时一次只能修改一个列的属性，所以这里需要使用两条 ALTER TABLE 语句。

如果删除“入学时间”列，则命令如下。

```
ALTER TABLE xsb1
    DROP COLUMN 入学时间
GO
```

3.3.3 删除表：DROP TABLE

该子句的语法格式如下。

```
DROP TABLE [ 数据库名.[架构名]. | 架构名. ] 表名 [ ,… ] [ ; ]
```

其中，“表名”是要被删除的表的名称。

例如，删除 test1 数据库中的 pcj 表，命令如下。

```
DROP TABLE pcj
```

3.4 通过界面方式操作表数据

通过“Microsoft SQL Server Management Studio”窗口中操作表数据的方法如下：在“对象资源管理器”面板中展开要操作的数据库（如 pxscj），选择要进行操作的表（如 xsb），右击，在弹出的快捷菜单中选择“编辑前 200 行”命令，打开表数据窗口。

在此窗口中，表中的记录将按行显示，每个记录占一行。可以看到，此时表中还没有数据。可向表中插入记录，之后可以删除和修改已经插入的记录。

1. 插入记录

插入记录即将新记录添加在表尾，可以向表中插入多条记录。刚开始输入数据，光标定位在第 1 行，然后逐列输入列的值。输入完成后，将光标定位到当前表尾的下一行。

【例 3.5】 用户参考本书附录 A 中的数据样本，向表中插入数据。

输入时需要注意：

（1）没有输入数据的记录所有列显示为“NULL”。

（2）若表的某些列（如学号、姓名）不允许为空值，则必须为该列输入值，否则系统显示错误信息。已经输入内容的列系统显示“!”，如图 3.5(a)所示。

（3）输入不允许为空值的列，其他列没有输入，光标就可以定位到下一行，此时设置默认值的列就会填入默认值，如图 3.5(b)所示。与默认值不一致时需要修改，如王林性别字段需要修改。

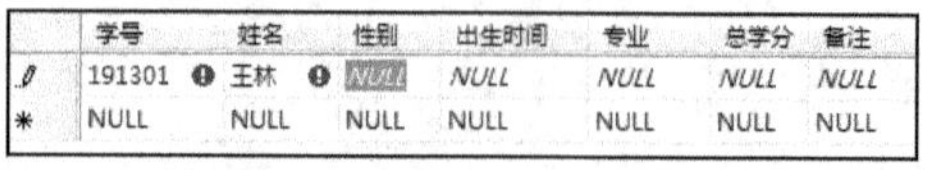

(a)

(b)

图 3.5　执行结果 2

（4）性别字段为“bit”类型，用户需要输入“1”或者“0”，系统对应显示“True”和“False”。

（5）输入的记录中的主键（学号）字段列不能重复，否则光标试图定位到下一行时，系统显示错误信息，如图 3.6 所示。另外，光标不能离开该行。

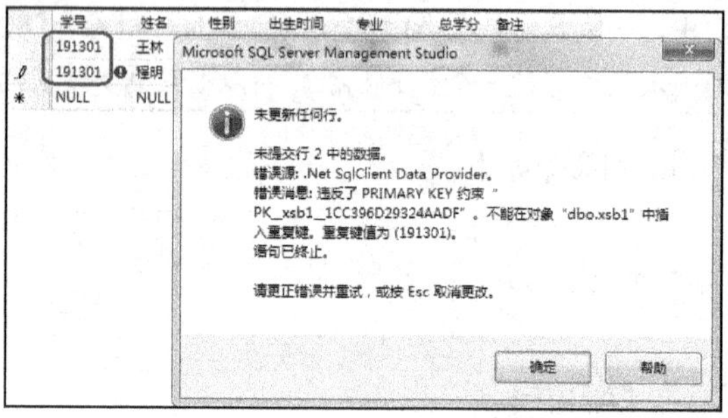

图 3.6　显示错误信息

如图 3.7 所示为插入数据后的 xsb 表。

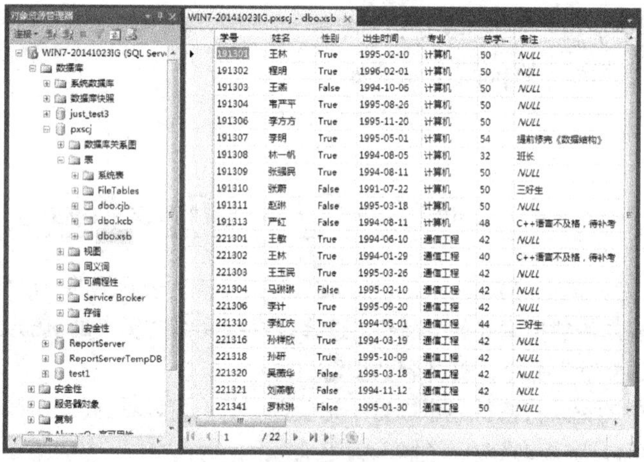

图 3.7　向表中插入记录

2. 删除记录

当表中的某些记录不再需要时，要将其删除。在“对象资源管理器”面板中删除记录的方法：在表数据窗口中定位需删除的记录行，单击该行最前面的黑色箭头处选择全行，右击，在弹出的快捷菜单中选择“删除”命令，弹出确认对话框，单击“是”按钮将删除所选择的记录，单击“否”按钮将不删除该记录。

3. 修改记录

在操作表数据的窗口中修改记录数据的方法：先定位被修改的记录字段，然后对该字段值进行修改，修改之后将光标移到下一行即可保存修改的内容。

3.5　通过命令方式操作表数据

对表数据的插入、修改和删除还可以通过 T-SQL 语句来进行，与界面操作表数据相比，通过 T-SQL 语句操作表数据更为灵活，功能更为强大。

3.5.1　插入记录：INSERT

插入记录使用 INSERT 语句，语法格式如下。

```
INSERT   [ TOP ( 表达式 ) [ PERCENT ] ]
[ INTO ]  表名 | 视图名
[ ( 列表 ) ]
VALUES (  DEFAULT | NULL | 表达式 …    )          /*指定列值*/
| DEFAULT VALUES                                 /*强制新行包含为每个列定义的默认值*/
```

说明：

（1）表名：被操作的表的名称。前面可以指定数据库名和架构名。

（2）视图名：被操作的视图名称。有关视图的内容将在第 4 章中介绍。

（3）列表：需要插入数据列的列表，包含了新插入行的各列的名称。如果只给表的部分列插入数据时，需要用“列列表”指出这些列。

例如，当加入到表中的记录的某些列为空值或为默认值时，可以在 INSERT 语句中给出的“列表”中省略这些列。没有在“列表”中指出的列，它们的值根据默认值或列属性来确定，其原则如下。

① 具有 IDENTITY 属性的列，其值由系统根据初值和增量值自动计算得到。

② 具有默认值的列，其值为默认值。

③ 没有默认值的列，若允许为空值，则其值为空值；若不允许为空值，则出错。

④ 类型为 timestamp 的列，系统自动赋值。

⑤ 如果是计算列，则使用计算值。

（4）VALUES 子句：包含各列需要插入的数据清单，数据的顺序要与列的顺序相对应。若省略“列列表”，则 VALUES 子句给出每一列（除 IDENTITY 属性和 timestamp 类型以外的列）的值。VALUES 子句中的值可有以下 3 种。

① DEFAULT：指定为该列的默认值。这要求定义表时必须指定该列的默认值。

② NULL：指定该列为空值。

③ 表达式：可以是一个常量、变量或一个表达式，其值的数据类型要与列的数据类型一致。例如，列的数据类型为 int，若插入的数据是'aaa'就会出错。当数据为字符型时要用单引号括起来。

（5）DEFAULT VALUES：该关键字说明向当前表中所有列均插入其默认值。此时，要求所有列均定义了默认值。

【例 3.6】 向 test1 数据库的表 xsb1 中插入如下一行数据。

191301，王林, 1, 1990-02-10，计算机, 50 , NULL

在“Microsoft SQL Server Management Studio”窗口中单击“新建查询”按钮，在“查询编辑器”中输入以下 T-SQL 语句并执行。执行结果如图 3.8 所示。

```
USE test1
GO
INSERT INTO  xsb1
```

```
    VALUES('191301', '王林' , 1, '1990-02-10', '计算机',50, NULL)
GO
```

注意：

若插入数据行中含有与原有行中关键字相同的列值，则 INSERT 语句无法插入此行。

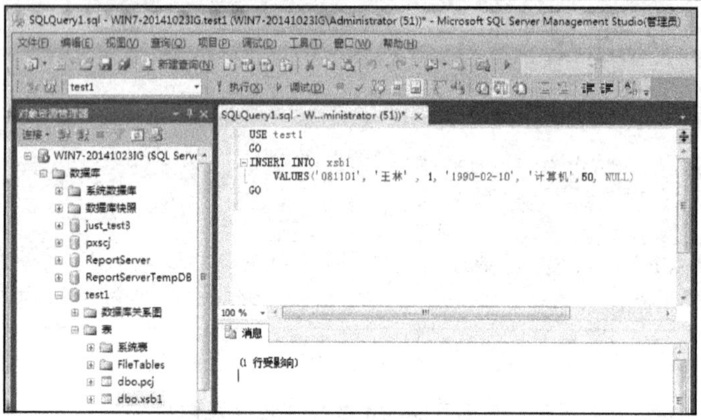

图 3.8　使用 T-SQL 命令向表中插入数据

如果重复执行上述命令，系统显示错误信息，如图 3.9 所示。

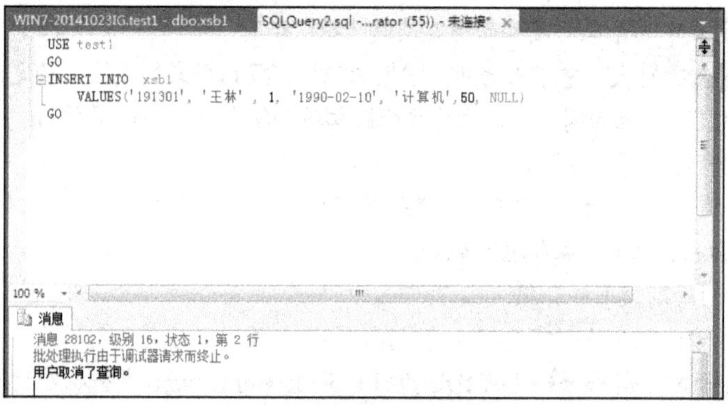

图 3.9　显示错误信息

说明：

插入例 3.6 数据也可以使用以下命令。

```
INSERT INTO xsb1 (学号, 姓名, 性别, 出生时间, 总学分)
    VALUES('191301', '王林', 1, '1990-02-10', 50)
```

或者

```
INSERT INTO xsb1
    VALUES('191301', '王林', 1, '1990-02-10', DEFAULT,50, NULL);
```

INSERT 语句可以一次向表中插入多条记录，中间用逗号隔开。

【例 3.7】 一次向 test1 数据库 xsb1 表中插入两行数据。

'201301', '王海', 1, '1991-05-10', '软件工程', 50, NULL

'201302', '李娜', 0, '1991-04-12', '软件工程', 52, NULL

代码如下：

```
INSERT INTO xsb1 VALUES('201301', '王海', 1, '1991-05-10', '软件工程', 50, NULL),
('201302', '李娜', 0, '1991-04-12', '软件工程', 52, NULL)
```

执行结果如图 3.10 所示。

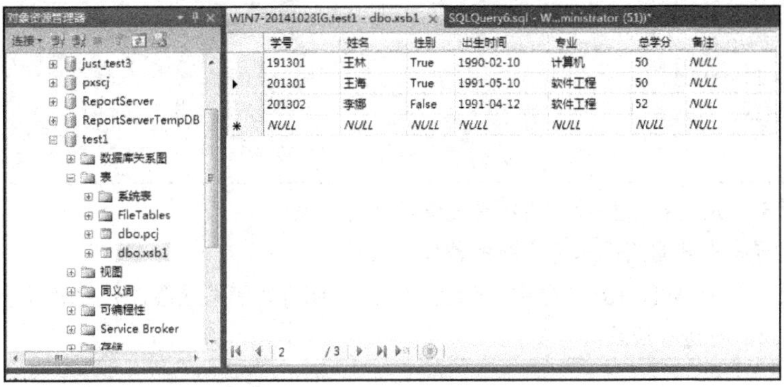

图 3.10　执行结果 3

【例 3.8】 从 test1 数据库表 xsb1 中生成计算机专业的学生表（xsb2），包括学号、姓名、出生时间、总学分、备注。

要求：

（1）用界面方式或者 CREATE TABLE 语句建立表 xsb2，表结构与 xsb1 相同。

（2）用 INSERT 语句向 xsb2 表中插入数据，代码如下。

```
INSERT INTO xsb2
    SELECT  *
        FROM xsb1
        WHERE 专业= '计算机'
```

（3）使用 SELECT 语句从 xsb2 表中查询结果，代码如下。执行结果如图 3.11 所示。

```
SELECT  *
    FROM  xsb2                              /* xsb1 表的内容*/
```

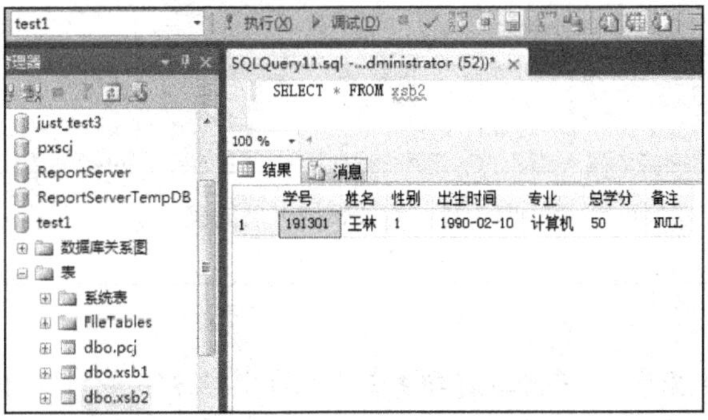

图 3.11　执行结果 4

在执行 INSERT 语句时，如果插入的数据与约束或规则的要求产生冲突或值的数据类型与列的数据类型不匹配，那么 INSERT 将执行失败。

3.5.2 修改记录：UPDATE

在 T-SQL 中，UPDATE 语句可以用来修改表中的数据行。其语法格式如下。

```
UPDATE [ TOP ( 表达式 ) [ PERCENT ] ]
{ 表名 | 视图名 }
SET { 列名=表达式, … }                              /*赋予新值*/
[ FROM <表源> … ]
[ WHERE <查找条件>     | … ]                         /*指定条件*/
……
```

（1）SET 子句：用于指定要修改的列或变量名及其新值。

（2）FROM 子句：指定用表来为更新操作提供数据。

（3）WHERE 子句：WHERE 子句中的<查找条件>指明只对满足该条件的行进行修改，若省略该子句，则对表中的所有行进行修改。

【例 3.9】 将 test1 数据库的 xsb1 表中学号为 191301 的学生的备注值改为“外校互认学分课程”，同时将总学分+3。

代码如下：

```
USE test1
GO
UPDATE xsb1
     SET 备注 = '外校互认学分课程',
         总学分 = 总学分+3
    WHERE 学号='191301'
GO
```

执行完上述语句后，xsb1 表学号为 191301 的学生记录如图 3.12 所示。

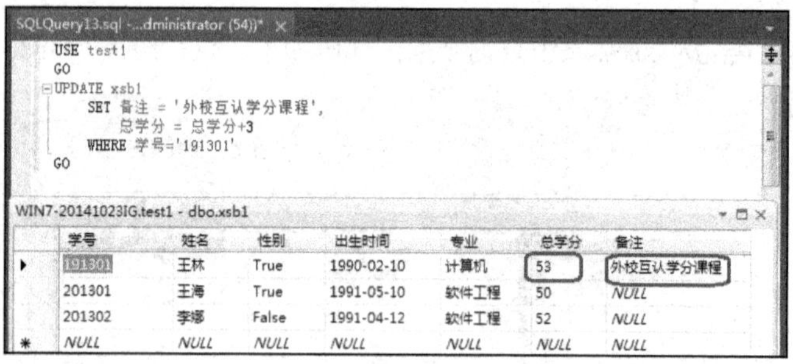

图 3.12　修改数据以后的表

说明：

对于学生成绩管理数据库，一般来说，学生表（xsb）总学分字段数据增加是由于在成绩表（cjb）中增加了记录（学生上一门课成绩合格），这两个表的记录修改命令是一起完成的。

3.5.3 删除记录：DELETE/TRUNCATE TABLE

在 T-SQL 语言中，删除数据可以使用 DELETE 语句或 TRUNCATE TABLE 语句来实现，分别用于删除表中符合条件的记录和所有记录。

1. 删除符合条件的记录

其语法格式如下。

```
DELETE [ TOP ( 表达式 ) [ PERCENT ] ]
[ FROM 表名 | 视图名 | <表源> ]
[ WHERE <查找条件> |… ]                    /*指定条件*/
```

> 说明：
>
> （1）[TOP(表达式)[PERCENT]]：指定将要删除的任意行数或任意行的百分比。
>
> （2）FROM 子句：说明从何处删除数据。可以从以下 3 种类型的对象中删除数据。
>
> ① 表：由“表名”指定要从其中删除数据的表，关键字 WITH 指定目标表所允许的一个或多个表提示，一般情况下不需要使用 WITH 关键字。
>
> ② 视图：由“视图名”指定要从其中删除数据的视图，注意该视图必须可以更新，并且正确引用了一个基本表。
>
> ③ 表源：将在介绍 SELECT 语句时详细讨论。
>
> （3）WHERE 子句：删除操作指定条件。若省略 WHERE 子句，则 DELETE 语句将删除所有数据。

【例 3.10】 将 test1 数据库的 xsb1 表中总学分为 0 的行删除。

代码如下：

```
USE test1
GO
DELETE
    FROM  xsb1
    WHERE 总学分 = 0
GO
```

2. 删除表的所有记录

使用 TRUNCATE TABLE 语句将删除指定表中的所有数据，因此也称为清除表数据语句。其语法格式如下。

```
TRUNCATE TABLE  表名
```

> 说明：
>
> （1）使用 TRUNCATE TABLE 语句删除了指定表中的所有行，但表结构及其列、约束、索引等保持不变，而新行标识所用的计数值重置为该列的初始值。如果要保留标识计数值，则要使用 DELETE 语句。
>
> （2）“TRUNCATE TABLE 表名”与“DELETE 表名”二者均删除表中的全部行。但 TRUNCATE TABLE 比 DELETE 速度快，且使用的系统和事务日志资源少。DELETE 语句每次删除一行，并在事务日志中为所删除的每一行记录一项。而 TRUNCATE TABLE 通过释放存储表数据所用的数据页来删除数据，并且只在事务日志中记录页的释放。
>
> 对于由外键（FOREIGN KEY）约束引用的表，不能使用 TRUNCATE TABLE 语句删除数据，而应使用不带 WHERE 子句的 DELETE 语句。另外，TRUNCATE TABLE 语句也不能用于参与了索引视图的表。
>
> （3）表记录删除后不能恢复。
>
> （4）如果删除表记录的同时删除表结构，则使用“DROP TABLE 表名”命令。

例如，删除 test1 数据库的 xsb1 和 xsb2 表中的所有行，使用如下语句。

```
USE test1
GO
DELETE xsb1
GO
TRUNCATE TABLE xsb2
GO
DROP TABLE xsb3
GO
SELECT * FROM xsb1                          /*显示没有记录*/
GO
SELECT * FROM xsb2                          /*显示没有记录*/
GO
SELECT * FROM xsb3                          /*显示错误信息，因为xsb3 已经没有了*/
GO
```

3.5.4 同步记录：MERGE

在 SQL Server 中新增加了一个 MERGE 语句，用于根据与源表连接的结果，对目标表执行插入、更新或删除操作。例如，根据一个表的数据在另一个表中插入、更新或删除有差异的行，可以对两个表进行信息同步。其语法格式如下。

```
MERGE  [ TOP ( 表达式 ) [ PERCENT ] ]
[ INTO ] 目标表 [ [ AS ] 别名 ]
USING <表源>
ON <连接条件>
[ WHEN MATCHED [ AND <查找条件> ]
    THEN { UPDATE SET <set 子句> | DELETE } ]
[ WHEN NOT MATCHED [ BY TARGET ] [ AND <查找条件> ]
    THEN INSERT [ ( 列列表 ) ] { VALUES ( 值列表 ) | DEFAULT VALUES } ]
[ WHEN NOT MATCHED BY SOURCE [ AND <查找条件> ]
    THEN { UPDATE SET <set 子句> | DELETE }]
```

说明：

（1）目标表：指定要更新数据的表或视图。AS 子句用于为表定义别名。

（2）USING 子句：指定用于更新的源数据表。

（3）ON 子句：指定在<表源>与目标表进行连接时所遵循的条件。

（4）WHEN MATCHED 子句：表示在应用了 ON 子句的条件后，目标表存在与源表匹配的行时，对这些行在 THEN 子句中指定修改或删除的操作。THEN 子句中，UPDATE SET<set 子句>用于修改满足条件的行，DELETE 关键字用于删除满足条件的行。另外还可以使用 AND <查找条件>指定任何有效的查找条件。

（5）WHEN NOT MATCHED BY TARGET 子句：指定对于源表中满足了 ON 子句中条件的每一行，如果该行与目标表中的行不匹配，则向目标表中插入该行数据。要插入的数据在 THEN 关键字后的 INSERT 子句中指定。一个 MERGE 语句只能有一个 WHEN NOT MATCHED 子句。

（6）WHEN NOT MATCHED BY SOURCE 子句：指定对于目标表中与源表应用了 ON 子句中条件后返回的行不匹配，但满足其他查找条件的所有行，根据 THEN 关键字后的子句进行修改或删除。

一个 MERGE 语句最多可以有两个 WHEN MATCHED 子句或两个 WHEN NOT MATCHED BY

SOURCE 子句。如果指定了两个相同的子句，则第一个子句必须同时带有一个 AND <查找条件>子句，而且其中的一个必须指定 UPDATE 操作，另一个必须指定 DELETE 操作。另外，MERGE 语句必须以分号结尾。

【例 3.11】 创建 test1 数据库中表 xsb3，要求表中数据与 xsb1 表同步。要求：

（1）创建 xsb3 表，表结构与 xsb1 相同。

（2）进行信息同步，命令如下。

```
MERGE INTO xsb3
    USING xsb1 ON xsb3.学号=xsb1.学号
    WHEN MATCHED
        THEN UPDATE SET xsb3.姓名=xsb1.姓名, xsb3.性别=xsb1.性别, xsb3.出生时间=xsb1.出生时间,
                     xsb3.专业=xsb1.专业, xsb3.总学分=xsb1.总学分, xsb3.备注=xsb1.备注
    WHEN NOT MATCHED
        THEN INSERT VALUES(xsb1.学号,xsb1.姓名,xsb1.性别,xsb1.出生时间,xsb1.专业,
                      xsb1.总学分,xsb1.备注)
    WHEN NOT MATCHED BY SOURCE
        THEN DELETE;
```

运行上述语句后，表 xsb3 中已经添加了表 xsb1 中的全部数据。读者可以修改表 xsb1 中的一些数据，然后再执行上述语句，查看表 xsb3 中数据的变化。

习　题

1．举例说明 SQL Server 2012 表的逻辑结构。

2．SQL Server 2012 系统数据类型有哪些？

3．简要说明空值的概念及其作用。

4．创建学生成绩（pxscj）数据库中的所有表，并向表中送入样本数据。

5．写出创建产品销售数据库 cpxs 中所有表的 SQL 语句。其所包含的表如下。

产品表：产品编号，产品名称，价格，库存量。

销售商表：客户编号，客户名称，地区，负责人，电话。

产品销售表：销售日期，产品编号，客户编号，数量，销售额。

6．在第 5 题中所创建的 cpxs 数据库的产品表中增加“产品简介”列，之后再删除该列。

7．写出 SQL 语句，对产品销售数据库产品表进行如下操作。

（1）插入如下记录。

0001	空调	3000	200
0203	电冰箱	2500	100
0301	彩色电视机	2800	50
0421	微波炉	1500	50

（2）将产品数据库的产品表中每种商品的价格打 8 折。

（3）将产品数据库的产品表中价格打 8 折后低于 50 元的商品删除。

8．在 SQL Server 2012 的“对象资源管理器”面板中对数据进行修改，与使用 T-SQL 语言修改数据相比较，哪一种方法功能更强大？哪一种方法更为灵活？试举例说明。

第 4 章 数据库的查询、视图和游标

创建数据库和保存数据的主要目的是应用数据，而应用数据库中的数据主要就是查询。

SQL Server 是一个关系数据库管理系统。关系数据库建立在关系模型基础之上，对关系数据库查询需要进行关系运算。

视图是由一个或多个基本表导出的数据信息，是组织信息的逻辑表，对于管理和查询数据非常方便。游标在数据库与应用程序之间提供了数据处理单位的变换机制。本章介绍数据库的查询、视图和游标。

4.1 关系运算

关系数据库对数据的操作除了包括集合代数的并、差等运算之外，更定义了一组专门的关系运算即连接、选择和投影。关系运算的特点是运算的对象和结果都是表。

1. 选择

选择（Selection）是单目运算，其运算对象是一个表。该运算按给定的条件，从表中选出满足条件的行，形成一个新表，作为运算结果。

选择运算的记号为$\sigma_F(R)$。其中，σ是选择运算符，下标 F 是一个条件表达式，R 是被操作的表。

例如，若要在 T 表（表 4.1）中找出 T1<20 的行形成一个新表，则运算式为

$$\sigma_F(T)$$

上式中 F 为 T1<20，该选择运算的结果如表 4.2 所示。

表 4.1　T 表

T1	T2	T3	T4	T5
1	A1	3	3	M
2	B1	2	0	N
3	A2	12	12	O
5	D	10	24	P
20	F	1	4	Q
100	A3	2	8	N

表 4.2　$\sigma_F(T)$

T1	T2	T3	T4	T5
1	A1	3	3	M
2	B1	2	0	N
3	A2	12	12	O
5	D	10	24	P

2. 投影

投影（Projection）也是单目运算，该运算从表中选出指定的属性值组成一个新表，记为$\Pi_A(R)$。其中，A 是属性名（即列名）表，R 是表名。

例如，在 T 表中对 T1、T2 和 T5 投影，运算式为

$$\Pi_{T1,T2,T5}(T)$$

该运算得到如表 4.3 所示的新表。

表 4.3　$\Pi_{T1,T2,T5}(T)$

T1	T2	T5	T1	T2	T5
1	A1	M	5	D	P
2	B1	N	20	F	Q
3	A2	0	100	A3	N

3. 连接

连接（Join）是把两个表中的行按照给定的条件进行拼接而形成新表，记为 $R \underset{F}{\bowtie} S$。其中，R、S 是被操作的表，F 是条件。

例如，若表 A 和表 B 分别如表 4.4 和表 4.5 所示，则 $A \underset{F}{\bowtie} B$ 如表 4.6 所示，其中 F 为 T1=T3。

表 4.4　A 表

T1	T2	T1	T2	T1	T2
1	A	6	F	2	B

表 4.5　B 表

T3	T4	T5	T3	T4	T5
1	3	M	2	0	N

表 4.6　$A \underset{F}{\bowtie} B$

T1	T2	T3	T4	T5
1	A	1	3	M
2	B	2	0	N

两个表连接最常用的条件是两个表的某些列值相等，这样的连接称为等值连接，上面所述就是等值连接。

数据库应用中最常用的是“自然连接”。进行自然连接运算时要求两个表有共同属性（列），自然连接运算的结果表是在参与操作的两个表的共同属性上进行等值连接后，再去除重复的属性后所得的新表。自然连接运算记为 $R \bowtie S$，其中 R 和 S 是参与运算的两个表。

例如，若表 A 和表 B 分别如表 4.7 和表 4.8 所示，则 $A \bowtie B$ 如表 4.9 所示。

表 4.7　A 表

T1	T2	T3	T1	T2	T3	T1	T2	T3
10	A1	B1	5	A1	C2	20	D2	C2

表 4.8　B 表

T1	T4	T5	T6	T1	T4	T5	T6
1	100	A1	D1	20	0	A2	D1
100	2	B2	C1	5	10	A2	C2

表 4.9　$A \bowtie B$

T1	T2	T3	T4	T5	T6
5	A1	C2	10	A2	C2
20	D2	C2	0	A2	D1

在实际的数据库管理系统中，对表的连接大多是自然连接，所以自然连接也简称为连接。本书中若不特别指明，名词“连接”均指自然连接，而普通的连接运算则是按条件连接。

4.2 数据库的查询：SELECT

使用数据库和表的主要目的是存储数据以便在需要时进行检索、统计或组织输出，通过 T-SQL 的查询可以从表或视图中迅速、方便地检索数据。T-SQL 的 SELECT 语句可以实现对表的选择、投影及连接操作，其功能十分强大。

当用户登录到 SQL Server 后，即被指定一个默认数据库，通常是 master 数据库。使用“USE 数据库名”可以选择当前要操作的数据库。例如，要选择 pxscj 为当前数据库，可以使用如下语句实现。

```
USE pxscj
GO
```

一旦选择了当前数据库后，若对操作的数据库对象加以限定，则其后的命令均是针对当前数据库中的表或视图等进行的。

下面介绍 SELECT 语句，它是 T-SQL 的核心。其语法格式如下。

```
SELECT <输出列>                              /*指定查询结果输出列*/
[ INTO 新表 ]                                /*指定查询结果存入新表*/
[ FROM { <表源> } [ , … ] ]                  /*指定查询源：表或视图*/
[ WHERE <条件> ]                             /*指定查询条件*/
[GROUP BY <分组条件> ]                       /*指定查询结果分组条件*/
[ HAVING <分组统计条件>]                     /*指定查询结果分组统计条件*/
[ ORDER BY <排序顺序>]                       /*指定查询结果排序顺序*/
```

说明：

从这个主体语法可以看出，SELECT 语句返回一个表的结果集，通常该结果集称为表值表达式。

下面讨论 SELECT 的各个子句和主要功能。

4.2.1 选择查询结果输出列：*/列表

1. 选择所有列

使用“*”表示选择一个表或视图中的所有列。

【例 4.1】 查询 pxscj 数据库中 xsb 表的所有数据。

代码如下：

```
USE pxscj
GO
SELECT *
    FROM xsb
GO
```

执行结束后窗口中将显示 xsb 表的所有数据。

2. 选择一个表中指定的列

使用 SELECT 语句选择一个表中的某些列，各列名之间要以逗号分隔。

【例 4.2】 查询 xsb 表中计算机专业同学的学号、姓名和总学分，查询 xsb 表中的所有列。

代码如下，执行结果如图 4.1 所示。

```
USE pxscj
  GO
SELECT 学号, 姓名, 总学分
     FROM  xsb
     WHERE 专业 = '计算机'
```

3. 定义列别名

当希望查询结果中的某些列或所有列显示时使用自己选择的列标题时，可以在列名之后使用 AS 子句来更改查询结果的列标题名。

【例 4.3】 查询 xsb 表中计算机系同学的学号、姓名和总学分，结果中各列的标题分别指定为 number、name 和 mark。代码如下，执行结果如图 4.2 所示。

```
USE pxscj
  GO
SELECT 学号 AS number, 姓名 AS name, 总学分 AS mark
     FROM  xsb
     WHERE 专业= '计算机'
```

更改查询结果中的列标题也可以使用"列别名=表达式"的形式。例如：

```
SELECT  number = 学号, name = 姓名, mark = 总学分
     FROM xsb
     WHERE 专业= '计算机'
```

当自定义的列标题中含有空格时，必须使用引号将标题括起来。例如：

```
SELECT  'Student number ' = 学号,姓名 AS  'Student name', mark = 总学分
     FROM xsb
     WHERE 专业= '计算机'
```

说明：

不允许在 WHERE 子句中使用列别名。这是因为，执行 WHERE 代码时，可能尚未确定列值。例如，下述查询是非法的。

```
SELECT 性别 AS SEX FROM xsb WHERE SEX=0;
```

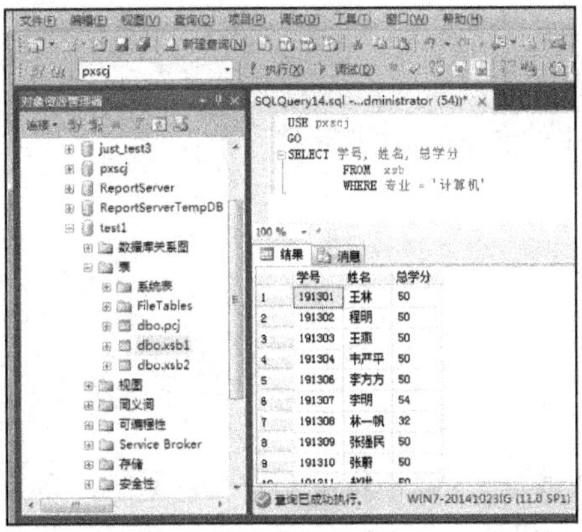

图 4.1　执行结果 1

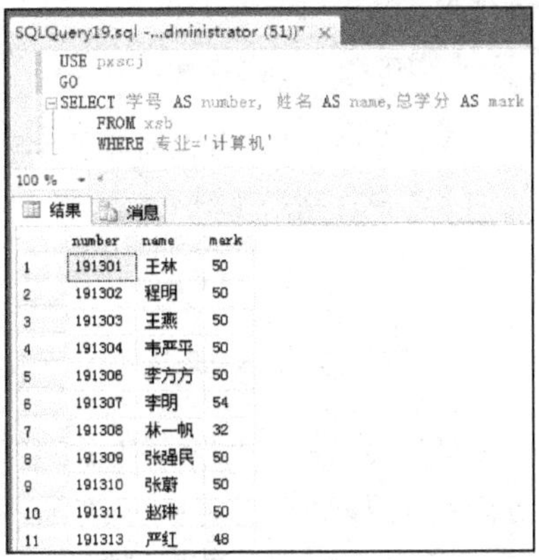

图 4.2　执行结果 2

4．替换查询结果中的数据

在对表进行查询时，有时希望对所查询的某些列得到的是一种概念而不是具体的数据。例如，查询 xsb 表的总学分，希望知道的是学习的总体情况，这时，就可以用等级来替换总学分的具体数字。

要替换查询结果中的数据，则要使用查询中的 CASE 表达式，其语法格式如下。

```
CASE
    WHEN 条件1 THEN 表达式1
    WHEN 条件2 THEN 表达式2
        ……
    ELSE 表达式
END
```

【例 4.4】 查询 xsb 表中计算机系各同学的学号、姓名和总学分，对其总学分按以下规则进行替换：若总学分为空值，则替换为“尚未选课”；若总学分小于 50，则替换为“不及格”；若总学分在 50～52 之间，则替换为“合格”；若总学分大于 52，则替换为“优秀”。列标题更改为“等级”。

代码如下，执行结果如图 4.3 所示。

```
USE pxscj
GO
SELECT 学号, 姓名, 等级=
    CASE
        WHEN 总学分 IS NULL THEN '尚未选课'
        WHEN 总学分 < 50 THEN '不及格'
        WHEN 总学分 >=50 and 总学分<=52 THEN '合格'
        ELSE '优秀'
    END
    FROM  xsb
    WHERE 专业= '计算机'
GO
```

	学号	姓名	等级
1	191301	王林	合格
2	191302	程明	合格
3	191303	王燕	合格
4	191304	韦严平	合格
5	191306	李方方	合格
6	191307	李明	优秀
7	191308	林一帆	不及格
8	191309	张强民	合格
9	191310	张蔚	合格
10	191311	赵琳	合格
11	191313	严红	不及格

图 4.3　执行结果 3

> **说明：**
>
> CASE 语句将在第 5 章介绍。

5．计算列值

使用 SELECT 对列进行查询时，在结果中可以输出对列值计算后的值，即 SELECT 子句可使用表达式作为结果，其语法格式如下。

```
SELECT 表达式 [ , 表达式]
```

【例 4.5】 按 120 分计算成绩并显示学号为 191301 的学生的成绩情况。

代码如下，执行结果如图 4.4 所示。

```
USE pxscj
GO
SELECT  学号, 课程号, 成绩120=成绩*1.20
    FROM cjb
    WHERE 学号= '191301'
```

计算列值使用算术运算符：+（加）、－（减）、*（乘）、/（除）和%（取余）。其中，算术运算符（+、–、*、/）可以用于任何数字类型的列，包括 int、smallint、tinyint、decimal、numeric、float、real、money 和 smallmoney；“%”可以用于上述除 money 和 smallmoney 以外的数字类型。

6. 消除结果集中的重复行

对表只选择其某些列时，可能会出现重复行。例如，若对 pxscj 数据库的 xsb 表只选择专业和总学分，则出现多行重复的情况。可以使用 DISTINCT 关键字消除结果集中的重复行，其语法格式如下。

```
SELECT  DISTINCT | ALL  列名 [ , 列名…]
```

关键字 DISTINCT 的含义是对结果集中的重复行只选择一个，以保证行的唯一性。

【例 4.6】 对 pxscj 数据库的 xsb 表只选择专业和总学分，消除结果集中的重复行。

代码如下，执行结果如图 4.5 所示。

```
USE pxscj
GO
SELECT DISTINCT 专业 FROM xsb
```

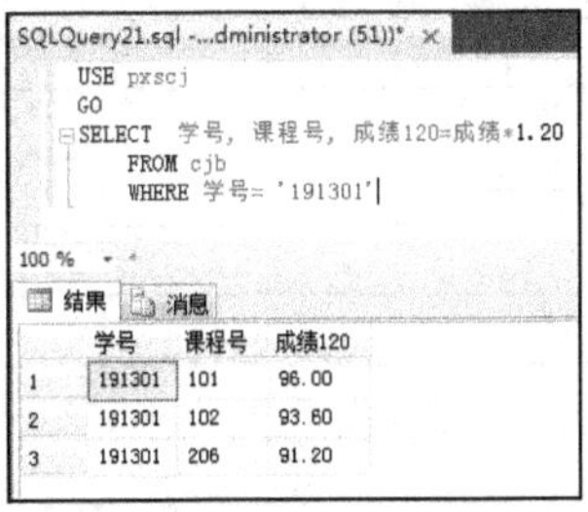

图 4.4　执行结果 4

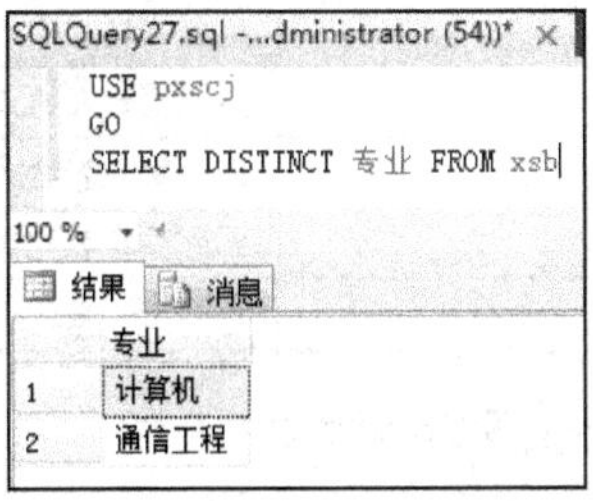

图 4.5　执行结果 5

与 DISTINCT 相反，当使用关键字 ALL 时，将保留结果集的所有行。当 SELECT 语句中省略 ALL 与 DISTINCT 时，默认值为 ALL。

7. 限制结果集返回行数

如果 SELECT 语句返回的结果集的行数非常多，那么可以使用 TOP 选项限制其返回的行数。TOP 选项的语法格式如下。

```
[ TOP 表达式 [ PERCENT ] [ WITH TIES ] ]
```

指示只能从查询结果集返回指定的第一组行或指定的百分比数目的行。“表达式”可以是指定数目或百分比数目的行。若带 PERCENT 关键字，则表示返回结果集的前（表达式值）%行。

【例 4.7】 对 pxscj 数据库的 xsb 表选择姓名、专业和总学分，返回结果集的前 6 行。

代码如下：

```
SELECT TOP 6 姓名,专业,总学分
    FROM xsb
```

8. 选择用户定义数据类型列

有关用户定义数据类型将在后面章节详细讨论。

9. 聚合函数

SELECT 子句中的表达式中还可以包含所谓的聚合函数。聚合函数常常用于对一组值进行计算，然后返回单个值。聚合函数通常与 GROUP BY 子句一起使用。如果一个 SELECT 语句中有一个 GROUP BY 子句，则这个聚合函数对所有列起作用，如果没有，则 SELECT 语句只产生一行作为结果。SQL Server 所提供的聚合函数列于表 4.10 中。

表 4.10 聚合函数

函 数 名	说 明
AVG	求组中值的平均值
BINARY_CHECKSUM	返回对表中的行或表达式列表计算的二进制校验值，可用于检测表中行的更改
CHECKSUM	返回在表的行上或在表达式列表上计算的校验值，用于生成哈希索引
CHECKSUM_AGG	返回组中值的校验值
COUNT	求组中项数，返回 int 类型整数
COUNT_BIG	求组中项数，返回 bigint 类型整数
GROUPING	产生一个附加的列
GROUPING_ID	为聚合列列表中的每一行创建一个值以标识聚合级别
MAX	求最大值
MIN	求最小值
SUM	返回表达式中所有值的和
STDEV	返回给定表达式中所有值的统计标准偏差
STDEVP	返回给定表达式中所有值的填充统计标准偏差
VAR	返回给定表达式中所有值的统计方差
VARP	返回给定表达式中所有值填充的统计方差

下面对常用的聚合函数加以介绍。

1）SUM 和 AVG

SUM 和 AVG 分别用于求表达式中所有值项的总和与平均值，其语法格式如下。

```
SUM /AVG ( [ ALL | DISTINCT ] 表达式 )
```

其中，“表达式”可以是常量、列、函数或表达式，其数据类型只能是 int、smallint、tinyint、bigint、decimal、numeric、float、real、money 和 smallmoney。ALL 表示对所有值进行运算，DISTINCT 表示去除重复值，默认为 ALL。SUM/AVG 忽略 NULL 值。

【例 4.8】 求所有课程的总学分和选修 101 课程的学生的平均成绩。

求所有课程总学分的代码如下，执行结果如图 4.6 所示。

```
SELECT SUM(学分) AS '总学分' FROM kcb
```

求选修 101 课程的学生的平均成绩的代码如下。

```
SELECT AVG(成绩) AS '计算机基础平均成绩'
    FROM cjb
    WHERE 课程号 = '101'
```

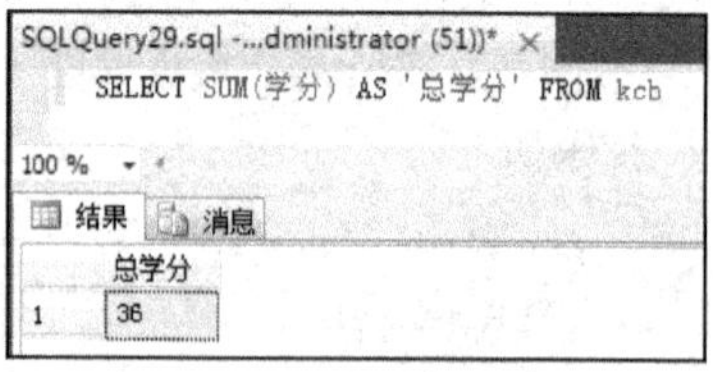

图 4.6 执行结果 6

使用聚合函数作为 SELECT 的选择列时，若不为其指定列标题，则系统将对该列输出标题“无列名”。

2）MAX 和 MIN

MAX 和 MIN 分别用于求表达式中所有值项的最大值与最小值，其语法格式如下。

```
MAX / MIN ( [ ALL | DISTINCT ] 表达式 )
```

其中，“表达式”可以是常量、列、函数或表达式，其数据类型可以是数字、字符和时间日期类型。ALL、DISTINCT 的含义及默认值与 SUM/AVG 函数相同。MAX/MIN 忽略 NULL 值。

【例 4.9】 求选修 101 课程的学生的最高分和最低分。

代码如下，执行结果如图 4.6 所示。

```
SELECT  MAX(成绩) AS '计算机基础最高分' , MIN(成绩) AS '计算机基础最低分'
    FROM  cjb
    WHERE 课程号 = '101'
```

3）COUNT

COUNT 用于统计组中满足条件的行数或总行数，其语法格式如下。

```
COUNT ( { [ ALL | DISTINCT ] 表达式 } | * )
```

其中，“表达式”的数据类型是除 text、image 或 ntext 之外的任何类型。ALL、DISTINCT 的含义及默认值与 SUM/AVG 函数相同，COUNT 忽略 NULL 值。

【例 4.10】 求学生的总数、总学分在 50 分以上的人数和专业个数。

代码如下，执行结果如图 4.7 所示。

```
SELECT  COUNT(*) AS  '学生总数' , COUNT(DISTINCT 专业)  AS  '专业个数'
    FROM  xsb ;
GO
SELECT COUNT(总学分)  AS  '总学分>50 分人数'
    FROM xsb
    WHERE 总学分>50 ;
GO
```

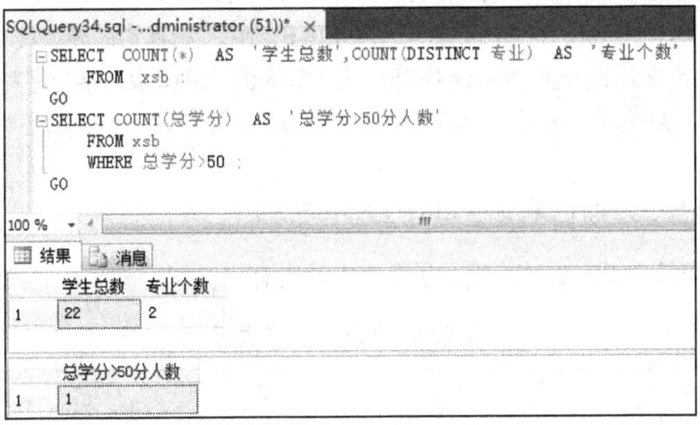

图 4.7　执行结果 7

使用 COUNT(*)时将返回检索行的总数目，不论其是否包含 NULL 值。

COUNT_BIG 函数的格式、功能与 COUNT 函数都相同，区别仅在于 COUNT_BIG 返回 bigint 类型值。

4.2.2　选择查询条件：WHERE

1. 表达式比较

比较运算符用于比较两个表达式的值，共有 9 个，分别是“=”（等于）、“<”（小于）、“<=”（小于等于）、“>”（大于）、“>=”（大于等于）、“< >”（不等于）、“!=”（不等于）、“!<”（不小于）、“!>”（不大于）。比较运算的语法格式如下。

```
表达式 1  {比较运算符} 表达式 2
```

其中，“表达式”是除 text、ntext 和 image 以外类型的表达式。

当两个表达式的值均不为空值（NULL）时，比较运算返回逻辑值 TRUE（真）或 FALSE（假）。而当两个表达式的值中有一个为空值或都为空值时，比较运算将返回 UNKNOWN。

可以将多个判定运算的结果通过逻辑运算符（NOT、AND 和 OR）再组成更为复杂的查询条件。

【例 4.11】 查询 xsb 表中通信工程专业总学分大于等于 42 的同学的情况。

代码如下，执行结果如图 4.8 所示。

```
SELECT *
    FROM  xsb
    WHERE 专业= '通信工程'  AND 总学分 >= 42
```

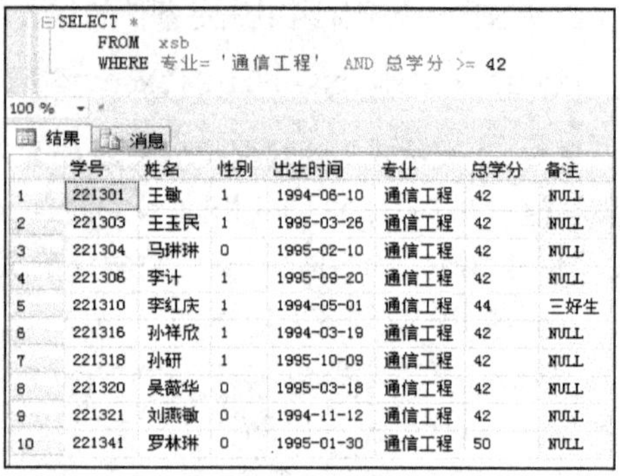

	学号	姓名	性别	出生时间	专业	总学分	备注
1	221301	王敏	1	1994-06-10	通信工程	42	NULL
2	221303	王玉民	1	1995-03-26	通信工程	42	NULL
3	221304	马琳琳	0	1995-02-10	通信工程	42	NULL
4	221306	李计	1	1995-09-20	通信工程	42	NULL
5	221310	李红庆	1	1994-05-01	通信工程	44	三好生
6	221316	孙祥欣	1	1994-03-19	通信工程	42	NULL
7	221318	孙研	1	1995-10-09	通信工程	42	NULL
8	221320	吴薇华	0	1995-03-18	通信工程	42	NULL
9	221321	刘燕敏	0	1994-11-12	通信工程	42	NULL
10	221341	罗林琳	0	1995-01-30	通信工程	50	NULL

图 4.8 执行结果 8

2. 模式匹配

LIKE 谓词用于指出字符串是否与指定的字符串相匹配，返回逻辑值 TRUE 或 FALSE。LIKE 谓词表达式的语法格式如下。

```
表达式 [ NOT ] LIKE 模式串 [ ESCAPE 转义符 ]
```

说明：

（1）表达式：一般为字符串表达式，在查询语句中可以是列名。

（2）模式串：可以使用通配符，表 4.11 列出了 LIKE 谓词可以使用的通配符及其说明。

（3）转义符：应为有效的 SQL Server 字符，没有默认值，且必须为单个字符。当模式串中含有与通配符相同的字符时，应通过该字符前的转义符指明其为模式串中的一个匹配字符。使用 ESCAPE 可指定转义符。

（4）NOT LIKE：使用 NOT LIKE 与 LIKE 的作用相反。

使用带“%”通配符的 LIKE 时，模式字符串中的所有字符都有意义，包括起始或尾随空格。

表 4.11 通配符及其说明

通 配 符	说 明
%	代表倒数
_（下画线）	代表单个字符
[ ]	指定范围（如[a-f]、[0-9]）或集合（如[abcdef]）中的任何单个字符
[^]	指定不属于范围（如 [^a-f]、[^0-9]）或集合（如[^abcdef]）的任何单个字符

【例 4.12】 查询 xsb 表中姓“王”且单名的学生情况。

代码如下，执行结果如图 4.9 所示。

```
SELECT  *
    FROM xsb
    WHERE 姓名 LIKE '王_ '
```

【例 4.13】 查询 xsb 表中学号倒数第 5 个数字为 9，且倒数第 1 个数在 1～5 之间的学生学号、姓名及专业。

代码如下，执行结果如图 4.10 所示。

```
SELECT 学号,姓名,专业
    FROM xsb
    WHERE 学号 LIKE '%9_ _ _[1-5]'
```

如果需要查找一个通配符，则必须使用一个转义字符。

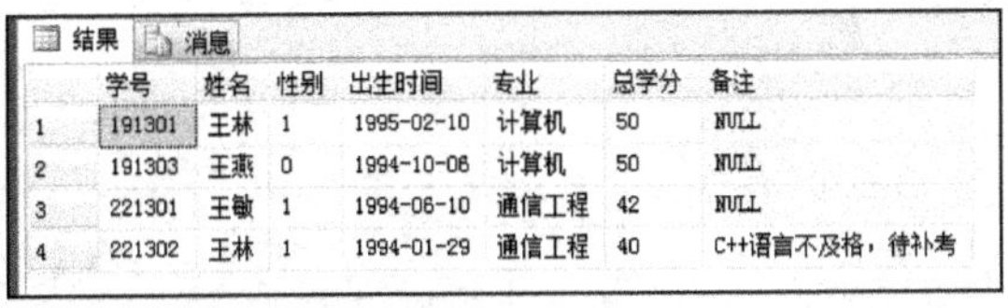

	学号	姓名	性别	出生时间	专业	总学分	备注
1	191301	王林	1	1995-02-10	计算机	50	NULL
2	191303	王燕	0	1994-10-06	计算机	50	NULL
3	221301	王敏	1	1994-06-10	通信工程	42	NULL
4	221302	王林	1	1994-01-29	通信工程	40	C++语言不及格，待补考

图 4.9　执行结果 9

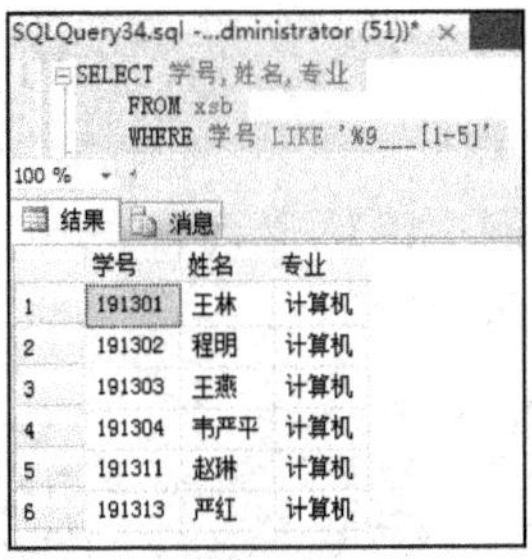

	学号	姓名	专业
1	191301	王林	计算机
2	191302	程明	计算机
3	191303	王燕	计算机
4	191304	韦严平	计算机
5	191311	赵琳	计算机
6	191313	严红	计算机

图 4.10　执行结果 10

3. 范围比较

用于范围比较的关键字有两个：BETWEEN 和 IN。

（1）当要查询的条件是某个值的范围时，可以使用 BETWEEN 关键字。BETWEEN 关键字指出查询范围，其语法格式如下。

```
表达式 [ NOT ] BETWEEN 表达式 1 AND 表达式 2
```

当不使用 NOT 时，若“表达式”的值在“表达式 1”与“表达式 2”之间（包括这两个值），则返回 TRUE，否则返回 FALSE；当使用 NOT 时，返回值刚好相反。

> **注意：**
>
> “表达式 1”的值不能大于“表达式 2”的值。

【例 4.14】 查询 xsb 表中不在 1995 年出生的学生情况。

代码如下：

```
SELECT 学号，姓名，专业，出生时间
    FROM xsb
    WHERE 出生时间 NOT BETWEEN '1995-1-1' and '1995-12-31'
```

（2）使用 IN 关键字可以指定一个值表，值表中列出所有可能的值，当与值表中的任一个匹配时，即返回 TRUE，否则返回 FALSE。使用 IN 关键字指定值表的语法格式如下。

```
表达式 IN ( 表达式 [, …])
```

【例 4.15】 查询 xsb 表中专业为“软件工程”或“通信工程”的学生情况。

代码如下：

```
SELECT  *
    FROM xsb
    WHERE 专业 IN ('软件工程', '通信工程')
```

该语句与下列语句等价。

```
SELECT  *
    FROM  xsb
    WHERE 专业= '软件工程' OR 专业= '通信工程'
```

4. 空值比较

当需要判定一个表达式的值是否为空值时，使用 IS NULL 关键字，其语法格式如下。

```
表达式 IS [ NOT ] NULL
```

当不使用 NOT 时，若表达式的值为空值，则返回 TRUE，否则返回 FALSE；当使用 NOT 时，结果刚好相反。

【例 4.16】 查询总学分尚不确定的学生情况。

代码如下：

```
SELECT *
    FROM  xsb
    WHERE 备注 IS NULL
```

本例即查找备注为空（没有备注内容）的学生。

5. 子查询

在查询条件中，可以使用另一个查询的结果作为条件的一部分。例如，判定列值是否与某个查询的结果集中的值相等，作为查询条件一部分的查询称为子查询。

T-SQL 允许 SELECT 多层嵌套使用，用来表示复杂的查询。子查询除了可以用在 SELECT 语句中，还可以用在 INSERT、UPDATE 及 DELETE 语句中。子查询通常与 IN、EXISTS 谓词及比较运算符结合使用。

1）IN 子查询

IN 子查询用于进行一个给定值是否在子查询结果集中的判断，其语法格式如下。

```
表达式 [ NOT ] IN  ( 子查询 )
```

当表达式与子查询的结果表中的某个值相等时，IN 谓词返回 TRUE，否则返回 FALSE；若使用了 NOT，则返回的值刚好相反。

【例 4.17】 查找选修了课程号为 206 的课程的学生情况。

在查询分析器窗格中输入并执行如下查询脚本。

```
USE  pxscj
GO
SELECT *
    FROM  xsb
    WHERE 学号 IN
    (
        SELECT 学号
        FROM cjb
        WHERE 课程号 = '206'
    )
```

本例中，先执行子查询：

```
SELECT 学号 FROM  cjb  WHERE 课程名 = '206'
```

得到一个只含有学号列的表，cjb 表中每个课程名列值为 206 的行在结果表中都有一行。再执行外查询，若 xsb 表中某行的学号列值等于子查询结果表中的任一个值，该行就被选择。

IN 和 NOT IN 子查询只能返回一列数据。对于较复杂的查询，可以使用嵌套的子查询。

【例 4.18】 查找未选修离散数学的学生情况。

代码如下：

```
SELECT  *
    FROM  xsb
    WHERE 学号 NOT  IN
    (
        SELECT 学号
            FROM cjb
                WHERE 课程号 IN
            (
                SELECT 课程号
                    FROM kcb
                    WHERE  课程名 = '离散数学'
            )
    )
```

2）比较子查询

这种子查询可以认为是 IN 子查询的扩展，它使表达式的值与子查询的结果进行比较运算，其语法格式如下。

```
表达式 {比较运算符} { ALL | SOME | ANY } ( 子查询 )
```

其中，ALL、SOME 和 ANY 说明对比较运算的限制。

ALL 指定表达式要与子查询结果集中的每个值都进行比较，当表达式与每个值都满足比较的关系时，才返回 TRUE，否则返回 FALSE。

SOME 或 ANY 表示表达式只要与子查询结果集中的某个值满足比较的关系，就返回 TRUE，否则返回 FALSE。

【例 4.19】 查找选修了离散数学的学生学号。

代码如下：

```
SELECT 学号
    FROM cjb
    WHERE  课程号 =
    (
        SELECT 课程号
            FROM kcb
            WHERE 课程名 ='离散数学'
    );
```

【例 4.20】 查找比所有计算机系的学生年龄都大的学生。

代码如下：

```
SELECT  *
    FROM  xsb
    WHERE    出生时间 <ALL
    (
        SELECT 出生时间
            FROM xsb
            WHERE 专业= '计算机'
    )
```

【例 4.21】 查找 206 号课程成绩不低于 101 号课程最低成绩的学生学号。

代码如下：

```
SELECT 学号
    FROM  cjb
    WHERE   课程号 = '206'  AND 成绩 !< ANY
    (
        SELECT 成绩
            FROM  cjb
            WHERE 课程号 = '101'
    )
```

3）EXISTS 子查询

EXISTS 谓词用于测试子查询的结果是否为空表，若子查询的结果集不为空，则 EXISTS 返回 TRUE，否则返回 FALSE。EXISTS 还可与 NOT 结合使用，即 NOT EXISTS，其返回值与 EXISTS 刚好相反。其语法格式如下。

```
[ NOT ] EXISTS ( 子查询 )
```

【例 4.22】 查找选修 206 号课程的学生姓名。

代码如下：

```
SELECT 姓名
    FROM  xsb
    WHERE   EXISTS
    (
        SELECT  *
            FROM  cjb
            WHERE 学号 = xsb.学号 AND 课程号 = '206'
    )
```

说明：

（1）子查询的条件中使用了限定形式的列名引用“xsb.学号”，表示这里的“学号”列出自表 xsb。

（2）与前面的子查询例子不同的是，前面的例子中内层查询只处理一次，得到一个结果集，再依次处理外层查询；而本例的内层查询要处理多次，因为内层查询与“xsb.学号”有关，外层查询中 xsb 表的不同行有不同的学号值。这类子查询称为相关子查询，因为子查询的条件依赖于外层查询中的某些值。

其处理过程如下：首先查找外层查询中 xsb 表的第一行，根据该行的学号列值处理内层查询，若结果不为空，则 WHERE 条件为真，就把该行的姓名值取出作为结果集的一行；然后再找 xsb 表的第 2、3 行等，重复上述处理过程直到 xsb 表的所有行都查找完为止。

【例 4.23】 查找选修了全部课程的同学的姓名。

代码如下：

```
SELECT 姓名
    FROM xsb
    WHERE NOT EXISTS
    (
        SELECT *
            FROM kcb
            WHERE NOT EXISTS
            (
                SELECT  *
                    FROM cjb
```

```
                WHERE 学号=xsb.学号 AND 课程号=kcb.课程号
         )
   )
```

说明：

由于没有人选全部课程，所以结果为空。

另外，子查询还可以用在 SELECT 语句的其他子句中，如 FROM 子句。SELECT 关键字后面也可以定义子查询。

【例 4.24】 从 xsb 表中查找所有女学生的姓名、学号及其与“191301”号学生的年龄差距。

代码如下：

```
SELECT 学号, 姓名, YEAR(出生时间)-
            YEAR( ( SELECT 出生时间
                        FROM xsb
                        WHERE 学号='191301'
                    )
                  ) AS 年龄差距
    FROM xsb
    WHERE 性别=0
```

说明：

YEAR 函数用于取出日期类型数据的年份。

6. CONTAINS 谓词

若需要在表中搜索指定的单词、短语或近义词等，可以使用 CONTAINS 谓词。CONTAINS 谓词用于在表中搜索指定的字符串，可以是精确匹配，也可以是模糊匹配，还可以是加权匹配。要使用 CONTAINS 谓词，全文索引服务在运行状态，并且应在操作的表上事先建立全文索引。

1）新建全文索引

新建全文索引，其主要步骤如下。

（1）要建立全文索引，首先要启动全文搜索服务，这项服务默认是禁用的。启动的方法：打开 SQL Server 配置管理器，打开“Sql Server Configuration Manager”窗口，如图 4.11 所示。由图 4.11 可以看出，全文搜索服务正在运行。

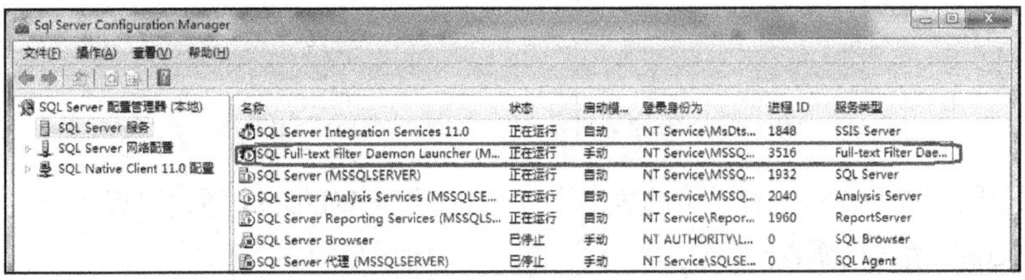

图 4.11　启动全文搜索

（2）创建全文目录。在“对象资源管理器”面板中展开数据库“pxscj”，选择“存储”目录下的“全文目录”，右击，在弹出的快捷菜单中选择“新建全文目录”命令，在打开的“新建全文目录-pxscj”窗口中填写全文目录名称，如“fulltext”，如图 4.12 所示，单击“确定”按钮。

（3）在全文目录中注册需要全文索引的表。在“全文目录”目录下右击刚刚新建的全文目录“fulltext”，在弹出的快捷菜单中选择“属性”命令，打开“全文目录属性-fulltext”窗口。选择“表/

视图”选项卡，选择需要全文索引的表，如“dbo.xsb”，单击按钮。选择了需要全文索引的表后，在“合格列”选项组中会显示能够进行全文索引的列，勾选需要列（这里勾选“姓名”和“备注”复选框），如图 4.13 所示，单击“确定”按钮。

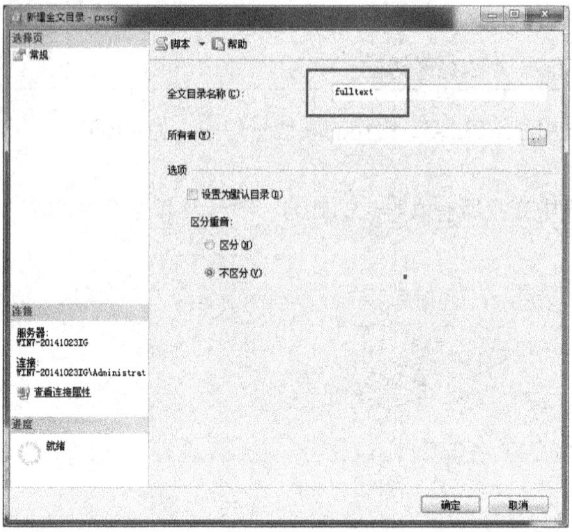

图 4.12　创建全文目录

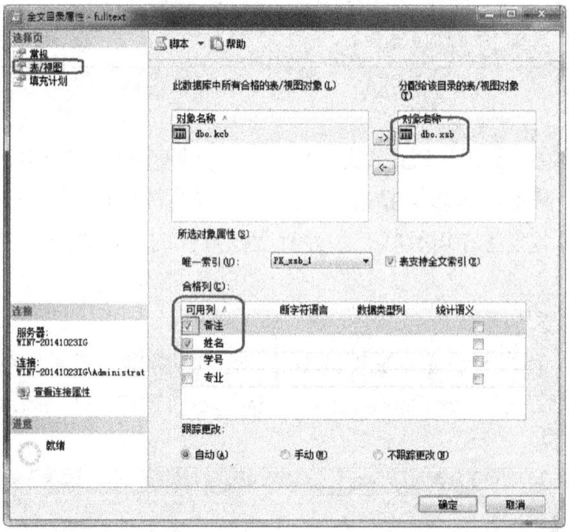

图 4.13　在全文目录中注册需要全文索引的表

在全文目录中注册了需要全文索引的表后，即可使用 CONTAINS 谓词对表进行包含式查询。

2）CONTAINS 谓词的语法

CONTAINS 谓词的语法格式如下。

```
CONTAINS ( { 列 | * } , '<包含查询条件>'  [ , LANGUAGE 语言项])
```

说明：

（1）“列”表示在指定的列中搜索，可以指定多个列，类型为 char、varchar、nchar、nvarchar、text、ntext、image、xml 和 varbinary(MAX)的列是可进行全文搜索的有效列。

（2）“*”表示在所有列中搜索，“语言项”表示用户查询时所用的语言。

（3）<包含查询条件>指定要在列中搜索的文本和匹配条件，其语法格式如下。

```
<包含查询条件> ::=
{
    < 简单项 >
    | < 前缀项 >
    | < 派生项 >
    | < 邻近项 >
    | < 加权项 >
}
| {
    ( < 包含查询条件 > ) [ { < AND > | < AND NOT > | < OR > } ]
    < 包含查询条件 > [ … ]
}
```

说明：

（1）<简单项>：用于说明搜索的是单词还是短语，其语法格式如下。

```
单词 | "短语"
```

其中，单词是不含空格和标点符号的字符串；短语是含一个或多个空格的字符串。如果搜索的是短语，则需要用双引号将其括起来。

（2）<前缀项>：给出了要搜索的单词或短语必须匹配的前缀，其语法格式如下。

```
{ "单词*" | "短语*"}
```

当查询的串是短语时，需用双引号定界。

（3）<派生项>：说明搜索包含原词的派生词，所谓派生词是指原词的名词单、复数形式或动词的各种时态等，其语法格式如下

```
FORMSOF ( { INFLECTIONAL | THESAURUS } , <简单项> [ , … ] )
```

INFLECTIONAL 选项表示指定要对指定的简单字词使用与语言相关的词干分析器。THESAURUS 选项表示指定使用对应于列全文语言或指定的查询语言的同义词库。

（4）<邻近项>：表示搜索包含 NEAR 或“~”运算符左右两边的词或短语，其语法格式如下。

```
{ <简单项> | <前缀项> } { { NEAR | ~ } { <简单项> | <前缀项> } }[…]
```

（5）<加权项>：指明本语句是加权搜索，即查询的数据与给定的权重进行加权匹配，其语法格式如下。

```
ISABOUT
(
    {
        {
            < 简单项 >
            | < 前缀项 >
            | < 派生项 >
```

```
              | < 邻近项 >
          }
          [ WEIGHT ( 加权值 ) ]
      } [ , … ]
  )
```

其中，“加权值”是一个 0～1 之间的数，表示权重。

【例 4.25】 使用 CONTAINS 谓词搜索 xsb 表中包含字符“不及格”的所有行。

代码如下，执行结果如图 4.14 所示。

```
USE pxscj
GO
SELECT *
    FROM xsb
    WHERE CONTAINS(*,'不及格')
```

7. FREETEXT 谓词

与 CONTAINS 谓词类似，FREETEXT 谓词也用于在一个表中搜索单词或短语，并要求表已建立全文索引，其语法格式如下。

```
FREETEXT ( { 列| 列列表 | * }, '自由文本串' [ , LANGUAGE 语言选项 ] )
```

其中，“自由文本串”是要搜索的字符串。

FREETEXT 的查询精度没有 CONTAINS 高，并不要求对它们进行严格的模式匹配。FREETEXT 对所查询的串也没有写法要求，因此 FREETEXT 也称为自由式查询。

【例 4.26】 使用 FREETEXT 谓词搜索 xsb 表中包含字符“琳”的所有行。

代码如下，执行结果如图 4.1 5 所示。

```
SELECT *
    FROM xsb
    WHERE FREETEXT(*,'琳')
```

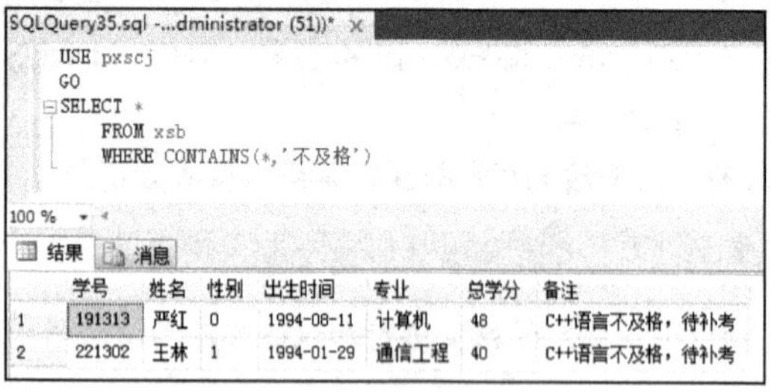

图 4.14 执行结果 11

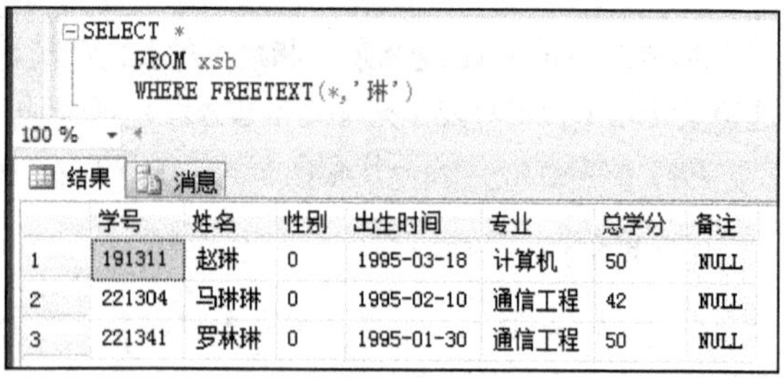

图 4.15 执行结果 12

说明：

FREETEXT 谓词只能与 SELECT 语句一起使用。

4.2.3 指定查询对象：FROM

SELECT 的查询对象由 FROM 子句指定，查询对象主要包括表或视图，称之为表源。

1. 表或视图名

表或视图名指定 SELECT 语句要查询的表或视图，表和视图可以是一个或多个，有关视图的内容在 4.3 节中介绍。

【例 4.27】 查找表 kcb 中 101 号课程的开课学期。

代码如下：

```
USE pxscj
GO
SELECT 开课学期
    FROM kcb
    WHERE 课程号= '101'
```

查询结果为 1。

【例 4.28】 查找“191301”号学生计算机基础课的成绩。

代码如下：

```
SELECT 成绩
    FROM cjb, kcb
    WHERE cjb.课程号=kcb.课程号
        AND 学号='191301'
        AND 课程名='计算机基础'
```

可以使用 AS 选项为表指定别名，AS 关键字也可以省略，直接给出别名即可。别名主要用在相关子查询及连接查询中。如果 FROM 子句指定了表别名，则这条 SELECT 语句中的其他子句都必须使用表别名来代替原始的表名。

【例 4.29】 查找选修了与学号为 191302 的同学所选修的全部课程的同学的学号。

分析：本例即要查找这样的学号 y，对所有的课程号 x，若 191302 号同学选修了该课，那么 y 也选修了该课。

代码如下：

```
SELECT  DISTINCT 学号
    FROM cjb AS CJ1
    WHERE NOT EXISTS
    (
        SELECT  *
            FROM  cjb  AS  CJ2
            WHERE  CJ2.学号 = '191302'   AND  NOT EXISTS
            (
                SELECT *
                    FROM cjb AS CJ3
                    WHERE CJ3. 学号= CJ1.学号 AND  CJ3.课程号 = CJ2.课程号
            )
    )
```

2. 导出表

导出表表示由子查询中 SELECT 语句的执行而返回的表，但必须使用 AS 关键字为子查询产生的中间表定义一个别名。

【例 4.30】 从 xsb 表中查找总学分大于 50 的男同学的姓名和学号。

代码如下，执行结果如图 4.16 所示。

```
SELECT 姓名,学号,总学分
   FROM (  SELECT  姓名, 学号, 性别, 总学分
                 FROM xsb
                 WHERE 总学分>=50
         )  AS student
   WHERE 性别=1
```

说明：

在本例中，首先处理 FROM 子句中的子查询，将结果放到一个中间表中并为表定义一个名称 student，然后再根据外部查询条件从 student 表中查询出数据。另外，子查询还可以嵌套使用。

子查询用于 FROM 子句时，也可以为列指定别名。

【例 4.31】 在 xsb 表中查找 1995 年 1 月 1 日以前出生的学生的姓名和专业。

代码如下，执行结果如图 4.17 所示。

```
SELECT  student.name, student.speciality
    FROM  ( SELECT * FROM xsb WHERE 出生时间<'19950101' )
    AS student( num, name, sex, birthday, speciality,score, mem )
```

	姓名	学号	总学分
1	王林	191301	50
2	程明	191302	50
3	韦严平	191304	50
4	李方方	191306	50
5	李明	191307	54
6	张强民	191309	50

图 4.16 执行结果 13

	name	speciality
1	王燕	计算机
2	林一帆	计算机
3	张强民	计算机
4	张蔚	计算机
5	严红	计算机
6	王敏	通信工程
7	王林	通信工程
8	李红庆	通信工程
9	孙祥欣	通信工程
10	刘燕敏	通信工程

图 4.17 执行结果 14

注意：

若要为列指定别名，则必须为所有列指定别名。

3. 行集函数

行集函数通常返回一个表或视图。主要的行集函数有 CONTAINSTABLE、FREETEXTTABLE、OPENDATASOURCE、OPENQUERY、OPENROWSET 和 OPENXML。

另外，OPENROWSET 函数还可以用于插入图片文件、文本文件、Word 文件、Excel 文件等内容。这里以插入图片文件为例，具体的操作步骤如下。

（1）建立测试表，代码如下。

```
USE  test1
GO
CREATE TABLE Test
(
    TestID       int   IDENTITY(1,1),
    BLOBName     varchar(50),
    BLOBData     varbinary(MAX)
)
```

（2）使用 OPENROWSET 函数将图片文件导入数据库表字段，代码如下。

```
INSERT INTO Test(BLOBName, BLOBData)
    SELECT 'picture', BulkColumn
        FROM OPENROWSET(Bulk 'D:\picture.jpg', SINGLE_BLOB) AS BLOB
```

（3）查询导入数据。若上述脚本执行成功，则可以通过下述查询语句来查询表 BLOBTest 中插入的数据。

```
SELECT  *
    FROM  Test
```

执行结果如图 4.18 所示。

结果　消息

	TestID	BLOBName	BLOBData
1	1	picture	0xFFD8FFE000104A46494600010101006000600000FFDB00...

图 4.18　查询图片数据

从图中可以看到，BLOBData 的值是该图片所包含的二进制数据。如果要查看图片的内容，需要通过开发平台（如 ASP.NET、VC++等）来显示其中的二进制流数据。本书实习部分将通过不同的编程语言和平台来操作图片数据。

行集函数详细情况请参考有关文档。

4. 表值函数

所谓表值函数就是返回一个表的用户自定义函数，后面章节将介绍有关用户自定义函数的内容。

5. 行转列表和列转行表

1）行转列表

行转列表的语法格式如下。

```
<行转列表> ::=
    表源 PIVOT <行转列子句> [AS] 表别名
```

其中，行转列子句的语法格式如下。

```
<行转列子句> ::=
    ( 聚合函数名 ( 值列 ) FOR 转换列 IN (<列列表>) )
```

> **说明：**
>
> PIVOT 子句将表值表达式的某一列中的唯一值转换为输出中的多个列来转换表值表达式，即实现了将行值转化为列，并在必要时对最终输出中所需的任何其余的列值执行聚合。其经常用在生成交叉表格报表以汇总数据。其中，“表源”是输入表或表值表达式；“表别名”为输出表的别名；“值列”是需要聚合的列名；“转换列”是要转换的列；“列列表”列出了“转换列”列的值，这些值将成为输出表的列名，可以使用 AS 子句定义这些值的列别名。

【例 4.32】 查找 xsb 表中 1995 年 1 月 1 日以前出生的学生的姓名和总学分，并列出其属于计算机专业还是通信工程专业的情况，1 表示是，0 表示否。

代码如下，执行结果如图 4.19 所示。

```
SELECT 姓名,总学分,计算机,通信工程
    FROM xsb
    PIVOT
    (
        COUNT(学号)
        FOR 专业
        IN(计算机,通信工程)
    )AS pvt
    WHERE 出生时间<'1995-01-01'
```

2）列转行表

列转行表的语法格式如下。

```
<列转行表> ::=
    表源 UNPIVOT <列转行子句> 表别名
```

其中，列转行子句的语法格式如下。

```
<列转行子句> ::=
    ( 值列 FOR 转换列 IN ( <列列表> ) )
```

说明：

列转行表的格式与行转列表的格式相似，不过前者不使用聚合函数。UNPIVOT 将执行与 PIVOT 几乎完全相反的操作，将列名转换为行值。

【例 4.33】 将 kcb 表中的开课学期和学分列转换为行输出。代码如下，执行结果如图 4.20 所示。

```
SELECT 课程号,课程名,选项,内容
    FROM kcb
    UNPIVOT
    (
        内容
        FOR 选项 IN
        (学分,开课学期)
    )unpvt
```

	姓名	总学分	计算机	通信工程
1	李红庆	44	0	1
2	林一帆	32	1	0
3	刘燕敏	42	0	1
4	孙祥欣	42	0	1
5	王林	40	0	1
6	王敏	42	0	1
7	王燕	50	1	0
8	严红	48	1	0
9	张强民	50	1	0
10	张蔚	50	1	0

图 4.19　执行结果 15

	课程号	课程名	选项	内容
1	101	计算机基础	学分	5
2	101	计算机基础	开课学期	1
3	102	程序设计与语言	学分	4
4	102	程序设计与语言	开课学期	2
5	206	离散数学	学分	4
6	206	离散数学	开课学期	4
7	208	数据结构	学分	4
8	208	数据结构	开课学期	5
9	209	操作系统	学分	4
10	209	操作系统	开课学期	6
11	210	计算机原理	学分	5
12	210	计算机原理	开课学期	5
13	212	数据库原理	学分	4
14	212	数据库原理	开课学期	7
15	301	计算机网络	学分	3
16	301	计算机网络	开课学期	7
17	302	软件工程	学分	3
18	302	软件工程	开课学期	7

图 4.20　执行结果 16

4.2.4 连接：=/JOIN

连接是两元运算，可以对两个或多个表进行查询，结果通常是含有参加连接运算的两个表（或多个表）的指定列的表。例如，在 pxscj 数据库中要查找选修了离散数学课程的学生的姓名和成绩，就需要将 xsb、kcb 和 cjb 这 3 个表进行连接，才能查找到结果。

在实际应用中，多数情况下，用户查询的列都来自多个表。例如，在学生成绩数据库中查询选修了某个课程号的课程的学生的姓名、该课课程名和成绩，所需要的列来自 xsb、kcb 和 cjb 这 3 个表。把涉及多个表的查询称为连接查询。

在 T-SQL 中，连接查询有两大类表示形式：一是符合 SQL 标准的连接谓词表示形式；另一个是 T-SQL 扩展的使用关键字 JOIN 的表示形式。

1. 连接谓词

可以在 SELECT 语句的 WHERE 子句中使用比较运算符给出连接条件对表进行连接，将这种表示形式称为连接谓词表示形式。

【例 4.34】 查找 pxscj 数据库中每个学生的情况及选修的课程情况。

代码如下：

```
USE  pxscj
GO
SELECT xsb.* , cjb.*
    FROM  xsb , cjb
    WHERE xsb.学号 = cjb.学号
```

结果表将包含 xsb 表和 cjb 表的所有列。

> **注意：**
>
> 连接谓词中的两个列（即字段）称为连接字段，它们必须是可比的。例如，本例连接谓词中的两个字段分别是 xsb 和 cjb 表中的学号字段。不同表中的字段名需要在字段名之前加上表名以示区别。

连接谓词中的比较符可以是“<”、“<=”、“=”、“>”、“>=”、“!=”、“<>”、“!<” 和 “!>”，当比较符为 “=” 时，就是等值连接。

1）自然连接

它在目标列中去除相同的字段名。

【例 4.35】 通过自然连接进行查询。

代码如下：

```
SELECT xsb.* , cjb.课程号, cjb.成绩
    FROM xsb , cjb
    WHERE xsb.学号= cjb.学号
```

本例所得的结果表包含以下字段：学号、姓名、性别、出生时间、专业、总学分、备注、课程号、成绩。若选择的字段名在各个表中是唯一的，则可以省略字段名前的表名。

例如，本例的 SELECT 语句也可写为以下形式。

```
SELECT xsb.* , 课程号, 成绩
    FROM xsb , cjb
    WHERE xsb.学号 = cjb.学号
```

【例 4.36】 查找选修了 206 号课程且成绩在 80 分以上的学生姓名及成绩。

代码如下，执行结果如图 4.21 所示。

```
SELECT 姓名, 成绩
    FROM xsb , cjb
    WHERE xsb.学号 = cjb.学号 AND 课程号 = '206' AND 成绩 >= 80
```

2）多表连接

有时用户所需要的字段来自两个以上的表，那么就要对两个以上的表进行连接，称之为多表连接。

【例 4.37】 查找选修了“计算机基础”课程且成绩在 80 分以上的学生学号、姓名、课程名及成绩。

代码如下，执行结果如图 4.22 所示。

```
SELECT xsb.学号, 姓名, 课程名, 成绩
    FROM xsb , kcb , cjb
    WHERE  xsb.学号 = cjb.学号
        AND  kcb.课程号 = cjb.课程号
        AND  课程名 = '计算机基础'
        AND  成绩 >= 80
```

	姓名	成绩
1	王燕	81
2	李方方	80
3	林一帆	87
4	张蔚	89

图 4.21 执行结果 17

	学号	姓名	课程名	成绩
1	191301	王林	计算机基础	80
2	191304	韦严平	计算机基础	90
3	191308	林一帆	计算机基础	85
4	191310	张蔚	计算机基础	95
5	191311	赵琳	计算机基础	91
6	221301	王敏	计算机基础	80
7	221303	王玉民	计算机基础	87
8	221304	马琳琳	计算机基础	91
9	221316	孙祥欣	计算机基础	81
10	221320	吴薇华	计算机基础	82
11	221341	罗林琳	计算机基础	90

图 4.22 执行结果 18

连接和子查询可能都要涉及两个或多个表，要注意连接与子查询的区别：连接可以合并两个或多个表中的数据，而带子查询的 SELECT 语句的结果只能来自一个表，子查询的结果是用来作为选择结果数据时进行参照的。

2. 以 JOIN 关键字指定的连接

T-SQL 扩展了以 JOIN 关键字指定连接的表示方式，使表的连接运算能力有所增强。FROM 子句的<连接表>表示将多个表连接起来。其语法格式如下。

```
<连接表> ::=
{
    <表源> <类型> <表源> ON <查询条件>
    | <表源> CROSS JOIN <表源>
    | 左表源 { CROSS | OUTER } APPLY 右表源
    | [ ( ) <连接表> [ ] ]
}
```

说明：

（1）<表源>：准备要连接的表。

（2）<类型>：表示连接类型。其语法格式如下。

```
<类型> ::=
    [ { INNER | { { LEFT | RIGHT | FULL } [ OUTER ] } } [ <连接提示> ] ] JOIN
```

其中，INNER 表示内连接，OUTER 表示外连接。

（3）ON：用于指定连接条件，<查询条件>为连接的条件。

（4）APPLY 运算符：使用 APPLY 运算符可以为实现查询操作的外部表表达式返回的每个行调用表值函数。“左表源”为外部表值表达式，“右表源”为表值函数。通过对右表源求值来获得左表源每一行的计算结果，生成的行被组合起来作为最终输出。APPLY 运算符生成的列的列表是左表源中的列集，后跟右表源返回的列的列表。CROSS APPLY 仅返回外部表中通过表值函数生成结果集的行。OUTER APPLY 既返回生成结果集的行，又返回不生成结果集的行。

（5）CROSS JOIN：表示交叉连接。

因此，以 JOIN 关键字指定的连接有 3 种类型：内连接、外连接和交叉连接。

（1）内连接。指定了 INNER 关键字的连接是内连接，内连接按照 ON 所指定的连接条件合并两个表，返回满足条件的行。

【例 4.38】 查找 pxscj 数据库每个学生的情况及选修的课程情况。

代码如下：

```
SELECT  *
    FROM  xsb  INNER  JOIN  cjb
        ON  xsb.学号 =cjb.学号
```

执行的结果将包含 xsb 表和 cjb 表的所有字段（不去除重复字段——学号）。

内连接是系统默认的，可以省略 INNER 关键字。使用内连接后仍可使用 WHERE 子句指定条件。

【例 4.39】 查找数据库中每个学生的姓名及成绩。

代码如下：

```
SELECT 姓名, 成绩
    FROM xsb JOIN cjb
        ON xsb.学号 = cjb.学号
    WHERE 课程号 = '206'  AND 成绩>=80
```

内连接还可以用于多个表的连接。

【例 4.40】 用 FROM 子句的 JOIN 关键字表达下列查询：查找选修了“计算机基础”课程且成绩在 80 分以上的学生学号、姓名、课程名及成绩。

代码如下：

```
SELECT  xsb.学号, 姓名, 课程名, 成绩
    FROM xsb JOIN cjb JOIN kcb
        ON  cjb.课程号 = kcb.课程号
        ON  xsb.学号 = cjb.学号
    WHERE 课程名= '计算机基础'  AND 成绩>=80
```

作为一种特例，可以将一个表与它自身进行连接，称为自连接。若要在一个表中查找具有相同列值的行，则可以使用自连接。使用自连接时需为表指定两个别名，且对所有列的引用均要用别名限定。

【例 4.41】 查找不同课程成绩相同的学生的学号、课程号和成绩。

代码如下，执行结果如图 4.23 所示。

```
SELECT a.学号, a.课程号, b.课程号, a.成绩
    FROM cjb a  JOIN  cjb b
        ON  a.成绩=b.成绩 AND  a.学号=b.学号 AND  a.课程号!=b.课程号
```

	学号	课程号	课程号	成绩
1	191302	102	206	78
2	191302	206	102	78

图 4.23　执行结果 19

（2）外连接。指定了 OUTER 关键字的为外连接，外连接的结果表不但包含满足连接条件的行，还包括相应表中的所有行。外连接包括以下 3 种。

- 左外连接（LEFT OUTER JOIN）：结果表中除了包括满足连接条件的行外，还包括左表的所有行。
- 右外连接（RIGHT OUTER JOIN）：结果表中除了包括满足连接条件的行外，还包括右表的所有行。
- 完全外连接（FULL OUTER JOIN）：结果表中除了包括满足连接条件的行外，还包括两个表的所有行。

其中的 OUTER 关键字均可省略。

【例 4.42】 查找所有学生情况及他们选修的课程号，若学生未选修任何课，也要包括其情况。

代码如下：

```
SELECT xsb.* , 课程号
    FROM  xsb  LEFT OUTER JOIN cjb
        ON  xsb.学号 = cjb.学号
```

本例执行时，若有学生未选任何课程，则结果表中相应行的课程号字段值为 NULL。

【例 4.43】 查找被选修了的课程的选修情况和所有开设的课程名。

代码如下：

```
SELECT cjb.* , 课程名
    FROM cjb RIGHT JOIN  kcb
        ON  cjb.课程号= kcb.课程号
```

本例执行时，若某课程未被选修，则结果表中相应行的学号、课程号和成绩字段值均为 NULL。

（3）交叉连接。交叉连接实际上是将两个表进行笛卡儿积运算，结果表是由第一个表的每一行与第二个表的每一行拼接后形成的表，因此结果表的行数等于两个表的行数之积。

【例 4.44】 列出学生所有可能的选课情况。

代码如下：

```
SELECT 学号, 姓名, 课程号, 课程名
    FROM xsb CROSS JOIN kcb
```

交叉连接也可以使用 WHERE 子句进行条件限定。

4.2.5 指定查询结果分组方法：GROUP BY

GROUP BY 子句主要用于根据字段对行分组。例如，根据学生所学的专业对 xsb 表中的所有行分组，结果是每个专业的学生成为一组。GROUP BY 子句有 ISO 标准和非 ISO 标准两种语法格式可用。这里介绍 ISO 标准的 GROUP BY 子句。其语法格式如下。

```
GROUP BY
{
```

```
        <列表达式>
        | ROLLUP ( <复合元素列表> )
        | CUBE (<复合元素列表>)
        | GROUPING SETS ( <分组集合项列表>)
    }
```

说明：

（1）<列表达式>：指定分组的字段名表达式。

（2）ROLLUP：生成简单的 GROUP BY 聚合行、小计行或超聚合行，还生成一个总计行，返回的分组数等于<复合元素列表>中的表达式数+1，功能与非 ISO 标准语法中的 WITH ROLLUP 子句类似。

（3）CUBE：生成简单的 GROUP BY 聚合行、ROLLUP 超聚合行和交叉表格行。CUBE 针对<复合元素列表>中表达式的所有排列输出一个分组。生成的分组数等于 2*n*，其中，*n* 为<复合元素列表>中的表达式数，功能与 WITH CUBE 子句类似。

（4）GROUPING SETS：在一个查询中指定数据的多个分组。仅聚合指定组，而不聚合由 CUBE 或 ROLLUP 生成的整组聚合。其结果与针对指定的组执行 UNION ALL 运算等效。GROUPING SETS 可以包含单个元素或元素列表。

由于 ISO 标准的 GROUP BY 子句只有在数据库兼容级别时才能使用。设置数据库的兼容级别可以使用 ALTER DATABASE 语句，其语法格式如下。

```
ALTER DATABASE 数据库名
    SET COMPATIBILITY_LEVEL = { 90 | 100 | 110 }
```

90、100 和 110 分别代表 SQL Server 2005、SQL Server 2008 和 SQL Server 2012。

【例 4.45】 在 pxscj 数据库上产生一个结果集，包括每个专业的男生人数、女生人数、总人数及学生总人数。

代码如下，执行结果如图 4.24 所示。

```
SELECT 专业, 性别 , COUNT(*) AS '人数'
    FROM xsb
    GROUP BY ROLLUP(专业,性别)
```

【例 4.46】 在 pxscj 数据库中产生一个结果集，包括每个专业的男生人数、女生人数、总人数、男生总数、女生总数和学生总人数。

代码如下，执行结果如图 4.25 所示。

```
SELECT 专业, 性别, COUNT(*) AS '人数'
    FROM xsb
    GROUP BY CUBE(专业,性别)
```

【例 4.47】 生成一个结果集，分别根据专业和性别对人数进行聚合。

代码如下，执行结果如图 4.26 所示。

```
SELECT 专业, 性别, COUNT(*) AS '人数'
    FROM xsb
    GROUP BY  GROUPING SETS(专业,性别)
```

	专业	性别	人数
1	计算机	0	4
2	计算机	1	7
3	计算机	NULL	11
4	通信工程	0	4
5	通信工程	1	7
6	通信工程	NULL	11
7	NULL	NULL	22

图 4.24　执行结果 20

	专业	性别	人数
1	计算机	0	4
2	通信工程	0	4
3	NULL	0	8
4	计算机	1	7
5	通信工程	1	7
6	NULL	1	14
7	NULL	NULL	22
8	计算机	NULL	11
9	通信工程	NULL	11

图 4.25　执行结果 21

	专业	性别	人数
1	NULL	0	8
2	NULL	1	14
3	计算机	NULL	11
4	通信工程	NULL	11

图 4.26　执行结果 22

4.2.6　指定查询结果分组后的筛选条件：HAVING

使用 GROUP BY 子句和聚合函数对数据进行分组后，还可以使用 HAVING 子句对分组数据进行进一步的筛选。

例如，查找 pxscj 数据库中平均成绩在 85 分以上的学生，就是在 cjb 表中按学号分组后筛选出符合平均成绩大于等于 85 的学生。

HAVING 子句的语法格式如下。

```
[ HAVING <查询条件> ]
```

其中，<查询条件>与 WHERE 子句的查询条件类似，不过 HAVING 子句中可以使用聚合函数，而 WHERE 子句中不可以。

【例 4.48】 查找平均成绩在 85 分以上的学生的学号和平均成绩。

代码如下，执行结果如图 4.27 所示。

```
USE pxscj
GO
SELECT 学号, AVG(成绩) AS '平均成绩'
    FROM cjb
    GROUP BY 学号
    HAVING  AVG(成绩) > =85
```

	学号	平均成绩
1	191310	91
2	221303	87
3	221304	91
4	221341	90

图 4.27　执行结果 23

说明：

在 SELECT 语句中，当 WHERE、GROUP BY 与 HAVING 子句都被使用时，要注意它们的作用和执行顺序。WHERE 用于筛选由 FROM 子句指定的数据对象，GROUP BY 用于对 WHERE 的结果进行分组，HAVING 则是对 GROUP BY 以后的分组数据进行过滤。

【例 4.49】 查找选修课程超过两门且成绩都在 80 分以上的学生的学号。

代码如下：

```
SELECT 学号
    FROM cjb
    WHERE 成绩 >= 80
    GROUP BY 学号 HAVING  COUNT(*) > 2
```

说明：

本查询将 cjb 表中成绩大于 80 的记录按学号分组，对每一组记录计数，选出记录数大于 2 的各组的学号值并形成结果表。

【例 4.50】 查找通信工程专业平均成绩在 85 分以上的学生的学号和平均成绩。

代码如下，执行结果如图 4.28 所示。

```
SELECT 学号, AVG(成绩) AS '平均成绩'
    FROM cjb
    WHERE 学号 IN
    (
        SELECT 学号
            FROM  xsb
            WHERE 专业 = '通信工程'
    )
    GROUP BY 学号 HAVING AVG(成绩) > =85
```

	学号	平均成绩
1	221303	87
2	221304	91
3	221341	90

图 4.28　执行结果 24

说明：

（1）先执行 WHERE 查询条件中的子查询，得到通信工程专业所有学生的学号集。然后对 cjb 表中的每一条记录，判断其学号字段值是否在前面所求得的学号集中。若否，则跳过该记录，继续处理下一条记录；若是，则加入 WHERE 的结果集。

（2）对 cjb 表均筛选完后，按学号进行分组，再在各分组记录中选出平均成绩值大于等于 85 的记录并形成最后的结果集。

4.2.7　指定查询结果排序顺序：ORDER BY

在应用中经常要对查询的结果排序输出，如将学生成绩由高到低排序。在 SELECT 语句中，使用 ORDER BY 子句对查询结果进行排序。ORDER BY 子句的语法格式如下。

```
[ ORDER BY
{     排序表达式
      [ COLLATE 排序名 ]
      [ ASC | DESC ]
} ]
```

其中，“排序表达式”可以是列名、表达式或一个正整数，当它是一个正整数时，表示按表中该位置上的列排序；“排序名”是 Windows 排序规则名称或 SQL 排序规则名称；关键字 ASC 表示升序排列；DESC 表示降序排列，系统默认值为 ASC。

1．对查询的结果排序输出

【例 4.51】 将通信工程专业的学生按出生时间先后顺序排序。

代码如下：

```
SELECT  *
    FROM  xsb
    WHERE 专业= '通信工程'
    ORDER BY 出生时间
```

【例 4.52】 将计算机专业学生的“计算机基础”课程成绩按降序排列。

代码如下：

```
SELECT 姓名, 课程名, 成绩
    FROM xsb, kcb, cjb
    WHERE xsb.学号 = cjb.学号
        AND  cjb.课程号 = kcb.课程号
```

```
        AND  课程名= '计算机基础'
        AND 专业= '计算机'
    ORDER BY 成绩 DESC
```

2. 对结果排序附加汇总

ORDER BY 子句可以与 COMPUTE BY 子句一起使用，在对结果排序的同时还产生附加的分类汇总行。

【例 4.53】 查找通信工程专业学生的学号、姓名、出生时间，并产生一个学生总人数行。

代码如下：

```
SELECT 学号, 姓名, 出生时间
    FROM   xsb
    WHERE  专业= '通信工程'
    COMPUTE  COUNT(学号)
```

COMPUTE 子句产生附加的汇总行，其列标题是系统自定的，对于 COUNT 函数为 cnt，对于 AVG 函数为 avg，对于 SUM 函数为 sum，等等。

【例 4.54】 将学生按专业排序，并汇总各专业人数和平均学分。

代码如下：

```
SELECT 学号, 姓名, 出生时间, 总学分
    FROM  xsb
    ORDER BY 专业
    COMPUTE  COUNT(学号),  AVG(总学分)  BY 专业
```

4.2.8 其他：INTO/UNION/EXCEPT/INTERSECT/ CTE

1. INTO

使用 INTO 子句可以将 SELECT 查询所得的结果保存到一个新建的表中。INTO 子句的语法格式如下。

```
[ INTO 新表 ]
```

其中，“新表”是要创建的新表名。包含 INTO 子句的 SELECT 语句执行后所创建的表的结构由 SELECT 所选择的列决定，新创建的表中的记录由 SELECT 的查询结果决定，若 SELECT 的查询结果为空，则创建一个只有结构而没有记录的空表。

【例 4.55】 由 xsb 表创建“计算机学生”表，包括学号和姓名。

代码如下：

```
SELECT 学号, 姓名
    INTO 计算机系学生
    FROM xsb
    WHERE 专业= '计算机'
```

说明：

本例所创建的“计算机学生”表包括两个字段，即学号和姓名，其数据类型与 xsb 表中的同名字段相同。SELECT…INTO 语句不能与 COMPUTE 子句一起使用。

同样再创建一个“通信工程学生”表。

2. UNION

使用 UNION 子句可以将两个或多个 SELECT 查询的结果合并成一个结果集，其语法格式如下。

```
{ <查询规范> | (<查询表达式> ) }
    UNION [ A LL ] <查询规范> | (<查询表达式> )
    [ UNION [ A LL ] <查询规范> | (<查询表达式> ) [⋯] ]
```

其中，<查询规范>和<查询表达式>都是 SELECT 查询语句。

使用 UNION 组合两个查询的结果集的基本规则如下。

（1）所有查询中的列数和列的顺序必须相同。

（2）数据类型必须兼容。

关键字 ALL 表示合并的结果中包括所有行，不去除重复行，不使用 ALL 时，则在合并的结果中去除重复行。含有 UNION 的 SELECT 查询也称为联合查询，若不指定 INTO 子句，结果将合并到第一个表中。

【例 4.56】 在“计算机学生”表和“通信工程学生”表中查找学号为 191301 和学号为 221301 的两位同学的姓名。

代码如下，执行结果如图 4.29 所示。

```
SELECT *
    FROM 计算机学生
    WHERE 学号= '191301'
UNION ALL
SELECT *
    FROM 通信工程学生
    WHERE 学号= '221301'
```

	学号	姓名
1	191301	王林
2	221301	王敏

图 4.29 执行结果 25

UNION 操作常用于归档数据，如归档月报表形成年报表、归档各部门数据等。注意，UNION 还可以与 GROUP BY 及 ORDER BY 一起使用，用来对合并所得的结果表进行分组或排序。

3. EXCEPT 和 INTERSECT

EXCEPT 和 INTERSECT 用于比较两个查询的结果，返回非重复值。其语法格式如下。

```
{ <查询规范> | ( <查询表达式> ) }
{ EXCEPT | INTERSECT }
{ <查询规范> | ( <查询表达式> ) }
```

其中，<查询规范>和<查询表达式>都是 SELECT 查询语句。使用 EXCEPT 和 INTERSECT 比较两个查询的规则和 UNION 语句一样。

EXCEPT 从 EXCEPT 关键字左边的查询中返回右边查询没有找到的所有非重复值。INTERSECT 返回 INTERSECT 关键字左右两边的两个查询都返回的所有非重复值。

EXCEPT 或 INTERSECT 返回的结果集的列名与关键字左侧的查询返回的列名相同。

如果查询中语句包含 ORDER BY 子句，则 ORDER BY 子句中的列名或别名必须引用左侧查询返回的列名，但 EXCEPT 或 INTERSECT 不能和 COMPUTE 子句一起使用。

【例 4.57】 查找专业为计算机但性别不为男的学生信息。

代码如下，执行结果如图 4.30 所示。

```
SELECT * FROM xsb WHERE 专业= '计算机'
    EXCEPT
    SELECT * FROM xsb WHERE 性别=1
```

	学号	姓名	性别	出生时间	专业	总学分	备注
1	191303	王燕	0	1994-10-06	计算机	50	NULL
2	191310	张蔚	0	1991-07-22	计算机	50	三好生
3	191311	赵琳	0	1995-03-18	计算机	50	NULL
4	191313	严红	0	1994-08-11	计算机	48	C++语言不及格，待补考

图 4.30 执行结果 26

【例 4.58】 查找总学分大于 42 且性别为男的学生信息。

代码如下：

```
SELECT * FROM xsb WHERE 总学分>42
    INTERSECT
    SELECT * FROM xsb WHERE 性别=1
```

4. CTE

在 SELECT 语句的最前面可以使用一条 WITH 子句来指定临时结果集。其语法格式如下。

```
[ WITH <公用表表达式> [ , … ] ]
SELECT …
```

其中：

```
<公用表表达式>::=
    表达式名 [ ( 列名 [ , … ] ) ]
    AS ( CTE 查询定义 )
```

说明：

（1）临时命名的结果集也称为公用表表达式（Common Table Expression，CTE），在 SELECT、INSERT、DELETE、UPDATE 或 CREATE VIEW 语句中都可以建立一个 CTE。CTE 相当于一个临时表，只不过它的生命周期在该批处理语句执行完后就结束。

（2）“表达式名”是 CTE 的名称，“列名”指定查询语句“CTE 查询定义”返回数据字段名称，其个数要和“CTE 查询定义”返回的字段个数相同。若不定义，则直接命名查询语法的数据集合字段名称为返回数据的字段名称。CTE 下方的 SELECT 语句可以直接查询 CTE 中的数据。

【例 4.59】 使用 CTE 从 cjb 表中查询选了 101 号课程的学生学号、成绩，并定义新的列名为 number、point。再使用 SELECT 语句从 CTE 和 xsb 表中查询姓名为“王林”的学生学号和成绩情况。

	number	point
1	191301	80
2	221302	65

图 4.31 执行结果 27

代码如下，执行结果如图 4.31 所示。

```
USE pxscj
GO
WITH cte_stu(number,point)
    AS (SELECT 学号,成绩 FROM cjb WHERE 课程号='101')
SELECT number, point
    FROM cte_stu, xsb
    WHERE  xsb.姓名='王林'
           AND xsb.学号=cte_stu.number
```

4.3 视 图

4.3.1 视图简介

前面已经提到过视图（View），这一节专门讨论视图的概念、定义和操作。

视图是从一个或多个表（或视图）导出的表。视图是数据库的用户使用数据库的观点。例如，对于一个学校，其学生的情况存于数据库的一个或多个表中，而作为学校的不同职能部门，所关心的学生数据的内容是不同的。即使是同样的数据，也可能有不同的操作要求，于是就可以根据他们的不同需求，在物理的数据库中定义他们对数据库所要求的数据结构，这种根据用户观点所定义的数据结构就是视图。

视图与表［有时为与视图区别，也称表为基本表（Base Table)］不同，视图是一个虚表，即视图所对应的数据不进行实际存储，数据库中只存储视图的定义，在对视图的数据进行操作时，系统根据视图的定义去操作与视图相关联的基本表。

视图一经定义以后，就可以像表一样被查询、修改、删除和更新。使用视图有下列优点。

（1）为用户集中数据，简化用户的数据查询和处理。有时用户所需要的数据分散在多个表中，定义视图可将它们集中在一起，从而方便用户进行数据查询和处理。

（2）屏蔽数据库的复杂性。用户不必了解复杂的数据库中的表结构，并且数据库表的更改也不影响用户对数据库的使用。

（3）简化用户权限的管理。只需授予用户使用视图的权限，而不必指定用户只能使用表的特定列，也增加了安全性。

（4）便于数据共享。各用户不必都定义和存储自己所需的数据，即可共享数据库的数据，这样，同样的数据只需存储一次。

（5）可以重新组织数据以便输出到其他应用程序中。

在使用视图时，要注意下列事项。

（1）只有在当前数据库中才能创建视图。视图的命名必须遵循标识符命名规则，不能与表同名。

（2）不能把规则、默认值或触发器与视图相关联。

4.3.2 创建视图：CREATE VIEW

视图在数据库中是作为一个对象来存储的。创建视图前，要保证创建视图的用户已被数据库所有者授权可以使用 CREATE VIEW 语句，并且有权操作视图所涉及的表或其他视图。

创建视图可以在“Microsoft SQL Server Management Studio”窗口中的“对象资源管理器”面板中进行，也可以使用 T-SQL 的 CREATE VIEW 语句。

1. 通过界面创建视图

下面以在 pxscj 数据库中创建名为“cxs”（描述计算机专业的学生情况）的视图为例说明在“Microsoft SQL Server Management Studio”窗口中创建视图的过程。其主要步骤如下。

（1）启动 SQL Server Management Studio，打开“对象资源管理器”面板，展开“数据库”→“pxscj”，选择其中的“视图”选项，右击，在弹出的快捷菜单中选择“新建视图”命令。

（2）在弹出的“添加表”对话框中添加所需要关联的基本表、视图、函数、同义词。这里只使用“表”选项卡，选择“xsb”表，如图 4.32 所示，单击“添加”按钮。如果还需要添加其他表，则可以继续选择添加基本表；如果不再需要添加，可以单击“关闭”按钮关闭该对话框。

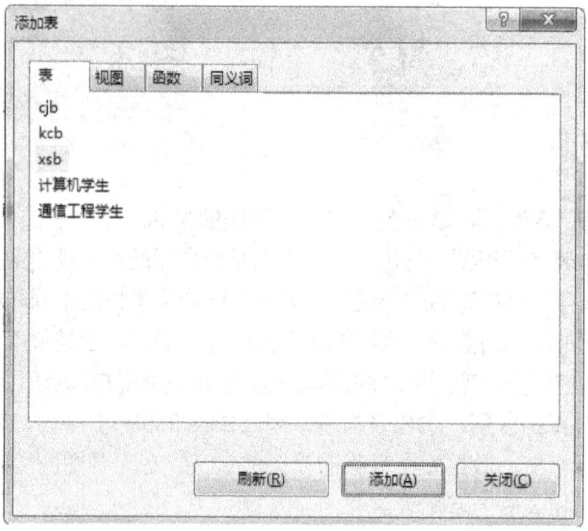

图 4.32 “添加表”对话框

（3）添加完基本表后，在“视图”选项卡中的“关系图”选项组中显示了基本表的全部列信息，如图 4.33 所示。根据需要选择创建视图所需的字段，可以在“列”选项中指定与视图关联的列，在“排序类型”选项中指定列的排序方式，在“筛选器”选项中指定创建视图的规则（本例在专业字段的“筛选器”选项中填写“计算机”）。

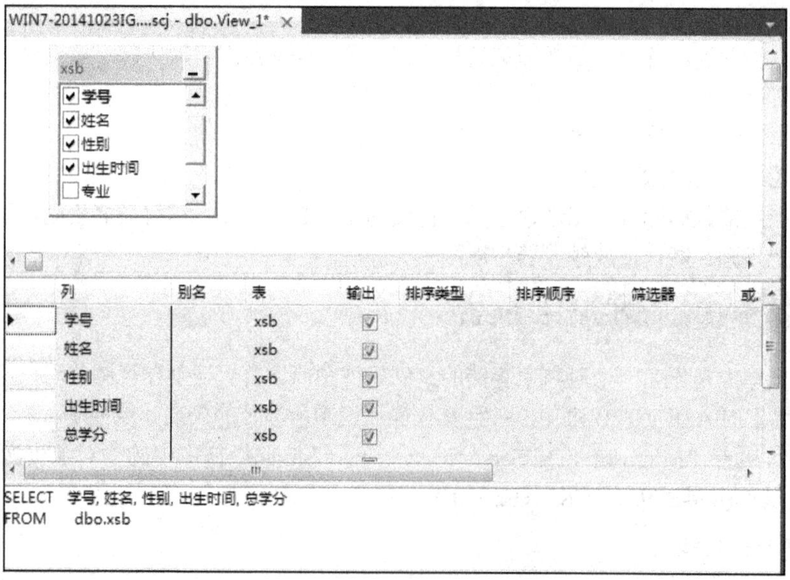

图 4.33 创建视图

这一步选择的字段、规则等所对应的 SELECT 语句将会自动显示在窗口底部。

当视图中需要一个与原字段名不同的字段名，或视图的源表中有同名的字段，或视图中包含了计算列时，需要为视图中这样的列重新指定名称时，可以在“别名”选项中指定。完成后，单击面板上的“保存”按钮。

（4）弹出“保存视图”对话框，在其中输入视图名“cxs”，并单击“确定”按钮，便完成了视图的创建。

视图创建成功后便包含了所选择的列数据。例如，若创建了 cxs 视图，则可查看其结构及内容。查看的方法：展开“数据库”→“pxscj”→“视图”，选择“dbo.cxs”选项，右击，在弹出的快捷菜单中选择“设计”命令，即可查看并修改视图结构，选择“编辑前 200 行”命令，将可查看视图数据内容。

2．通过命令创建视图

T-SQL 中用于创建视图的语句是 CREATE VIEW 语句。例如，用该语句创建视图 cxs，其表示形式如下。

```
USE pxscj
GO
CREATE VIEW cxs1
    AS
        SELECT 学号,姓名,性别,出生时间,总学分
            FROM  xsb
            WHERE 专业= '计算机'
```

其语法格式如下。

```
CREATE VIEW [ 架构名 . ] 视图名 [ (列 [ , … ] ) ]
[ WITH <视图属性> [ , … ] ]
    AS SELECT 语句 [ ; ]
[ WITH CHECK OPTION ]
```

1）语句主体

CREATE VIEW 语句主体结构说明如下。

（1）架构名：数据库架构名。

（2）列：列名，它是视图中包含的列，可以有多个列名。若使用与源表或视图相同的列名，则不必给出列名。

（3）WITH <视图属性>：指出视图的属性。

（4）SELECT 语句：用来创建视图的 SELECT 语句，可在 SELECT 语句中查询多个表或视图，以表明新创建的视图所参照的表或视图。但对 SELECT 语句有以下限制。

- 定义视图的用户必须对所参照的表或视图有查询（即可执行 SELECT 语句）权限。
- 不能使用 COMPUTE 或 COMPUTE BY 子句。
- 不能使用 ORDER BY 子句。
- 不能使用 INTO 子句。
- 不能在临时表或表变量上创建视图。

（5）WITH CHECK OPTION：指出在视图上所进行的修改都要符合 SELECT 语句所指定的限制条件，这样可以确保数据修改后，仍可通过视图看到修改的数据。例如，对于 cxs 视图，只能修改除专业字段以外的字段值，而不能把专业字段的值改为“计算机”以外的值，以保证仍可通过 cxs 查询到修改后的数据。

CREATE VIEW 语句必须是批处理中的第一条语句。

2）<视图属性>定义

<视图属性>定义的具体格式如下。

```
<视图属性> ::=
{
    [ ENCRYPTION ]
```

```
        [ SCHEMABINDING ]
        [ VIEW_METADATA ]
    }
```

（1）ENCRYPTION：说明在系统表 syscomments 中存储 CREATE VIEW 语句时进行加密。

（2）SCHEMABINDING：说明将视图与其所依赖的表或视图结构相关联。

（3）VIEW_METADATA：当引用视图的浏览模式的元数据时，向 DBLIB、ODBC 或 OLEDB API 返回有关视图的元数据信息，而不返回基本表的元数据信息。

【例 4.60】 创建 ccj 视图，包括计算机专业各学生的学号、其选修的课程号及成绩。要保证对该视图的修改都符合专业为计算机这个条件。

代码如下：

```
USE pxscj
GO
CREATE VIEW ccj WITH ENCRYPTION
    AS
        SELECT  xsb.学号,课程号,成绩
        FROM  xsb, cjb
        WHERE  xsb.学号=cjb.学号 AND 专业 = '计算机'
    WITH CHECK OPTION
```

创建视图时，源表可以是基本表，也可以是视图。

【例 4.61】 创建计算机专业学生的平均成绩视图 ccj_avg，包括学号（在视图中列名为 num）和平均成绩（在视图中列名为 score_avg）。

代码如下：

```
CREATE VIEW ccj_avg(num, score_avg)
    AS
    SELECT 学号, AVG(成绩)
        FROM  ccj
        GROUP BY 学号
```

显示 ccj 和 ccj_avg 视图中的内容，代码如下，执行结果如图 4.34 所示。

```
SELECT * FROM ccj
GO
SELECT * FROM ccj_avg
GO
```

	学号	课程号	成绩
1	191301	101	80
2	191301	102	78
3	191301	206	76
4	191302	102	78
5	191302	206	78
6	191303	101	62
7	191303	102	70
8	191303	206	81
9	191304	101	90

	num	score_avg
1	191301	78
2	191302	78
3	191303	71
4	191304	79
5	191306	72
6	191307	75
7	191308	78

图 4.34 执行结果 28

3）分区视图

分区视图在一台或多台服务器间水平连接一组成员表中的分区数据，使数据看起来就像来自一个表。SQL Server 可以区分本地分区视图和分布式分区视图。在本地分区视图中，所有参与表和视图都位于同一个 SQL Server 实例上。在分布式分区视图中，至少有一个参与表位于不同的（远程）服务器上。

在一般情况下，如果视图为下列格式，则称其为分区视图。

```
CREATE VIEW 视图名
    AS
    SELECT <选择列表 1>
        FROM T1
    UNION ALL
    SELECT <选择列表 2>
        FROM T2
    UNION ALL
    ……
    SELECT <选择列表 n>
        FROM Tn
```

如果要创建分布式分区视图，则需要连接到相应的服务器，使用其他服务器的表时需要指定表所属的服务器、数据库、架构名等信息。

4.3.3　查询视图：SELECT

定义视图后，即可像查询基本表那样对视图进行查询。

【例 4.62】 查找平均成绩在 80 分以上的学生的学号和平均成绩。

本例首先创建学生平均成绩视图 cj_avg，包括学号（列名为 num）和平均成绩（列名为 score_avg）。代码如下：

```
CREATE VIEW cj_avg ( num, score_avg )
    AS
        SELECT 学号, AVG(成绩)
            FROM cjb
            GROUP BY 学号
```

再对 cj_avg 视图进行查询，代码如下：

```
SELECT *
    FROM  cj_avg
    WHERE score_avg >= 80
```

可以看出，创建视图可以向最终用户隐藏复杂的表连接，简化了用户的 SQL 程序设计。

视图还可通过在创建视图时指定限制条件和指定列来限制用户对基本表的访问。

例如，若限定某用户只能查询视图 cxs，实际上就是限制了他只能访问 xsb 表的专业字段值为“计算机”的行。在创建视图时可以指定列，实际上也就是限制了用户只能访问这些列，从而视图也可看做数据库的安全措施。

在使用视图查询时，若其关联的基本表中添加了新字段，则必须重新创建视图才能查询到新字段。例如，若 xsb 表新增了籍贯字段，则查询 cxs 视图的代码如下。

```
SELECT * FROM cxs
```

结果要不包含籍贯字段。只有重建 cxs 视图后再对它进行查询，结果才会包含籍贯字段。如果与视图相关联的表或视图被删除，则该视图将不能再使用。

4.3.4 更新视图：INSERT/UPDATE/DELETE

通过更新视图（包括插入、修改和删除）数据可以修改基本表数据，但并不是所有的视图都可以更新，只有对满足可更新条件的视图，才能进行更新。

1. 可更新视图

要通过视图更新基本表数据，必须保证视图是可更新视图。一个可更新视图可以是以下情形之一。

（1）满足以下条件的视图。

- 创建视图的 SELECT 语句中没有聚合函数，且没有 TOP、GROUP BY、UNION 子句及 DISTINCT 关键字。
- 创建视图的 SELECT 语句中不包含从基本表列通过计算所得的列。
- 创建视图的 SELECT 语句的 FROM 子句中至少要包含一个基本表。

（2）可更新的分区视图。在实现分区视图之前，必须先实现水平分区表。原始表被分成若干个较小的成员表，每个成员表包含与原始表相同数量的列，并且每一列具有与原始表中的相应列同样的特性（如数据类型、大小、排序规则）。

设计好成员表后，每个表基于键值的范围存储原始表的一块水平区域。键值范围基于分区列中的数据值。每一成员表中的值范围通过分区列上的 CHECK 约束强制，并且范围之间不能重叠。对这样的基本表使用 UNION ALL 联合运算符所创建的分区视图就是可更新的。

（3）通过 INSTEAD OF 触发器创建的可更新视图。INSTEAD OF 触发器将在后面章节中介绍。例如，前面创建的视图 cxs、ccj 是可更新视图，而 ccj_avg 是不可更新的视图。

在对视图进行更新操作时，要注意基本表对数据的各种约束和规则要求。

2. 插入数据

使用 INSERT 语句通过视图向基本表插入数据，有关 INSERT 语句的语法介绍见第 3 章。

【例 4.63】 向 cxs 视图中插入以下记录。

('191315', '刘明仪', 1, '1996-3-2', '计算机', 50 , NULL)

代码如下：

```
INSERT INTO cxs
    VALUES('191315', '刘明仪', 1,'1996-3-2', '计算机',50,NULL)
```

使用 SELECT 语句查询 cxs 依据的基本表 xsb，代码如下。

```
SELECT * FROM xsb
```

将会看到该表已添加了学号 191315 行。

当视图所依赖的基本表有多个时，不能向该视图插入数据，因为这将会影响多个基本表。例如，不能向视图 ccj 插入数据，因为它依赖两个基本表，即 xsb 和 cjb。

向可更新的分区视图中插入数据时，系统会按照插入记录的键值所属的范围，将数据插入到其键值所属的基本表中。

3．修改数据

使用 UPDATE 语句可以通过视图修改基本表的数据。

【例 4.64】 将 cxs 视图中所有学生的总学分增加 1。

代码如下：

```
UPDATE cxs
    SET 总学分=总学分+ 1
```

说明：

（1）该语句实际上是将 cxs 视图所依赖的基本表 xsb 中所有专业为“计算机”的记录的总学分字段值在原来的基础上增加 1。

（2）修改后将数据恢复到原来的状态以便以后使用。

```
UPDATE cxs
    SET 总学分=总学分- 1
```

若一个视图依赖于多个基本表，则一次修改该视图只能变动一个基本表的数据。

【例 4.65】 将 ccj 视图中学号为 191301 的学生的 101 号课程成绩改为 90。

代码如下：

```
UPDATE ccj
    SET 成绩=90
    WHERE 学号='191301'  AND 课程号='101'
```

本例中，视图 ccj 依赖于两个基本表，即 xsb 和 cjb。对该视图的一次修改只能改变学号（源于 xsb 表）或者课程号和成绩（源于 cjb 表）。以下的修改是错误的。

```
UPDATE ccj
    SET 学号='191320', 课程号='208'
    WHERE 学号='191301'  AND 课程号='101'
```

4．删除数据

使用 DELETE 语句可以通过视图删除基本表的数据。但要注意，对于依赖于多个基本表的视图，不能使用 DELETE 语句。

【例 4.66】 删除 cxs 中女同学的记录（实际不操作）。

代码如下：

```
DELETE  FROM  cxs
    WHERE 性别 = 0
```

对视图的更新操作也可通过“Microsoft SQL Server Management Studio”窗口进行，操作方法与对表数据的插入、修改和删除的界面操作方法基本相同。

4.3.5　修改视图定义：ALTER VIEW

修改视图定义可以通过“Microsoft SQL Server Management Studio”窗口中的图形向导方式进行，也可使用 T-SQL 命令。

1．通过界面方式修改视图

在“对象资源管理器”面板中右击视图“dbo.cxs”，在弹出的快捷菜单中选择“设计”命令，打开视图修改窗口。该窗口与创建视图的窗口类似，其中可以查看并可修改视图结构，修改完后单击“保存”图标即可。

> **注意：**
>
> 对加密存储的视图定义不能在“Microsoft SQL Server Management Studio”窗口中通过界面修改。例如，对视图 ccj 不能用此法修改。

2. 通过命令修改视图

其语法格式如下。

```
ALTER VIEW [ 架构名 . ] 视图名 [ ( 列 [ , … ] ) ]
[ WITH <视图属性> [ , … ] ]
    AS SELECT 语句 [ ; ]
[ WITH CHECK OPTION ]
```

其中，<视图属性>、SELECT 语句等参数与 CREATE VIEW 语句中的含义相同。

【例 4.67】 将 cxs 视图修改为只包含计算机专业学生的学号、姓名和总学分。

代码如下：

```
USE pxscj
GO
ALTER VIEW cxs
    AS
    SELECT 学号, 姓名, 总学分
        FROM xsb
        WHERE 专业= '计算机'
```

使用 ENCRYPTION 属性定义的视图可以使用 ALTER VIEW 语句修改。

【例 4.68】 视图 ccj 是加密存储视图，修改其定义，包括学号、姓名、选修的课程号、课程名和成绩。

代码如下：

```
ALTER VIEW ccj  WITH ENCRYPTION
    AS
    SELECT xsb.学号,xsb.姓名,cjb.课程号,kcb.课程名,成绩
        FROM  xsb, cjb, kcb
        WHERE  xsb.学号 = cjb.学号
            AND  cjb.课程号 = kcb.课程号
            AND  专业= '计算机'
        WITH CHECK OPTION
```

4.3.6 删除视图：DROP VIEW

删除视图同样也可以通过“对象资源管理器”面板中的图形向导方式和 T-SQL 语句两种方式来实现。

1. 通过“对象资源管理器”面板删除视图

在“对象资源管理器”面板中删除视图的操作方法：在“视图”目录下选择需要删除的视图，右击，在弹出的快捷菜单中选择“删除”命令，弹出“删除”对话框，单击“确定”按钮即可删除指定的视图。

2. 通过 T-SQL 命令方式删除视图

其语法格式如下。

```
DROP VIEW [ 架构名. ] 视图名 [ … , ]
```

使用 DROP VIEW 可删除一个或多个视图。例如：

```
DROP VIEW cxs, ccj
```

将删除视图 cxs 和 ccj（实际不操作）。

4.4 游　标

一个对表进行操作的 T-SQL 语句通常都可产生或处理一组记录，但是许多应用程序，尤其是 T-SQL 嵌入到的主语言，通常不能把整个结果集作为一个单元来处理，这些应用程序就需要一种机制来保证每次处理结果集中的一行或几行，游标（Cursor）就提供了这种机制。

SQL Server 通过游标提供了对一个结果集进行逐行处理的能力，游标可看做一种特殊的指针，它与某个查询结果相联系，可以指向结果集的任意位置，以便对指定位置的数据进行处理。使用游标可以在查询数据的同时对数据进行处理。

在 SQL Server 中，有两类游标可以用于应用程序中：前端（客户端）游标和后端（服务器端）游标。服务器端游标是由数据库服务器创建和管理的游标，而客户端游标是由 ODBC 和 DB-Library 支持，在客户端实现的游标。由于 DB-Library 和 SQL Server ODBC 驱动程序完全支持通过服务器游标的游标操作，所以应尽量不使用客户端游标。

SQL Server 对游标的使用要遵循以下步骤：声明游标→打开游标→读取数据→关闭游标→删除游标。

4.4.1 声明游标：DECLARE CURSOR

T-SQL 中声明游标使用 DECLARE CURSOR 语句。该语句有两种格式，分别支持 SQL-92 标准和 T-SQL 扩展的游标声明。

1. SQL-92 标准

其语法格式如下。

```
DECLARE 游标名 [ INSENSITIVE ] [ SCROLL ] CURSOR
    FOR SELECT 语句
[ FOR READ ONLY | UPDATE [ OF 列名 … ] ]
```

说明：

（1）游标名：它是与某个查询结果集相联系的符号名，要符合 SQL Server 标识符的命名规则。

（2）INSENSITIVE：指定系统将创建供所定义的游标使用数据的临时复本，对游标的所有请求都从 tempdb 中的该临时表中得到应答。因此，在对该游标进行提取操作时返回的数据中不反映对基本表所做的修改，并且该游标不允许修改。如果省略 INSENSITIVE，则任何用户对基本表提交的删除和更新都反映在后面的提取中。

（3）SCROLL：说明所声明的游标可以前滚、后滚，可使用所有的提取选项（FIRST、LAST、PRIOR、NEXT、RELATIVE、ABSOLUTE）。如果省略 SCROLL，则只能使用 NEXT 提取选项。

（4）SELECT 语句：由该查询产生与所声明的游标相关联的结果集。该 SELECT 语句中不能出现 COMPUTE、COMPUTE BY、INTO 或 FOR BROWSE 关键字。

（5）READ ONLY：说明所声明的游标为只读的。UPDATE 指定游标中可以更新的列。若有参数“OF 列名”，则只能修改给出的这些列；若在 UPDATE 中未指出列，则可以修改所有列。

【例 4.69】 定义一个符合 SQL-92 标准的游标声明。

代码如下。

```
USE pxscj
GO
DECLARE xs_cur1 CURSOR
    FOR
    SELECT 学号,姓名,性别,出生时间,总学分
        FROM xsb
        WHERE 专业= '计算机'
    FOR READ ONLY
GO
```

该语句定义的游标与单个表的查询结果集相关联，是只读的，游标只能从头到尾顺序提取数据，相当于下面所讲的只进游标。

2. T-SQL 扩展游标

其语法格式如下。

```
DECLARE 游标名 CURSOR
[ LOCAL | GLOBAL ]                                      /*游标作用域*/
[ FORWARD_ONLY | SCROLL ]                               /*游标移动方向*/
[ STATIC | KEYSET | DYNAMIC | FAST_FORWARD ]            /*游标类型*/
[ READ_ONLY | SCROLL_LOCKS | OPTIMISTIC ]               /*访问属性*/
[ TYPE_WARNING ]                                        /*类型转换警告信息*/
FOR SELECT 语句                                         /*SELECT 查询语句*/
[ FOR UPDATE [ OF 列名 [ , … ] ] ]                      /*可修改的列*/
```

说明：

（1）LOCAL 与 GLOBAL：说明游标的作用域。LOCAL 说明所声明的游标是局部游标，其作用域为创建它的批处理、存储过程或触发器，该游标名称仅在这个作用域内有效。在批处理、存储过程、触发器或存储过程 OUTPUT 参数中，该游标可由局部游标变量引用。当批处理、存储过程、触发器终止时，该游标将自动释放。但如果 OUTPUT 参数将游标传递回来，则游标仍可引用。GLOBAL 说明所声明的游标是全局游标，它在由连接执行的任何存储过程或批处理中都可以使用，在连接释放时游标自动释放。若两者均未指定，则默认值由 default to local cursor 数据库选项的设置控制。

（2）FORWARD_ONLY 和 SCROLL：说明游标的移动方向。FORWARD_ONLY 表示游标只能从第一行滚动到最后一行，即该游标只能支持 FETCH 的 NEXT 提取选项。SCROLL 的含义与 SQL-92 标准中的相同。

（3）STATIC | KEYSET | DYNAMIC | FAST_FORWARD：用于定义游标的类型，T-SQL 扩展游标有 4 种类型。

① 静态游标。关键字 STATIC 指定游标为静态游标，它与 SQL-92 标准的 INSENSITIVE 关键字功能相同。静态游标的完整结果集在游标打开时建立在 tempdb 系统数据库中，一旦打开，就不再变化。数据库中所做的任何影响结果集成员的更改（包括增加、修改或删除数据），都不会反映到游标中，新

的数据值不会显示在静态游标中。静态游标只能是只读的。由于静态游标的结果集存储在 tempdb 数据库的工作表中，所以结果集中的行大小不能超过 SQL Server 表的最大行大小。有时也将这类游标识别为快照游标，它完全不受其他用户行为影响。

② 动态游标。关键字 DYNAMIC 指定游标为动态游标。与静态游标不同，动态游标能够反映对结果集中所做的更改。结果集中的行数据值、顺序和成员在每次提取时都会改变，所有用户做的全部 UPDATE、INSERT 和 DELETE 语句均通过游标反映出来，并且如果使用 API 函数（如 SQLSetPos）或 Transact-SQL 的 WHERE CURRENT OF 子句通过游标进行更新，则它们也立即在游标中反映出来，而在游标外部所做的更新直到提交时才可见。动态游标不支持 ABSOLUTE 提取选项。

③ 只进游标。关键字 FAST_FORWARD 定义一个快速只进游标，它是优化的只进游标。只进游标只支持游标从头到尾顺序提取数据。对所有由当前用户发出或由其他用户提交并影响结果集中的行的 INSERT、UPDATE 和 DELETE 语句对数据的修改在从游标中提取时可立即反映出来。但因只进游标不能向后滚动，所以在行提取后对行所做的更改对游标是不可见的。

④ 键集驱动游标。关键字 KEYSET 定义一个键集驱动游标。顾名思义，这种游标是由称为键的列或列的组合控制的。打开键集驱动游标时，其中成员和行顺序是固定的。键集驱动游标中数据行的键值在游标打开时建立在 tempdb 数据库中。可以通过键集驱动游标修改基本表中的非关键字列的值，但不可插入数据。

游标类型与移动方向之间的关系如下。

- FAST_FORWARD 不能与 SCROLL 一起使用，且 FAST_FORWARD 与 FORWARD_ ONLY 只能选用一个。
- 若指定了移动方向为 FORWARD_ONLY，而没有用 STATIC、KETSET 或 DYNAMIC 关键字指定游标类型，则默认所定义的游标为动态游标。
- 若移动方向 FORWARD_ONLY 和 SCROLL 都没有指定，那么移动方向关键字的默认值由以下条件决定：若指定了游标类型为 STATIC、KEYSET 或 DYNAMIC，则移动方向默认为 SCROLL；若没有用 STATIC、KETSET 或 DYNAMIC 关键字指定游标类型，则移动方向默认为 FORWARD_ONLY。

（4）READ_ONLY | SCROLL_LOCKS | OPTIMISTIC：说明游标或基本表的访问属性。READ_ONLY 说明所声明的游标为只读的，不能通过该游标更新数据；SCROLL_LOCKS 关键字说明通过游标完成的定位更新或定位删除可以成功。如果声明中已指定了关键字 FAST_FORWARD，则不能指定 SCROLL_LOCKS。OPTIMISTIC 关键字说明，如果行自从被读入游标以来已得到更新，则通过游标进行的定位更新或定位删除不成功。如果声明中已指定了关键字 FAST_FORWARD，则不能指定 OPTIMISTIC。

（5）TYPE_WARNING：指定如果游标从所请求的类型隐性转换为另一种类型，则给客户端发送警告消息。

（6）SELECT 语句：查询语句，由该查询产生与所声明的游标相关联的结果集。该 SELECT 语句中不能出现 COMPUTE、COMPUTE BY、INTO 或 FOR BROWSE 关键字。

（7）FOR UPDATE：指出游标中可以更新的列，若有参数 OF 列名 [，…]，则只能修改给出的这些列；若在 UPDATE 中未指出列，则可以修改所有列。

【例 4.70】 定义一个 T-SQL 扩展游标声明。

代码如下：

```
DECLARE xs_cur2 CURSOR
    DYNAMIC
    FOR
        SELECT 学号,姓名,总学分
            FROM xsb
            WHERE 专业= '计算机'
    FOR UPDATE OF 总学分
```

该语句声明一个名为 xs_cur2 的动态游标，可前后滚动，可对总学分列进行修改。

4.4.2 打开游标：OPEN

声明游标后，要使用游标从中提取数据，就必须先打开游标。在 T-SQL 中，使用 OPEN 语句打开游标，其语法格式如下。

```
OPEN { { [ GLOBAL ] 游标名 } | 游标变量名 }
```

其中，“游标名”是要打开的游标名，“游标变量名”用于引用一个游标。GLOBAL 说明打开的是全局游标，否则打开局部游标。

OPEN 语句打开游标，然后通过执行在 DECLARE CURSOR（或 SET 游标变量）语句中指定的 T-SQL 语句来填充游标（即生成与游标相关联的结果集）。

例如，语句：

```
OPEN xs_cur1
```

打开游标 xs_cur1。该游标被打开后即可提取其中的数据。

如果所打开的是静态游标（使用 INSENSITIVE 或 STATIC 关键字），那么 OPEN 语句将创建一个临时表以保存结果集。如果所打开的是键集驱动游标（使用 KEYSET 关键字），那么 OPEN 语句将创建一个临时表以保存键集。临时表都存储在 tempdb 数据库中。

打开游标后，可以使用全局变量@@CURSOR_ROWS 查看游标中数据行的数目。全局变量@@CURSOR_ROWS 中保存着最后打开的游标中的数据行数。当其值为 0 时，表示没有游标打开；当其值为–1 时，表示游标为动态的；当其值为–*m*（*m* 为正整数）时，游标采用异步方式填充，*m* 为当前键集中已填充的行数；当其值为 *m*（*m* 为正整数）时，游标已被完全填充，*m* 是游标中的数据行数。

【例 4.71】 定义游标 xs_cur3，然后打开该游标，输出其行数。

代码如下，执行结果如图 4.35 所示。

```
DECLARE xs_cur3 CURSOR
    LOCAL SCROLL SCROLL_LOCKS
    FOR
        SELECT 学号, 姓名, 总学分
            FROM  xsb
    FOR UPDATE OF 总学分
OPEN xs_cur3
SELECT  '游标 xs_cur3 数据行数' = @@CURSOR_ROWS
```

注意：

本例中的语句“SELECT '游标 xs_cur3 数据行数' = @@CURSOR_ROWS”用于为变量赋值。

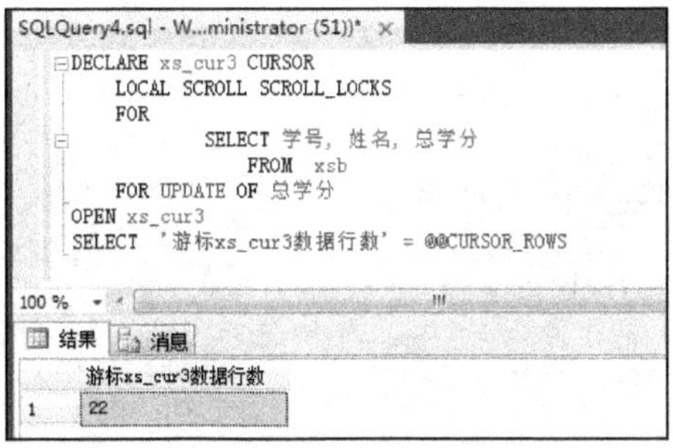

图 4.35　执行结果 29

4.4.3　读取数据：FETCH

游标打开后，即可使用 FETCH 语句从中读取数据。其语法格式如下。

```
FETCH
[
    [ NEXT | PRIOR | FIRST | LAST | ABSOLUTE { n | @nvar } | RELATIVE { n | @nvar} ]
    FROM
]
{ { [ GLOBAL ] 游标名 } | @游标变量名 }
[ INTO @变量名 [ , … ] ]
```

说明：

（1）游标名：要从中提取数据的游标名。

（2）@游标变量名：引用要进行提取操作的已打开的游标。

（3）NEXT | PRIOR | FIRST | LAST：说明读取数据的位置。NEXT 说明读取当前行的下一行，并且使其置为当前行。如果 FETCH NEXT 是对游标的第一次提取操作，则读取的是结果集的第一行。NEXT 为默认的游标提取选项。PRIOR 说明读取当前行的前一行，并且使其置为当前行。如果 FETCH PRIOR 是对游标的第一次提取操作，则无值返回且游标置于第一行之前。FIRST 读取游标中的第一行并将其作为当前行。LAST 读取游标中的最后一行并将其作为当前行。FIRST 和 LAST 不能在只进游标中使用。

（4）ABSOLUTE { n | @nvar }和 RALATIVE { n | @nvar }：给出读取数据的位置与游标头或当前位置的关系，其中，n 必须为整型常量，变量@nvar 必须为 smallint、tinyint 或 int 类型。

① ABSOLUTE { n | @nvar }：若 n 或@nvar 为正数，则读取从游标头开始的第 n 行，并将读取的行变成新的当前行；若 n 或@nvar 为负数，则读取游标尾之前的第 n 行，并将读取的行变成新的当前行；若 n 或@nvar 为 0，则没有行返回。

② RALATIVE { n | @nvar }：若 n 或@nvar 为正数，则读取当前行之后的第 n 行，并将读取的行置为新的当前行；若 n 或@nvar 为负数，则读取当前行之前的第 n 行，并将读取的行变成新的当前行；如果 n 或@nvar 为 0，则读取当前行。如果在对游标的第一次提取操作时将 FETCH RELATIVE 中的 n 或@nvar 指定为负数或 0，则没有行返回。

（5）INTO：说明将读取的游标数据存放到指定的变量中。

（6）GLOBAL：全局游标。

【例 4.72】 只读游标的使用。

代码如下，执行结果如图 4.36 所示。

```
USE pxscj
GO
DECLARE xs_cur1 CURSOR
    FOR
    SELECT 学号,姓名,性别,出生时间,总学分
        FROM xsb
        WHERE 专业= '计算机'
    FOR READ ONLY
GO
OPEN xs_cur1
GO
FETCH NEXT FROM xs_cur1
GO
FETCH NEXT FROM xs_cur1
GO
```

> **注意：**
>
> 由于 xs_cur1 是只进游标，所以只能使用 NEXT 提取数据。

【例 4.73】 动态游标的使用。

代码如下，执行结果如图 4.37 所示。

```
DECLARE xs_cur2 CURSOR
DYNAMIC
FOR
    SELECT 学号,姓名,总学分
        FROM xsb
        WHERE 专业= '计算机'
    FOR UPDATE OF 总学分
OPEN xs_cur2
FETCH NEXT FROM xs_cur2
FETCH NEXT FROM xs_cur2
FETCH RELATIVE 2  FROM xs_cur2
FETCH PRIOR FROM xs_cur2
FETCH RELATIVE -3  FROM xs_cur2
SELECT  '执行情况' = @@FETCH_STATUS
FETCH FIRST FROM xs_cur2
```

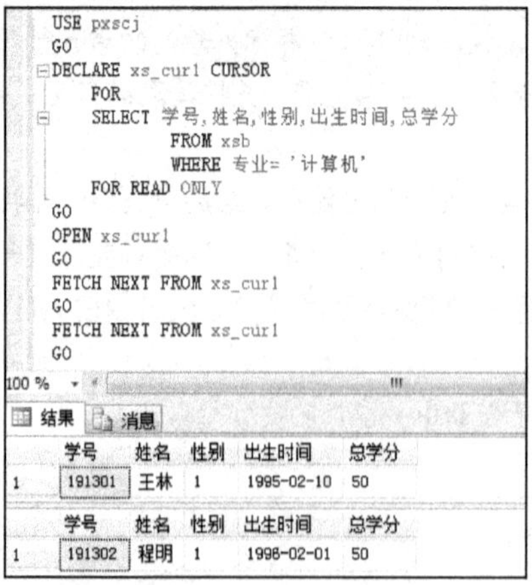

图 4.36　执行结果 30

图 4.37　执行结果 31

注意：

（1）从游标 xs_cur2 中提取第一行数据的代码如下。

```
FETCH  FIRST FROM xs_cur2
```

（2）从游标 xs_cur2 中提取下一行数据的代码如下。

```
FETCH  NEXT FROM xs_cur2
```

（3）从游标 xs_cur2 中提取上一行数据的代码如下。

```
FETCH  PRIOR  FROM  xs_cur2
```

（4）从游标 xs_cur2 中提取最后一行数据的代码如下。

```
FETCH  LAST  FROM  xs_cur2
```

（5）读取当前行的下二行数据的代码如下。

```
FETCH  RELATIVE  2  FROM xs_cur2
```

如果是–2，则读取当前行的上两行数据。

（6）xs_cur2 是动态游标，可以前滚、后滚，可以使用 FETCH 语句中除 ABSOLUTE 以外的提取选项。

（7）FETCH 语句的执行状态保存在全局变量@@FETCH_STATUS 中，其值为 0 时表示上一个 FETCH 执行成功；为1 时表示所要读取的行不在结果集中；为–2 时表示被提取的行已不存在（已被删除）。代码如下。

```
FETCH  RELATIVE -3  FROM  xs_cur2
SELECT  'FETCH 执行情况'=@@FETCH_STATUS
```

4.4.4　关闭与删除游标：CLOSE/DEALLOCATE

1．关闭游标

游标使用完以后要及时关闭。关闭游标使用 CLOSE 语句，其语法格式如下。

```
CLOSE { { [ GLOBAL ] 游标名 } | @游标变量名 }
```

语句参数的含义与 OPEN 语句中的相同。例如：

```
CLOSE  xs_cur2
```

将关闭游标 xs_cur2。

2．删除游标

游标关闭后，其定义仍在，需要时可用 OPEN 语句打开它再使用。若确认游标不再需要，就要释放其定义占用的系统空间，即删除游标。删除游标使用 DEALLOCATE 语句，其语法格式如下。

```
DEALLOCATE { { [ GLOBAL ] 游标名 } | @游标变量名 }
```

语句参数的含义与 OPEN 和 CLOSE 语句中的相同。例如：

```
DEALLOCATE xs_cur2
```

将删除游标 xs_cur2。

习　题

1．试说明 SELECT 语句的作用。

2．试说明 SELECT 语句的 FROM、WHERE、GROUP 及 ORDER 子句的作用。

3．能够在 WHERE 中使用的运算符有哪些？各运算符的功能是什么？

4．写出 SQL 语句，对产品销售数据库（结构见第 3 章习题的第 5 题）进行如下操作。

（1）查找价格在 2000～2900 元之间的商品名。

（2）计算所有商品的总价格。

（3）在产品销售数据库上创建电冰箱产品表的视图 bxcp。

（4）在 bxcp 视图中查询库存量在 100 台以下的产品编号。

5．使用 EXISTS 关键字引入的子查询与使用 IN 关键字引入的子查询在语法上有哪些不同？

6．WHERE 子句与 HAVING 子句有何不同？

7．使用命令方式创建一个基于销售数据库中产品表和产品销售表的视图。

8．试说明游标的种类和用途。

9．举例说明游标的使用方法和步骤。

10．列举一个使用 FETCH 语句从表中读取数据的实例。

第5章 T-SQL语言

前面介绍的是 SQL Server 2012 操作数据库的命令。在 SQL Server 2012 中，可以根据需要使用 T-SQL 语言把若干条命令（这里称为语句）组织起来。本章介绍 T-SQL 语言。

5.1 T-SQL 语言简介

T-SQL 是在 SQL Server 中使用的 SQL 语言。它是 ANSI SQL 的扩展加强版 SQL 语言。除了提供标准的 SQL 命令之外，T-SQL 还对 SQL 做了许多补充，提供了类似 C、BASIC 和 Pascal 的基本功能，如变量说明、流控制语言、功能函数等。

T-SQL 语言由以下几部分组成。

（1）数据定义语言（Data Definition Language，DDL）。DDL 用于执行数据库的任务，对数据库及数据库中的各种对象进行创建、删除、修改等操作。如前所述，数据库对象主要包括表、默认约束、规则、视图、触发器、存储过程。DDL 包括的主要语句及功能如表 5.1 所示。

表 5.1 DDL 包括的主要语句及功能

语 句	功 能	说 明
CREATE	创建数据库或数据库对象	不同数据库对象，其 CREATE 语句的语法形式不同
ALTER	对数据库或数据库对象进行修改	不同数据库对象，其 ALTER 语句的语法形式不同
DROP	删除数据库或数据库对象	不同数据库对象，其 DROP 语句的语法形式不同

（2）数据操纵语言（Data Manipulation Language，DML）。DML 用于操纵数据库中的各种对象，检索和修改数据。DML 包括的主要语句及功能如表 5.2 所示。

表 5.2 DML 包括的主要语句及功能

语 句	功 能	说 明
SELECT	从表或视图中检索数据	是使用最频繁的 SQL 语句之一
INSERT	将数据插入到表或视图中	
UPDATE	修改表或视图中的数据	既可修改表或视图的一行数据，又可修改一组或全部数据
DELETE	从表或视图中删除数据	可根据条件删除指定的数据

（3）数据控制语言（Data Management Language，DCL）。DCL 用于安全管理，确定哪些用户可以查看或修改数据库中的数据。DCL 包括的主要语句及功能如表 5.3 所示。

表 5.3 DCL 包括的主要语句及功能

语 句	功 能	说 明
GRANT	授予权限	可把语句许可或对象许可的权限授予其他用户和角色
REVOKE	收回权限	与 GRANT 的功能相反，但不影响该用户或角色从其他角色中作为成员继承许可权限
DENY	收回权限，并禁止从其他角色继承许可权限	功能与 REVOKE 相似，不同之处为除收回权限外，还禁止从其他角色继承许可权限

（4）T-SQL 增加的语言元素。这部分不是 ANSI SQL 所包含的内容，而是 Microsoft 公司为了用户编程的方便而增加的语言元素。这些语言元素包括变量、运算符、流程控制语句、函数等。这些 T-SQL 语句都可以在查询分析器窗格中交互执行。本章介绍这部分增加的语言元素。

5.2 常量、变量与数据类型

5.2.1 常量

常量是指在程序运行过程中值不变的量。常量又称为字面值或标量值。常量的使用格式取决于值的数据类型。

根据常量值的不同类型，常量分为字符串常量、整型常量、实型常量、日期时间常量、货币常量、唯一标识常量。各类常量的举例说明如下。

1. 字符串常量

字符串常量分为 ASCII 字符串常量和 Unicode 字符串常量。

（1）ASCII 字符串常量。ASCII 字符串常量是用单引号括起来，由 ASCII 字符构成的符号串。例如：

```
'China'
'How do you!'
'O''Bbaar'
/*如果单引号中的字符串包含引号，可以使用两个单引号来表示嵌入的单引号*/
```

（2）Unicode 字符串常量。Unicode 字符串常量与 ASCII 字符串常量相似，但它前面有一个 N 标识符（N 代表 SQL-92 标准中的国际语言），N 前缀必须为大写字母。例如：

```
N'China '
N'How do you!'
```

Unicode 数据中的每个字符用 2 字节存储，而每个 ASCII 字符用 1 字节存储。

2. 整型常量

整型常量按照表示方式的不同，又分为二进制整型常量、十六进制整型常量和十进制整型常量。

十六进制整型常量的表示：前缀 0x 后跟十六进制数字串。例如：

```
0xEBF
0x69048AEFDD010E
0x                          /*空十六进制常量*/
```

二进制整型常量的表示：即数字 0 或 1，并且不使用引号。如果使用一个大于 1 的数字，它将被转换为 1。

十进制整型常量即不带小数点的十进制数。例如：

```
1894
2
+145345234
-2147483648
```

3．实型常量

实型常量有定点表示和浮点表示两种方式。

定点表示举例如下。

```
1894.1204
2.0
+145345234.2234
-2147483648.10
```

浮点表示举例如下。

```
101.5E5
0.5E-2
+123E-3
-12E5
```

4．日期时间常量

日期时间常量：用单引号将表示日期时间的字符串括起来构成。SQL Server 可以识别如下格式的日期和时间。

字母日期格式，如'April 20, 2000'；数字日期格式，如'4/15/1998'，'1998-04-15'；未分隔的字符串格式，如'20001207'。例如，时间常量如下。

```
'14:30:24'
'04:24:PM'
```

又如，日期时间常量如下。

```
'April 20, 2000 14:30:24'
```

5．货币常量

货币常量是以“$”作为前缀的一个整型或实型常量数据。例如：

```
$12
$542023
-$45.56
+$423456.99
```

6．唯一标识常量

唯一标识常量是用于表示全局唯一标识符（GUID）值的字符串。可以使用字符串或十六进制字符串格式指定。例如：

```
'6F9619FF-8A86-D011-B42D-00004FC964FF'
0xff19966f868b11d0b42d00c04fc964ff
```

5.2.2 变量：DECLARE/SET/SELECT

变量用于临时存放数据，变量中的数据随着程序的执行而变化。变量有名称及其数据类型两个属性。变量名用于标识该变量，变量的数据类型确定了该变量存放值的格式及允许的运算。

1．变量及其分类

变量名必须是一个合法的标识符。

1）标识符

常规标识符：以 ASCII 字母、Unicode 字母、下画线（_）、“@”或“#”开头，后续可跟一个或若干个 ASCII 字符、Unicode 字符、下画线（_）、美元符号（$）、“@”或“#”，但不能全为下画线（_）、“@”或“#”。

> **注意：**
>
> 常规标识符不能是 T-SQL 的保留字。常规标识符中不允许嵌入空格或其他特殊字符。

分隔标识符：包含在双引号（"）或者方括号（[ ]）内的常规标识符或不符合常规标识符规则的标识符。

标识符允许的最大长度为 128 个字符。符合常规标识符格式规则的标识符可以分隔，也可以不分隔。对不符合标识符规则的标识符必须进行分隔。

2）变量的分类

全局变量：全局变量由系统提供且预先声明，通过在名称前加两个“@”来区别于局部变量。T-SQL 全局变量作为函数引用。例如，@@ERROR 返回执行的上一个 T-SQL 语句的错误号；@@CONNECTIONS 返回自上次启动 SQL Server 以来连接或试图连接的次数。

局部变量：局部变量用于保存单个数据值。例如，保存运算的中间结果，作为循环变量等。

当首字母为“@”时，表示该标识符为局部变量名；当首字母为“#”时，此标识符为一临时数据库对象名，若开头含一个“#”，表示局部临时数据库对象名，若开头含两个“#”，表示全局临时数据库对象名。

2. 局部变量

1）局部变量的定义

在批处理或过程中用 DECLARE 语句声明局部变量，所有局部变量在声明后均初始化为 NULL。其语法格式如下。

```
DECLARE { @局部变量  数据类型 [= 值]}  [ , …]
```

> **说明：**
>
> （1）@局部变量：局部变量名应为常规标识符。前面的“@”表示是局部变量。
>
> （2）数据类型：用于定义局部变量的类型，可为系统类型或自定义类型。
>
> （3）=值：为变量赋值，值可以是常量或表达式，但它必须与变量声明类型匹配。

2）局部变量的赋值

当声明局部变量后，可用 SET 或 SELECT 语句为其赋值。

（1）用 SET 语句赋值。将 DECLARE 语句创建的局部变量设置为给定表达式的值。其语法格式如下。

```
SET  @局部变量=表达式
```

> **说明：**
>
> （1）@局部变量：除 cursor、text、ntext、image 及 table 外的任何类型变量名。变量名必须以“@”开头。
>
> （2）表达式：任何有效的 SQL Server 表达式。

【例 5.1】 创建局部变量@var1、@var2 并赋值，然后输出变量的值。

代码如下，执行结果如图 5.1 所示。

```
DECLARE @var1 char(10) ,@var2 char(30)
SET  @var1='中国'                           /*一个 SET 语句只能为一个变量赋值*/
SET  @var2=@var1+'是一个伟大的国家'
SELECT @var1, @var2
GO
```

【例 5.2】 创建一个名为 sex 的局部变量，并在 SELECT 语句中使用该局部变量查找表 xsb 中所有女同学的学号、姓名。

代码如下：

```
USE pxscj
GO
DECLARE @sex bit
SET @sex=0
SELECT 学号, 姓名
    FROM  xsb
    WHERE 性别=@sex
```

	(无列名)	(无列名)
1	中国	中国　是一个伟大的国家

图 5.1　执行结果 1

【例 5.3】 使用查询为变量赋值。

代码如下：

```
DECLARE @student char(8)
SET @student=(SELECT 姓名 FROM xsb WHERE 学号= '191301')
SELECT @student
```

（2）用 SELECT 语句赋值。其语法格式如下。

```
SELECT {@局部变量=表达式} [, …]
```

> **说明：**
>
> （1）“SELECT @局部变量” 通常用于将单个值返回到变量中。如果 “表达式” 为列名，则返回多个值，此时将返回的最后一个值赋给变量。
>
> （2）如果 SELECT 语句没有返回行，变量将保留当前值。
>
> （3）如果 “表达式” 是不返回值的标量子查询，则将变量设为 NULL。
>
> （4）一个 SELECT 语句可以初始化多个局部变量。

【例 5.4】 使用 SELECT 语句为局部变量赋值。

代码如下：

```
DECLARE @var1 nvarchar(30)
SELECT @var1 ='刘丰'
SELECT  @var1 AS 'NAME'
```

【例 5.5】 为局部变量赋空值。

代码如下：

```
DECLARE @var1 nvarchar(30)
SELECT @var1 = '刘丰'
SELECT @var1 =
```

```
(
    SELECT 姓名
        FROM xsb
        WHERE 学号= '191399'
)
SELECT @var1 AS  'NAME'
```

说明：

本例中子查询用于为@var1 赋值。在 xsb 表中学号“191399”不存在，因此子查询不返回值，并将变量@var1 设为 NULL。

3. 局部游标变量

1）局部游标变量的定义

其语法格式如下。

```
DECLARE { @游标变量名 CURSOR } [ , …]
```

“@游标变量名”是局部游标变量名，应为常规标识符。前面的“@”表示是局部的。CURSOR 表示该变量是游标变量。

2）局部游标变量的赋值

利用 SET 语句为一个游标变量赋值，有 3 种情况。

（1）将一个已存在的并且赋值的游标变量的值赋给另一个局部游标变量。

（2）将一个已声明的游标名赋给指定的局部游标变量。

（3）声明一个游标，同时将其赋给指定的局部游标变量。

上述 3 种情况的语法描述如下。

```
SET
{
    @游标变量 =
    {
        @游标变量                /*将一个已赋值的游标变量的值赋给一个目标游标变量*/
        | 游标名                 /*将一个已声明的游标名赋给游标变量*/
        | { CURSOR 子句 }        /*游标声明*/
    }
}
```

说明：

（1）@游标变量：用于指定游标变量名，如果目标游标变量先前引用了一个不同的游标，则删除先前的引用。

（2）游标名：指用 DECLARE CURSOR 语句声明的游标名。

3）局部游标变量的使用

步骤如下：定义游标变量→给游标变量赋值→打开游标→利用游标读取行（记录）→使用结束后关闭游标→删除游标的引用。

【例 5.6】 使用游标变量。

代码如下，执行结果如图 5.2 所示。

```
USE pxscj
GO
DECLARE @CursorVar CURSOR                                /*定义游标变量*/
SET @CursorVar = CURSOR SCROLL DYNAMIC                   /*为游标变量赋值*/
    FOR
    SELECT 学号, 姓名
        FROM  xsb
        WHERE 姓名 LIKE  '王%'
OPEN @CursorVar                                          /*打开游标*/
FETCH  NEXT  FROM @CursorVar
FETCH  NEXT  FROM @CursorVar                             /*通过游标读行记录*/
CLOSE @CursorVar
DEALLOCATE @CursorVar                                    /*删除对游标的引用*/
```

4. 表数据类型变量

其语法格式如下。

```
DECLARE
{ @表变量名 [AS] TABLE ( { <列定义> | <表约束> } [ , … ] ) }
```

说明：

表变量名为要声明的表数据类型变量的名称。

【例 5.7】 声明一个表数据类型变量并向变量中插入数据。

代码如下，执行结果如图 5.3 所示。

```
DECLARE @var_table
    AS TABLE
    (
        num char(6) NOT NULL PRIMARY KEY,
        name char(8) NOT NULL,
        sex bit NULL
    )                                                    /*声明变量*/
INSERT INTO @var_table
    SELECT 学号,姓名,性别 FROM xsb                        /*插入数据*/
SELECT TOP(4) * FROM @var_table  WHERE 备注=NOT NULL    /*查看内容*/
```

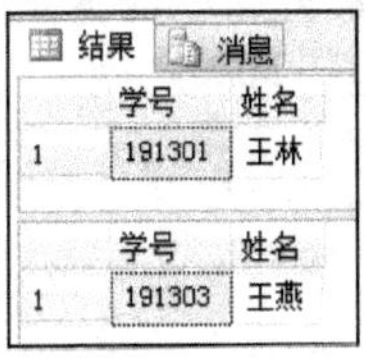

	学号	姓名
1	191301	王林

	学号	姓名
1	191303	王燕

图 5.2　执行结果 2

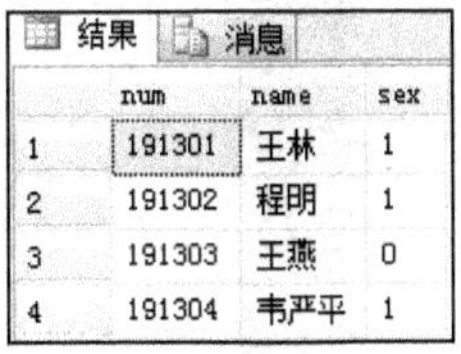

	num	name	sex
1	191301	王林	1
2	191302	程明	1
3	191303	王燕	0
4	191304	韦严平	1

图 5.3　执行结果 3

5.2.3 数据类型

在 SQL Server 2012 中，根据每个字段（列）、局部变量、表达式和参数对应数据的特性，都有一个相关的数据类型。在 SQL Server 2012 中，除了支持系统数据类型外，还支持用户自定义数据类型。系统数据类型又称为基本数据类型。前面使用的均为系统数据类型。这里主要介绍用户自定义数据类型。

1. 用户自定义数据类型

用户自定义数据类型可看做系统数据类型的别名。

在多表操作的情况下，当多个表中的列要存储相同类型的数据时，往往要确保这些列具有完全相同的数据类型、长度和为空性（数据类型是否允许空值）。用户自定义数据类型并不是真正的数据类型，它只是提供了一种提高数据库内部元素和基本数据类型之间一致性的机制。

例如，对于学生成绩管理数据库（pxscj），创建了 xsb、kcb、cjb 这 3 张表。从表结构中可看出：表 xsb 中的学号字段值与表 cjb 中的学号字段值应有相同的类型，均为字符型值，长度可定义为 6，并且不允许为空值。为了确保这一点，可以先定义一个数据类型，命名为 STUDENT_num，用于描述学号字段的这些属性，然后将表 xsb 中的学号字段和表 cjb 中的学号字段定义为 STUDENT_num 数据类型。

2. 数据类型的定义

在创建用户自定义数据类型时首先应考虑如下 3 个属性：数据类型名称、所依据的系统数据类型（又称为基类型）和为空性。如果为空性未明确定义，系统将依据数据库或连接的 ANSI Null 默认设置进行指派。

创建用户自定义数据类型的方法如下。

1）使用界面方式定义

在“对象资源管理器”面板中展开“数据库”→“pxscj”→“可编程性”→“类型”，选择“用户定义数据类型”选项，右击，在弹出的快捷菜单中选择“新建用户定义数据类型”命令，如图 5.4 所示，打开“新建用户定义数据类型”窗口。在“名称”文本框中输入自定义的数据类型名称，如 STUDENT_num。在“数据类型”下拉列表中选择自定义数据类型所基于的系统数据类型，如 char。在“长度”文本框中填写要定义的数据类型的长度，如 6。其他选项使用默认值，如图 5.5 所示。

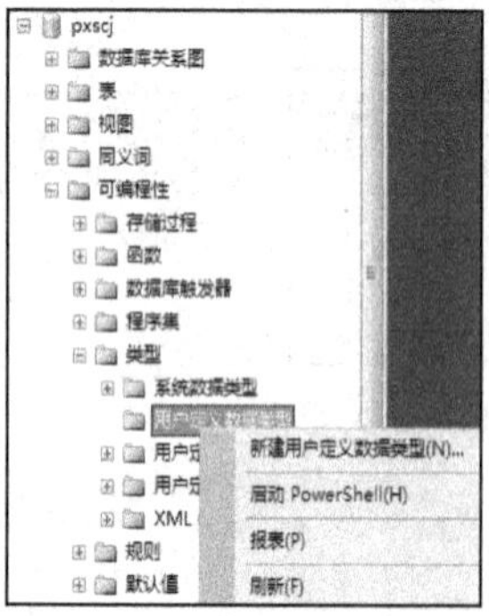

图 5.4 “新建用户定义数据类型”命令

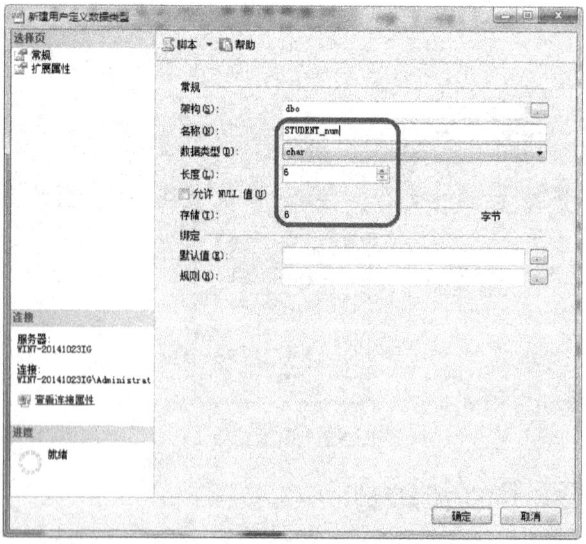

图 5.5 “新建用户自定义数据类型”窗口

单击“确定”按钮即可完成创建。规则及默认值等相应内容在以后章节中介绍。如果允许自定义数据类型为空，则勾选“允许 NULL 值”复选框即可。

2）使用命令定义

在 SQL Server 2012 中，使用 CREATE TYPE 语句来实现用户数据类型的定义。其语法格式如下。

```
CREATE TYPE [ 架构名. ] 类型名
    FROM 基类型 [ ( 精度 [ , 位数 ] ) ]
[ NULL | NOT NULL ]
```

注意：

"类型名"为指定要自定义的数据类型的名称。"基类型"指定自定义数据类型所基于的系统数据类型。

根据上述语法，定义描述学号字段的数据类型的语句如下。

```
CREATE TYPE STUDENT_num
    FROM char(6) NOT NULL
```

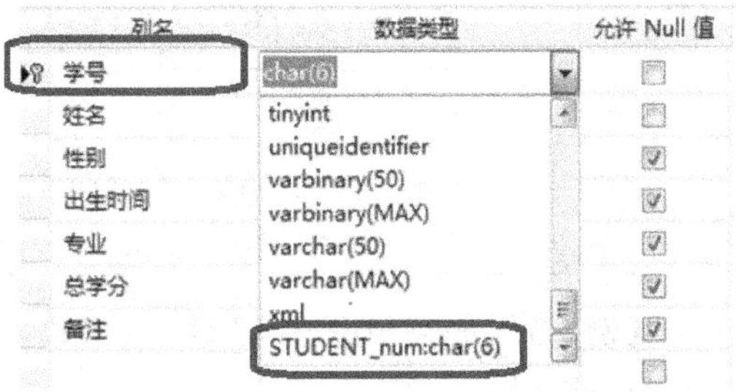

图 5.6　使用用户自定义数据类型定义 xsb 表

3. 数据类型的使用

用户定义类型后，即可通过"对象资源管理器"面板和 T-SQL 命令方式应用这种用户自定义类型。

（1）在"对象资源管理器"面板中的应用。例如，对 xsb 表学号字段的定义如图 5.6 所示。

（2）T-SQL 命令方式应用举例。利用命令方式定义 xsb 表结构，代码如下。

```
CREATE TABLE xsb
(
    学号      STUDENT_num  NOT NULL PRIMARY KEY,    /*将学号定义为STUDENT_num类型*/
    姓名      char(8)      NOT NULL,
    性别      bit          NULL DEFAULT 1,
    出生时间  datetime         NULL,
    专业      char(12)         NULL,
    总学分    int          NULL,
    备注      varchar(500)     NULL
)
```

4. 数据类型的删除

删除用户自定义数据类型的方法如下。

（1）使用"对象资源管理器"面板删除。在"Microsoft SQL Server Management Studio"窗口中删除，主要操作步骤如下。

在"对象资源管理器"面板中展开数据库"pxscj"→"可编程性"→"类型"→"用户定义数据类型"，选择"dbo.STUDENT_num"选项，右击，在弹出的快捷菜单中选择"删除"命令，打开"删除对象"窗口后单击"确定"按钮即可（实际不做此操作）。

注意：

如果用户自定义数据类型在数据库中被引用，删除操作将不被允许。

（2）使用命令方式删除。使用命令方式删除自定义数据类型可以使用 DROP TYPE 语句。其语法格式如下。

```
DROP TYPE [ 架构名. ] 类型名
```

例如，删除前面定义的 STUDENT_num 类型的语句如下。

```
DROP TYPE STUDENT_num
```

以上语句实际不做操作。

5. 用户自定义表数据类型

用户自定义表数据类型（User-defined Table Types）也由用户自行定义，可以作为参数提供给语句、存储过程或者函数。创建自定义表数据类型也使用 CREATE TYPE 语句，其语法格式如下.

```
CREATE TYPE [ 架构名. ] 类型名
    AS TABLE ( <列定义>
            [ <表约束> ] [ , … ] )
```

说明：

- <列定义>：对列的描述，包含列名、数据类型、为空性、约束等。
- <表约束>：定义对表的约束。

【例 5.8】 创建用户自定义表数据类型，包含 cjb 表中的所有列。

代码如下：

```
CREATE TYPE cjb_tabletype
    AS TABLE
    (
        学号      char(6)  NOT NULL,
        课程号    char(3)  NOT NULL,
        成绩      int      NOT NULL,
        PRIMARY KEY(学号, 课程号)
    )
```

用户自定义表数据类型的删除与自定义数据类型类似，可以在“对象资源管理器”面板中使用界面方式删除，也可以使用 DROP TYPE 语句删除。

5.3 运算符与表达式

SQL Server 2012 提供如下几类运算符：算术运算符、位运算符、比较运算符、逻辑运算符、字符串串联运算符、一元运算符和赋值运算符。通过运算符连接运算量构成表达式。

1. 算术运算符

算术运算符在两个表达式中执行数学运算，这两个表达式可以是任何数字数据类型。

算术运算符有“+”（加）、“-”（减）、“*”（乘）、“/”（除）和“%”（求模）五种运算。“+”（加）和“-”（减）运算符还可用于对日期时间类型的值进行算术运算。

2. 位运算符

位运算符在两个表达式之间执行位操作，这两个表达式的类型可为整型或与整型兼容的数据类型（如字符型等，但不能为 image 类型）。位运算符如表 5.4 所示。

表 5.4　位运算符

运 算 符	运 算 规 则
&	两个位均为 1 时，结果为 1，否则为 0
|	只要一个位为 1，则结果为 1，否则为 0
^	两个位值不同时，结果为 1，否则为 0

【例 5.9】 在 test1 数据库中，建立表 bitop，并插入一行，然后将 a 字段和 b 字段列入值进行按位与运算。

```
USE test1
GO
CREATE TABLE bitop
(
    a int NOT NULL,
    b int NOT NULL
)
INSERT bitop VALUES (168, 73)
SELECT a & b,  a | b,  a ^ b
    FROM bitop
GO
```

执行结果如图 5.7 所示。

	(无列名)	(无列名)	(无列名)
1	8	233	225

图 5.7　执行结果 4

说明：

a(168)的二进制表示为 0000 0000 1010 1000；b(73)的二进制表示为 0000 0000 0100 1001。在这两个值之间进行的位运算如下：

(a &b):

0000 0000 1010 1000
0000 0000 0100 1001
____
0000 0000 0000 1000（十进制值为 8）

(a | b):

0000 0000 1010 1000
0000 0000 0100 1001
____
0000 0000 1110 1001（十进制值为 233）

(a ^ b):

0000 0000 1010 1000
0000 0000 0100 1001
____
0000 0000 1110 0001（十进制值为 225）

3．比较运算符

比较运算符（又称关系运算符）如表 5.5 所示，用于测试两个表达式的值是否相同，其运算结果为逻辑值，可以为 TRUE、FALSE 及 UNKNOWN 三者之一。

除 text、ntext 或 image 类型的数据外，比较运算符可以用于所有的表达式。

4．逻辑运算符

逻辑运算符用于对某个条件进行测试，运算结果为 TRUE 或 FALSE。SQL Server 提供的逻辑运算符如表 5.6 所示。这里的逻辑运算符在 SELECT 语句的 WHERE 子句中使用过，此处再做一些补充。

表 5.5　比较运算符

运　算　符	含　　义	运　算　符	含　　义
=	等于	<=	小于等于
>	大于	<>、!=	不等于
<	小于	!<	不小于
>=	大于等于	!>	不大于

表 5.6　逻辑运算符

运　算　符	运 算 规 则
AND	如果两个操作数值都为 TRUE，则运算结果为 TRUE
OR	如果两个操作数中有一个为 TRUE，则运算结果为 TRUE
NOT	若一个操作数值为 TRUE，则运算结果为 FALSE，否则为 TRUE
ALL	如果每个操作数值都为 TRUE，则运算结果为 TRUE
ANY	在一系列操作数中只要有一个为 TRUE，则运算结果为 TRUE
BETWEEN	如果操作数在指定的范围内，则运算结果为 TRUE
EXISTS	如果子查询包含一些行，则运算结果为 TRUE
IN	如果操作数值等于表达式列表中的一个，则运算结果为 TRUE
LIKE	如果操作数与一种模式相匹配，则运算结果为 TRUE
SOME	如果在一系列操作数中，有些值为 TRUE，则运算结果为 TRUE

（1）ANY、SOME、ALL、IN 的使用。可以将 ALL 或 ANY 关键字与比较运算符组合进行子查询。SOME 的用法与 ANY 相同。以“>”比较运算符为例。

- >ALL 表示大于每一个值，即大于最大值。例如，>ALL(5, 2, 3)表示大于 5。因此，使用>ALL 的子查询也可用 MAX 集函数实现。
- >ANY 表示至少大于一个值，即大于最小值。例如，>ANY (7, 2, 3)表示大于 2。因此，使用>ANY 的子查询也可用 MIN 集函数实现。
- =ANY 运算符与 IN 等效。
- <>ALL 与 NOT IN 等效。

【例 5.10】 查询成绩高于“林一帆”最高成绩的学生姓名、课程名及成绩。

代码如下：

```
USE pxscj
GO
SELECT 姓名, 课程名, 成绩
    FROM xsb, cjb, kcb
    WHERE 成绩> ALL
```

```
    (
        SELECT b.成绩
            FROM xsb a,  cjb b
                WHERE a.学号= b.学号 AND  a.姓名= '林一帆'
    )
    AND xsb.学号=cjb.学号
    AND kcb.课程号=cjb.课程号
    AND 姓名<>'林一帆'
```

（2）BETWEEN 的使用。其语法格式如下。

```
测试表达式 [ NOT ] BETWEEN 起始表达式 AND 结束表达式
```

如果“测试表达式”的值大于或等于“起始表达式”的值并且小于或等于“结束表达式”的值，则运算结果为 TRUE，否则为 FALSE。“起始表达式”和“结束表达式”指定测试范围，3 个表达式的类型必须相同。

NOT 关键字表示对谓词 BETWEEN 的运算结果取反。

【例 5.11】 查询总学分在 40～50 的学生学号和姓名。

代码如下：

```
SELECT 学号，姓名，总学分
    FROM  xsb
    WHERE 总学分 BETWEEN 40 AND 50
```

使用“>=”和“<=”代替 BETWEEN 实现与例 5.11 相同的功能，代码如下。

```
SELECT 学号，姓名，总学分
    FROM   xsb
    WHERE  总学分>= 40  AND 总学分<=50
```

【例 5.12】 查询总学分在范围 40～50 之外的所有学生的学号和姓名。

代码如下：

```
SELECT 学号，姓名，总学分
    FROM  xsb
    WHERE 总学分 NOT BETWEEN 40 AND 50
```

（3）LIKE 的使用。其语法格式如下。

```
表达式 [ NOT ] LIKE 模式 [ ESCAPE 转义符 ]
```

确定给定的字符串是否与指定的模式匹配，若匹配，则运算结果为 TRUE，否则为 FALSE。模式可以包含普通字符和通配字符。LIKE 运算符的内容参见 4.2.2 节。

【例 5.13】 查询课程名以“计”或 C 开头的情况。

代码如下：

```
SELECT *
    FROM kcb
    WHERE 课程名 LIKE '[计 C]%'
```

（4）EXISTS 与 NOT EXISTS 的使用。其语法格式如下。

```
EXISTS 子查询
```

用于检测一个子查询的结果是否不为空，若是，则运算结果为 TRUE，否则为 FALSE。“子查询”用于代表一个受限的 SELECT 语句（不允许有 COMPUTE 子句和 INTO 关键字）。EXISTS 子句的功能有时可用 IN 或“= ANY”运算符实现，而 NOT EXISTS 的作用与 EXISTS 相反。

【例 5.14】 查询所有选课学生的姓名。

代码如下：

```
SELECT DISTINCT 姓名
    FROM  xsb
    WHERE  EXISTS
    (
        SELECT  *
            FROM   cjb
            WHERE  xsb.学号= cjb.学号
    )
```

5. 字符串连接运算符

通过运算符“+”实现两个字符串的连接运算。

【例 5.15】 多个字符串的连接。

代码如下，执行结果如图 5.8 所示。

```
SELECT  (学号+ ',' + 姓名) AS 学号及姓名
    FROM xsb
    WHERE 学号= '191301'
```

6. 一元运算符

一元运算符有“+”（正）、“-”（负）和“～”（按位取反）3 个。对于按位取反运算符的举例如下。

图 5.8 执行结果 5

设 a 的值为 12（0000 0000 0000 1100），计算～a 的值为 1111 1111 1111 0011。

7. 赋值运算符

指给局部变量赋值的 SET 和 SELECT 语句中使用的“=”。

8. 运算符的优先顺序

当一个复杂的表达式有多个运算符时，运算符优先级决定执行运算的先后次序。执行的顺序会影响所得到的运算结果。

运算符优先级如表 5.7 所示。在一个表达式中按先高（优先级数字小）后低（优先级数字大）的顺序进行运算。

表 5.7 运算符优先级

运 算 符	优 先 级	运 算 符	优 先 级
+（正）、-（负）、～（按位 NOT）	1	NOT	6
*（乘）、/（除）、%（取模）	2	AND	7
+（加）、+（串联）、-（减）	3	ALL、ANY、BETWEEN、IN、LIKE、OR、SOME	8
=、>、<、>=、<=、<>、!=、!>、!< 比较运算符	4	=（赋值）	9
^（位异或）、&（位与）、|（位或）	5		

当一个表达式中的两个运算符有相同的优先等级时，根据它们在表达式中的位置，一般而言，一元运算符按从右向左的顺序运算，二元运算符按从左到右的顺序进行运算。

表达式中可用括号改变运算符的优先级，先对括号内的表达式求值，然后再对括号外的运算符进行运算时使用该值。

若表达式中有嵌套的括号，则首先对嵌套最深的表达式求值。

9. 表达式

前面已经涉及了表达式这个概念，这里来进行简单讨论。

一个表达式就是常量、变量、列名、复杂计算、运算符和函数的组合。一个表达式通常可以得到一个值。与常量和变量一样，一个表达式的值也具有某种数据类型，可能的数据类型有字符类型、数值类型、日期时间类型。这样根据表达式的值的类型，表达式可分为字符型表达式、数值型表达式和日期时间型表达式。

表达式还可以根据值的复杂性来分类。

若表达式的结果只是一个值，如一个数值、一个单词或一个日期，则这种表达式称为标量表达式，如 1+2，'a'>'b'。

若表达式的结果是由不同类型数据组成的一行值，则这种表达式称为行表达式。例如，（学号，'王林'，'计算机'，50*10），当学号列的值为 191301 时，这个行表达式的值就为（'191301'，'王林'，'计算机'，500）。

若表达式的结果为 0 个、1 个或多个行表达式的集合，那么这个表达式就称为表表达式。

表达式一般用在 SELECT 及 SELECT 语句的 WHERE 子句中。

5.4 流程控制语句

在设计程序时，常常需要利用各种流程控制语句来改变计算机的执行流程，以满足程序设计的需要。在 SQL Server 中提供了如表 5.8 所示的流程控制语句。

表 5.8 SQL Server 流程控制语句

控制语句	说明	控制语句	说明
BEGIN…END	语句块	CONTINUE	用于重新开始下一次循环
IF…ELSE	条件语句	BREAK	用于退出最内层的循环
CASE	分支语句	RETURN	无条件返回
GOTO	无条件转移语句	WAITFOR	为语句的执行设置延迟
WHILE	循环语句		

【例 5.16】 查询总学分大于 42 的学生人数。

代码如下：

```
USE pxscj
GO
DECLARE @num int
SELECT @num=(SELECT COUNT(姓名) FROM xsb WHERE  总学分>42)
IF @num<>0
    SELECT @num AS '总学分>42 的人数'
```

5.4.1 语句块：BEGIN…END

在 T-SQL 中可以定义 BEGIN…END 语句块。当要执行多条 T-SQL 语句时，就需要使用 BEGIN…END 将这些语句定义成一个语句块，作为一组语句来执行。其语法格式如下。

```
BEGIN
    { SQL 语句 | 语句块 }
END
```

关键字 BEGIN 是 T-SQL 语句块的起始位置，END 标识同一个 T-SQL 语句块的结尾。“SQL 语句”是语句块中的 T-SQL 语句。BEGIN…END 可以嵌套使用，“语句块”表示使用 BEGIN…END 定义的另一个语句块。例如：

```
USE pxscj
GO
BEGIN
    SELECT * FROM xsb
    SELECT * FROM kcb
END
```

5.4.2 条件语句：IF…ELSE

在程序中如果要对给定的条件进行判定，当条件为真或假时分别执行不同的 T-SQL 语句，可用 IF…ELSE 语句实现。其语法格式如下。

```
IF 条件表达式
    { SQL 语句 | 语句块 }                    /*条件表达式为真时执行*/
[ ELSE
    { SQL 语句 | 语句块 } ]                  /*条件表达式为假时执行*/
```

注意：

如果“条件表达式”中含有 SELECT 语句，则必须用圆括号将 SELECT 语句括起来，运算结果为 TRUE（真）或 FALSE（假）。

由上述语法格式可看出，条件语句分带 ELSE 部分和不带 ELSE 部分两种使用形式。

（1）带 ELSE 部分的代码如下。

```
IF 条件表达式
    A                                        /* T-SQL 语句或语句块*/
ELSE
    B                                        /*T-SQL 语句或语句块*/
```

当条件表达式的值为真时执行 A，然后执行 IF 语句的下一语句；条件表达式的值为假时执行 B，然后执行 IF 语句的下一语句。

（2）不带 ELSE 部分的代码如下。

```
IF 条件表达式
    A                                        /*T-SQL 语句或语句块*/
```

当条件表达式的值为真时执行 A，然后执行 IF 语句的下一条语句；当条件表达式的值为假时直接执行 IF 语句的下一条语句。

IF 语句的执行流程如图 5.9 所示。

如果在 IF…ELSE 语句的 IF 区和 ELSE 区都使用了 CREATE TABLE 语句或 SELECT INTO 语句，那么 CREATE TABLE 语句或 SELECT INTO 语句必须使用相同的表名。

IF…ELSE 语句可用在批处理、存储过程（经常使用这种结构测试是否存在着某个参数）及特殊查询中。

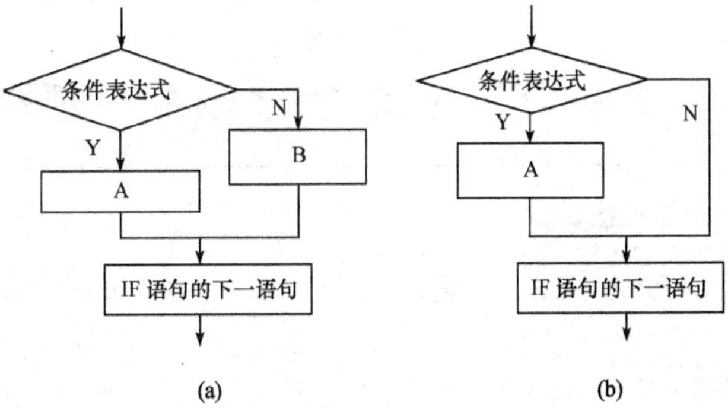

图 5.9 IF 语句的执行流程

可在 IF 区或 ELSE 区嵌套另一个 IF 语句，嵌套层数不限。

【例 5.17】 如果“计算机基础”课程的平均成绩高于 75 分，则显示“平均成绩高于 75 分”。

代码如下：

```
IF
(
    SELECT  AVG(成绩)
        FROM  xsb, cjb, kcb
        WHERE  xsb.学号= cjb.学号
            AND  cjb.课程号=kcb.课程号
            AND  kcb.课程名='计算机基础'
) <75
    SELECT  '平均成绩低于 75'
ELSE
    SELECT '平均成绩高于 75'
```

【例 5.18】 IF…ELSE 语句的嵌套使用。

代码如下：

```
IF
(
    SELECT  AVG(成绩)
        FROM  xsb, cjb, kcb
            WHERE  xsb.学号= cjb.学号
                AND  cjb.课程号=kcb.课程号
                AND  kcb.课程名='计算机基础'
) <75
    SELECT  '平均成绩低于 75'
ELSE
    IF
    (
        SELECT  AVG(成绩)
            FROM   xsb, cjb, kcb
            WHERE  xsb.学号= cjb.学号
                AND  cjb.课程号=kcb.课程号
                AND  kcb.课程名='计算机基础'
    ) >75
        SELECT  '平均成绩高于 75'
```

注意：

若子查询跟随在“=”、“!=”、“<”、“<=”、“>”、“>=”之后，或子查询用做表达式，则子查询返回的值不允许多于一个。

5.4.3 分支语句：CASE

CASE 语句可进行流程控制，可根据多重条件分支。其语法格式如下。

```
CASE 输入表达式
    WHEN 表达式 THEN 结果表达式
    [ … ]
    [ ELSE 结果表达式 ]
END
```

或者：

```
CASE
    WHEN 布尔表达式 THEN 结果表达式
    [ … ]
    [ ELSE 结果表达式 ]
END
```

第一种格式中“输入表达式”是要判断的值或表达式，接下来是一系列的 WHEN-THEN 块，每一块的“WHEN 表达式”参数指定要与“输入表达式”比较的值，如果为真，就执行“结果表达式”中的 T-SQL 语句。如果前面的每一个块都不匹配，就会执行 ELSE 块指定的语句。CASE 语句最后以 END 关键字结束。

第二种格式中 CASE 关键字后面没有参数，在 WHEN-THEN 块中，“布尔表达式”指定了一个比较表达式，表达式为真时执行 THEN 后面的语句。与第一种格式相比，这种格式能够实现更为复杂的条件判断，使用起来更方便。

【例 5.19】 使用第一种格式的 CASE 语句，根据性别值输出“男”或“女”。

代码如下：

```
SELECT 学号, 姓名, 专业, SEX=
            CASE 性别
                WHEN 1 THEN '男'
                WHEN 0 THEN '女'
                ELSE  '无'
            END
    FROM xsb
    WHERE 总学分>48
```

使用第二种格式的 CASE 语句则可以使用以下 T-SQL 语句。

```
SELECT 学号, 姓名, 专业, SEX=
        CASE
            WHEN 性别=1 THEN '男'
            WHEN 性别=0 THEN '女'
            ELSE  '无'
        END
    FROM xsb
    WHERE 总学分>48
```

5.4.4 无条件转移语句：GOTO

无条件转移语句将执行流程转移到标号指定的位置。其语法格式如下。

```
GOTO 标号
```

“标号”是指向的语句标号，标号必须符合标识符规则。标号的定义形式如下。

```
标号 : 语句
```

5.4.5 循环语句：WHILE/BREAK/CONTINUE

1. WHILE 循环语句

如果需要重复执行程序中的一部分语句，则可使用 WHILE 循环语句实现。基语法格式如下。

```
WHILE 条件表达式
{ SQL 语句 | 语句块 }          /*T-SQL 语句序列构成的循环体*/
```

WHILE 语句的执行流程如图 5.10 所示。

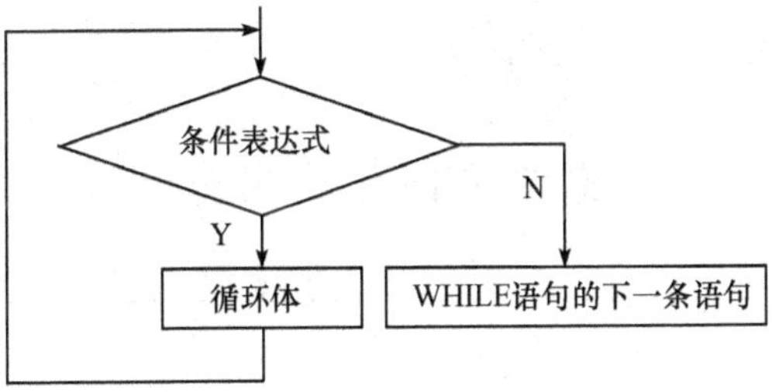

图 5.10 WHILE 语句的执行流程

从 WHILE 循环的执行流程可看出其使用形式如下。

```
WHILE 条件表达式
    循环体                          /*T-SQL 语句或语句块*/
```

当条件表达式的值为真时，执行构成循环体的 T-SQL 语句或语句块，然后再进行条件判断，重复上述操作，直至条件表达式的值为假，退出循环体的执行。

【例 5.20】 将学号为 191301 的学生的总学分使用循环修改到 60，每次只加 2，并判断循环了多少次。

代码如下：

```
USE pxscj
GO
DECLARE @num INT
SET @num=0
WHILE (SELECT 总学分 FROM xsb WHERE 学号='191301')<60
BEGIN
    UPDATE xsb SET 总学分=总学分+2 WHERE 学号= '191301'
    SET @num=@num+1
END
SELECT @num AS 循环次数
```

执行结果：循环次数为 5。

2. BREAK 语句

其语法格式如下。

```
BREAK
```

BREAK 语句一般用在循环语句中，用于退出本层循环。当程序中有多层循环嵌套时，使用 BREAK 语句只能退出其所在的这一层循环。

3. CONTINUE 语句

其语法格式如下。

```
CONTINUE
```

CONTINUE 语句一般用在循环语句中，用于结束本次循环，重新转到下一次循环条件的判断。

5.4.6 返回语句：RETURN

用于从存储过程、批处理或语句块中无条件退出，不执行位于 RETURN 之后的语句。其语法格式如下。

```
RETURN [ 整数表达式 ]
```

如果不提供“整数表达式”，则退出程序并返回一个空值；如果用在存储过程中，则可以返回整型值的“整数表达式”。

> **注意：**
>
> （1）除非特别指明，所有系统存储过程返回 0 值表示成功，返回非 0 值则表示失败。
>
> （2）当用于存储过程时，RETURN 不能返回空值。

【例 5.21】 判断是否存在学号为 191328 的学生，如果存在则返回，不存在则插入 191328 号学生的信息。

代码如下：

```
IF EXISTS(SELECT * FROM xsb WHERE 学号='191328')
    RETURN
ELSE
    INSERT INTO xsb VALUES('191328', '张可', 1, '1990-08-12', '计算机',52, NULL)
```

5.4.7 等待语句：WAITFOR DELAY/TIME

等待语句指定触发语句块、存储过程或事务执行的时刻或需等待的时间间隔。其语法格式如下。

```
WAITFOR
{
    DELAY '等待时间'
    | TIME '执行时间'
}
```

注意：

（1）DELAY '等待时间'：指定运行批处理、存储过程和事务必须等待的时间，最长可达 24 小时。"等待时间"可以用 datetime 数据格式指定，用单引号括起来，但在值中不允许有日期部分，也可以用局部变量指定参数。

（2）TIME '执行时间'：指定运行批处理、存储过程和事务的时间，"执行时间"表示 WAITFOR 语句完成的时间，值的指定同上。

【例 5.22】 设定在早上 8 点执行查询语句。

代码如下：

```
BEGIN
    WAITFOR TIME '8:00'
    SELECT * FROM xsb
END
```

5.4.8 错误处理语句：TRY…CATCH

在 SQL Server 2012 中，可以使用 TRY…CATCH 语句进行 T-SQL 语言中的错误处理。其语法格式如下。

```
BEGIN TRY
    { SQL 语句 | 语句块 }
END TRY
BEGIN CATCH
    [ { SQL 语句 | 语句块 } ]
END CATCH
```

注意：

要进行错误处理，T-SQL 语句组可以包含在 TRY 块中。如果 TRY 块内部发生错误，则会将控制传递给 CATCH 块中包含的另一个语句组。TRY…CATCH 构造可对严重程度高于 10 但不关闭数据库连接的所有执行错误进行缓存。

5.5 系统内置函数

5.5.1 系统内置函数介绍

在程序设计过程中，常常调用系统提供的函数。T-SQL 编程语言提供 3 种系统内置函数：行集函数、聚合函数和标量函数。所有的函数都是确定性或非确定性的。

（1）确定性函数：每次使用特定的输入值集调用该函数时，总是返回相同的结果。

（2）非确定性函数：每次使用特定的输入值集调用该函数时，可能返回不同的结果。

例如，DATEADD 内置函数是确定性函数，因为对于其任何给定参数总是返回相同的结果。GETDATE 是非确定性函数，因其每次执行后，返回结果都不同。

下面介绍一些常用的函数。

1. 行集函数

行集函数是返回值为对象的函数，该对象可在 T-SQL 语句中作为表引用。所有行集函数都是非确定性的，即每次用一组特定参数调用它们时，所返回的结果不总是相同的。

SQL Server 2012 主要提供了如下行集函数。

（1）CONTAINSTABLE：对于基于字符类型的列，按照一定的搜索条件进行精确或模糊匹配，然后返回一个表，该表可能为空。

（2）FREETEXTTABLE：为基于字符类型的列返回一个表，其中的值符合指定文本的含义，但不符合确切的表达方式。

（3）OPENDATASOURCE：提供与数据源的连接。

（4）OPENQUERY：在指定数据源上执行查询。可以在查询的 FROM 子句中像引用基本表一样引用 OPENQUERY 函数，虽然查询可能返回多个记录，但 OPENQUERY 只返回第一个记录。

（5）OPENROWSET：包含访问 OLE DB 数据源中远程数据所需的全部连接信息。可在查询的 FROM 子句中像引用基本表一样引用 OPENROWSET 函数，虽然查询可能返回多个记录，但 OPENROWSET 只返回第一个记录。

（6）OPENXML 函数：通过 XML 文档提供行集视图。

上述函数的详细介绍参考第 4 章相关内容。

2．聚合函数

聚合函数对一组值操作，返回单一的汇总值。聚合函数在以下情况下，允许作为表达式使用。

（1）SELECT 语句的选择列表（子查询或外部查询）。

（2）COMPUTE 或 COMPUTE BY 子句。

（3）HAVING 子句。

T-SQL 语言提供的常用聚合函数的应用请参考第 4 章相关内容。

3．标量函数

标量函数的特点：输入参数的类型为基本类型，返回值也为基本类型。

5.5.2 常用系统标量函数

在“对象资源管理器”面板中展开“数据库”→“pxscj”→“可编程性”→“函数”→“系统函数”，可以查看到 SQL Server 2012 提供的所有系统内置函数。本节介绍常用的系统标量函数。

1．配置函数

配置函数用于返回当前配置选项设置的信息。详细介绍请参见有关文档。

2．数学函数

数学函数可对 SQL Server 提供的数字数据（decimal、integer、float、real、money、smallmoney、smallint 和 tinyint）进行数学运算并返回运算结果。默认情况下，对 float 数据类型数据的内置运算的精度为 6 个小数位。

下面给出几个例子说明数学函数的使用。

（1）ABS 函数的语法格式如下。

```
ABS(数字表达式)
```

返回给定数字表达式的绝对值。参数为数字型表达式（bit 数据类型除外），返回值类型与“数字表达式”相同。

例如，显示 ABS 函数对 3 个不同数字的效果，代码如下。

```
SELECT  ABS(-5.0),  ABS(0.0),  ABS(8.0)
```

（2）RAND 函数的语法格式如下。

```
RAND ([ 种子 ] )
```

返回 0～1 之间的一个随机值。参数“种子”是指定种子值的整型表达式，返回值类型为 float。如果未指定“种子”，则随机分配种子值。对于指定的种子值，返回的结果始终相同。

例如，如下程序通过 RAND 函数返回随机值。

```
DECLARE @count int
SET @count = 5
SELECT  RAND(@count)
```

3. 字符串处理函数

字符串函数用于对字符串进行处理。在此介绍一些常用的字符串处理函数，其他的字符串处理函数请参考有关文档。

（1）ASCII 函数的语法格式如下。

```
ASCII ( 字符表达式 )
```

返回字符表达式最左端字符的 ASCII 值。参数“字符表达式”的类型为字符型的表达式，返回值为整型。

例如，查找字符串'sql'最左端字符的 ASCII 值，代码如下。

```
SELECT ASCII('sql')
```

执行结果为 115，它是小写 s 的 ASCII 值。

（2）CHAR 函数的语法格式如下。

```
CHAR ( 整型表达式 )
```

将 ASCII 码转换为字符。“整型表达式”为介于 0～255 之间的整数，返回值为字符型。

（3）LEFT 函数的语法格式如下。

```
LEFT ( 字符表达式，整型表达式 )
```

返回从字符串左边开始指定个数的字符，返回值为 varchar 型。

例如，返回课程名最左边的 4 个字符，代码如下。

```
SELECT LEFT(课程名, 4)
    FROM kcb
    ORDER BY 课程号
```

又如：

```
SELECT 学号,姓名
    FROM xsb
    WHERE LEFT(学号,2)='19'
```

（4）LTRIM 函数的语法格式如下。

```
LTRIM ( 字符表达式 )
```

删除“字符表达式”字符串中的前导空格，并返回字符串。

例如，使用 LTRIM 函数删除字符变量中的起始空格，代码如下。

```
DECLARE @string varchar(40)
SET @string = '          中国，一个古老而伟大的国家 '
SELECT  LTRIM(@string)
SELECT @string
```

（5）REPLACE 函数的语法格式如下。

```
REPLACE ( '字符串表达式1' , '字符串表达式2' , '字符串表达式3' )
```

用“字符串表达式 3”替换“字符串表达式 1”中包含的“字符串表达式 2”，并返回替换后的表达式（返回值为字符型）。

（6）SUBSTRING 函数的语法格式如下。

```
SUBSTRING ( 表达式, 起始, 长度 )
```

返回表达式中指定的部分数据。参数“表达式”可为字符串、二进制串、text、image 字段或表达式；“起始”、“长度”均为整型，前者指定子串的开始位置，后者指定子串的长度（要返回字节数）。如果“表达式”是字符类型和二进制类型，则返回值类型与“表达式”的类型相同。在其他情况下，参考表 5.9。

表 5.9　SUBSTRING 函数返回值不同于给定表达式的情况

给定的表达式	返回值类型	给定的表达式	返回值类型	给定的表达式	返回值类型
text	varchar	image	varbinary	ntext	nvarchar

【例 5.23】 显示第 1 列为 xsb 表中的姓，在第 2 列中为学生名。

代码如下，执行结果如图 5.11 所示。

```
SELECT TOP(4) SUBSTRING(姓名, 1,1), SUBSTRING(姓名, 2, LEN(姓名)-1)
    FROM xsb
    ORDER BY 姓名
```

【例 5.24】 显示字符串"China"中每个字符的 ASCII 值和字符。

代码如下，执行结果如图 5.12 所示。

```
DECLARE @position int, @string char(8)
SET @position = 1
SET @string='China'
WHILE @position <= DATALENGTH(@string)
BEGIN
    SELECT ASCII(SUBSTRING(@string, @position, 1)) AS ASCII码,
        CHAR(ASCII(SUBSTRING(@string, @position, 1))) AS 字符
    SET @position = @position + 1
END
```

说明：

DATALENGTH 函数用于返回指定表达式的字节数。

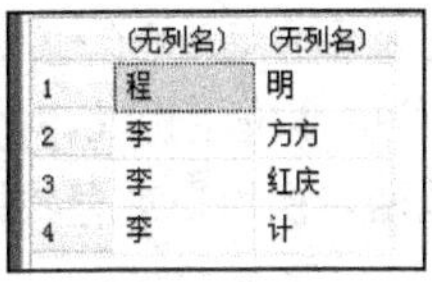

	(无列名)	(无列名)
1	程	明
2	李	方方
3	李	红庆
4	李	计

图 5.11　执行结果 6

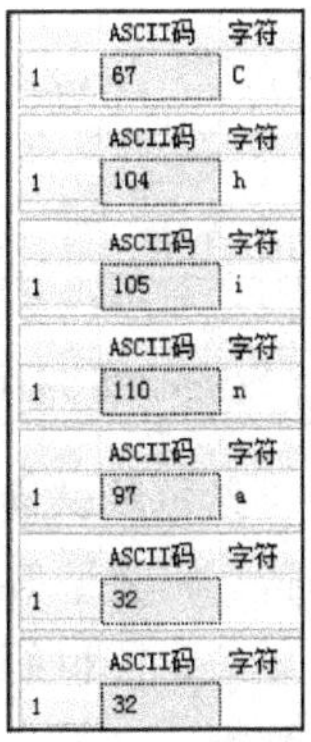

	ASCII码	字符
1	67	C

	ASCII码	字符
1	104	h

	ASCII码	字符
1	105	i

	ASCII码	字符
1	110	n

	ASCII码	字符
1	97	a

	ASCII码	字符
1	32	

	ASCII码	字符
1	32	

图 5.12　执行结果 7

4. 系统函数

系统函数用于对 SQL Server 中的值、对象和设置进行操作并返回有关信息。

1）CAST 和 CONVERT 函数

CAST、CONVERT 这两个函数的功能都是实现数据类型的转换，但 CONVERT 的功能更强。常用的类型转换有以下几种情况：日期型→字符型、字符型→日期型、数值型→字符型。其语法格式如下。

```
CAST ( 表达式 AS 数据类型[(长度)])
CONVERT (数据类型[(长度)], 表达式 [, 类型])
```

说明：

这两个函数将表达式的类型转换为“数据类型”所指定的类型。参数“表达式”可为任何有效的表达式，“数据类型”可为系统提供的基本类型，不能为用户自定义类型，当为 nchar、nvarchar、char、varchar、binary 或 varbinary 等数据类型时，可以通过“长度”参数指定长度。对于不同的表达式类型转换，参数“类型”的取值不同。“类型”的常用取值及其作用如表 5.10～表 5.12 所示。

表 5.10　日期型与字符型转换时“类型”的常用取值及其作用

不带世纪数位（yy）	带世纪数位（yyyy）	标　准	输入/输出
	0 或 100	默认值	mon dd yyyy hh:miAM(或 PM)
1	101	美国	mm/dd/yyyy
2	102	ANSI	yy.mm.dd
	9 或 109	默认值+毫秒	mon dd yyyy hh:mi:ss:mmmAM(或 PM)
10	110	美国	mm-dd-yy
12	112	ISO	yymmdd

表 5.11　float 或 real 转换为字符型数据时“类型”的取值

style 值	输　出
0（默认值）	根据需要使用科学计数法，长度最多为 6
1	使用科学记数法，长度为 8
2	使用科学记数法，长度为 16

表 5.12 从 money 或 smallmoney 转换为字符数据时“类型”的取值

值	输 出
0（默认值）	小数点左侧每 3 位数字之间不以逗号分隔，小数点右侧取两位数，如 4235.98
1	小数点左侧每 3 位数字之间以逗号分隔，小数点右侧取两位数，如 3,510.92
2	小数点左侧每 3 位数字之间不以逗号分隔，小数点右侧取 4 位数，如 4235.9819

对于日期与字符型数据的转换，在表 5.10 中，左侧的两列表示将 datetime 或 smalldatetime 数据转换为字符数据的类型值。将类型值加 100，可获得包括世纪数位的 4 位年份（yyyy）。默认值（如类型 0 或 100、9 或 109）始终返回世纪数位。输入时，将字符型数据转换为日期型数据；输出时，将日期型数据转换为字符型数据。

【例 5.25】 检索总学分在 50～59 分的学生姓名，并将总学分转换为 char(20)。

代码如下：

```
USE pxscj
GO
/*使用 CAST 实现*/
SELECT 姓名，总学分
    FROM xsb
    WHERE  CAST(总学分 AS char(20)) LIKE '5_'
/*使用 CONVERT 实现*/
SELECT 姓名，总学分
    FROM xsb
    WHERE  CONVERT(char(20)，总学分) LIKE '5_'
```

执行结果：两次显示 xsb 中学分 5 开始的学生的姓名和总学分。

2）COALESCE 函数

其语法格式如下。

```
COALESCE ( 表达式 [ ，… ] )
```

返回参数表中第一个非空表达式的值，如果所有自变量均为 NULL，则 COALESCE 返回 NULL 值。参数“表达式”可为任何类型的表达式。[，…]表示可以指定多个表达式。所有表达式必须是相同类型的，或者可以隐性转换为相同的类型。

COALESCE(表达式 1, …) 与如下形式的 CASE 语句等价。

```
CASE
   WHEN (表达式 1 IS NOT NULL) THEN 表达式 1
   ……
   WHEN (表达式 N IS NOT NULL) THEN 表达式 N
ELSE NULL
```

3）ISNUMBRIC 函数

ISNUMBRIC 函数用于判断一个表达式是否为数值类型。其语法格式如下。

```
ISNUMBRIC(表达式)
```

如果输入表达式的计算值为有效的整数、浮点数、money 或 decimal 类型，则 ISNUMBRIC 返回 1；否则返回 0。

其他系统函数请参考 SQL Server 联机丛书。

5. 日期时间函数

日期时间函数可用在 SELECT 语句的选择列表或查询的 WHERE 子句中。下列介绍最常用的几个日期时间函数。

（1）GETDATE 函数的语法格式如下。

```
GETDATE ()
```

按 SQL Server 标准内部格式返回当前系统日期和时间。返回值类型为 datetime。

（2）YEAR、MONTH、DAY 函数。这 3 个函数分别返回指定日期的年、月、日部分，返回值都为整数。其语法格式如下。

```
YEAR(日期)
MONTH(日期)
DAY(日期)
```

其他日期和时间函数请参考有关文档。

6. 游标函数

游标函数用于返回有关游标的信息。主要有如下游标函数。

（1）@@CURSOR_ROWS 函数的语法格式如下。

```
@@CURSOR_ROWS
```

返回最后打开的游标中当前存在的满足条件的行数。返回值为 0 时表示游标未打开；为–1 时表示游标为动态游标；为 $-m$ 时表示游标被异步填充，返回值（$-m$）是键集中当前的行数；为 n 时表示游标已完全填充，返回值（n）是游标中的总行数。

【例 5.26】 声明一个游标，并用 SELECT 显示@@CURSOR_ROWS 的值。

代码如下，执行结果如图 5.13 所示。

```
USE pxscj
GO
SELECT @@CURSOR_ROWS
DECLARE student_cursor CURSOR
    FOR SELECT 姓名 FROM xsb
OPEN student_cursor
FETCH NEXT FROM student_cursor
SELECT @@CURSOR_ROWS
CLOSE student_cursor
DEALLOCATE student_cursor
```

（2）CURSOR_STATUS 函数的语法格式如下。

```
CURSOR_STATUS
(
    { '本地' , '游标名' }                /*指明数据源为本地游标*/
    | { '全局' , '游标名' }              /*指明数据源为全局游标*/
    | { '变量' , '游标变量' }            /*指明数据源为游标变量*/
)
```

结果显示游标状态是打开还是关闭。常量字符'本地'、'全局'用于指定游标的类型，“本地”表示为本地游标名，“全局”表示为全局游标名。参数“游标名”用于指定游标名，常量字符'变量'用于说明其后的游标变量为一个本地变量，参数“游标变量”为本地游标变量名称，返回值类型为 smallint。

CURSOR_STATUS()函数的返回值如表 5.13 所示。

表 5.13　CURSOR_STATUS()函数的返回值

返回值	游标名或游标变量	返回值	游标名或游标变量
1	游标的结果集至少有一行	−2	游标不可用
0	游标的结果集为空*	−3	指定的游标不存在
−1	游标被关闭		

注：动态游标不返回这个结果。

（3）@@FETCH_STATUS 函数的语法格式如下。

```
@@FETCH_STATUS
```

返回 FETCH 语句执行后游标的状态。@@FETCH_STATUS 的返回值如表 5.14 所示。

表 5.14　@@FETCH_STATUS 的返回值

返回值	说明	返回值	说明
0	FETCH 语句执行成功	−2	被读取的记录不存在
−1	FETCH 语句执行失败		

【例 5.27】 用@@FETCH_STATUS 控制在一个 WHILE 循环中的游标活动。

代码如下，执行结果如图 5.14 所示。

```
USE pxscj
GO
DECLARE @name char(20), @num char(6)
DECLARE student_cur CURSOR
    FOR
    SELECT 姓名,学号 FROM pxscj.dbo.xsb
OPEN student_cur
FETCH NEXT FROM student_cur  INTO @name, @num
SELECT @name, @num
WHILE @@FETCH_STATUS = 0
BEGIN
    FETCH NEXT FROM student_cur
END
CLOSE student_cur
DEALLOCATE student_cur
```

图 5.13　执行结果 8

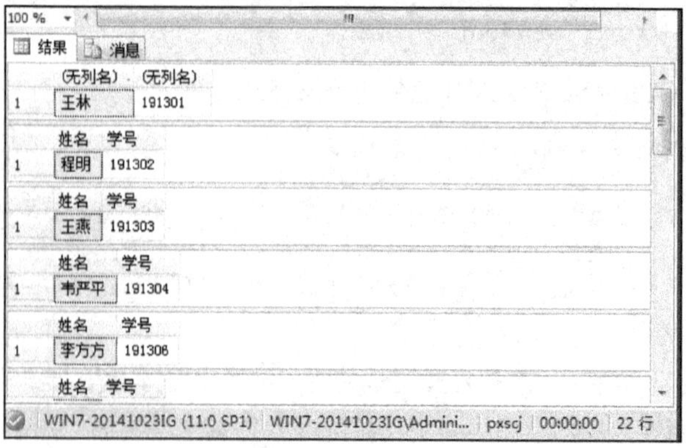

图 5.14　执行结果 9

7. 元数据函数

元数据是用于描述数据库和数据库对象的。元数据函数用于返回有关数据库和数据库对象的信息。

（1）DB_ID 函数的语法格式如下。

```
DB_ID ( [ '数据库名' ] )
```

系统在创建数据库时，自动为其创建一个标识号。函数 DB_ID 根据指定的数据库名，返回其数据库标识（ID）号。如果参数“数据库名”不指定，则返回当前数据库 ID，返回值类型为 smallint。

（2）DB_NAME 函数的语法格式如下。

```
DB_NAME ( 数据库 ID )
```

根据参数“数据库 ID”所给的数据库标识号，返回数据库名。参数“数据库 ID”的类型为 smallint，如果没有指定数据库标识号，则返回当前数据库名。返回值类型为 nvarchar(128)。

其他元数据函数请参考 SQL Server 联机丛书。

5.6 用户定义函数：CREATE/ALTER/ DROP FUNCTION

用户在编程时常常需要将多个 T-SQL 语句组成子程序，以便反复调用，可以通过自己定义函数实现。根据用户定义函数返回值的类型，可分成两类。

（1）标量函数：用户定义函数返回值为标量值，这样的函数称为标量函数。

（2）表值函数：返回值为整个表的用户定义函数为表值函数。根据函数主体的定义方式，表值函数又可分为内嵌表值函数和多语句表值函数。若用户定义函数包含单个 SELECT 语句且该语句可更新，则该函数返回的表也可更新，这样的函数称为内嵌表值函数；若用户定义函数包含多个 SELECT 语句，则该函数返回的表不可更新，这样的函数称为多语句表值函数。

用户定义函数不支持输出参数。用户定义函数不能修改全局数据库状态。

创建用户定义函数可以使用 CREATE FUNCTION 命令，利用 ALTER FUNCTION 命令可以对用户定义函数进行修改，用 DROP FUNCTION 命令可以删除用户定义函数。

5.6.1 标量函数：SELECT/EXEC

1. 标量函数的定义

标量函数的一般定义形式如下。

```
CREATE FUNCTION [架构名.] 函数名
( 参数1 [AS] 类型1 [ = 默认值 ] ) [ ,…参数n [AS] 类型n [ = 默认值 ] ] ] )
RETURNS 返回值类型
[ WITH 选项 ]
[ AS ]
BEGIN
    函数体
    RETURN 标量表达式
END
```

用户在使用命令方式创建用户定义函数后，在“对象资源管理器”面板中，展开“数据库”→“pxscj”→“可编程性”→“函数”→“标量值函数”，即可看到已经创建好的用户定义的函数对象的图标。

2. 标量函数的调用

当调用用户定义的标量函数时，必须提供至少由两部分组成的名称（架构名.函数名）。可用以下方式调用标量函数。

（1）在 SELECT 语句中调用，其语法格式如下。

```
架构名.函数名(实参 1,…,实参 n)。
```

实参可为已赋值的局部变量或表达式。

（2）利用 EXECUTE（简写为 EXEC）EXEC 语句执行。用 T-SQL EXEC 语句调用用户函数时，参数的标识次序与函数定义中的参数标识次序可以不同。有关 EXEC 语句的具体格式在第 7 章中介绍。其语法格式如下。

```
架构名.函数名 实参 1,…,实参 n
```

或者：

```
架构名.函数名 形参名 1=实参 1,…, 形参名 n=实参 n
```

在这里，前者实参顺序应与函数定义的形参顺序一致，后者参数顺序可以与函数定义的形参顺序不一致。

如果函数的参数有默认值，则在调用该函数时必须指定 default 关键字才能获得默认值。这不同于存储过程中有默认值的参数，在存储过程中省略参数也意味着使用默认值。

【例 5.28】 创建用户定义函数，实现计算全体学生某门功课平均成绩的功能。

（1）创建用户定义函数的代码如下。

```
USE pxscj
GO
CREATE FUNCTION average(@num char(20)) RETURNS int
    AS
    BEGIN
        DECLARE @aver int
        SELECT @aver=
        (
            SELECT  avg(成绩)
                FROM  cjb
                WHERE 课程号=@num
                GROUP BY 课程号
        )
        RETURN @aver
    END
```

（2）调用用户定义函数的代码如下。

```
DECLARE @course1 char(20)                 /*定义局部变量*/
DECLARE @aver1 int
SELECT  @course1 = '101'                  /*给局部变量赋值*/
SELECT  @aver1=dbo.average(@course1)      /*调用用户函数，并将返回值赋给局部变量*/
SELECT  @aver1 AS '101 课程的平均成绩'      /*显示局部变量的值*/
```

执行结果为 101 课程的平均成绩。

（3）在 pxscj 中建立一个 course 表，并将一个字段定义为计算列。代码如下。

```
CREATE TABLE course
(
    cno      int,                                    /*课程号*/
    cname    nchar(20),                              /*课程名*/
    credit       int,                                /*学分*/
    aver AS                                          /*将此列定义为计算列*/
    (
        dbo.average(cno)
    )
)
```

5.6.2 内嵌表值函数：FROM 表(…)

内嵌函数可用于实现参数化视图。例如，有如下视图：

```
CREATE VIEW View1
AS
SELECT 学号, 姓名
    FROM   pxscj.dbo.xsb
    WHERE  专业= '计算机'
```

若希望设计更通用的程序，让用户能指定感兴趣的查询内容，可将“WHERE 专业= '计算机' ”替换为“WHERE 专业= @para”，@para 用于传递参数。

由于视图不支持在 WHERE 子句中指定搜索条件参数，为解决这一问题，我们可使用内嵌用户定义函数，脚本如下。执行结果如图 5.15 所示。

```
/*内嵌函数的定义*/
CREATE FUNCTION fun_view1( @para nvarchar(30) )  RETURNS table
AS  RETURN
(
    SELECT 学号, 姓名
        FROM   pxscj.dbo.xsb
        WHERE  专业= @para
)
GO
/*内嵌函数的调用*/
SELECT  *
    FROM fun_view1  ('计算机')
```

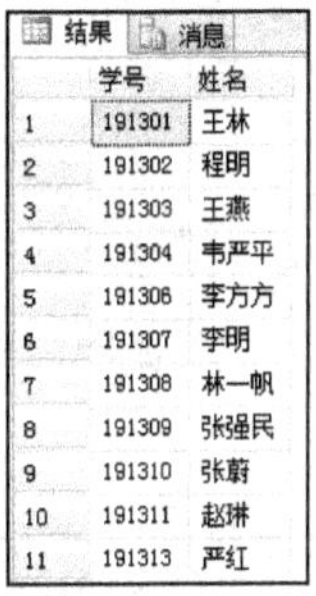

结果 消息

	学号	姓名
1	191301	王林
2	191302	程明
3	191303	王燕
4	191304	韦严平
5	191306	李方方
6	191307	李明
7	191308	林一帆
8	191309	张强民
9	191310	张蔚
10	191311	赵琳
11	191313	严红

图 5.15 执行结果 10

下面介绍内嵌表值函数的定义及调用。

1. 内嵌表值函数的定义

其语法格式如下。

```
CREATE FUNCTION [ 架构名. ] 函数名                   /*定义函数名部分*/
( [ { @参数名 [ AS ] [ 类型架构名. ] 参数数据类型 [ = 默认 ] } [ ,… ] ])
                                                   /*定义参数部分*/
RETURNS TABLE                                      /*返回值为表类型*/
[ WITH <函数选项> [ , … ] ]                          /*定义函数的可选项*/
   [ AS ]
RETURN [ ( ] select-stmt [ ) ]                     /*通过 SELECT 语句返回内嵌表*/
```

RETURNS 子句仅包含关键字 TABLE，表示此函数返回一个表。内嵌表值函数的函数体仅有一个

RETURN 语句，并通过参数 select-stmt 指定的 SELECT 语句返回内嵌表值。语法格式中的其他参数项与标量函数的定义类似。

2．内嵌表值函数的调用

内嵌表值函数只能通过 SELECT 语句调用，调用内嵌表值函数时，可以仅使用函数名。

在此，以前面定义的 st_score()内嵌表值函数的调用作为应用举例，学生通过输入学号调用内嵌函数查询其成绩。

【例 5.29】 对于 pxscj 数据库，利用 xsb、kcb、cjb 这 3 个表创建视图，让学生查询其各科成绩及学分。

（1）创建视图，代码如下。

```
USE pxscj
GO
CREATE VIEW xsv
    AS
    SELECT dbo.xsb.学号, dbo.xsb.姓名, dbo.kcb.课程名, dbo.cjb.成绩
        FROM  dbo.kcb
            INNER JOIN  dbo.cjb ON dbo.kcb.课程号 = dbo.cjb.课程号
            INNER JOIN dbo.xsb ON dbo.cjb.学号 = dbo.xsb.学号
```

（2）定义内嵌函数，代码如下。

```
CREATE FUNCTION student_score(@id char(6))  RETURNS table
    AS RETURN
    (
        SELECT  *
            FROM  pxscj.dbo.xsv
            WHERE dbo. xsv.学号= @id
    )
```

（3）调用内嵌函数，查询学号为 191301 的学生的各科成绩及学分，代码如下，执行结果如图 5.16 所示。

```
SELECT  *
    FROM  pxscj.[dbo].student_score('191301')
```

3．多语句表值函数

内嵌表值函数和多语句表值函数都返回表，二者不同之处在于：内嵌表值函数没有函数主体，返回的表是单个 SELECT 语句的结果集；而多语句表值函数在 BEGIN…END 块中定义的函数主体包含 T-SQL 语句，这些语句可生成行并将行插入至表中，最后返回表。

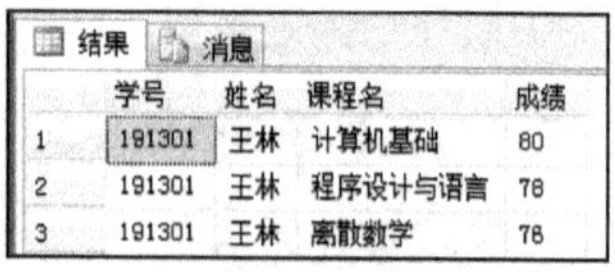
结果 消息

	学号	姓名	课程名	成绩
1	191301	王林	计算机基础	80
2	191301	王林	程序设计与语言	78
3	191301	王林	离散数学	78

图 5.16　执行结果 11

1）多语句表值函数的定义

其语法格式如下

```
CREATE FUNCTION [ 架构名. ] 函数名                    /*定义函数名部分*/
( [ { @参数名 [ AS ] [ 类型架构名. ] 参数数据类型 [ = 默认 ] } [ , … ] ])
                                                      /*定义函数参数部分*/
RETURNS @返回变量 TABLE < 表类型定义 >                /*定义作为返回值的表*/
[ WITH <函数选项> [ , … ] ]                           /*定义函数的可选项*/
   [ AS ]
```

```
BEGIN
    函数体                                              /*定义函数体*/
    RETURN
END
```

说明：

（1）@返回变量：表变量，用于存储作为函数值返回的记录集。

（2）函数体：T-SQL 语句序列，只用于标量函数和多语句表值函数。在标量函数中，函数体是一系列合起来求得标量值的 T-SQL 语句；在多语句表值函数中，函数体是一系列在表变量“@返回变量”中插入记录行的 T-SQL 语句。

（3）<表类型定义>：指定定义表结构的语句，参考第 3 章。语法格式中的其他项与标量函数的定义相同。

2）多语句表值函数的调用

多语句表值函数的调用与内嵌表值函数的调用方法相同。

【例 5.30】 在 pxscj 数据库中创建返回表的函数，通过以学号作为实参调用该函数，可显示该学生各门功课的成绩和学分。

（1）对函数进行定义，代码如下。

```
USE pxscj
GO
CREATE FUNCTION score_table( @id char(6) )  RETURNS @score TABLE
(
    学号     char(6),
    姓名     char(8),
    课程     char(16),
    成绩     tinyint,
    学分     tinyint
)
AS
BEGIN
    INSERT @score
        SELECT S.学号, S.姓名,P.课程名,O.成绩, P.学分
            FROM  pxscj.[dbo].xsb AS S
                INNER JOIN pxscj.[dbo].cjb AS O ON (S.学号= O.学号)
                INNER JOIN pxscj.[dbo].kcb AS P ON (O.课程号= P.课程号)
            WHERE S.学号=@id
    RETURN
END
```

（2）查询学号为 191301 的学生的各科成绩和学分，代码如下，执行结果如图 5.17 所示。

```
SELECT  *  FROM  pxscj.[dbo].score_table('191301')
```

	学号	姓名	课程	成绩	学分
1	191301	王林	计算机基础	80	5
2	191301	王林	程序设计与语言	78	4
3	191301	王林	离散数学	76	4

图 5.17　执行结果 12

5.6.3 用户定义函数的删除：DROP FUNCTION

对于一个已创建的用户定义函数，有两种方法将其删除。

（1）通过“对象资源管理器”面板删除，此方法非常简单，请读者自己练习。

（2）利用 T-SQL 语句 DROP FUNCTION 删除，其语法格式如下。

```
DROP FUNCTION { [ 架构名. ] 函数名 } [ ,… ]
```

说明：

“函数名”是要删除的用户定义的函数名称。可以选择是否指定架构名称，但不能指定服务器名称和数据库名称。可以一次删除一个或多个用户定义函数。

注意：

要删除用户定义函数，先要删除与之相关的对象。例如，如果在前面建立的course表中引用了average函数来创建计算列，则要先删除与之相关的列后才能删除 average 函数。

习　　题

1．说明变量的分类及用法。

2．定义用户变量 today，并使用一条 SET 语句和一条 SELECT 语句把当前的日期赋值给它。

3．创建一个用户自定义数据类型 faxno，基本数据类型为 VARCHAR，长度为 24，不允许为空。

4．在 SQL Server 中，标识符“@”、“@@”、“#”、“##”的意义是什么？

5．找出下列语句的语法错误。

```
USE pxscj
GO
DECLARE @ss INT
GO
SELECT @ss=89
GO
```

6．T-SQL 的运算符一共包括哪些？运算符的优先级如何？

7．T-SQL 流程控制语句的关键字包括哪些？使用循环计算一个数的阶乘。

8．举例说明用户定义函数的使用方法。

9．试说明系统内置函数的分类及各类函数的特点。

第 6 章 索引和数据完整性

当查阅书中某些内容时，为了提高查阅速度，并不是从书的第一页开始顺序查找，而是首先查看书的目录索引，找到需要的内容在目录中所列的页码，然后根据这一页码直接找到需要的章节。在 SQL Server 中，为了从数据库的大量数据中迅速找到需要的内容，也采用了类似于书目录这样的索引技术，不必顺序查找，就能迅速查到所需要的内容。

6.1 索 引

索引是根据表中一列或若干列按照一定顺序建立的列值与记录行之间的对应关系表。在数据库系统中建立索引主要有以下作用。

（1）快速存取数据。

（2）保证数据记录的唯一性。

（3）实现表与表之间的参照完整性。

（4）在使用 ORDER BY、GROUP BY 子句进行数据检索时，利用索引可以减少排序和分组的时间。

6.1.1 索引的分类

如果一个表没有创建索引，则数据行不按任何特定的顺序存储，这种结构称为堆集。

SQL Server 支持在表中任何列（包括计算列）上定义索引，按索引的组织方式可将 SQL Server 索引分为聚集索引和非聚集索引两种类型。

索引可以是唯一的，这意味着不会有两行记录相同的索引键值，这样的索引称为唯一索引。当唯一性是数据本身应考虑的特点时，可创建唯一索引。索引也可以不是唯一的，即多个行可以共享同一键值。

如果索引是根据多列组合创建的，则这样的索引称为复合索引。

1．聚集索引

聚集索引将数据行的键值在表内排序并存储对应的数据记录，使得数据表的物理顺序与索引顺序一致。SQL Server 是按 B 树（BTREE）方式组织聚集索引的，不论聚集索引里有表的哪个（或哪些）字段，这些字段都会按顺序保存在表中。由于存在这种排序，所以每个表只会有一个聚集索引。

由于数据记录按聚集索引键的次序存储，所以聚集索引对查找记录很有效。

2．非聚集索引

非聚集索引完全独立于数据行的结构，它也按 B 树方式组织。

在非聚集索引内，从索引行指向数据行的指针称为行定位器。行定位器的结构取决于数据页的存储方式是堆集还是聚集。对于堆集，行定位器是指向行的指针。对于有聚集索引的表，行定位器是聚集索引键。只有在表上创建聚集索引时，表内的行才按特定顺序存储，这些行按聚集索引键顺序存储。如果一个表只有非聚集索引，则它的数据行将按无序的堆集方式存储。

一个表中可有一个或多个非聚集索引。当在 SQL Server 上创建索引时，可指定是按升序还是按降序存储键。

当在一个表中既要创建聚集索引，又要创建非聚集索引时，应先创建聚集索引，然后再创建非聚集索引，因为创建聚集索引时将改变数据记录的物理存放顺序。

6.1.2 索引的创建：CREATE INDEX

在 pxscj 数据库中，经常要对 xsb、kcb、cjb 这 3 个表进行查询和更新。为了提高查询和更新速度，可以考虑对这 3 个表建立如下索引。

（1）对于 xsb 表，按学号建立主键索引（PRIMARY KEY 约束），组织方式为聚集索引。

（2）对于 kcb 表，按课程号建立主键索引，组织方式为聚集索引。

（3）对于 kcb 表，按课程名建立唯一索引（UNIQUE 约束），组织方式为非聚集索引。

（4）对于 cjb 表，按学号+课程号建立唯一索引，组织方式为聚集索引。

在“Microsoft SQL Server Management Studio”窗口中，既可以利用界面方式创建上述索引，又可以利用 T-SQL 命令通过查询分析器窗格建立索引。

1．通过界面（“对象资源管理器”面板）方式创建索引

下面以 xsb 表中按学号建立聚集索引为例，介绍聚集索引的创建方法。

（1）在“对象资源管理器”面板中，展开“pxscj”→“dbo.xsb”，右击其中的“索引”选项，在弹出的快捷菜单中选择“新建索引”命令，并在其后选择索引类型，如图 6.1 所示。

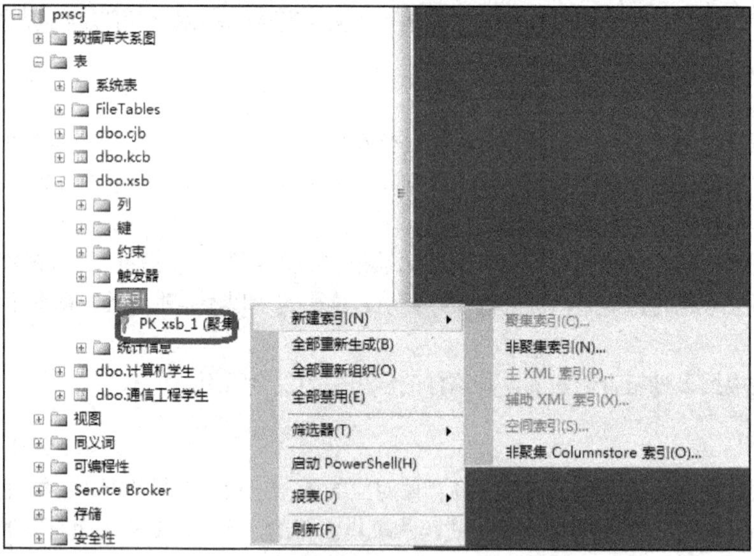

图 6.1 选择新建索引

因为创建改变时已经设置“主键”，所以系统据此创建了聚集索引，所以此后只能创建“非聚集索引”。

（2）新建索引。在打开的“新建索引”窗口中单击“添加”按钮，弹出一个 xsb 表字段选择对话框，勾选需要索引的列（如“出生时间列”复选框），单击“确定”按钮，在“索引键列”选项卡中就会显示该列，如图 6.2 所示。

另外，如果之前在表中建立的全文索引可能会导致无法删除现有的主键索引，这时只要在全文目录“fulltext”的属性窗口中取消该表的全文索引即可。

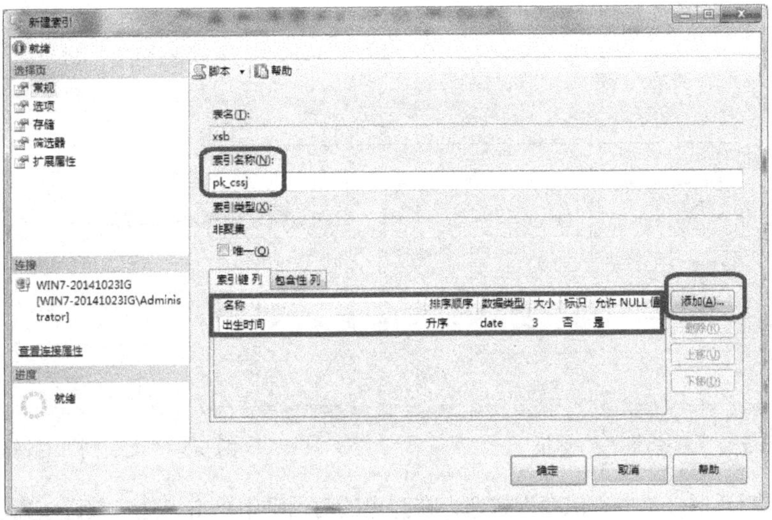

图 6.2　新建索引

2. 通过界面（表设计器）方式创建索引

（1）右击 pxscj 数据库中的“dbo.xsb”表，在弹出的快捷菜单中选择“设计”命令，打开表设计器窗口。在表设计器窗口中，选择任何（如“学号”）列，右击，在弹出的快捷菜单中选择“索引/键”命令，如图 6.3 所示。

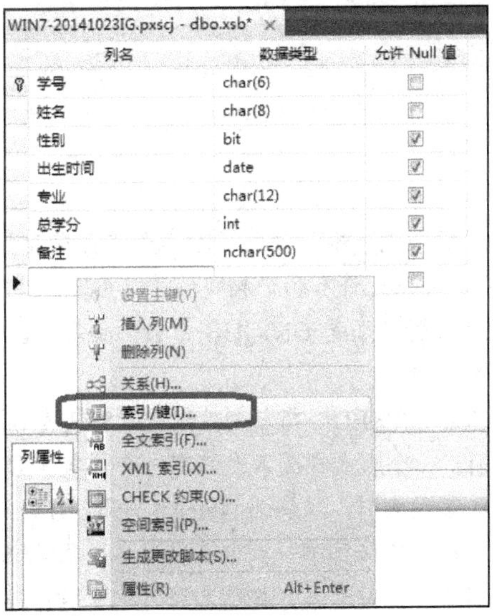

图 6.3　选择“索引/键”命令

（2）在弹出的“索引/键”对话框中单击“添加”按钮，如图 6.4 所示，系统创建一个默认的索引，即“IX_xsb”，索引列为“学号”，用户可在右边的“标识”选项组中的“名称”文本框中确定新索引的名称，在右边的“常规”选项组中的“列”选项后面单击…按钮，可以修改要创建索引的列。如果将“是唯一的”选项设定为“是”，则表示索引是唯一索引。在“表设计器”选项组中的“创建为聚集的”选项中，可以设置是否创建为聚集索引，由于 xsb 表中已经存在聚集索引，所以这里的这个选项不可修改，如图 6.5 所示。

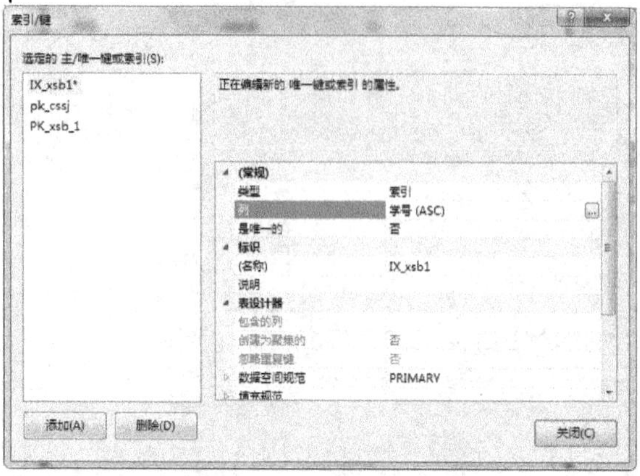

图 6.4 “索引/键”对话框

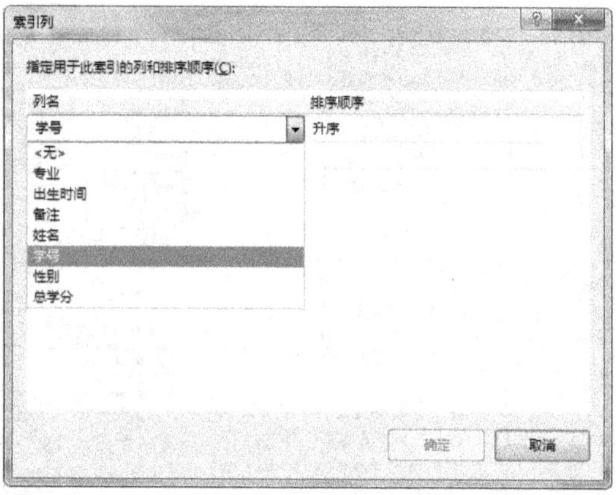

图 6-5 “索引列”对话框

最后关闭该对话框，单击“保存”按钮，在弹出的对话框中单击“是”按钮，索引创建即完成。创建好索引后，在“对象资源管理器”面板中展开“dbo.xsb”→“索引”，即可查看已建立的索引。其他索引的创建方法与之类似。

3. 利用 SQL 命令建立索引

使用 CREATE INDEX 语句可以为表创建索引。其语法格式如下。

```
CREATE [ UNIQUE ]  [ CLUSTERED |  NONCLUSTERED ] INDEX 索引名
     ON  表或视图名
 ( 列 [ ASC | DESC ] )
WHERE 子句
……
```

说明：

（1）UNIQUE：表示为表或视图创建唯一索引（即不允许存在索引值相同的两行）。例如，对于 xsb 表，根据学号创建唯一索引，即不允许有两个相同的学号出现。

注意，对于视图创建的聚集索引必须是 UNIQUE 索引。如果对已存在数据的表创建唯一索引，则必须保证索引项对应的值无重复值。

（2）CLUSTERED | NONCLUSTERED：指定创建聚集索引还是非聚集索引，前者表示创建聚集索引，后者表示创建非聚集索引。一个表或视图只允许有一个聚集索引，并且必须先为表或视图创建唯一聚集索引，然后才能创建非聚集索引。默认为 NONCLUSTERED。

（3）索引名：索引名在表或视图中必须唯一，但在数据库中不必唯一；参数“表或视图名”用于指定包含索引字段的表名或视图名，指定表名、视图名时可包含数据库和所属架构。

（4）列：指定建立索引的字段，可以为索引指定多个字段。指定索引字段时，注意表或视图索引字段的类型不能为 ntext、text 或 image。通过指定多个索引字段可创建组合索引，但组合索引的所有字段必须取自同一表。

ASC 表示索引文件按升序建立，DESC 表示索引文件按降序建立，默认设置为 ASC。

（5）WHERE 子句：通过指定索引中要包含哪些行来创建筛选索引。

【例 6.1】 为 kcb 表的“课程名”列创建索引，为“课程号”列创建唯一聚集索引。

代码如下：

```
USE pxscj
GO
CREATE INDEX  kc_name
    ON kcb(课程名)
CREATE UNIQUE CLUSTERED INDEX kc_id
    ON  kcb (课程号)
```

因为指定了 CLUSTERED，所以该索引将对磁盘上的数据进行物理排序。

> **注意：**
>
> 在最初创建 kcb 时，定义了课程号为 kcb 的主键，所以 kcb 已经存在了一个聚集索引，要创建以上聚集索引，首先要将 kcb 的主键删除。

【例 6.2】 根据 cjb 表的“学号”列和“课程号”列创建复合索引。

代码如下：

```
CREATE INDEX cjb_ind
    ON cjb(学号, 课程号)
    WITH(DROP_EXISTING= ON)
```

> **说明：**
>
> 如果不存在名为 cjb_ind 的索引，可能会提示错误，需要将 WITH 子句去除。

【例 6.3】 根据 xsb 表中“学号”列创建唯一聚集索引。如果输入了重复的键，将忽略该 INSERT 或 UPDATE 语句。

代码如下：

```
CREATE UNIQUE CLUSTERED INDEX xs_ind
    ON xsb(学号)
    WITH IGNORE_DUP_KEY
```

> **说明：**
>
> 如果表中已经存在一个聚集索引，则需要删除原来的索引，才能创建新索引。

4．在计算列和视图上创建索引

（1）在计算列上创建索引。对于 UNIQUE 或 PRIMARY KEY 索引，只要满足索引条件，就可以包含计算列，但计算列必须具有确定性和精确性。若计算列中带有函数，则使用该函数时有相同的参数输入，输出的结果也一定相同时，该计算列是确定的。而对于有些函数，如 getdate()，每次调用时都输出不同的结果，这时就不能在计算列上定义索引。

（2）在视图上创建索引。可以在视图上定义索引。索引视图是一种在数据库中存储视图结果集的方法，可减少动态生成结果集的开销。索引视图还能自动反映出创建索引后对基本表数据所做的修改。

【例 6.4】 创建一个视图，并为该视图创建索引。

代码如下：

```
CREATE VIEW view_stu WITH SCHEMABINDING
    AS
    SELECT 学号, 姓名
        FROM dbo.xsb
```

```
GO
/*在视图上创建索引*/
CREATE UNIQUE CLUSTERED INDEX inx1
    ON view_stu(学号)
GO
```

6.1.3 重建索引：ALTER INDEX

索引使用一段时间后，可能需要重新创建，这时可以使用 ALTER INDEX 语句来重新生成原来的索引。其语法格式如下。

```
ALTER INDEX { 索引名 | ALL }
    ON 表或视图名
{  REBUILD
   ……
}
```

例如，重建 kcb 表上的所有索引，代码如下。

```
USE pxscj
GO
ALTER INDEX ALL ON kcb REBUILD
```

重建 kcb 表上的 kc_name 索引，代码如下。

```
ALTER INDEX kc_name  ON kcb REBUILD
```

6.1.4 索引的删除：DROP INDEX

索引的删除既可通过图形界面方式，又可通过执行 T-SQL 命令来实现。

1．通过图形界面方式删除索引

在"对象资源管理器"，面板中展开数据库"pxscj"→"表"→"dbo.xsb"→"索引"，选择其中要删除的索引，右击，在弹出的快捷菜单中选择"删除"命令。在打开的"删除对象"窗口中单击"确定"按钮即可完成删除操作。

2．通过执行 SQL 命令删除索引

从当前数据库中删除一个或多个索引。其语法格式如下。

```
DROP INDEX 索引名
ON  表或视图名
……
```

> **说明：**
>
> （1）索引名：要删除的索引名称。
>
> （2）表或视图名：索引所在的表名或视图名。
>
> DROP INDEX 语句可以一次删除一个或多个索引。这个语句不适合删除通过定义 PRIMARY KEY 或 UNIQUE 约束创建的索引。若要删除 PRIMARY KEY 或 UNIQUE 约束创建的索引，必须通过删除约束实现。

另外，在系统表的索引上不能进行 DROP INDEX 操作。

【例 6.5】 删除 pxscj 数据库中表 kcb 的一个索引名为 kc_name 的索引。

代码如下。

```
IF EXISTS (SELECT name FROM sysindexes WHERE name = 'kc_name')
    DROP INDEX kcb.kc_name
```

> **说明：**
>
> 创建索引以后，在系统表 sysindexes 中的 name 列会保存该索引的名称，通过搜索该名称可以判断该索引是否存在。

6.2 数据完整性

数据库中的数据是从外界输入的，而数据的输入由于种种原因，会发生输入无效或错误信息。保证输入的数据符合规定，成为了数据库系统，尤其是多用户的关系数据库系统首要关注的问题。数据完整性因此而提出。

数据完整性是指数据库中的数据在逻辑上的一致性和准确性。

6.2.1 数据完整性分类

数据完整性一般包括实体完整性、域完整性和参照完整性。

1. 实体完整性

实体完整性又称为行的完整性，要求表中有一个主键，其值不能为空且能唯一地标识对应的记录。通过索引、UNIQUE 约束、PRIMARY KEY 约束或 IDENTITY 属性可实现数据的实体完整性。

例如，对于 pxscj 数据库中的 xsb 表，“学号”作为主键，每一个学生的学号能唯一地标识该学生对应的行记录信息，那么在输入数据时，则不能有相同学号的行记录。通过对“学号”这一字段建立主键约束可实现表 xsb 的实体完整性。

2. 域完整性

域完整性又称为列完整性，指给定列输入的有效性。实现域完整性的方法有限制类型（通过数据类型）、格式（通过 CHECK 约束和规则）或可能的取值范围（通过 CHECK 约束、DEFALUT 定义、NOT NULL 定义和规则）等。

CHECK 约束通过显示输入到列中的值来实现域完整性；DEFAULT 定义后，如果列中没有输入值，则填充默认值来实现域完整性；通过定义列为 NOT NULL 限制输入的值不能为空，也能实现域完整性。

例如，对于学生数据库 pxscj 的 kcb 表，学生的学分应在 1～6。为了对“学分”这一数据项输入的数据范围进行限制，可以在定义 kcb 表的同时定义学分的约束条件来达到这一目的。

【例 6.6】 建立表 kcb2，同时定义学分的约束条件为 1～6。

代码如下：

```
CREATE TABLE kcb2
(
    课程号 char(6)     NOT NULL,
    课程名 char(8)     NOT NULL,
    学分  tinyint CHECK (学分>=1 AND 学分<=6) NULL     /*通过 CHECK 子句定义约束条件*/
)
```

3. 参照完整性

参照完整性又称为引用完整性。参照完整性保证主表中的数据与从表（被参照表）中数据的一致性。在 SQL Server 2012 中，参照完整性的实现是通过定义外键与主键之间或外键与唯一键之间的对应关系来实现的。参照完整性确保键值在所有表中一致。

码：即前面所说的关键字，又称为“键”，是能唯一标识表中记录的字段或字段组合。如果一个表有多个码，可选其中一个作为主键（主码），其余的称为候选键。

外码：如果一个表中的一个字段或若干个字段的组合是另一个表的码，则称该字段或字段组合为该表的外码（外键）。例如，对于 pxscj 数据库中 xsb 表的每一个学号，在 cjb 表中都有相关的课程成绩记录，将 xsb 作为主表，学号字段定义为主键，cjb 作为从表，表中的学号字段定义为外键，从而建立主表和从表之间的联系，实现参照完整性。

如果定义了两个表之间的参照完整性，则要求：

（1）从表不能引用不存在的键值。例如，cjb 表中行记录出现的学号必须是 xsb 表中已存在的学号。

（2）如果主表中的键值被更改，那么在整个数据库中，对从表中该键值的所有引用要进行一致更改。例如，如果对 xsb 表中的某一学号进行修改，则 cjb 表中所有对应学号也要进行相应的修改。

（3）如果主表中没有关联的记录，则不能将记录添加到从表中。

如果要删除主表中的某一记录，则应先删除从表中与该记录匹配的相关记录。

6.2.2 实体完整性：PRIMARY KEY/UNIQUE

如前所述，表中应有一个列或列的组合，其值能唯一地标识表中的每一行，选择这样的一列或多列作为主键，可实现表的实体完整性，通过定义 PRIMARY KEY 约束来创建主键。

一个表只能有一个 PRIMARY KEY 约束，而且 PRIMARY KEY 约束中的列不能取空值。由于 PRIMARY KEY 约束能确保数据的唯一，所以经常用来定义标识列。当为表定义 PRIMARY KEY 约束时，SQL Server 2012 为主键列创建唯一索引，以实现数据的唯一性。在查询中使用主键时，该索引可用来对数据进行快速访问。

如果 PRIMARY KEY 约束是由多列组合定义的，则某一列的值可以重复，但 PRIMARY KEY 约束定义中所有列的组合值必须唯一。如果要确保一个表中的非主键列不输入重复值，则应在该列上定义唯一约束（UNIQUE 约束）。

例如，对于 pxscj 数据库中的 xsb 表，“学号”列是主键，在 xsb 表中增加一列“身份证号码”，可以定义一个 UNIQUE 约束来要求表中“身份证号码”列的取值是唯一的。

PRIMARY KEY 约束与 UNIQUE 约束的主要区别如下。

（1）一个数据表只能创建一个 PRIMARY KEY 约束，但可根据需要对一个表中不同的列创建若干个 UNIQUE 约束。

（2）PRIMARY KEY 字段的值不允许为 NULL，而 UNIQUE 字段的值可取 NULL。

（3）一般创建 PRIMARY KEY 约束时，系统会自动产生索引，索引的默认类型为簇索引。创建 UNIQUE 约束时，系统会自动产生一个 UNIQUE 索引，索引的默认类型为非簇索引。

PRIMARY KEY 约束与 UNIQUE 约束的相同点在于：二者均不允许表中对应字段存在重复值。

1. 通过界面方式创建和删除主键约束

（1）创建主键约束。

对表建立 PRIMARY KEY 约束创建主键索引，以“PK_”为前缀、后跟表名命名，系统自动按聚集索引方式组织主键索引。

（2）删除主键约束。

在“对象资源管理器”面板中选择表，右击，在弹出的快捷菜单中选择“设计”命令，打开表设计器窗口。选中主键所对应的行，右击，在弹出的快捷菜单中选择“删除主键”命令即可。

2. 通过界面方式创建和删除唯一性约束

1）创建唯一性约束

如果要对 kcb 表中的“课程名”列创建 UNIQUE 约束，以保证该列取值的唯一性，可打开 kcb 表的表设计器窗口，选择“课程名”属性列并右击，在弹出的快捷菜单中选择“索引/键”命令，弹出“索引/键”对话框，如图 6.6 所示。

在该对话框中单击“添加”按钮，并在右边的“标识”选项组中的“名称”文本框中输入唯一键的名称。在“常规”选项组中的“类型”选项中选择唯一性列（课程名，排列升序），在“是唯一的”选项中选择“是”，如图 6.6 所示。

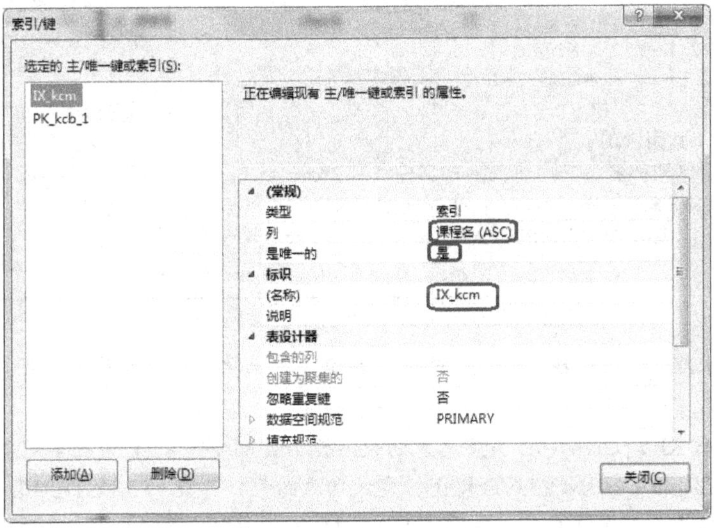

图 6.6 “索引/键”对话框

单击“关闭”按钮，然后保存修改即可创建 UNIQUE 约束。

2）删除唯一性约束

打开如图 6.6 所示的“索引/键”对话框，选择要删除的 UNIQUE 约束，单击左下方的“删除”按钮，单击“关闭”按钮，保存表的修改即可删除。

3. 通过命令方式创建及删除主键约束或唯一性约束

利用 T-SQL 命令可以使用两种方式定义约束：作为列的约束或作为表的约束。可以在创建表或修改表时定义。

1）在创建表的同时创建主键约束或唯一性约束

其语法格式如下。

```
CREATE TABLE 表名
(
    { <列定义> <列约束>}[, …]
    [ <表约束> ] [, …]
)
```

其中，<列约束>的具体格式如下。

```
<列约束> ::=                                                /*定义列的约束*/
[ CONSTRAINT 约束名 ]
{
    { PRIMARY KEY | UNIQUE }                               /*定义主键与 UNIQUE 键*/
    [ CLUSTERED | NONCLUSTERED ]                           /*定义约束的索引类型*/
    [WITH ( <索引选项> [ , …] ) ]
    [ ON { 分区架构名 ( 分区列名 ) | 文件组 | "default" } ]
    | [ FOREIGN KEY ] <参照定义>                            /*定义外键*/
    | CHECK [ NOT FOR REPLICATION ] ( 逻辑表达式 )          /*定义 CHECK 约束*/
}
```

<表约束>的具体格式如下。

```
<表约束> ::=                                                /*定义表的约束*/
[ CONSTRAINT 约束名 ]
{
    { PRIMARY KEY | UNIQUE }
    [ CLUSTERED | NONCLUSTERED ]
       (列 [ ASC | DESC ] [ , …] )                          /*定义表的约束时需要指定列*/
    [WITH ( <索引选项> [ , …] ) ]
    [ ON { 分区架构名 (分区列名) | 文件组 | "default" } ]
    | FOREIGN KEY ( 列 [ , …] ) <参照定义>
    | CHECK [ NOT FOR REPLICATION ] ( 逻辑表达式 )
}
```

说明：

（1）CONSTRAINT 约束名：为约束命名，“约束名”为要指定的名称。如果没有给出，则系统自动创建一个名称。

（2）PRIMARY KEY | UNIQUE：定义约束的关键字，PRIMARY KEY 为主键，UNIQUE 为唯一键。

（3）CLUSTERED | NONCLUSTERED：定义约束的索引类型，CLUSTERED 表示聚集索引，NONCLUSTERED 表示非聚集索引，与 CREATE INDEX 语句中的选项相同。WITH 子句和 ON 子句也与 CREATE INDEX 语句中的相同。

（4）FOREIGN KEY：用于定义一个外键，有关外键的内容在后面介绍。

（5）CHECK：用于定义一个 CHECK 约束，有关 CHECK 约束的内容在后面介绍。外键和 CHECK 约束都可以作为列的约束或表的约束来定义。

（6）<表约束>：定义表的约束与定义列的约束基本相同，只不过在定义表的约束时需要指定约束的列。

【例 6.7】 创建 xsb3 表，并对学号字段创建主键约束，对姓名字段定义唯一性约束。

代码如下：

```
USE pxscj
GO
CREATE TABLE xsb3
(
    学号      char(6)      NOT NULL     CONSTRAINT  xh_pk    PRIMARY KEY,
    姓名      char(8)      NOT NULL     CONSTRAINT  xm_uk    UNIQUE,
    性别      bit          NOT NULL     DEFAULT 1,
    出生时间  date         NOT NULL,
    专业      char(12)     NULL,
```

```
    总学分      int           NULL,
    备注        varchar(500)  NULL
)
```

> **说明：**
> （1）xh_pk PRIMARY KEY：学号字段主键约束，名称为 xh_pk。
> （2）xm_uk UNIQUE：姓名字段定义唯一性约束，名称为 xm_uk。

> **注意：**
> 当表中的主键为复合主键时，只能定义为一个表的约束。

2）通过修改表创建主键约束或唯一性约束

使用 ALTER TABLE 语句中的 ADD 子句可以为表中已存在的列或新列定义约束，语法格式参见 ALTER TABLE 语句的 ADD 子句。

【例 6.8】 修改 xsb3 表，向其中添加一个身份证号码字段，对该字段定义唯一性约束。对表中出生时间字段定义唯一性约束。

代码如下：

```
ALTER TABLE  xsb3
    ADD     身份证号码 char(20)
        CONSTRAINT sf_uk   UNIQUE NONCLUSTERED (身份证号码)
GO
ALTER TABLE  xsb3
    ADD     CONSTRAINT cssj_uk  UNIQUE NONCLUSTERED (出生时间)
```

3）删除主键约束或唯一性约束

删除主键约束或唯一性约束需要使用 ALTER TABLE 的 DROP 子句。其语法格式如下。

```
ALTER TABLE 表名
DROP CONSTRAINT 约束名 [ , ... ]
```

【例 6.9】 删除 xsb3 创建的主键约束和唯一性约束。

代码如下：

```
ALTER TABLE  xsb3
DROP    CONSTRAINT xh_pk,  xm_uk
GO
```

6.2.3 域完整性：CHECK/CREATE RULE

SQL Server 2012 通过数据类型、CHECK 约束、规则、DEFAULT 定义和 NOT NULL 可以实现域完整性。其中，数据类型、DEFAULT、NOT NULL 定义在之前的内容中已经介绍，这里不再重复。下面介绍如何使用 CHECK 约束和规则实现域完整性。

1. CHECK 约束的定义与删除

CHECK（验证规则）约束实际上是字段输入内容的验证规则，表示一个字段的输入内容必须满足 CHECK 约束的条件，若不满足，则数据无法正常输入。

> **注意：**
> 对于 timestamp 类型字段和 identity 属性字段不能定义 CHECK 约束。

1）通过界面方式创建与删除 CHECK 约束

例如，在 pxscj 数据库的 cjb 表中，学生每门功课的成绩的范围为 0～100。如果对用户的输入数据施加这一限制，步骤如下。

（1）在“对象资源管理器”面板中展开“数据库”→“pxscj”→“表”，选择“dbo.cjb”选项，展开后选择“约束”，右击，在弹出的快捷菜单中选择“新建约束”命令，如图 6.7 所示。

（2）在弹出的 “CHECK 约束”对话框中，单击“添加”按钮，添加一个 CHECK 约束，在“常规”选项组中的“表达式”选项后面单击[...]按钮（或直接在文本框中输入内容），弹出“CHECK 约束”对话框，并编辑相应的 CHECK 约束表达式为“成绩>=0 AND 成绩<=100”。如图 6.8 所示。

（3）在“CHECK 约束”对话框中单击“关闭”按钮，并保存修改，完成 CHECK 约束的创建。此时若输入数据，如果成绩不在 0～100 的范围内，系统将报告错误。

图 6.7 选择“新建约束”命令

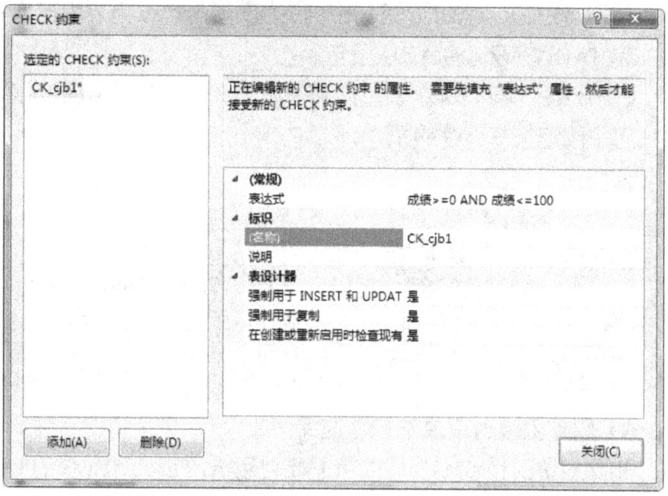

图 6.8 CHECK 约束

如果要删除上述约束，选中要删除的约束，单击“删除”按钮删除约束，然后单击“关闭”按钮即可。

2）通过命令方式在创建表时创建 CHECK 约束

在创建表时可以使用 CHECK 约束表达式来定义 CHECK 约束，CHECK 约束表达式的语法格式如下。

```
CHECK [ NOT FOR REPLICATION ] ( 逻辑表达式 )
```

关键字 CHECK 表示定义 CHECK 约束，如果指定 NOT FOR REPLICATION 选项，则当复制代理执行插入、更新或删除操作时，将不会强制执行此约束。其后的“逻辑表达式”称为 CHECK 约束表达式，返回值为 TRUE 或 FALSE，该表达式只能为标量表达式。

【例 6.10】 创建一个表 student，只考虑“学号”和“性别”两列，性别只能包含“男”或“女”。

代码如下：

```
USE pxscj
GO
CREATE  TABLE  student
 (
    学号 char(6) NOT NULL,
        性别 char(1) NOT NULL CHECK(性别 IN ('男', '女'))
 )
```

这里 CHECK 约束指定了性别允许哪个值，被定义为列的约束。CHECK 约束也可以定义为表的约束。

【例 6.11】 创建一个表 student1，只考虑“学号”和“出生日期”两列，出生日期必须大于 1980 年 1 月 1 日，并命名 CHECK 约束。

代码如下：

```
CREATE TABLE student1
 (
    学号       char(6) NOT NULL,
        出生时间 datetime     NOT NULL,
    CONSTRAINT  DF_student1_cjsj  CHECK(出生时间>'1980-01-01')
 )
```

如果指定的一个 CHECK 约束中，要相互比较一个表的两个或多个列，那么该约束必须定义为表的约束。

【例 6.12】 创建表 student2，有“学号”、“最好成绩”和“平均成绩”3 列，要求最好成绩必须大于平均成绩。

代码如下：

```
CREATE  TABLE  student2
 (
    学号       char(6)  NOT NULL,
    最好成绩   int      NOT NULL,
    平均成绩   int      NOT NULL,
         CHECK(最好成绩>平均成绩)
)
```

也可以同时定义多个 CHECK 约束，中间用逗号隔开。

3）通过命令方式在修改表时创建 CHECK 约束

在使用 ALTER TABLE 语句修改表时也能定义 CHECK 约束。定义 CHECK 约束的语法格式如下。

```
ALTER TABLE 表名
[ WITH { CHECK | NOCHECK } ] ADD
[<列定义>]
[CONSTRAINT 约束名] CHECK (逻辑表达式)
```

说明：

- WITH 子句：指定表中的数据是否用新添加的或重新启用的 FOREIGN KEY 或 CHECK 约束进行验证。如果未指定，则默认为 WITH CHECK，如果不想根据现有数据验证新的 CHECK 或 FOREIGN KEY 约束，则使用 WITH NOCHECK。除极个别的情况外，建议不要进行这样的操作。
- CONSTRAINT 关键字：为 CHECK 约束定义一个约束名。

【例 6.13】 通过修改 pxscj 数据库中的 cjb 表，增加成绩字段的 CHECK 约束。

代码如下：

```
USE pxscj
GO
ALTER TABLE cjb
   ADD CONSTRAINT cj_constraint  CHECK  (成绩>=0 AND 成绩<=100)
```

4）利用 SQL 语句删除 CHECK 约束

CHECK 约束的删除可在“Microsoft SQL Server Management Studio”窗口中通过界面方式进行，有兴趣的读者可以自己试一试。在此介绍如何利用 SQL 命令删除 CHECK 约束。

使用 ALTER TABLE 语句的 DROP 子句可以删除 CHECK 约束。其语法格式如下。

```
ALTER TABLE 表名
   DROP CONSTRAINT 约束名
```

【例 6.14】 删除 cjb 表中成绩字段的 CHECK 约束。

其代码如下。

```
ALTER TABLE cjb
   DROP CONSTRAINT cj_constraint
```

2. 规则对象的定义、使用与删除

规则是一组使用 T-SQL 语句组成的条件语句，规则提供了另外一种在数据库中实现域完整性与用户定义完整性的方法。

在 SQL Server 2012 中，规则对象的定义可以利用 CREATE RULE 语句来实现。

1）规则对象的定义

其语法格式如下。

```
CREATE RULE [ 架构名. ] 规则名
   AS 条件表达式
```

说明：

（1）规则名：定义的新规则名，规则名必须符合标识符规则。

（2）条件表达式：规则的条件表达式，该表达式可为 WHERE 子句中任何有效的表达式，但规则表达式中不能包含列或其他数据库对象，可以包含不引用数据库对象的内置函数。在条件表达式中包含一个局部变量，每个局部变量的前面都有一个“@”符号。使用 UPDATE 或 INSERT 语句修改或插入值时，该表达式用于对规则关联的列值进行约束。

创建规则时，一般使用局部变量表示 UPDATE 或 INSERT 语句输入的值。另外，有如下几点需说明。

① 创建的规则对先前已存在于数据库中的数据无效。

② 在单个批处理中，CREATE RULE 语句不能与其他 T-SQL 语句组合使用。

③ 规则表达式的类型必须与列的数据类型兼容，不能将规则绑定到 text、image 或 timestamp 列。要用单引号（'）将字符和日期常量引起来，在十六进制常量前加 0x。

④ 对于用户定义数据类型，当在该类型的数据列中插入值或更新该类型的数据列时，绑定到该类型的规则才会激活。规则不检验变量，所以在向用户定义数据类型的变量赋值时，不能与列绑定的规则冲突。

⑤ 如果列同时有默认值和规则与之关联，则默认值必须满足规则的定义，与规则冲突的默认值不能插入列。

2）将规则对象绑定到用户定义数据类型或列

将规则对象绑定到列或用户定义数据类型中，可以使用系统存储过程 sp_bindrule。其语法格式如下。

```
sp_bindrule [ @rulename = ] '规则名' ,
   [ @objname = ] '对象名'
   [ , [ @futureonly = ] 'futureonly 标志' ]
```

说明：

（1）规则名：为 CREATE RULE 语句创建的规则名，要用单引号引起来。

（2）对象名：为绑定到规则的列或用户定义的数据类型。如果“对象名”采用“表名.字段名”格式，则认为绑定到表的列，否则绑定到用户定义数据类型。

（3）futureonly：仅当将规则绑定到用户定义的数据类型时才使用。如果设置为“futureonly”，则用户定义数据类型的现有列不继承新规则；如果设置为 NULL，则当被绑定的数据类型当前无规则时，新规则将绑定到用户定义数据类型的每一列，默认值为 NULL。

【例 6.15】 创建一个规则，并绑定到表 kcb 的课程号列，用于限制课程号的输入范围。

代码如下：

```
USE pxscj
GO
CREATE RULE  kc_rule
   AS @range like '[1-5][0-9][0-9]'
GO
EXEC sp_bindrule 'kc_rule', 'kcb.课程号'              /*执行存储过程使用 EXEC 命令*/
GO
```

程序如果正确执行将提示：“已将规则绑定到表的列”。

在“对象资源管理器”面板中展开“pxscj”→“表”→“dbo.kcb”→“列”，右击“课程号”选项，在弹出的快捷菜单中选择“属性”命令，在 kcb 表的“列属性-课程号”窗口中的“规则”选项中可以查看已经新建的规则。

【例 6.16】 创建一个规则，用以限制输入到该规则所绑定的列中的值只能是该规则中列出的值。

代码如下：

```
CREATE RULE list_rule
   AS @list IN ('C 语言', '离散数学', '微机原理')
GO
EXEC sp_bindrule 'list_rule', 'kcb.课程名'
GO
```

【例 6.17】 定义一个用户数据类型 course_num，然后将前面定义的规则“kc_rule”绑定到用户数据类型 course_num 上，最后创建表 kcb1，其“课程号”的数据类型为 course_num。

代码如下：

```
CREATE TYPE  course_num
   FROM char(3) NOT NULL                    /*创建用户定义数据类型*/
EXEC sp_bindrule 'kc_rule', 'course_num' /*将规则对象绑定到用户定义数据类型*/
GO
CREATE TABLE kcb1
(
   课程号     course_num,                     /*将课程号定义为 course_num 类型*/
   课程名     char(16) NOT NULL,
   开课学期   tinyint ,
   学时       tinyint,
   学分       tinyint
)
GO
```

3）规则对象的删除

在删除规则对象前，首先应使用系统存储过程 sp_unbindrule 解除被绑定对象与规则对象之间的绑定关系，其语法格式如下。

```
sp_unbindrule [@objname =] '对象名'
    [, [@futureonly =] 'futureonly 标志']
```

在解除列或自定义类型与规则对象之间的绑定关系后，即可删除规则对象。其语法格式如下。

```
DROP RULE { [ 架构名. ] 规则名 } [ ,… ] [ ; ]
```

【例 6.18】 解除规则 kc_rule 与列或用户定义类型的绑定关系，并删除规则对象 kc_rule。

代码如下：

```
EXEC sp_unbindrule 'kcb.课程号'
EXEC sp_unbindrule 'course_num'
GO
DROP RULE kc_rule
```

> **说明：**
>
> 规则 kc_rule 绑定了 kcb 表的“课程号”列和用户定义数据类型 course_num，只有在和这两者都解除绑定关系后才能删除该规则。当解除与用户定义数据类型 course_num 的关系后，系统自动解除使用 course_num 定义的列与规则的绑定关系。

> **注意：**
>
> 后续版本的 SQL Server 中删除了规则对象的功能，请不要在新的开发工作中使用该功能，并尽快修改当前正在使用该功能的应用程序。相应的功能可以改用 CHECK 约束来实现。

6.2.4 参照完整性：FOREIGN KEY

对两个相关联的表（主表与从表，也称为父表和子表）进行数据插入和删除时，通过参照完整性保证它们之间数据的一致性。

利用 FOREIGN KEY 定义从表的外键，PRIMARY KEY 或 UNIQUE 约束定义主表中的主键或唯一键（不允许为空），可实现主表与从表之间的参照完整性。定义表间参照关系：先定义主表的主键（或唯一键），再对从表定义外键约束（根据查询的需要可先对从表的该列创建索引）。

1. 通过界面方式定义表间的参照关系

例如，要实现 xsb 表与 cjb 表之间的参照完整性，操作步骤如下。

（1）由于之前在创建表的时候已经定义 xsb 表中的学号字段为主键，所以这里不需要再定义主表的主键。

（2）在“对象资源管理器”面板中展开“数据库”→“pxscj”，选择“数据库关系图”选项，右击，在出现的快捷菜单中选择“新建数据库关系图”命令，打开“添加表”窗口。

（3）选择要添加的表，本例中选择了表 xsb 和表 cjb。单击“添加”按钮完成表的添加，之后单击“关闭”按钮关闭窗口。

（4）在“数据库关系图设计”窗口中将鼠标指针指向主表的主键，并拖动至从表，即将 xsb 表中的学号字段拖动到从表 cjb 中的学号字段。

（5）在弹出的“表和列”对话框中输入关系名，设置主键表和列名，单击“表和列”对话框中的“确定”按钮，再单击“外键关系”对话框中的“确认”按钮，进入如图 6.9 所示的界面。

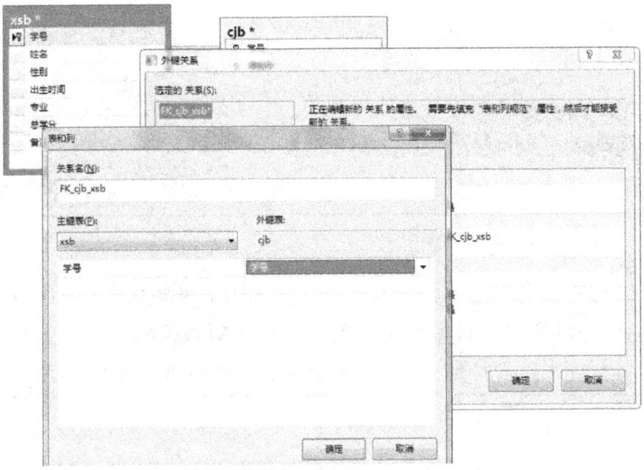

图 6.9　外键关系

（6）单击“保存”按钮，在弹出的“选择名称”对话框中输入关系图的名称。单击“确定”按钮，在弹出的“保存”对话框中单击“是”按钮，保存设置。

为提高查询效率，在定义主表与从表的参照关系前，可考虑先对从表的外键定义索引，然后定义主表与从表间的参照关系。

采用同样的方法，再添加 kcb 表并建立它与 cjb 表参照完整性关系。

之后可以在 pxscj 数据库的“数据库关系图”目录下看到所创建的参照关系。结果如图 6.10 所示。

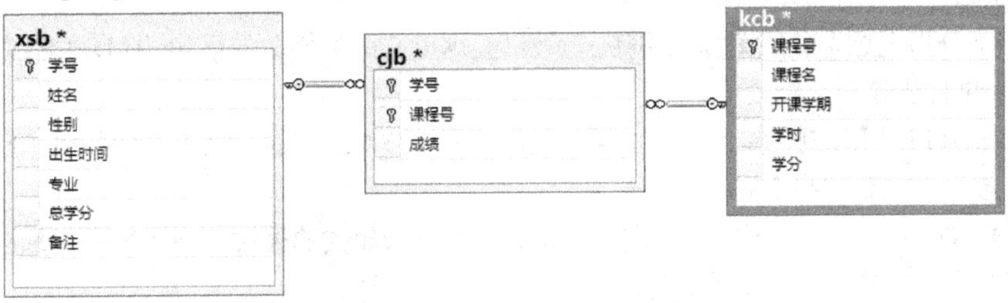

图 6.10　3 个表之间的参照关系图

至此，关系图的创建过程全部完成，定义名称保存关系，默认名称为“Diagram_0”。读者可在主表和从表中插入或删除数据来验证它们之间的参照关系。

2. 通过界面方式删除表间的参照关系

（1）如果要删除前面建立的 xsb 表与 cjb 表之间的参照关系，可在 pxscj 数据库的“数据库关系图”目录下选择要修改的关系图，如 Diagram_0，右击，在弹出的快捷菜单中选择“修改”命令，打开“数据库关系图设计”窗口。

（2）在“数据库关系图设计”窗口中，选择已经建立的“关系”，右击，在弹出的快捷菜单中选择“从数据库中删除关系”命令，在随后弹出的对话框中，单击“是”按钮，删除表之间的关系。

3. 通过命令方式定义表间的参照关系

前面已介绍了创建主键（PRIMARY KEY）约束及唯一键（UNIQUE）约束的方法，在此将介绍通过 T-SQL 命令创建外键的方法。

1）创建表的同时定义外键约束

语法格式在上述章节已经列出，这里只列出定义外键部分的语法。

```
CREATE TABLE 表名                        /*指定表名*/
(
    <列定义>
    [ CONSTRAINT 约束名 ]
    [ FOREIGN KEY ][ ( 列 [ , … ] )] <参照定义>
)
```

说明：

和主键一样，外键也可以定义为列的约束或表的约束。如果定义为列的约束，则直接在列定义后面使用 FOREIGN KEY 关键字定义该字段为外键。如果定义为表的约束，则需要在 FOREIGN KEY 关键字后面指定由哪些字段名组成外键，“列”为字段名，可以是一个字段或多个字段的组合。

其中，<参照定义>的具体格式如下。

```
<参照定义>::=
    REFERENCES 参照表名 [ ( 参照列 [ , … ] ) ]
    [ ON DELETE { NO ACTION | CASCADE | SET NULL | SET DEFAULT } ]
    [ ON UPDATE { NO ACTION | CASCADE | SET NULL | SET DEFAULT } ]
    [ NOT FOR REPLICATION ]
```

（1）FOREIGN KEY 定义的外键应与参数“参照表名”指定的主表中的主键或唯一键对应，主表中主键或唯一键字段由参数“参照列”指定。主键的数据类型和外键的数据类型必须相同。

（2）定义外键时还可以指定参照动作：ON DELETE | ON UPDATE。可以为每个外键定义参照动作。一个参照动作包含两部分。

① 第一部分指定这个参照动作应用哪一条语句。这里有两条相关的语句，即 DELETE 和 UPDATE 语句，即对表进行删除和更新操作。

② 第二部分指定采取哪个动作。可能采取的动作是 NO ACTION、CASCADE、SET NULL 和 SET DEFAULT。接下来说明这些不同动作的含义。

- NO ACTION：意味着不采取动作，就是如果有一个相关的外键值在子表中，那么删除或更新父表中主要键值的企图不被允许。
- CASCADE：从父表删除或更新行时自动删除或更新子表中匹配的行。
- SET NULL：当从父表删除或更新行时，设置子表中与之对应的外键列为 NULL。如果外键列没有指定 NOT NULL 限定词，这就是合法的。
- SET DEFAULT：作用和 SET NULL 一样，只不过 SET DEFAULT 是指定子表中的外键列为默认值。

如果没有指定动作，两个参照动作就会默认使用 NO ACTION。

（3）如果指定 NOT FOR REPLICATION 选项，则当复制代理执行插入、更新或删除操作时，将不会强制执行此约束。

【例 6.19】 创建 stu 表，要求 stu 表中所有的学生学号都必须出现在 xsb 表中，假设已经使用“学号”列作为主键创建了 xsb 表。

代码如下：

```
USE pxscj
GO
CREATE TABLE stu
(
   学号     char(6) NOT NULL    FOREIGN KEY (学号) REFERENCES xsb (学号),
```

```
    姓名      char(8) NOT NULL,
    出生时间  datetimeNULL
)
```

【例 6.20】 创建 point 表，要求表中所有的学号、课程号组合都必须出现在 cjb 表中。

代码如下：

```
CREATE TABLE point
(
    学号      char(6) NOT NULL,
    课程号    char(3) NOT NULL,
    成绩      int     NULL,
    CONSTRAINT FK_point FOREIGN KEY (学号,课程号) REFERENCES cjb (学号,课程号)
        ON DELETE NO ACTION
)
```

2）通过修改表定义外键约束

使用 ALTER TABLE 语句的 ADD 子句也可以定义外键约束，语法格式与定义其他约束类似，这里不再列出。

【例 6.21】 假设 kcb 表为主表，kcb 的课程号字段已定义为主键。cjb 表为从表，如下示例用于将 cjb 表的课程号字段定义为外键。

代码如下：

```
ALTER TABLE cjb
    ADD   CONSTRAINT kc_foreign
        FOREIGN KEY   (课程号)
            REFERENCES  kcb(课程号 )
```

4. 通过命令方式删除表间的参照关系

删除表间的参照关系，实际上删除从表的外键约束即可。

语法格式与前面其他约束删除的格式类似。

【例 6.22】 删除例 6-21 对 cjb 表的课程号字段定义的外键约束。

代码如下：

```
ALTER TABLE cjb
    DROP CONSTRAINT kc_foreign
```

习　题

1. 试描述索引的概念与作用。
2. 分别以界面方式和命令方式创建 pxscj 数据库中 xsb 表上的索引。
3. 索引是否越多越好？为什么？
4. 试说明数据完整性的含义及分类。
5. 规则与 CHECK 约束的不同之处在哪里？
6. 在 SQL Server 2012 中，可采用哪些方法实现数据完整性？各举一例，并分别编程实现。
7. 试描述索引的概念与作用。
8. 分别以界面方式和命令方式创建 pxscj 数据库中 xsb 表上的索引。

第 7 章 存储过程和触发器

存储过程可以理解成数据库的子程序，在客户端和服务器端可以直接调用它。触发器是表操作记录时直接关联的特殊的存储过程，是在对表记录进行操作时触发的。

7.1 存储过程

在 SQL Server 2012 中，使用 T-SQL 语句编写存储过程。存储过程可以接收输入参数、返回表格或标量结果和消息，调用 DDL 和 DML 语句，然后返回输出参数。使用存储过程的优点如下。

（1）存储过程在服务器端运行，执行速度快。

（2）存储过程执行一次后，就驻留在高速缓冲存储器，在以后的操作中，只需从高速缓冲存储器中调用已编译好的二进制代码执行，提高了系统性能。

（3）使用存储过程可以完成所有数据库操作，并可通过编程方式控制对数据库信息访问的权限，确保数据库的安全。

（4）自动完成需要预先执行的任务。存储过程可以在 SQL Server 启动时自动执行，而不必在系统启动后再进行手工操作，大大方便了用户的使用，可以自动完成一些需要预先执行的任务。

7.1.1 存储过程的类型

在 SQL Server 2012 中有下列几种类型的存储过程。

（1）系统存储过程。系统存储过程是由 SQL Server 提供的存储过程，可以作为命令执行。系统存储过程定义在系统数据库 master 中，其前缀是“sp_”。例如，常用的显示系统对象信息的 sp_help 系统存储过程，为检索系统表的信息提供了方便、快捷的方法。

系统存储过程允许系统管理员执行修改系统表的数据库管理任务，可以在任何一个数据库中执行。SQL Server 2012 提供了很多系统存储过程，通过执行系统存储过程，可以实现一些比较复杂的操作，本书也介绍了其中一些系统存储过程。想要了解所有的系统存储过程，请参考 SQL Server 联机丛书。

（2）扩展存储过程。扩展存储过程是指在 SQL Server 2012 环境之外，使用编程语言（如 C++语言）创建的外部例程形成的动态链接库（DLL）。使用时，先将 DLL 加载到 SQL Server 2012 系统中，并且按照使用系统存储过程的方法执行。扩展存储过程在 SQL Server 实例地址空间中运行。但因为扩展存储过程不易撰写，而且可能会引发安全性问题，所以 Microsoft 公司可能会在未来的 SQL Server 中删除这一功能，本书将不详细介绍扩展存储过程。

（3）用户存储过程。在 SQL Server 中，用户存储过程可以使用 T-SQL 语言编写，也可以使用 CLR 方式编写。在本书中，T-SQL 存储过程就称为存储过程。

① 存储过程：存储过程保存 T-SQL 语句集合，可以接收和返回用户提供的参数。存储过程中可以包含根据客户端应用程序提供的信息，以及在一个或多个表中插入新行所需的语句。存储过程也可以从数据库向客户端应用程序返回数据。

例如，电子商务 Web 应用程序可能根据联机用户指定的搜索条件，使用存储过程返回有关特定产品的信息。

② CLR 存储过程：CLR 存储过程是对 Microsoft.NET Framework 公共语言运行时（CLR）方法的引用，可以接收和返回用户提供的参数。

7.1.2 存储过程的创建与执行：CREATE PROCEDURE

存储过程只能定义在当前数据库中，可以使用 T-SQL 命令或“对象资源管理器”面板创建。在 SQL Server 中创建存储过程，必须具有 CREATE ROUTINE 权限。

1. 使用命令方式创建存储过程

创建存储过程的语句是 CREATE PROCEDURE 或 CREATE PROC，两者同义。其语法格式如下。

```
CREATE { PROC | PROCEDURE } [架构名.] 过程名 [ ; 组号 ]              /*定义过程名*/
   [ { @参数 [ 类型架构名. ] 数据类型 }                             /*定义参数的类型*/
      [ VARYING ] [ = default ] [ OUT | OUTPUT ] [READONLY]     /*定义参数的属性*/
   ]
  [ FOR REPLICATION ]
AS
{     <SQL 语句>                                                /*执行的操作*/
      ......
}
```

说明：

（1）过程名：用于指定存储过程名，必须符合标识符规则，且对于数据库及所在架构必须唯一。这个名称应当尽量避免取与系统内置函数相同的名称，否则会发生错误。另外，也应当尽量避免使用“sp_”作为前缀，此前缀由 SQL Server 指定系统存储过程。创建局部临时存储过程，可以在过程名前面加一个“#”。创建全局临时存储过程，可以在过程名前加“##”，对于 CLR 存储过程不能指定临时名称。

（2）@参数：为存储过程的形参，@符号作为第一个字符来指定参数名称。参数名必须符合标识符规则。创建存储过程时，可声明一个或多个参数。执行存储过程时应提供相应的参数，除非定义了该参数的默认值，否则默认参数值只能为常量。

（3）数据类型：用于指定形参的数据类型，形参可为 SQL Server 2012 支持的任何类型，但 cursor 类型只能用于 OUTPUT 参数，如果指定参数的数据类型为 cursor，则必须同时指定 VARYING 和 OUTPUT 关键字，OUT 与 OUTPUT 关键字意义相同。

（4）VARYING：指定作为输出参数支持的结果集。该参数由存储过程动态构造，其内容可能发生改变，仅适用于 cursor 参数。

（5）default：指定存储过程输入参数的默认值，默认值必须是常量或 NULL。如果存储过程使用了带 LIKE 关键字的参数，默认值中可以包含通配符（“%”、“_”、“[]”和“[^]”）；如果定义了默认值，执行存储过程时根据情况可不提供实参。

（6）OUTPUT：指示参数为输出参数，输出参数可以从存储过程返回信息。

（7）READONLY：指定不能在存储过程的主体中更新或修改参数。如果参数类型为用户定义的表类型，则必须指定 READONLY。

（8）FOR REPLICATION：用于说明不能在订阅服务器上执行为复制创建的存储过程，如果指定了 FOR REPLICATION，则无法声明参数。

（9）SQL 语句：代表过程体包含的 T-SQL 语句，存储过程体中可以包含一条或多条 T-SQL 语句，除了 DCL、DML 与 DDL 命令外，还能包含过程式语句，如变量的定义与赋值、流程控制语句等。

对于存储过程要注意以下几点。

（1）用户定义的存储过程只能在当前数据库中创建。存储过程名称存储在 sysobjects 系统表中，而语句的文本存储在 syscomments 中。

（2）SQL Server 启动时可以自动执行一个或多个存储过程。这些存储过程必须由系统管理员在 master 数据库中创建，并在 sysadmin 固定服务器角色下作为后台过程执行。这些过程不能有任何输入参数。

（3）CREATE PROCEDURE 的权限默认授予 sysadmin 固定服务器角色成员、db_owner 和 db_ddladmin 固定数据库角色成员。sysadmin 固定服务器角色成员和 db_owner 固定数据库角色成员可以将 CREATE PROCEDURE 权限转让给其他用户。

（4）SQL 语句的限制。

① 如下语句必须使用对象的架构名对数据库对象进行限定：CREATE TABLE、ALTER TABLE、DROP TABLE、TRUNCATE TABLE、CREATE INDEX、DROP INDEX、UPDATE STATISTICS 及 DBCC 语句。

② 如下语句不能出现在 CREATE PROCEDURE 定义中：SET PARSEONLY、SET SHOWPLAN_TEXT、SET SHOWPLAN_XML、SET SHOWPLAN_ALL、CREATE SCHEMA、CREATE FUNCTION、ALTER FUNCTION、CREATE PROCEDURE、ALTER PROCEDURE、CREATE TRIGGER、ALTER TRIGGER、CREATE VIEW、ALTER VIEW、USE 数据库名等。

2．存储过程的执行

通过 EXEC 命令可以执行一个已定义的存储过程。其语法格式如下。

```
[ { EXEC | EXECUTE } ]
{     [ @返回状态 = ]
      { 模块名 | @模块名变量 }
      [ [ @参数名 = ] { 值 | @变量 [ OUTPUT ] | [ DEFAULT ] } ]
}
```

说明：

（1）@返回状态：为可选的整型变量，保存存储过程的返回状态。EXEC 语句使用该变量前，必须对其声明。

（2）模块名：要调用的存储过程或用户定义标量函数的完全限定或者不完全限定名称。“组号”用于调用已定义的一组存储过程中的某一个。

（3）@模块名变量：局部定义的变量名，保存存储过程或用户定义函数的名称。

（4）@参数名：为 CREATE PROCEDURE 或 CREATE FUNCTION 语句中定义的参数名，“值”为实参。如果省略“@参数名”，则后面的实参顺序要与定义时参数的顺序一致。在使用“@参数名=值”格式时，参数名称和实参不必按在存储过程或函数中定义的顺序提供。但是，如果任何参数使用了“@参数名=值”格式，则对后续的所有参数均必须使用该格式。

（5）@变量：为局部变量，用于保存 OUTPUT 参数返回的值。

（6）DEFAULT：DEFAULT 关键字表示不提供实参，而是使用对应的默认值。

存储过程的执行要注意以下几点。

（1）如果存储过程名的前缀为“sp_”，SQL Server 会首先在 master 数据库中寻找符合该名称的系统存储过程。如果没能找到合法的过程名，SQL Server 才会寻找架构名称为 dbo 的存储过程。

（2）在执行存储过程时，若语句是批处理中的第一个语句，则不一定要指定 EXECUTE 关键字。

3. 举例

（1）设计简单的存储过程。

【例 7.1】 返回 191301 号学生的成绩情况。该存储过程不使用任何参数。

代码如下：

```
USE pxscj
GO
CREATE PROCEDURE student_info
   AS
      SELECT *
         FROM cjb
         WHERE 学号= '191301'
GO
```

存储过程定义后，执行存储过程 student_info，代码如下。

```
EXECUTE student_info
```

如果该存储过程是批处理中的第一条语句，则可使用以下代码。

```
student_info
```

执行结果如图 7.1 所示。

（2）使用带参数的存储过程。

【例 7.2】 从 pxscj 数据库的 3 个表中查询某人指定课程的成绩和学分。该存储过程接收与传递参数精确匹配的值。

代码如下：

```
USE pxscj
GO
CREATE PROCEDURE student_info1 @name char (8), @cname char(16)
   AS
      SELECT a.学号, 姓名, 课程名, 成绩, t.学分
         FROM xsb  a  INNER JOIN  cjb  b
            ON a.学号 = b.学号 INNER  JOIN  kcb  t
            ON b.课程号= t.课程号
            WHERE a.姓名=@name and t.课程名=@cname
GO
```

执行存储过程 student_info1，代码如下。

```
EXECUTE student_info1 '王林', '计算机基础'
```

执行结果如图 7.2 所示。

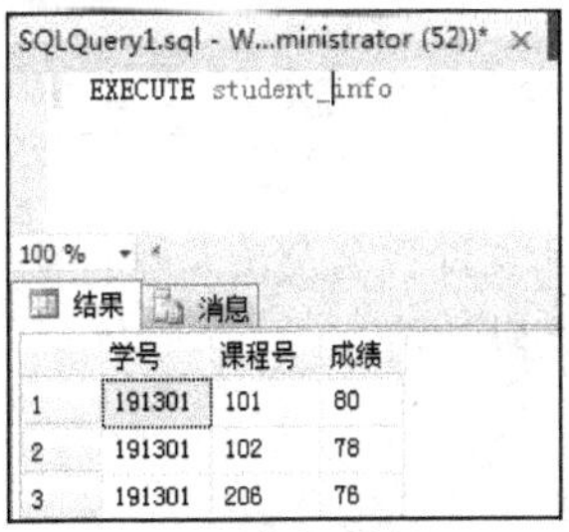

图 7.1 执行结果 1

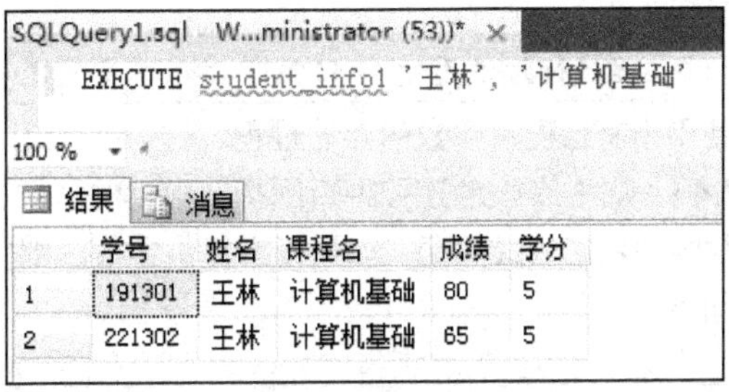

图 7.2 执行结果 2

以下命令的执行结果与上面的相同。

```
EXECUTE student_info1 @name='王林', @cname='计算机基础'
```

或者：

```
DECLARE @proc char(20)
SET @proc= 'student_info1'
EXECUTE @proc @name='王林', @cname='计算机基础'
```

（3）使用带 OUPUT 参数的存储过程。

【例 7.3】 创建一个存储过程 do_insert，作用是向 xsb 表中插入一行数据。创建另外一个存储过程 do_action，在其中调用第一个存储过程，并根据条件处理该行数据，处理后输出相应的信息。

第一个存储过程的代码如下。

```
CREATE PROCEDURE dbo.do_insert
   AS
      INSERT INTO xsb VALUES('091201', '陶伟', 1, '1990-03-05', '软件工程',50, NULL);
```

第二个存储过程的代码如下。

```
CREATE PROCEDURE do_action @X bit, @STR CHAR(8) OUTPUT
   AS
   BEGIN
      EXEC do_insert
      IF @X=0
      BEGIN
         UPDATE xsb SET 姓名='刘英', 性别=0 WHERE 学号='091201'
         SET @STR='修改成功'
      END
      ELSE
         IF @X=1
         BEGIN
            DELETE FROM xsb WHERE 学号='091201'
            SET @STR='删除成功'
         END
   END
```

接下来执行存储过程 do_action 来查看结果，代码如下。

```
DECLARE @str char(8)
EXEC dbo.do_action 0, @str OUTPUT
SELECT @str;
```

执行结果显示“修改成功”。

> **注意：**
>
> *在存储过程执行时使用的 OUTPUT 参数需要用 DECLARE 命令在之前定义。*

（4）使用带有通配符参数的存储过程。

【例 7.4】 从 3 个表的连接中返回指定学生的学号、姓名、所选课程名及该课程的成绩。该存储过程在参数中使用了模式匹配，如果没有提供参数，则使用预设的默认值。

代码如下。

```
CREATE PROCEDURE st_info @name varchar(30) = '李%'
   AS
```

```
        SELECT a.学号,a.姓名,c.课程名,b.成绩
           FROM  xsb a  INNER JOIN  cjb  b
              ON a.学号 =b.学号 INNER JOIN kcb c
              ON c.课程号= b.课程号
           WHERE 姓名 LIKE @name
GO
```

执行存储过程，代码如下。

```
EXECUTE st_info                                /*参数使用默认值*/
```

或者：

```
EXECUTE st_info '王%'                          /*传递给@name 的实参为'王%'*/
```

（5）使用 OUTPUT 游标参数的存储过程。OUTPUT 游标参数用于返回存储过程的局部游标。

【例 7.5】 在 pxscj 数据库中的 xsb 表上声明并打开一个游标。

代码如下。

```
CREATE PROCEDURE st_cursor @st_cursor cursor VARYING OUTPUT
   AS
      SET @st_cursor = CURSOR  FORWARD_ONLY STATIC FOR
         SELECT *
            FROM xsb
      OPEN @st_cursor
```

在如下的批处理中，声明一个局部游标变量，执行上述存储过程，并将游标赋值给局部游标变量，然后通过该游标变量读取记录。代码如下。

```
DECLARE @MyCursor cursor
EXEC st_cursor @st_cursor = @MyCursor OUTPUT /*执行存储过程*/
FETCH NEXT FROM @MyCursor
WHILE (@@FETCH_STATUS = 0)
BEGIN
   FETCH NEXT FROM @MyCursor
END
CLOSE @MyCursor
DEALLOCATE @MyCursor
```

（6）使用 WITH ENCRYPTION 选项。WITH ENCRYPTION 子句用于对用户隐藏存储过程的文本。

【例 7.6】 创建加密过程，使用 sp_helptext 系统存储过程获取关于加密过程的信息，然后尝试直接从 syscomments 表中获取关于该过程的信息。

代码如下：

```
CREATE PROCEDURE encrypt_this  WITH ENCRYPTION
   AS
      SELECT *
         FROM xsb
```

通过系统存储过程 sp_helptext 可显示规则、默认值、未加密的存储过程、用户定义函数、触发器或视图的文本。执行如下语句。

```
EXEC sp_helptext encrypt_this
```

结果集为提示信息“对象'encrypt_this'的文本已加密”。

7.1.3 存储过程的修改：ALTER PROCEDURE

使用 ALTER PROCEDURE 命令可修改已存在的存储过程并保留以前赋予的许可。其语法格式如下。

```
ALTER { PROC | PROCEDURE } [架构名.] 过程名
    [ { @参数 [ 类型架构名. ] 数据类型 }
      [ VARYING ] [ = default ] [ OUT[PUT] ]
    ]
  [ FOR REPLICATION ]
AS
{
    <SQL 语句>
    ……
}
```

各参数含义与 CREATE PROCEDURE 相同，这里不再重复。

如果原来的过程定义是用 WITH ENCRYPTION 或 WITH RECOMPILE 创建的，那么只有在 ALTER PROCEDURE 中也包含这些选项时，这些选项才有效。

用 ALTER PROCEDURE 更改后，存储过程的权限和启动属性保持不变。

【例 7.7】 对例 7.2 中创建的存储过程 student_info1 进行修改，将第一个参数改成学生的学号。

代码如下：

```
USE pxscj
GO
ALTER PROCEDURE student_info1
    @number char(6),@cname char(16)
    AS
        SELECT 学号, 课程名, 成绩
            FROM cjb, kcb
            WHERE cjb.学号=@number AND kcb.课程名=@cname
GO
```

【例 7.8】 创建名为 select_students 的存储过程，在默认情况下，该存储过程可查询所有学生信息，随后授予权限。当该存储过程需更改为能检索计算机专业的学生信息时，用 ALTER PROCEDURE 命令重新定义该存储过程。

创建 select_students 存储过程的代码如下。

```
CREATE PROCEDURE select_students        /*创建存储过程*/
    AS
        SELECT *
            FROM xsb
            ORDER BY 学号
GO
```

修改存储过程 select_students 的代码如下：

```
ALTER PROCEDURE select_students WITH ENCRYPTION
    AS
        SELECT *
            FROM xsb
            WHERE 专业= '计算机'
```

```
        ORDER BY 学号
GO
```

7.1.4　存储过程的删除：DROP PROCEDURE

当不再使用一个存储过程时，就要把它从数据库中删除。使用 DROP PROCEDURE 语句可永久地删除存储过程。在此之前，必须确认该存储过程没有任何依赖关系。其语法格式如下。

```
DROP { PROC | PROCEDURE } { [ 架构名. ] 过程 } [ ,… ]
```

> **说明：**
>
> 过程是指要删除的存储过程或存储过程组的名称。

【例 7.9】　删除 pxscj 数据库中的 student_info 存储过程。

代码如下：

```
USE pxscj
GO
IF EXISTS(SELECT name FROM sysobjects WHERE name='student_info')
   DROP PROCEDURE student_info
```

> **说明：**
>
> 在删除存储过程之前，可以先查找系统表 sysobjects 中是否存在这一存储过程，然后再删除。

7.1.5　通过界面方式操作存储过程

存储过程的创建、执行、修改和删除也可以通过界面方式来实现。

1. 创建存储过程

在"对象资源管理器"面板中展开"数据库"→选择数据库（如 pxscj）→"可编程性"，选择"存储过程"选项，右击，在弹出的快捷菜单中选择"新建存储过程"命令，如图 7.3 所示。打开"存储过程脚本编辑"窗口，在该窗口中输入要创建的存储过程的代码，输入完成后单击"执行"按钮，若执行成功则创建完成，如图 7.4 所示。

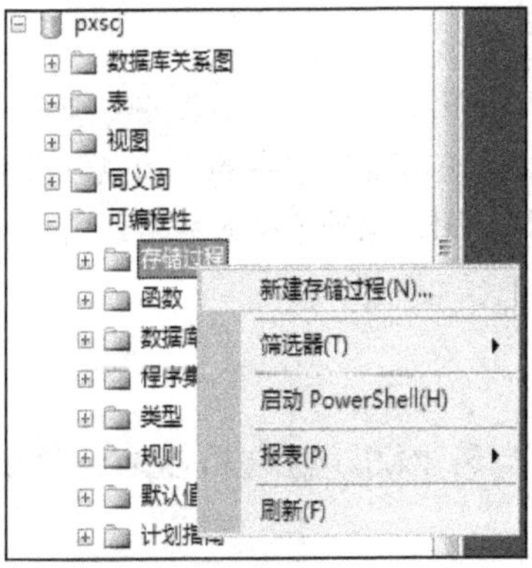

图 7.3　选择"新建存储过程"命令

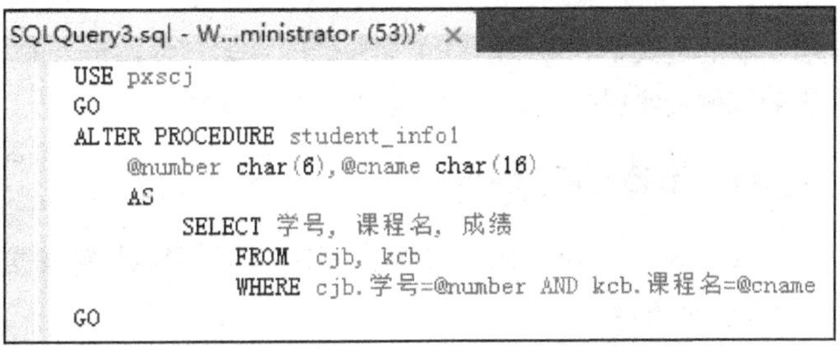

图 7.4　创建存储过程

2. 执行存储过程

在 pxscj 数据库中的"存储过程"目录下选择要执行的存储过程，如 student_info1，右击，在弹出的快捷菜单中选择“执行存储过程”命令。在打开的“执行过程”窗口中会列出存储过程的参数形式，如果“输出参数”选项为“否”，则表示该参数为输入参数，用户需要设置输入参数的值，在@number“值”选项中输入“191301”，在@cname 选项中输入“计算机基础”，如图 7.5 所示。

单击“确定”按钮，系统显示存储过程执行的结果，如图 7.6 所示。。

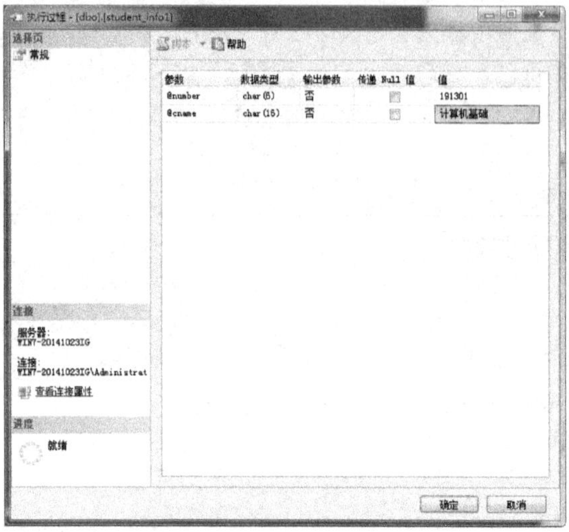

图 7.5 执行存储过程

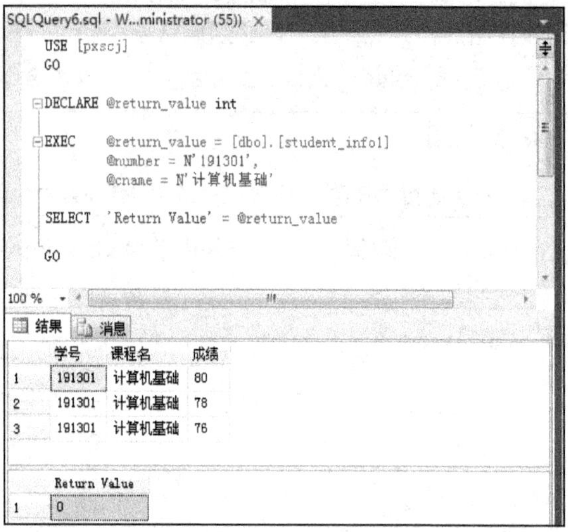

图 7.6 显示存储过程执行的结果

3. 修改存储过程

在“存储过程”目录下选择要修改的存储过程，右击，在弹出的快捷菜单中选择“修改”命令，打开“存储过程脚本编辑”窗口，在该窗口中修改相关的 T-SQL 语句。修改完成后，执行修改后的脚本，若执行成功，则修改了存储过程。

4. 删除存储过程

选择要删除的存储过程，右击，在弹出的快捷菜单中选择“删除”命令，根据提示删除该存储过程。

7.2 触 发 器

触发器是一个被指定关联到一个表的数据对象，触发器是不需要调用的，当对一个表的特别事件出现时，它就会被激活。触发器的代码也是由 SQL 语句组成的，因此用在存储过程中的语句也可以用在触发器的定义中。触发器是一类特殊的存储过程，与表的关系密切，用于保护表中的数据。当有操作影响到触发器保护的数据时，触发器将自动执行。

7.2.1 触发器的类型

在 SQL Server 2012 中，按照触发事件的不同可以将触发器分为两大类：DML 触发器和 DDL 触发器。

1. DML 触发器

当数据库中发生 DML 事件时将调用 DML 触发器。一般情况下，DML 事件包括对表或视图的 INSERT 语句、UPDATE 语句和 DELETE 语句，因而 DML 触发器也可分为 3 种类型，即 INSERT、UPDATE 和 DELETE。

利用 DML 触发器可以方便地保持数据库中数据的完整性。例如，pxscj 数据库中有 xsb 表、cjb

表和 kcb 表，当插入某一学号的学生某一课程的成绩时，该学号应是 xsb 表中已存在的，课程号应是 kcb 表中已存在的，此时，可通过定义 INSERT 触发器实现上述功能。通过 DML 触发器可以实现多个表间数据的一致性。例如，对于 pxscj 数据库，在 xsb 表中删除一个学生时，在 xsb 表的 DELETE 触发器中要同时删除 cjb 表中所有该学生的记录。

2. DDL 触发器

DDL 触发器也是由相应的事件触发的，但 DDL 触发器触发的事件是数据定义语句（DDL）。这些语句主要是以 CREATE、ALTER、DROP 等关键字开头的语句。DDL 触发器的主要作用是执行管理操作，如审核系统、控制数据库的操作等。通常情况下，DDL 触发器主要用于以下操作需求：防止对数据库架构进行某些修改；希望数据库中发生某些变化以利于相应数据库架构中的更改；记录数据库架构中的更改或事件。DDL 触发器只在响应由 T-SQL 语法所指定的 DDL 事件时才会触发。

在 SQL Server 2012 中，可以使用.NET Framework 公共语言运行时（CLR）创建的程序集的方法创建 CLR 触发器。CLR 触发器既可以是 DML 触发器，又可以是 DDL 触发器。

7.2.2 触发器的创建：CREATE TRIGGER

创建 DML 触发器和 DDL 触发器都使用 CREATE TRIGGER 语句，但是两者的语法略有不同。

1. 创建 DML 触发器

其语法格式如下。

```
CREATE TRIGGER [ 架构名. ] 触发器名
    ON { 表 | 视图 }                                    /*指定操作对象*/
[ WITH  ENCRYPTION ]                                    /*说明是否采用加密方式*/
{ FOR | AFTER | INSTEAD OF }
{ [ INSERT ] [ , ] [ UPDATE ] [ , ] [ DELETE ] }
[ WITH APPEND ]
[ NOT FOR REPLICATION ]                                 /*说明该触发器不用于复制*/
AS
{
    <SQL 语句>
    ……
}
```

说明：

（1）触发器名：用于指定触发器名，触发器名必须符合标识符规则，并且在数据库中必须唯一。“架构名”是 DML 触发器所属架构的名称。对于 DDL 触发器，无法指定架构名。

（2）表 | 视图：指在其上执行触发器的表或视图，有时称为触发器表或触发器视图。使用 WITH ENCRYPTION 选项可以对 CREATE TRIGGER 语句的文本进行加密。

（3）AFTER：用于说明触发器在指定操作都成功执行后触发，如 AFTER INSERT 表示向表中插入数据时激活触发器。不能在视图上定义 AFTER 触发器。如果为了向前兼容而仅指定 FOR 关键字，则 AFTER 是默认值。一个表可以创建多个给定类型的 AFTER 触发器。

（4）INSTEAD OF：指定用 DML 触发器中的操作代替触发语句的操作。

在表或视图上，每个 INSERT、UPDATE 或 DELETE 语句最多可以定义一个 INSTEAD OF 触发器。另外，INSTEAD OF 触发器不可以用于使用了 WITH CHECK OPTION 选项的可更新视图。如果触发器表存在约束，则在 INSTEAD OF 触发器执行之后和 AFTER 触发器执行之前检查这些约束。如果违反了约束，则回滚 INSTEAD OF 触发器操作，且不执行 AFTER 触发器。

（5）{[INSERT][,][UPDATE][,][DELETE]}：指定激活触发器的语句的类型，必须至少指定一个选项。在触发器定义中允许使用上述选项的任意顺序组合。INSERT 表示将新行插入表时激活触发器。UPDATE 表示更改某一行时激活触发器。DELETE 表示从表中删除某一行时激活触发器。

（6）WITH APPEND：指定应该再添加一个现有类型的触发器。这个选项只有在仅指定了 FOR 关键字时才可以使用，该选项将在以后的 SQL Server 版本中删除。

（7）<SQL 语句>：触发器的 T-SQL 语句，可以有一条或多条语句，指定 DML 触发器触发后将要执行的动作。

2．触发器说明

触发器有以下几点说明。

（1）触发器中使用的特殊表。执行触发器时，系统创建了两个特殊的临时表 inserted 表和 deleted 表，下面介绍这两个表的内容。

- inserted 表：当向表中插入数据时，INSERT 触发器触发执行，新的记录插入到触发器表和 inserted 表中。
- deleted 表：用于保存已从表中删除的记录，当触发一个 DELETE 触发器时，被删除的记录存放到 deleted 表中。

修改一条记录等于插入一条新记录，同时删除旧记录。当对定义了 UPDATE 触发器的表记录修改时，表中原记录移到 deleted 表中，修改过的记录插入到 inserted 表中。由于 inserted 表和 deleted 表都是临时表，它们在触发器执行时被创建，触发器执行完后就消失了，所以只可以在触发器的语句中使用 SELECT 语句查询这两个表。

（2）创建 DML 触发器的说明。创建 DML 触发器时主要有以下说明。

① CREATE TRIGGER 语句必须是批处理中的第一条语句，并且只能应用到一个表中。

② DML 触发器只能在当前的数据库中创建，但可以引用当前数据库的外部对象。

③ 创建 DML 触发器的权限默认分配给表的所有者。

④ 在同一 CREATE TRIGGER 语句中，可以为多种操作（如 INSERT 和 UPDATE）定义相同的触发器操作。

⑤ 不能对临时表或系统表创建 DML 触发器。

⑥ 对于含有 DELETE 或 UPDATE 操作定义的外键表，不能使用 INSTEAD OF DELETE 和 INSTEAD OF UPDATE 触发器。

⑦ TRUNCATE TABLE 语句虽然能够删除表中的记录，但它不会触发 DELETE 触发器。

⑧ 在触发器内可以指定任意的 SET 语句，所选择的 SET 选项在触发器执行期间有效，并在触发器执行完后恢复到以前的设置。

⑨ DML 触发器最大的用途是返回行级数据的完整性，而不是返回结果，所以应当尽量避免返回任何结果集。

⑩ CREATE TRIGGER 权限默认授予定义触发器的表所有者、sysadmin 固定服务器角色成员、db_owner 和 db_ddladmin 固定数据库角色成员，并且不可转让。

⑪ DML 触发器中不能包含以下语句：ALTER DATABASE、CREATE DATABASE、DROP DATABASE、LOAD DATABASE、LOAD LOG、RECONFIGURE、RESTORE DATABASE、RESTORE LOG。

3．创建 INSERT 触发器

INSERT 触发器是当对触发器表执行 INSERT 语句时就会激活的触发器。INSERT 触发器可以用来修改，甚至拒绝接收正在插入的记录。

【例 7.10】 创建一个表 table1，其中只有一列 a。在表上创建一个触发器，每次插入操作时，将变量@str 的值设为"TRIGGER IS WORKING"并显示。

代码如下：

```
USE pxscj
GO
CREATE TABLE table1(a int)
GO
CREATE TRIGGER table1_insert
      ON table1 AFTER INSERT
   AS
   BEGIN
      DECLARE @str char(50)
      SET @str='TRIGGER IS WORKING'
      PRINT @str
   END
```

向 table1 中插入一行数据，代码如下。

```
INSERT INTO table1 VALUES(10)
```

执行结果显示"TRIGGER IS WORKING"。

> **说明：**
>
> 本例定义的是 INSERT 触发器，每次向表中插入一行数据时就会激活该触发器，从而执行触发器中的操作。

PRINT 命令的作用是向客户端返回用户定义的消息。

【例 7.11】 创建 cjb 表插入后触发器，当向 cjb 表中插入一个学生的成绩时，将 xsb 表中该学生的总学分加上添加的课程的学分。

代码如下：

```
CREATE TRIGGER cjb_insert
      ON cjb AFTER INSERT
   AS
   BEGIN
      DECLARE @num char(6), @kc_num char(3)
      DECLARE @xf int
      SELECT @num=学号, @kc_num=课程号 from inserted
      SELECT @xf=学分 FROM kcb WHERE 课程号=@kc_num
      UPDATE xsb SET 总学分=总学分+@xf  WHERE 学号=@num
      PRINT '修改成功'
   END
```

> **说明：**
>
> 本例使用 SELECT 语句从 inserted 临时表查找出插入到 cjb 表的一行记录，然后根据课程号的值查找到学分值，最后修改 xsb 表的总学分。本例的执行结果请读者自行验证。

4．创建 UPDATE 触发器

UPDATE 触发器在对触发器表执行 UPDATE 语句后触发。在执行 UPDATE 触发器时，将触发器表的原记录保存到 deleted 临时表中，将修改后的记录保存到 inserted 临时表中。

【例 7.12】 创建 xsb 表修改触发器，当修改 xsb 表中的学号时，同时也要将 cjb 表中的学号修改成相应的学号（假设 xsb 表和 cjb 表之间没有定义外键约束）。

（1）创建 xsb 表修改触发器，代码如下。

```
CREATE TRIGGER xsb_update
   ON xsb AFTER UPDATE
   AS
   BEGIN
      DECLARE @old_num char(6), @new_num char(6)
      SELECT @old_num=学号 FROM deleted
      SELECT @new_num=学号 FROM inserted
      UPDATE cjb SET 学号=@new_num WHERE 学号=@old_num
   END
```

（2）修改 xsb 表中的一行数据，并查看触发器的执行结果，代码如下：

```
UPDATE xsb SET 学号='191320' WHERE 学号='191301'
GO
SELECT *  FROM cjb WHERE 学号='191320'
GO
```

由于 xsb 表和 cjb 表之间没有定义外键约束，所以上述修改 xsb 学号的命令不能执行。

5. 创建 DELETE 触发器

【例 7.13】 在删除 xsb 表中的一条学生记录时将 cjb 表中该学生的相应记录也删除。

代码如下：

```
CREATE TRIGGER xsb_delete
   ON xsb AFTER DELETE
   AS
   BEGIN
      DELETE FROM cjb
         WHERE 学号 IN(SELECT 学号 FROM deleted)
   END
```

执行结果请自行验证。

创建 DML 触发器时还可以同时创建多个类型的触发器。

【例 7.14】 在 kcb 表中创建 UPDATE 和 DELETE 触发器，当修改或删除 kcb 表中的课程号字段时，同时修改或删除 cjb 表中的该课程号。

代码如下：

```
CREATE TRIGGER kcb_trig
   ON kcb AFTER UPDATE, DELETE
   AS
   BEGIN
      IF (UPDATE(课程号))
         UPDATE cjb SET 课程号=(SELECT 课程号 FROM inserted)
            WHERE 课程号=(SELECT 课程号 FROM deleted)
      ELSE
         DELETE FROM cjb
            WHERE 课程号 IN(SELECT 课程号 FROM deleted)
   END
```

说明：

UPDATE()函数返回一个布尔值，指示是否对表或视图的指定列进行了 INSERT 或 UPDATE 操作。

6. 创建 INSTEAD OF 触发器

AFTER 触发器是在触发语句执行后触发的，与 AFTER 触发器不同的是，INSTEAD OF 触发器触发时只执行触发器内部的 SQL 语句，而不执行激活该触发器的 SQL 语句。一个表或视图中只能有一个 INSTEAD OF 触发器。

【例 7.15】 创建表 table2，值包含一列 a，在表中创建 INSTEAD OF INSERT 触发器，当向表中插入记录时显示相应消息。

代码如下：

```
USE pxscj
GO
CREATE TABLE table2(a int)
GO
CREATE TRIGGER table2_insert
      ON table2 INSTEAD OF INSERT
   AS
      PRINT 'INSTEAD OF TRIGGER IS WORKING'
```

向表中插入一行数据，代码如下。

```
INSERT INTO table2 VALUES(10)
```

执行结果：使用 SELECT 语句查询表 table2 可以发现，table2 中并没有插入数据。

INSTEAD OF 触发器的主要作用是使不可更新视图支持更新。如果视图的数据来自于多个基本表，则必须使用 INSTEAD OF 触发器支持引用表中数据的插入、更新和删除操作。

例如，若在一个多表视图上定义了 INSTEAD OF INSERT 触发器，视图各列的值可能允许为空，也可能不允许为空。若视图某列的值不允许为空，则 INSERT 语句必须为该列提供相应的值。

如果视图的列为以下几种情况之一，即基本表中的计算列、基本表中的标识列、具有 timestamp 数据类型的基本表列，该视图的 INSERT 语句必须为这些列指定值，INSTEAD OF 触发器在构成将值插入基本表的 INSERT 语句时会忽略指定的值。

【例 7.16】 在 pxscj 数据库中创建视图 stu_view，包含学生学号、专业、课程号、成绩。该视图依赖于表 xsb 和 cjb，是不可更新视图。可以在视图上创建 INSTEAD OF 触发器，当向视图中插入数据时分别向表 xsb 和 cjb 中插入数据，从而实现向视图插入数据的功能。

创建视图的代码如下。

```
CREATE VIEW stu_view
AS
SELECT xsb.学号, 专业, 课程号, 成绩
    FROM xsb, cjb
    WHERE xsb.学号=cjb.学号
```

创建 INSTEAD OF 触发器的代码如下。

```
CREATE TRIGGER InsteadTrig
   ON stu_view
    INSTEAD OF INSERT
   AS
   BEGIN
      DECLARE @XH char(6), @XM char(8),
              @ZY char(12), @KCH char(3), @CJ int
      SET @XM='佚名'
      SELECT @XH=学号, @ZY=专业, @KCH=课程号, @CJ=成绩
```

```
            FROM inserted
        INSERT INTO xsb(学号, 姓名, 专业)
            VALUES(@XH, @XM, @ZY)
        INSERT INTO cjb VALUES(@XH, @KCH, @CJ)
    END
```

向视图插入一行数据的代码如下。

```
INSERT INTO stu_view VALUES('201302', '计算机', '101', 85 )
```

查看 stu_view 视图和与视图关联的 xsb 基本表数据是否插入，代码如下。

```
SELECT * FROM stu_view WHERE 学号= '201302'
SELECT * FROM xsb WHERE 学号= '201302'
```

执行结果如图 7.7 所示。

	学号	专业	课程号	成绩
1	201302	计算机	101	85

	学号	姓名	性别	出生时间	专业	总学分	备注
1	201302	佚名	1	NULL	计算机	5	NULL

图 7.7　执行结果 3

说明：

向视图插入数据的 INSERT 语句实际执行插入操作的语句是 INSTEAD OF 触发器中的 SQL 语句。由于 xsb 表中“姓名”列不能为空，所以在向 xsb 表插入数据时给姓名设置了一个默认值，总学分默认值虽然为 0，结果中却为 5，因为在 cjb 表中定义了一个 INSERT 触发器。

7. 创建 DDL 触发器

其语法格式如下。

```
CREATE TRIGGER 触发器名
    ON { ALL SERVER | DATABASE }
[ WITH ENCRYPTION ]
{ FOR | AFTER } { 事件类型 | 事件组 } [ , … ]
AS
{
    SQL 语句 [ ; ] [ … ]
    | EXTERNAL NAME  程序集名.类名.方法名
}
```

说明：

（1）ALL SERVER | DATABASE：ALL SERVER 关键字是指将当前 DDL 触发器的作用域应用于当前服务器。DATABASE 是指将当前 DDL 触发器的作用域应用于当前数据库。

（2）事件类型：执行之后将导致触发 DDL 触发器的 T-SQL 语句事件的名称。当 ON 关键字后面指定 DATABASE 选项时使用该名称。值得注意的是，每个事件对应的 T-SQL 语句有一些修改，如要在使用 CREATE TABLE 语句时激活触发器，AFTER 关键字后面的名称为 CREATE_TABLE，在关键字之间包含下画线（“_”）。“事件类型”选项的值可以是 CREATE_TABLE、ALTER_TABLE、DROP_TABLE、CREATE_USER、CREATE_VIEW 等。

（3）事件组：预定义的 T-SQL 语句事件分组的名称。ON 关键字后面指定为 ALL SERVER 选项时使用该名称，如 CREATE_DATABASE、ALTER_DATABASE 等。

其他选项与创建 DML 触发器语法相同。

【例 7.17】 创建 pxscj 数据库作用域的 DDL 触发器，当删除一个表时，提示禁止该操作，然后回滚删除表的操作。

代码如下：

```
USE pxscj
GO
CREATE TRIGGER safety  ON DATABASE
    AFTER DROP_TABLE
    AS
       PRINT '不能删除该表'
       ROLLBACK TRANSACTION
```

尝试删除表 table1 代码如下。

```
DROP TABLE table1
```

执行结果如图 7.8 所示。

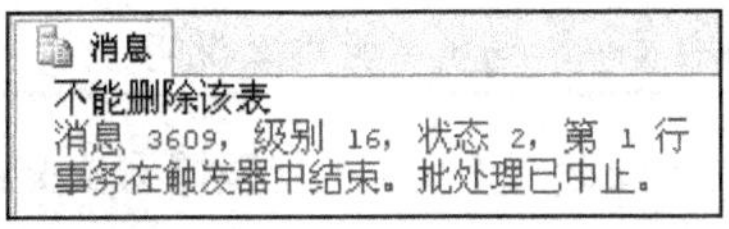

图 7.8 执行结果 4

读者可以自行查看 table1 表是否被删除。

说明：

ROLLBACK TRANSACTION 语句用于回滚之前所做的修改，将数据库恢复到原来的状态。

【例 7.18】 创建服务器作用域的 DDL 触发器，当删除一个数据库时，提示禁止该操作并回滚删除数据库的操作。

代码如下：

```
CREATE TRIGGER safety_server  ON ALL SERVER
    AFTER DROP_DATABASE
    AS
        PRINT '不能删除该数据库'
        ROLLBACK TRANSACTION
```

7.2.3 触发器的修改：ALTER TRIGGER

要修改触发器执行的操作，可以使用 ALTER TRIGGER 语句。

（1）修改 DML 触发器的语法格式如下。

```
ALTER TRIGGER 架构名.触发器名
    ON ( 表 | 视图 )
[ WITH ENCRYPTION ]
( FOR | AFTER | INSTEAD OF )
{ [ DELETE ] [ , ] [ INSERT ] [ , ] [ UPDATE ] }
[ NOT FOR REPLICATION ]
```

```
    AS
{
    SQL 语句 [ ; ] [ … ]
    | EXTERNAL NAME 程序集名.类名.方法名
}
```

（2）修改 DDL 触发器的语法格式如下。

```
ALTER TRIGGER 触发器名
    ON { DATABASE | ALL SERVER }
[ WITH ENCRYPTION ]
{ FOR | AFTER } { 事件类型 [ , ... ] | 事件组 }
    AS
{
    SQL 语句 [ ; ]
    | EXTERNAL NAME 程序集名.类名.方法名[ ; ]
}
```

说明：

"触发器名"为要修改的触发器的名称，该触发器必须已经在数据库中存在。ALTER TRIGGER 语句的语法与 CREATE TRIGGER 语句类似，这里不再重复说明。

【例 7.19】 修改 pxscj 数据库中在 xsb 表上定义的触发器 xsb_delete，将其修改为 UPDATE 触发器。

代码如下：

```
USE pxscj
GO
ALTER TRIGGER xsb_delete ON xsb  FOR UPDATE
    AS
        PRINT '执行的操作是修改'
```

7.2.4 触发器的删除：DROP TRIGGER

触发器本身是存在于表中的，因此，当表被删除时，表中的触发器也将一起被删除。删除触发器使用 DROP TRIGGER 语句。其语法格式如下。

```
DROP TRIGGER 架构名.触发器名 [ ,… ] [ ; ]                                    /*删除 DML 触发器*/
DROP TRIGGER 触发器名 [ ,… ] ON { DATABASE | ALL SERVER }[ ; ]        /*删除 DDL 触发器*/
```

说明：

"触发器名"为要删除的触发器名称，可以包含触发器的架构名。如果是删除 DDL 触发器，则要使用 ON 关键字指定在数据库作用域还是服务器作用域。

【例 7.20】 删除 DML 触发器 xsb_delete。

代码如下：

```
IF EXISTS (SELECT name FROM sysobjects WHERE name = 'xsb_delete')
    DROP TRIGGER xsb_delete
```

说明：

DML 触发器创建后名称一般保存在系统表 sysobjects 中，在删除前可以先判断该触发器的名称是否存在。

【例 7.21】 删除 DDL 触发器 safety。

代码如下：

```
DROP TRIGGER safety ON DATABASE
```

7.2.5 通过界面方式操作触发器

1. 创建触发器

（1）通过界面方式只能创建 DML 触发器。

在“对象资源管理器”面板中展开“数据库”→“pxscj”→“表”→“dbo.xsb”，选择“触发器”目录，在该目录下可以看到之前已经创建的 xsb 表的触发器。右击“触发器”，在弹出的快捷菜单中选择“新建触发器”命令。在打开的“触发器脚本编辑”窗口中输入相应的创建触发器的命令。输入完成后，单击“执行”按钮，若执行成功，则触发器创建完成。

（2）查看 DDL 触发器。DDL 触发器不可以使用界面方式创建。DDL 触发器分为数据库触发器和服务器触发器，展开“数据库”→“pxscj”→“可编程性”→“数据库触发器”，可以查看到有哪些数据库触发器。展开“数据库”→“服务器对象”→“触发器”，可以查看到有哪些服务器触发器。

2. 修改触发器

DML 触发器能够使用界面方式修改，DDL 触发器则不可以。打开“对象资源管理器”面板，修改触发器的步骤与创建的步骤相同，在“对象资源管理器”面板中选择要修改的触发器，右击，在弹出的快捷菜单中选择“修改”命令，打开“触发器脚本编辑”窗口，在该窗口中可以进行触发器的修改，修改后单击“执行”按钮重新执行即可。但是被设置成“WITH ENCRYPTION”的触发器是不能被修改的。

3. 删除触发器

（1）删除 DML 触发器。以 xsb 表的 DML 触发器为例，在“对象资源管理器”面板中展开“数据库”→“pxscj”→“表”→“dbo.xsb”→“触发器”，选择要删除的触发器名称，右击，在弹出的快捷菜单中选择“删除”命令，在弹出的“删除对象”对话框中单击“确定”按钮，即可完成触发器的删除操作。

（2）删除 DDL 触发器。删除 DDL 触发器与删除 DML 触发器的方法类似，首先找到要删除的触发器，右击，在弹出的快捷菜单中选择“删除”命令即可。

习　题

1. 试说明存储过程的特点及分类。
2. 举例说明存储过程的定义与执行。
3. 什么是 inserted 表和 deleted 表？
4. DML 触发器和 DDL 触发器的区别是什么？在 pxscj 数据库中的 xsb 表上分别创建一个 DML 触发器和 DDL 触发器。

第 8 章 备份与恢复

尽管数据库管理系统中采取了各种措施来保证数据库的安全性和完整性，但硬件故障、软件错误、病毒、误操作或故意破坏仍是可能发生的。这些故障会造成运行事务的异常中断，影响数据的正确性，甚至会破坏数据库，使数据库中的数据破坏和丢失。因此数据库管理系统都提供了把数据库从错误状态恢复到某一正确状态的功能，这种功能称为恢复。

数据库的恢复是以备份为基础的，SQL Server 2012 的备份和恢复组件为存储在 SQL Server 中的关键数据提供了重要的保护手段。本章着重讨论备份恢复策略和过程。

8.1 备份和恢复概述

8.1.1 备份和恢复需求分析

数据库中的数据丢失或被破坏可能是由于以下原因。

（1）计算机硬件故障。由于使用不当或产品质量等原因，计算机硬件可能会出现故障，不能使用。如硬盘损坏会使得存储于其上的数据丢失。

（2）软件故障。由于软件设计上的失误或用户使用的不当，软件系统可能会误操作数据引起数据破坏。

（3）病毒。破坏性病毒会破坏系统软件、硬件和数据。

（4）误操作。例如，如用户误用了诸如 DELETE、UPDATE 等命令而引起数据丢失或被破坏。

（5）自然灾害。如火灾、洪水或地震等，它们会造成极大的破坏，会毁坏计算机系统及其数据。

（6）盗窃。一些重要数据可能会遭窃。

因此，必须制作数据库的复本，即进行数据库备份，以便在数据库遭到破坏时能够修复数据库，即进行数据库恢复。数据库恢复就是把数据库从错误状态恢复到某一正确状态。

备份和恢复数据库也可以用于其他目的，如可以通过备份与恢复将数据库从一个服务器移动或复制到另一个服务器中。

8.1.2 数据库备份简介

SQL Server 2012 提供了多种备份方法，各种方法都有自己的特点。如何根据具体的应用状况选择合适的备份方法是很重要的。

设计备份策略的指导思想：以最小的代价恢复数据。备份与恢复是互相联系的，备份策略与恢复应结合起来考虑。

1. 备份内容

数据库中数据的重要程度决定了数据恢复的必要性与重要性，也就决定了数据是否备份及如何备份。数据库需备份的内容可分为数据文件（又分为主要数据文件和次要数据文件）和日志文件两部分。

其中，数据文件中所存储的系统数据库是确保 SQL Server 2012 系统正常运行的重要依据，无疑，系统数据库必须完全备份。

2. 由谁做备份操作

在 SQL Server 2012 中，具有下列角色的成员可以做备份操作。

（1）固定的服务器角色 sysadmin（系统管理员）。

（2）固定的数据库角色 db_owner（数据库所有者）。

（3）固定的数据库角色 db_backupoperator（允许进行数据库备份的用户）。

除了以上 3 个角色之外，还可以通过授权允许其他角色进行数据库备份。有关角色的内容将在第 9 章介绍。

3. 备份介质

备份介质是指将数据库备份到的目标载体，即备份到何处。SQL Server 2012 中，允许使用两种类型的备份介质。

（1）硬盘：最常用的备份介质，可以用于备份本地文件，也可以用于备份网络文件。

（2）磁带：大容量的备份介质，磁带仅可用于备份本地文件。

4. 何时备份

对于系统数据库和用户数据库，其备份时机是不同的。

（1）系统数据库。当系统数据库 master、msdb 和 model 中的任何一个被修改以后，都要将其备份。

master 数据库包含了 SQL Server 2012 系统有关数据库的全部信息，即它是“数据库的数据库”。如果 master 数据库损坏，那么 SQL Server 2012 可能无法启动，并且用户数据库可能无效。当 master 数据库被破坏而没有 master 数据库的备份时，就只能重建全部的系统数据库。

当修改了系统数据库 msdb 或 model 时，也必须对它们进行备份，以便在系统出现故障时恢复作业及用户创建的数据库信息。

> **注意：**
>
> 不要备份数据库 tempdb，因为它仅包含临时数据。

（2）用户数据库。当创建数据库或加载数据库时，应备份数据库。当为数据库创建索引时，应备份数据库，以便恢复时能够大大节省时间。

当清理了日志或执行了不记日志的 T-SQL 命令时，应备份数据库，这是因为若日志记录被清除或命令未记录在事务日志中，日志中将不包含数据库的活动记录，因此不能通过日志恢复数据。不记日志的命令有 BACKUP LOG WITH NO_LOG、WRITETEXT、UPDATETEXT、SELECT INTO、命令行实用程序、BCP 命令等。

5. 限制的操作

SQL Server 2012 在执行数据库备份的过程中，允许用户对数据库继续操作，但不允许用户在备份时执行下列操作：创建或删除数据库文件；创建索引；不记日志的命令。

若在系统正执行上述操作中的任何一种时试图进行备份，则备份进程不能执行。

6. 备份方法

数据库备份常用的两类方法是完全备份和差异备份。完全备份每次都备份整个数据库或事务日志，差异备份则只备份自上次备份以来发生过变化的数据库的数据。差异备份也称为增量备份。

SQL Server 2012中有两种基本的备份：一种是只备份数据库，另一种是备份数据库和事务日志，它们又都可以与完全备份或差异备份相结合。另外，当数据库很大时，也可以进行个别文件或文件组的备份，从而将数据库备份分割为多个较小的备份过程。这样就形成了以下4种备份方法。

（1）完全数据库备份。这种方法按常规定期备份整个数据库，包括事务日志。当系统出现故障时，可以恢复到最近一次数据库备份时的状态，但自该备份后所提交的事务都将丢失。

完全数据库备份的主要优点是简单，备份是单一操作，可按一定的时间间隔预先设定，恢复时只需一个步骤就可以完成。

若数据库不大，或者数据库中的数据变化很少甚至是只读的，那么就可以对其进行完全数据库备份。

（2）数据库和事务日志备份。这种方法不需很频繁地定期进行数据库备份，而是在两次完全数据库备份期间，进行事务日志备份，所备份的事务日志记录了两次数据库备份之间所有的数据库活动记录。当系统出现故障后，能够恢复所有备份的事务，而只丢失未提交或提交但未执行完的事务。

执行恢复时，需要两步：首先恢复最近的完全数据库备份，然后恢复在该完全数据库备份以后的所有事务日志备份。

（3）差异备份。差异备份只备份自上次数据库备份后发生更改的部分数据库，它用来扩充完全数据库备份或数据库和事务日志备份方法。对于一个经常修改的数据库，采用差异备份策略可以减少备份和恢复时间。差异备份比完全备份工作量小而且备份速度快，对正在运行的系统影响也较小，因此可以更经常地备份。经常备份将减少丢失数据的危险。

使用差异备份方法，执行恢复时，若是数据库备份，则用最近的完全数据库备份和最近的差异数据库备份来恢复数据库；若是差异数据库和事务日志备份，则需用最近的完全数据库备份和最近的差异备份后的事务日志备份来恢复数据库。

（4）数据库文件或文件组备份。这种方法只备份特定的数据库文件或文件组，同时还要定期备份事务日志，这样在恢复时可以只还原已损坏的文件，而不用还原数据库的其余部分，从而加快了恢复速度。

对于被分割在多个文件中的大型数据库，可以使用这种方法进行备份。例如，如果数据库由几个在物理上位于不同磁盘上的文件组成，当其中一个磁盘发生故障时，只需还原发生了故障的磁盘上的文件。文件或文件组备份和还原操作必须与事务日志备份一起使用。

文件或文件组备份能够更快地恢复已隔离的媒体故障，迅速还原损坏的文件，在调度和媒体处理上具有更大的灵活性。

8.1.3 数据库恢复简介

数据库恢复就是当数据库出现故障时，将备份的数据库加载到系统中，从而使数据库恢复到备份时的正确状态。

恢复是与备份相对应的系统维护和管理操作。系统进行恢复操作时，先执行一些系统安全性的检查，包括检查所要恢复的数据库是否存在、数据库是否变化及数据库文件是否兼容等，然后根据所采用的数据库备份类型采取相应的恢复措施。

与备份操作相比，恢复操作较为复杂，因为它是在系统异常的情况下执行的操作。通常恢复要经过以下两个步骤。

1．准备工作

数据库恢复的准备工作包括系统安全性检查和备份介质验证。在进行恢复时，系统执行安全性检查、重建数据库及其相关文件等操作，保证数据库安全地恢复，这是数据库恢复必要的准备，可以防止错误的恢复操作。例如，用不同的数据库备份或用不兼容的数据库备份信息覆盖某个已存在的数据库。当系统发现出现了以下情况时，恢复操作将不进行。

（1）指定要恢复的数据库已存在，但在备份文件中记录的数据库与其不同。

（2）服务器上数据库文件集与备份中的数据库文件集不一致。

（3）未提供恢复数据库所需的所有文件或文件组。

安全性检查是系统在执行恢复操作时自动进行的。恢复数据库时，要确保数据库的备份是有效的，即要验证备份介质，得到数据库备份的信息。这些信息如下。

- 备份文件或备份集名及描述信息。
- 所使用的备份介质类型（磁带或磁盘等）。
- 所使用的备份方法。
- 执行备份的日期和时间。
- 备份集的大小。
- 数据库文件及日志文件的逻辑和物理文件名。
- 备份文件的大小。

2. 执行恢复数据库的操作

可以提供使用图形向导方式或T-SQL语句执行恢复数据库的操作。

8.2 数据库备份

进行数据库备份时，首先必须创建用来存储备份的备份设备。备份设备一般是硬盘。备份设备分为永久备份设备和临时备份设备两类。创建备份设备后，才能将需要备份的数据库备份到备份设备中。创建备份设备和数据库备份可通过SMSS或T-SQL命令进行。

8.2.1 创建备份设备

备份设备总是有一个物理名称，这个物理名称是操作系统访问物理设备时所使用的名称，但使用逻辑名访问更加方便。要使用备份设备的逻辑名进行备份，就必须先创建命名的备份设备，否则就只能使用物理名访问备份设备。将可以使用逻辑名访问的备份设备称为命名备份设备，而将只能使用物理名访问的备份设备称为临时备份设备。

1. 创建永久备份设备

如果要使用备份设备的逻辑名来引用备份数据库，就必须在使用它之前创建命名备份设备。当希望所创建的备份设备能够重新使用或设置系统自动备份数据库时，就要使用永久备份设备。

若使用磁盘设备备份，那么备份设备实际上就是磁盘文件。

创建该备份设备有两种方法：使用系统存储过程sp_addumpdevice和SMSS。

（1）执行系统存储过程sp_addumpdevice创建命名备份设备，也可以将数据定向到命名管道。

其语法格式如下。

```
sp_addumpdevice [ @devtype = ] '设备类型' ,
    [ @logicalname = ] '逻辑名' ,
    [ @physicalname = ] '物理名'
```

说明：

“设备类型”指出介质类型，可以是DISK（硬盘文件）或者TAPE（磁带）。

【例 8.1】 在本地硬盘上创建一个备份设备。

代码如下：

```
USE pxscj
GO
EXEC sp_addumpdevice 'DISK', 'mybackupfile2',
     'D:\SQL Server\2012\mybackupfile2.bak'
```

所创建的备份设备的逻辑名是 mybackupfile2；所创建的备份设备的物理名是 D:\SQL Server\2012\mybackupfile2.bak。备份设备的物理文件一定不能直接保存在磁盘根目录下。

（2）使用“对象资源管理器”面板创建永久备份设备。在“对象资源管理器”面板中展开“服务器对象”，选择“备份设备”选项。在“备份设备”的列表上可以看到例 8.1 中使用系统存储过程创建的备份设备。对其右击，在弹出的快捷菜单中选择“新建备份设备”命令。

在打开的“备份设备”窗口中分别输入备份设备的名称和完整的物理路径名，单击“确定”按钮，完成备份设备的创建，如图 8.1 所示。

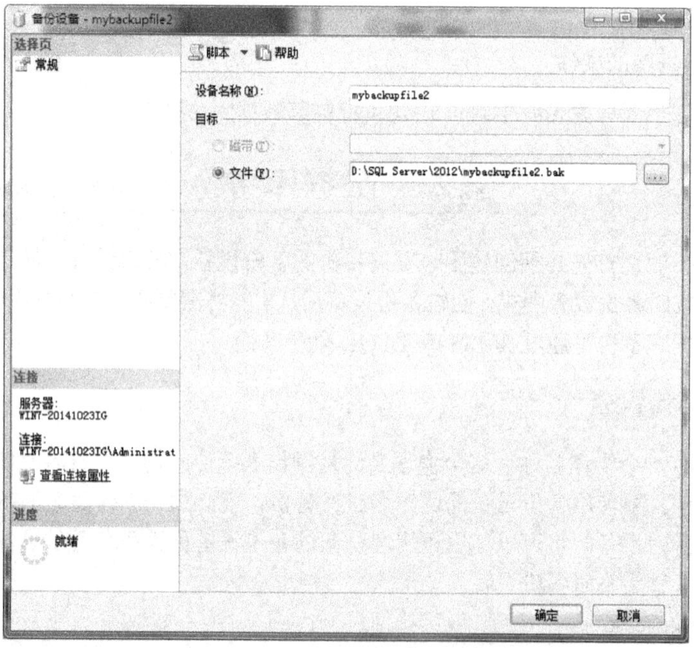

图 8.1 备份设备

当不再需要所创建的命名备份设备时，可以用系统存储过程 sp_dropdevice 删除它。例如：

```
EXEC sp_dropdevice 'mybackupfile1', DELFILE
```

2. 创建临时备份设备

临时备份设备，顾名思义，就是只做临时性存储之用，对这种设备只能使用物理名来引用。如果不准备重用备份设备，那么就可以使用临时备份设备。例如，如果只要进行数据库的一次性备份或测试自动备份操作，那么就用临时备份设备。

在创建临时备份设备时，要指定介质类型（一般为磁盘）、完整的路径名及文件名称。可使用 T-SQL 的 BACKUP DATABASE 语句创建临时备份设备。对使用临时备份设备进行的备份，SQL Server 系统将创建临时文件来存储备份的结果。其语法格式如下。

```
BACKUP DATABASE { 数据库名 | @数据库名变量 }
    TO <备份文件> [, … ]
```

【例 8.2】 在磁盘上创建一个临时备份设备，它用来备份数据库 pxscj。

代码如下：

```
USE pxscj
GO
BACKUP DATABASE pxscj TO  DISK= 'D:\SQL Server\2012\tmppxscj.bak'
```

3. 使用多个备份设备

SQL Server 可以同时向多个备份设备写入数据，即进行并行的备份。并行备份将需备份的数据分别备份在多个设备上，这多个备份设备构成了备份集。如图 8.2 所示为在多个备份设备上进行备份及由备份的各组成部分形成备份集。

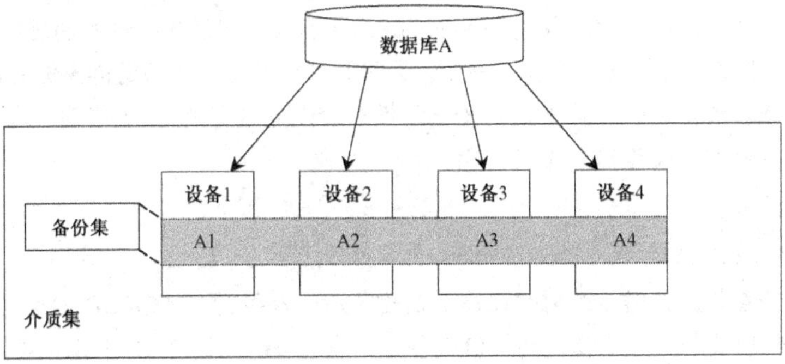

图 8.2 使用多个备份设备及备份集

使用并行备份可以减少备份操作的时间。例如，使用 3 个磁盘设备进行并行备份，比只使用一个磁盘设备进行备份，在正常情况下可以减少 2/3 的时间。

在用多个备份设备进行并行备份时，要注意以下几点

（1）设备备份操作使用的所有设备必须具有相同的介质类型。

（2）多设备备份操作使用的设备，其存储容量和运行速度可以不同。

（3）可以使用命名备份设备与临时备份设备的组合。

（4）从多设备备份恢复时，不必使用与备份时相同数量的设备。

8.2.2 通过命令方式备份数据库：BACKUP DATABASE

规划了备份的策略，确定了备份设备后，即可执行实际的备份操作。可以使用“对象资源管理器”面板、备份向导或 T-SQL 命令执行备份操作。

本节讨论 T-SQL 提供的备份命令——BACKUP DATABASE，该语句用于备份整个数据库、差异备份数据库、备份数据库文件或文件组及备份事务日志。

1. 备份整个数据库

BACKUP DATABASE 命令的语法格式如下。

```
BACKUP DATABASE { 数据库名 | @数据库名变量 }          /*被备份的数据库名*/
    TO <备份设备>  [ , … ]                           /*指出备份的目标设备*/
[  MIRROR TO <备份设备> …  ]
[  WITH INIT | NOINIT  ]
[  WITH NAME='名称'  ]
```

说明：

（1）数据库名：将此名称的数据库备份到指定的备份设备。

其中，参数“数据库名”指定了一个数据库，表示从该数据库中对事务日志和完整的数据库进行备份。如果要备份的数据库以变量（@数据库名变量）提供，则可将该名称指定为字符串常量（@数据库名变量=数据库名）或字符串数据类型（ntext 和 text 数据类型除外）的变量。

（2）TO 子句：表示伴随的备份设备组是一个非镜像媒体集，或者镜像媒体集中的镜像之一（如果声明一个或多个 MIRROR TO 子句）。

（3）<备份设备>：指定备份操作时要使用的逻辑或物理备份设备，最多可指定 64 个备份设备。<备份设备>可以是下列一种或多种格式。

格式一：

```
{ 逻辑备份设备名 } | { @逻辑备份设备名变量 }
```

这是由界面方式或系统存储过程 sp_addumpdevice 已经创建的备份设备的逻辑名称，数据库将备份到该设备中，其名称必须遵守标识符规则。如果将其作为变量（@逻辑备份设备名变量）提供，则可将该备份设备名称指定为字符串常量（@逻辑备份设备名变量=逻辑备份设备名）或字符串数据类型（ntext 和 text 数据类型除外）的变量。

格式二：

```
{ DISK } = '物理备份设备名' | @物理备份设备名变量
```

这种格式允许在指定的磁盘或磁带设备上创建备份。在执行 BACKUP DATABASE 语句之前不必创建指定的物理设备。如果指定的备份设备已存在且 BACKUP DATABASE 语句中没有指定 INIT 选项，则备份将追加到该设备中。

当指定 TO DISK 时，必须输入完整的路径和文件名。当指定多个文件时，可以混合逻辑文件名（或变量）和物理文件名（或变量）。

（4）MIRROR TO 子句：表示伴随的备份设备组是包含 2～4 个镜像服务器的镜像媒体集中的一个镜像。若要指定镜像媒体集，请针对第一个镜像服务器设备使用 TO 子句，后面跟最多 3 个 MIRROR TO 子句。备份设备必须在类型和数量上等同于 TO 子句中指定的设备。在镜像媒体集中，所有的备份设备必须具有相同的属性。

使用“对象资源管理器”面板查看备份设备的内容，步骤如下。

在“对象资源管理器”面板中展开“服务器对象”→“备份设备”，选定要查看的备份设备，右击，在弹出的快捷菜单中选择“属性”命令，在打开的“备份设备”窗口中显示了所要查看的备份设备的内容。

以下是一些使用 BACKUP DATABASE 语句进行完全数据库备份的例子。

【例 8.3】 使用逻辑名 test1 在“D:\SQL Server\2012”中创建一个命名的备份设备，并将数据库 pxscj 完全备份到该设备。

代码如下：

```
USE pxscj
GO
EXEC sp_addumpdevice 'DISK' , 'test1', ' D:\SQL Server\2012\test1.bak'
BACKUP DATABASE pxscj TO test1
```

以下示例将数据库 pxscj 完全备份到备份设备 test1 中，并覆盖该设备中原有的内容。

```
BACKUP DATABASE pxscj TO test1 WITH INIT
```

以下示例将数据库 pxscj 备份到备份设备 test1 中，执行追加的完全数据库备份，该设备上原有的备份内容都被保存。

```
BACKUP DATABASE pxscj TO test1 WITH NOINIT
```

【例 8.4】 将数据库 pxscj 备份到多个备份设备中。

代码如下：

```
USE pxscj
GO
EXEC sp_addumpdevice 'DISK','test2','D:\SQL Server\2012\test2.bak'
EXEC sp_addumpdevice 'DISK','test3','D:\SQL Server\2012\test3.bak'
BACKUP DATABASE pxscj TO test2, test3
   WITH NAME = 'pxscjbk'
```

2. 差异备份数据库

对于需频繁修改的数据库，进行差异备份可以缩短备份和恢复的时间。只有当已经执行了完全数据库备份后才能执行差异备份。在进行差异备份时，SQL Server 将备份从最近的完全数据库备份后数据库发生了变化的部分。其语法格式如下。

```
BACKUP DATABASE { 数据库名 | @数据库名变量 }
   READ_WRITE_FILEGROUPS
   [ , FILEGROUP = { 逻辑文件组名 |  @逻辑文件组名变量 } … ]
   TO  <备份设备> [ , … ]
[  MIRROR TO <备份设备> … ]
[  WITH DIFFERENTIAL  ]
```

说明：

（1）DIFFERENTIAL：表示差异备份的关键字。

（2）READ_WRITE_FILEGROUPS：指定在部分备份中备份所有读/写文件组。

（3）FILEGROUP：包含在部分备份中的读写文件组的逻辑名称或变量的逻辑名称。

SQL Server 执行差异备份时需注意下列两点。

(1) 若在上次完全数据库备份后，数据库的某行被修改了，则执行差异备份只保存最后一次改动的值。

(2) 为了使差异备份设备与完全数据库备份设备区分开来，应使用不同的设备名。

【例 8.5】 创建临时备份设备并在所创建的临时备份设备上进行差异备份。

```
BACKUP DATABASE pxscj TO
   DISK ='D:\SQL Server\2012\pxscjbk.bak' WITH DIFFERENTIAL
```

3. 备份数据库文件或文件组

当数据库非常大时，可以进行数据库文件或文件组的备份。其语法格式如下。

```
BACKUP DATABASE { 数据库名 | @数据库名变量 }
   <文件或文件组> [ , … ]                          /*指定文件或文件组名*/
TO  <备份设备> [ , … ]
[  MIRROR TO <备份设备>  … ]
```

其中，<文件或文件组>的语法格式如下。

```
<文件或文件组>::=
{
   FILE = { 逻辑文件名 | @逻辑文件名变量 }
   | FILEGROUP = { 逻辑文件组名 | @逻辑文件组名变量 }
}
```

说明：

（1）<文件或文件组>：指定需要备份的数据库文件或文件组。

（2）FILE 选项：指定一个或多个包含在数据库备份中的文件命名。

（3）FILEGROUP 选项：指定一个或多个包含在数据库备份中的文件组命名。

注意：

必须先通过使用 BACKUP LOG 将事务日志单独备份，才能使用文件和文件组备份来恢复数据库。

使用数据库文件或文件组备份时，要注意以下 3 点。

（1）必须指定文件或文件组的逻辑名。

（2）必须执行事务日志备份，以确保恢复后的文件与数据库其他部分的一致性。

（3）应轮流备份数据库中的文件或文件组，以使数据库中的所有文件或文件组都定期得到备份。

【例 8.6】 设 TT 数据库有两个数据文件 t1 和 t2，事务日志存储在文件 tlog 中。将文件 t1 备份到备份设备 t1backup 中，将事务日志文件备份到 tbackuplog 中。

代码如下：

```
EXEC sp_addumpdevice 'DISK', 't1backup', 'D:\SQL Server\2012\t1backup.bak'
EXEC sp_addumpdevice 'DISK', 'tbackuplog', 'D:\SQL Server\2012\tbackuplog.bak'
GO
BACKUP DATABASE TT
   FILE ='t1' TO t1backup
BACKUP LOG TT TO tbackuplog
```

本例中语句 BACKUP LOG 的作用是备份事务日志，其将在下面介绍。

4. 备份事务日志

备份事务日志用于记录前一次的数据库备份或事务日志备份后数据库所做出的改变。事务日志备份需在一次完全数据库备份后进行，这样才能将事务日志文件与数据库备份一起用于恢复。当进行事务日志备份时，系统进行下列操作。

（1）将事务日志中从前一次成功备份结束位置开始，到当前事务日志结尾处的内容进行备份。

（2）标识事务日志中活动部分的开始，所谓事务日志的活动部分指从最近的检查点或最早的打开位置开始至事务日志的结尾处。

进行事务日志备份使用 BACKUP LOG 语句。其语法格式如下。

```
BACKUP LOG
   ……                       /*其余选项与数据库的完全备份 BACKUP 相同*/
WITH
   { NORECOVERY | STANDBY = 撤销文件名}
   [, NO_TRUNCATE ]
```

说明：

（1）NORECOVERY：该选项将内容备份到日志尾部，不覆盖原有的内容。

（2）STANDBY：该选项将备份日志尾部，并使数据库处于只读或备用模式。其中“撤销文件名”指定容纳回滚更改的存储文件。如果随后执行操作，则必须撤销这些回滚更改。如果指定的撤销文件名不存在，SQL Server 将创建该文件；如果该文件已存在，则 SQL Server 将重写它。

（3）NO_TRUNCATE：若数据库被损坏，使用该选项可以备份最近的所有数据库活动，SQL Server 将保存整个事务日志。当执行恢复时，可以恢复数据库和事务日志。

注意：

BACKUP LOG 语句指定只备份事务日志，所备份的日志内容范围是从上一次成功执行了事务日志备份之后到当前事务日志的末尾。该语句大部分选项的含义与 BACKUP DATABASE 语句中同名选项的含义相同。

【例 8.7】 创建一个命名的备份设备 pxscjLOGBK，并备份 pxscj 数据库的事务日志。

代码如下：

```
USE pxscj
GO
EXEC sp_addumpdevice 'DISK' , 'pxscjLOGBK' , 'D:\SQL Server\2012\testlog.bak'
BACKUP LOG pxscj TO pxscjLOGBK
```

8.2.3　通过界面方式备份数据库

以备份 pxscj 数据库为例，在备份之前先在“D:\Server\2012”目录下创建一个备份设备，名称为 pxscjBK，备份设备的文件名为 pxscjbk.bak。

（1）在“对象资源管理器”面板中选择“管理”选项，右击，在弹出的快捷菜单中选择“备份”命令。或者选择需要恢复的数据库（如 pxscj），右击，在弹出的快捷菜单中选择“任务”→“备份”→“数据库”命令，打开“备份数据库-pxscj”窗口。

（2）选择要备份的数据库名，如 pxscj；在“备份类型”下拉列表中选择备份的类型，有 3 种类型，即“完整”、“差异”、“事务日志”，这里选择“完整”选项；在“备份组件”选项组中选择备份“数据库”还是“文件和文件组”，如果选中“文件和文件组”单选按钮，则可以在打开的“选择文件和文件组”窗口中选择需要备份的文件或文件组，这里选中“数据库”单选按钮；在选定了要备份的数据库之后，可以在“名称”文本框中填写备份集的名称，在“说明”文本框中填写备份的描述；介质类型默认为磁盘，所以“备份到”选项可采用系统默认的路径和文件名，如图 8.3 所示。

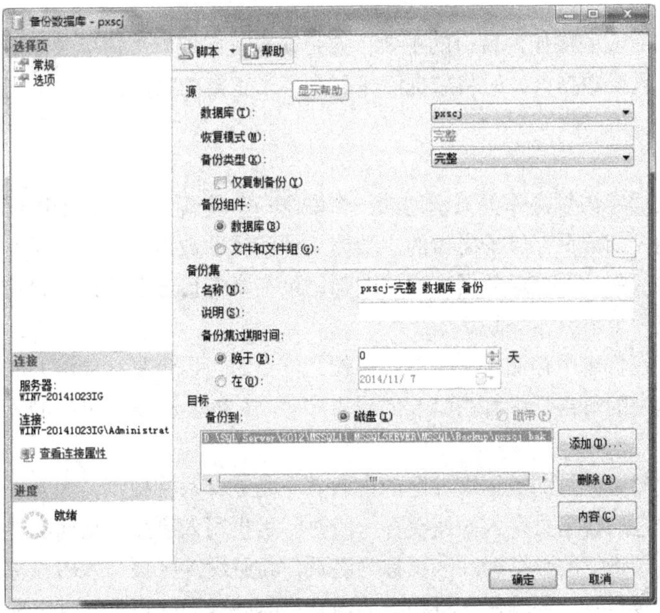

图 8.3 “备份数据库.pxscj”窗口

（3）用户也可在“备份到”选项中将系统默认的路径和文件名删除，然后添加自己的路径和文件名。单击“添加”按钮，在弹出的“选择备份目标”对话框中有两个选项：“文件名”和“备份设备”。选中“备份设备”单选按钮，在下拉列表中选择目标备份设备，如前面已经创建的“mybackupfile2”选项，当然，也可以选中“文件名”按钮，然后选择备份设备的物理文件来进行备份。单击“确定”按钮，如图 8.4 所示。

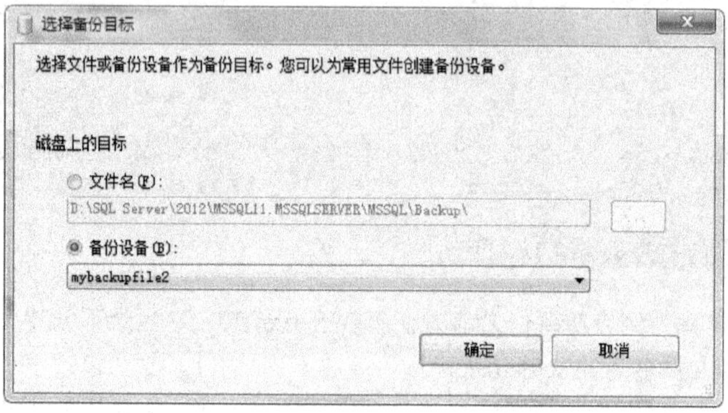

图 8.4 选择备份设备

（4）将不需要的备份目标选择后单击“删除”按钮删除，最后备份目标选择为“mybackupfile2”选项，单击“确定”按钮，执行备份操作。

在“对象资源管理器”面板中进行备份，也可以将数据库备份到多个备份介质，只需在选择备份介质时，多次使用“添加”按钮进行选择，指定多个备份介质。然后选择“备份数据库”窗口左边的“选项”选项页，选择“备份到新媒体集并清除所有现有备份集”选项，单击“确定”按钮。

8.3 数据库恢复

恢复是与备份相对应的操作，备份的主要目的是在系统出现异常情况（如硬件失败、系统软件瘫痪或误操作而删除了重要数据等）时将数据库恢复到某个正常的状态。

8.3.1 检查点

先了解一下与数据库恢复操作关系密切的一个概念——检查点（Check Point）。在 SQL Server 运行过程中，数据库的大部分页存储于磁盘的主数据文件和辅助数据文件中，而正在使用的数据页则存储在主存储器的缓冲区中，所有对数据库的修改都记录在事务日志中。日志记录每个事务的开始和结束，并将每个修改与一个事务相关联。

SQL Server 系统在日志中存储有关信息，以便在需要时可以恢复（前滚）或撤销（回滚）构成事务的数据修改。日志中的每条记录都由唯一的日志序号（LSN）标识，事务的所有日志记录都链接在一起。

SQL Server 系统对修改过的数据缓冲区的内容并不是立即写回磁盘，而是控制写入磁盘的时间，它将在缓冲区内修改过的数据页存入高速缓存一段时间后再写入磁盘，从而实现优化磁盘写入。将包含被修改过但尚未写入磁盘的数据缓冲区页称为脏页，将脏缓冲区页写入磁盘称为刷新页。对被修改过的数据页进行高速缓存时，要确保在将相应的内存日志映像写入日志文件之前没有刷新任何数据修改，否则将不能在需要时进行回滚。

为了保证能恢复所有对数据页的修改，SQL Server 采用预写日志的方法，即将所有内存日志映像都在相应的数据修改前写入磁盘。只要所有日志记录都已刷新到磁盘，则即使在被修改的数据页未被刷新到磁盘的情况下，系统也能够恢复。这时系统恢复可以只使用日志记录，进行事务前滚或回滚，执行对数据页的修改。

SQL Server 系统定期将所有脏日志和数据页刷新到磁盘，称之为检查点。检查点从当前数据库的高速缓冲存储器中刷新脏数据和日志页，以尽量减少在恢复时必须前滚的修改量。

SQL Server 恢复机制能够通过检查点在检查事务日志时保证数据库的一致性，在对事务日志进行检查时，系统将从最后一个检查点开始检查事务日志，以发现数据库中所有数据的改变。若发现有尚未写入数据库的事务，则将它们对数据库的改变写入数据库。

8.3.2　通过命令方式恢复数据库：RESTORE DATABASE

SQL Server 进行数据库恢复时，将自动执行下列操作以确保数据库迅速而完整地还原。

（1）进行安全检查。安全检查是系统的内部机制，是数据库恢复时的必要操作，它可以防止由于偶然的误操作而使用了不完整的信息或其他数据库备份来覆盖现有的数据库。

当出现以下几种情况时，系统将不能恢复数据库。

- 使用与被恢复的数据库名称不同的数据库名恢复数据库。
- 服务器上的数据库文件组与备份的数据库文件组不同。
- 需恢复的数据库名或文件名与备份的数据库名或文件名不同，那么 SQL Server 将拒绝此恢复过程。

（2）重建数据库。当从完全数据库备份中恢复数据库时，SQL Server 将重建数据库文件，并把所重建的数据库文件置于备份数据库时这些文件所在的位置，所有的数据库对象都将自动重建，用户无须重建数据库的结构。

在 SQL Server 中，恢复数据库的语句是 RESTORE。

1．恢复数据库前的准备

在进行数据库恢复之前，RESTORE 语句要校验有关备份集或备份介质的信息，其目的是确保数据库备份介质是有效的。有两种方法可以得到有关数据库备份介质的信息。

1）通过界面方式查看所有备份介质的属性

在“对象资源管理器”面板中展开“服务器对象”→“备份设备”，选择欲查看的备份介质，右击，在弹出的快捷菜单中选择“属性”命令。

在打开的“备份设备”窗口中选择“媒体内容”选项卡，将显示所选备份介质的有关信息，如备份介质所在的服务器名、备份数据库名、备份类型、备份日期、到期日及大小等信息。

2）使用命令得到有关备份介质更详细的信息

RESTORE HEADERONLY 语句的执行结果是在特定的备份设备上检索所有备份集的所有备份首部信息。其语法格式如下。

```
RESTORE HEADERONLY
FROM <备份设备>                    /*指定还原时要使用的逻辑或物理备份设备*/
……
```

RESTORE FILELISTONLY 语句可获得备份集内包含的数据库和日志文件列表组成的结果集信息。RESTORE LABELONLY 语句可获得由有关给定备份设备所标识的备份媒体的信息组成的结果集信息。RESTORE VERIFYONLY 语句可以检查备份集是否完整及所有卷是否都可读。其具体语法格式与 RESTORE HEADERONLY 语句类似，这里不再列出。

2. 命令方式恢复数据库说明

使用 RESTORE 语句可以恢复用 BACKUP 命令所做的各种类型的备份，但是需要引起注意的是，对于使用完全恢复模式或大容量日志恢复模式的数据库，大多数情况下，在完整恢复模式或大容量日志恢复模式下，SQL Server 2012 要求先备份日志尾部，然后还原当前附加在服务器实例上的数据库。

"尾日志备份"可捕获尚未备份的日志（日志尾部），是恢复计划中的最后一个相关备份。除非 RESTORE 语句包含 WITH REPLACE 或 WITH STOPAT 子句，否则还原数据库而不先备份日志尾部将导致错误。

与正常日志备份相似，尾日志备份将捕获所有尚未备份的事务日志记录，但尾日志备份与正常日志备份在下列几个方面有所不同。

（1）如果数据库损坏或离线，则可以尝试进行尾日志备份。仅当日志文件未损坏且数据库不包含任何大容量日志更改时，尾日志备份才会成功。如果数据库包含要备份的、在记录间隔期间执行的大容量日志更改，则仅在所有数据文件都存在且未损坏的情况下，尾日志备份才会成功。

（2）尾日志备份可使用 COPY_ONLY 选项独立于定期日志备份进行创建。仅复制备份不会影响备份日志链。事务日志不会被尾日志备份截断，并且捕获的日志将包括在以后的正常日志备份中。这样就可以在不影响正常日志备份过程的情况下进行尾日志备份，如为了准备进行在线还原。

（3）如果数据库损坏，尾日志可能会包含不完整的元数据，这是因为某些通常可用于日志备份的元数据在尾日志备份中可能会不可用。使用 CONTINUE_AFTER_ERROR 进行的日志备份可能会包含不完整的元数据，这是因为此选项将通知进行日志备份，而不考虑数据库的状态。

（4）在创建尾日志备份时，也可以同时使数据库变为还原状态。使数据库离线可保证尾日志备份包含对数据库所做的所有更改，并且随后不对数据库进行更改。当需要对某个文件执行离线还原以便与数据库匹配时，或按照计划故障转移到日志传送备用服务器并希望切换回来时，会用到此操作。

3. 恢复整个数据库命令

当存储数据库的物理介质被破坏，或整个数据库被误删除或被破坏时，就要恢复整个数据库。在恢复整个数据库时，SQL Server 系统将重新创建数据库及与数据库相关的所有文件，并将文件存放在原来的位置。其语法格式如下。

```
RESTORE DATABASE { 数据库名 | @数据库名变量 }          /*指定被还原的目标数据库*/
[ FROM <备份设备> [ , … ] ]                              /*指定备份设备*/
[ WITH RECOVERY | NORECOVERY | STANDBY =
    {备用文件名 | @备用文件名变量}
]
……
```

【例 8.8】 使用 RESTORE 语句从一个已存在的命名备份介质 pxscjBK1 中恢复整个数据库 pxscj。

首先创建备份设备 pxscjBK1，代码如下。

```
USE pxscj
GO
EXEC sp_addumpdevice 'DISK', 'pxscjBK1',
       'D:\SQL Server\2012\pxscjBK1.bak'
```

使用 BACKUP 命令对 pxscj 数据进行完全备份，代码如下。

```
BACKUP DATABASE pxscj
   TO pxscjBK1
```

接着，在恢复数据库之前，用户可以对 pxscj 数据库做一些修改，如删除其中一个表，以便确认是否恢复了数据库。

恢复数据库的命令如下。

```
RESTORE DATABASE pxscj
    FROM pxscjBK1
    WITH  FILE=1, REPLACE
```

> **注意：**
>
> 在恢复前需要打开备份设备的属性页，查看数据库备份在备份设备中的位置，如果备份的位置为 2，那么 WITH 子句的 FILE 选项值就要设为 2。命令执行成功后用户可查看数据库是否恢复。

4．恢复数据库的部分内容命令

应用程序或用户的误操作，如无效更新或误删表格等，往往只影响到数据库的某些相对独立的部分。在这些情况下，SQL Server 提供了将数据库的部分内容还原到另一个位置的机制，以使损坏或丢失的数据可复制回原始数据库。

5．恢复特定的文件或文件组

若某个或某些文件被破坏或被误删除，则可以从文件或文件组备份中进行恢复，而不必进行整个数据库的恢复。

6．恢复事务日志

使用事务日志恢复，可将数据库恢复到指定的时间点。其语法格式如下。

```
RESTORE LOG { 数据库名 | @数据库名变量 }
[ <文件或文件组> [ , … ] ]
[ FROM <备份设备> [ , … ] ]
[ WITH
    [ RECOVERY | NORECOVERY | STANDBY = {备用文件名 | @备用文件名变量 } ]
    ……
    | , <指定时间点>
]
```

执行事务日志恢复必须在进行完全数据库恢复以后。以下语句是先从备份介质 pxscjBK1 进行完全恢复数据库 pxscj，再进行事务日志事务恢复，假设已经备份了 pxscj 数据库的事务日志到备份设备 pxscjLOGBK1 中。

```
RESTORE DATABASE pxscj
    FROM pxscjBK1
    WITH NORECOVERY, REPLACE
GO
RESTORE LOG pxscj
    FROM pxscjLOGBK1
```

7．恢复到数据库快照

可以使用 RESTORE 语句将数据库恢复到创建数据库快照时的状态。此时恢复的数据库会覆盖原来的数据库。其语法格式如下。

```
RESTORE DATABASE { 数据库名 | @数据库名变量 }
    FROM DATABASE_SNAPSHOT = 数据库快照名
```

【例 8.9】 创建 pxscj 数据库的快照，并将数据库恢复到创建该快照时的状态。

首先创建 pxscj 数据库的快照，代码如下。

```
CREATE DATABASE pxscj_1
    ON
    (
        NAME=pxscj,
        FILENAME='d:\Server\2012\pxscj_1.mdf'
    )
    AS SNAPSHOT OF pxscj
GO
```

接着对数据库做一些修改，以确定数据库是否恢复。恢复数据库的语句如下。

```
USE pxscj
GO
RESTORE DATABASE pxscj
    FROM DATABASE_SNAPSHOT='pxscj_1'
```

8.3.3 界面方式恢复数据库

在"对象资源管理器"面板中展开"数据库"，选择需要恢复的数据库（如 pxscj），右击，在弹出的快捷菜单中选择"任务"→"还原"→"数据库"命令，打开"还原数据库-pxscj"窗口，如图 8.5 所示。

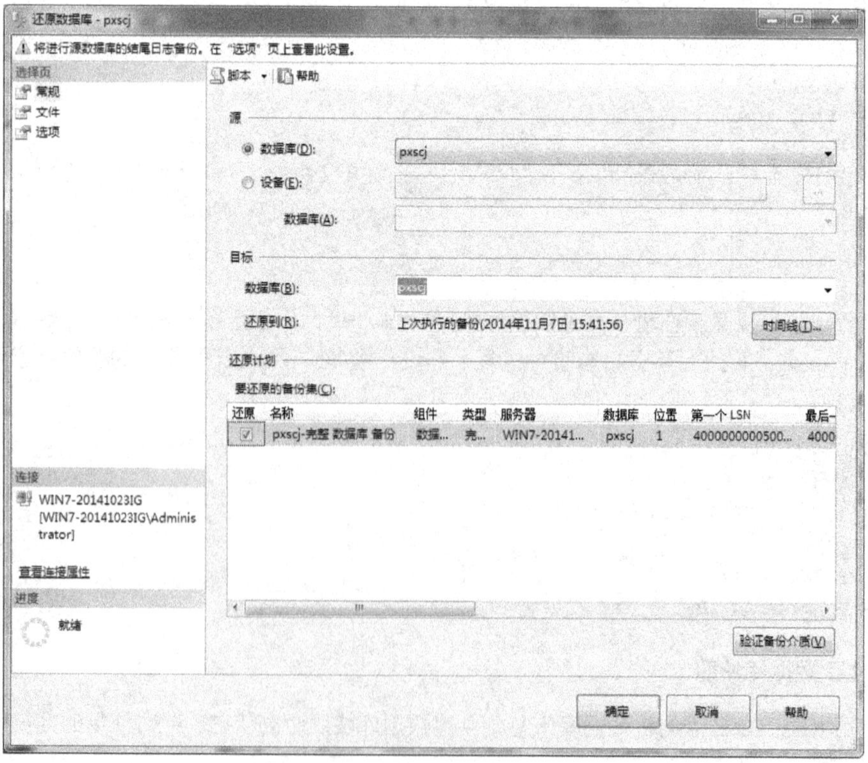

图 8.5 "还原数据库.pxscj"窗口

采用默认设置，单击“确定”按钮，pxscj 数据库即可恢复。

如果需要还原的数据库在当前数据库中不存在，则可以打开“对象资源管理器”面板选择“数据库”选项，右击，在弹出的快捷菜单中选择“还原数据库”命令，在打开的“还原数据库”窗口中进行相应的还原操作。

如果要还原特定的文件或文件组，则可以选择“文件或文件组”菜单项，之后的操作与还原数据库类似，这里不再重复。

8.4 附加数据库和数据库复制

8.4.1 附加数据库

当数据库发生异常、数据库中的数据丢失时，就可以使用已经备份的数据库文件来恢复数据库。这种方法叫做附加数据库。

SQL Server 附加数据库通过直接复制数据库的逻辑文件和日志文件来进行备份。这些文件在创建数据库时建立。例如，数据库 pxscj 创建完成，在“D:\ SQL Server\2012\MSSQL11.MSSQLSERVER\MSSQL\DATA”目录下找到对应的两个文件，如图 8.6 所示。

图 8.6 创建后的 pxscj 数据库文件

在“对象资源管理器”面板中右击“数据库”选项，在弹出的快捷菜单中选择“附加”命令，打开“附加数据库”窗口，单击“添加”按钮，选择要导入的数据库文件，单击“确定”按钮，返回“附加数据库”窗口。此时“附加数据库”窗口中列出了要附加的数据库的原始文件和日志文件的信息，单击“确定”按钮开始附加数据库。成功后将会在“数据库”列表中找到附加成功的数据库。

另外，通过附加数据库的方法还可以将一个服务器的数据库转移到另一个服务器中。

注意：

在复制数据库文件时，一定要先通过 SQL Server 配置管理器停止 SQL Server 服务，然后才能复制数据文件，否则无法复制。

8.4.2 复制数据库

在 SQL Server 中，可以使用“复制数据库向导”将数据库复制或转移到另一个服务器中。使用“复制数据库向导”前需要启动 SQL Server 代理服务，可以使用 SQL Server 配置管理器来完成。进入 SQL Server 配置管理器后，双击 SQL Server 代理服务，弹出“SQL Server 代理属性”对话框，单击“启动”按钮，启动该服务后即可使用“复制数据库向导”。

也可以直接在“对象资源管理器”面板中启动 SQL Server 代理服务：在“对象资源管理器”面板中右击“SQL Server 代理”选项，在弹出的快捷菜单中选择“启动”命令，在弹出的确认对话框中单击“是”按钮即可。

习　题

1．为什么在 SQL Server 2012 中需设置备份与恢复功能？
2．设计备份策略的指导思想是什么？主要考虑哪些因素？
3．创建 pxscj 数据库的备份到备份设备 PXSBK.bak。
4．数据库恢复要执行哪些操作？
5．T-SQL 中用于数据库备份和恢复的命令选项的含义分别是什么？
6．使用备份设备 PXSBK.bak 中的 pxscj 数据库的备份集恢复数据库 pxscj。

第 9 章　系统安全管理

数据的安全性管理是数据库服务器应实现的重要功能之一。SQL Server 2012 数据库采用了非常复杂的安全保护措施，其安全管理体现在如下几个方面。

（1）对用户登录进行身份验证（Authentication）。当用户登录到数据库系统时，系统对该用户的账户和口令进行验证，包括确认用户账户是否有效及能否访问数据库系统。

（2）对用户进行的操作进行权限控制。当用户登录到数据库后，只能对数据库中的数据在允许的权限内进行操作。也就是说，一个用户如果要对某一数据库进行操作，必须满足以下 3 个条件。

（1）登录 SQL Server 服务器时必须通过身份验证。

（2）必须是该数据库的用户，或者是某一数据库角色的成员。

（3）必须有执行该操作的权限。

下面介绍 SQL Server 是如何在这 3 方面进行管理的。

9.1　SQL Server 2012 的安全机制

9.1.1　SQL Server 身份验证模式

身份验证模式是指系统确认用户的方式。SQL Server 有两种身份验证模式：Windows 验证模式和 SQL Server 验证模式。

1．Windows 验证模式

用户登录 Windows 时进行身份验证，登录 SQL Server 时就不再进行身份验证了。注意：

（1）必须将 Windows 账户加入到 SQL Server 中，才能采用 Windows 账户登录 SQL Server。

（2）如果使用 Windows 账户登录到另一个网络的 SQL Server，则必须在 Windows 中设置彼此的托管权限。

2．SQL Server 验证模式

在 SQL Server 验证模式下，SQL Server 服务器要对登录的用户进行身份验证。系统管理员必须设定登录验证模式的类型为混合验证模式。当采用混合模式时，SQL Server 系统既允许使用 Windows 登录名登录，又允许使用 SQL Server 登录名登录。

9.1.2　SQL Server 安全性机制

SQL Server 的安全性机制主要是通过 SQL Server 的安全性主体和安全对象来实现的。SQL Serve 安全性主体主要有 3 个级别：服务器级别、数据库级别、架构级别。

1．服务器级别

服务器级别所包含的安全对象主要有登录名、固定服务器角色等。其中，登录名用于登录数据库服务器，而固定服务器角色用于给登录名赋予相应的服务器权限。

SQL Server 中的登录名主要有两种：第一种是 Windows 登录名，第二种是 SQL Server 登录名。

Windows 登录名对应 Windows 验证模式，该验证模式所涉及的账户类型主要有 Windows 本地用户账户、Windows 域用户账户、Windows 组。

SQL Server 登录名对应 SQL Server 验证模式，在该验证模式下，能够使用的账户类型主要是 SQL Server 账户。

2. 数据库级别

数据库级别所包含的安全对象主要有用户、角色、应用程序角色、证书、对称密钥、非对称密钥、程序集、全文目录、DDL 事件、架构等。

用户安全对象是用来访问数据库的。如果某人只拥有登录名，而没有在相应的数据库中为其创建登录名所对应的用户，则该用户只能登录数据库服务器，而不能访问相应的数据库。

若此时为其创建登录名所对应的数据库用户，而没有赋予相应的角色，则系统默认为该用户自动具有 public 角色。因此，该用户登录数据库后对数据库中的资源只拥有一些公共的权限。如果要让该用户对数据库中的资源拥有一些特殊的权限，则应该将该用户添加到相应的角色中。

3. 架构级别

架构级别所包含的数据库有表、视图、函数、存储过程、类型、同义词、聚合函数等。在创建这些对象时可设定架构，若不设定，则系统默认架构为 dbo。

数据库用户只能对属于自己架构中的数据库对象执行相应的数据操作。至于操作的权限则由数据库角色决定。例如，若某数据库中的表 A 属于架构 S1，表 B 属于架构 S2，而某用户默认的架构为 S2，如果没有授予用户操作表 A 的权限，则该用户不能对表 A 执行相应的数据操作。但是，该用户可以对表 B 执行相应的操作。

9.1.3 SQL Server 数据库安全验证

一个数据库使用者要想登录服务器上的 SQL Server 数据库，并对数据库中的表执行数据更新操作，则该使用者必须经过如图 9.1 所示的安全验证。

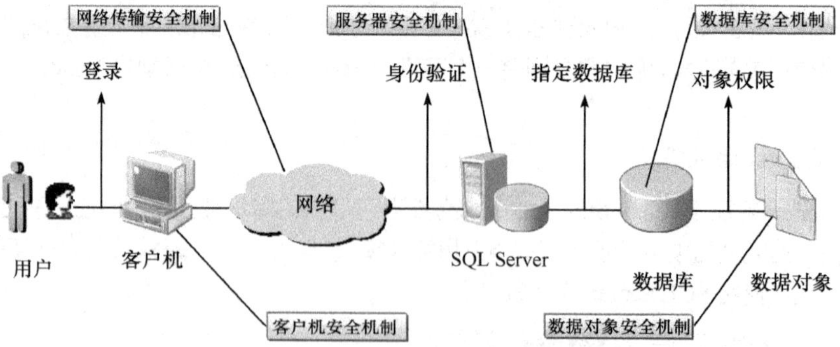

图 9.1 SQL Server 数据库安全验证

9.2 建立和管理用户账户

不管使用哪种验证方式，用户都必须具备有效的 Windows 用户登录名。SQL Server 有两个常用的默认登录名：sa 和计算机名\Windows 管理员账户名。其中，sa 是系统管理员，在 SQL Server 中拥有系统和数据库的所有权限。同时，SQL Server 为每个 Windows 管理员提供的默认用户账户，在 SQL Server 中拥有系统和数据库的所有权限。

9.2.1　通过界面方式管理用户账户

1. 建立 Windows 验证模式的登录名

在安装本地 SQL Server 2012 的过程中，选择 Windows 身份验证方式，在此情况下，如果要增加一个 Windows 的新用户 liu，那么如何授权该用户，使其能通过信任连接访问 SQL Server 呢？

（1）创建 Windows 的用户。以管理员身份登录到 Windows，打开控制面板，完成新用户“liu”的创建。

（2）将 Windows 账户加入到 SQL Server 中。以管理员身份登录到“SQL Server Management Studio”，在“对象资源管理器”面板中的“安全性”下选择“登录名”选项。右击，在弹出的快捷菜单中选择“新建登录名”命令，打开“登录名-新建”窗口，如图 9.2 所示。单击“常规”选项卡中的“搜索”按钮，在弹出的“选择用户或组”对话框中的“输入要选择的对象名称”中选项组输入“liu”，然后单击“检查名称”按钮，系统生成“WIN7-20141023IG\liu”，单击“确定”按钮，在登录名中就会显示完整名称。选择默认数据库为“pxscj”，如图 9.2 所示。

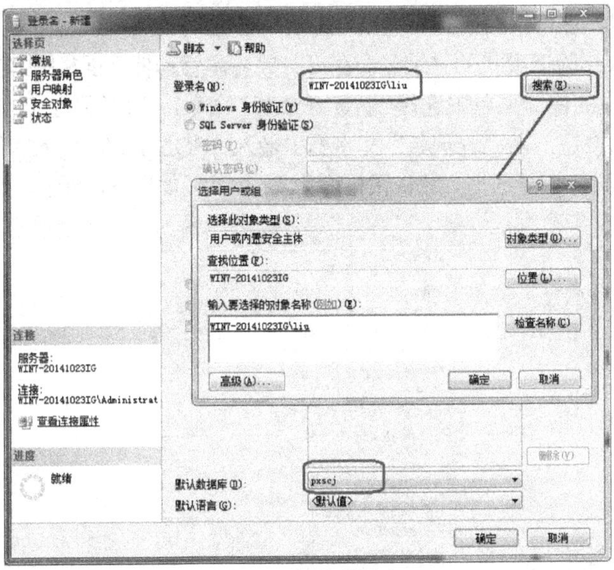

图 9.2　新建登录名

单击“确定”按钮。Windows 的新用户 liu 账户即可加入到 SQL Server 中，即新建一个 Windows 验证方式的登录名。

2. 建立 SQL Server 验证模式的登录名

（1）将验证模式设为混合模式。如果用户在安装 SQL Server 时验证模式没有设置为混合模式，则先要将验证模式设为混合模式。步骤如下。

以系统管理员身份登录到 SQL Server Management Studio，在“对象资源管理器”面板中选择要登录的 SQL Server 服务器图标，右击，在弹出的快捷菜单中选择“属性”命令，打开“服务器属性 WIN7-20141023IG”窗口。选择“安全性”选项卡。选中“SQL Server 和 Windows 身份验证模式”单选按钮，如图 9.3 所示。

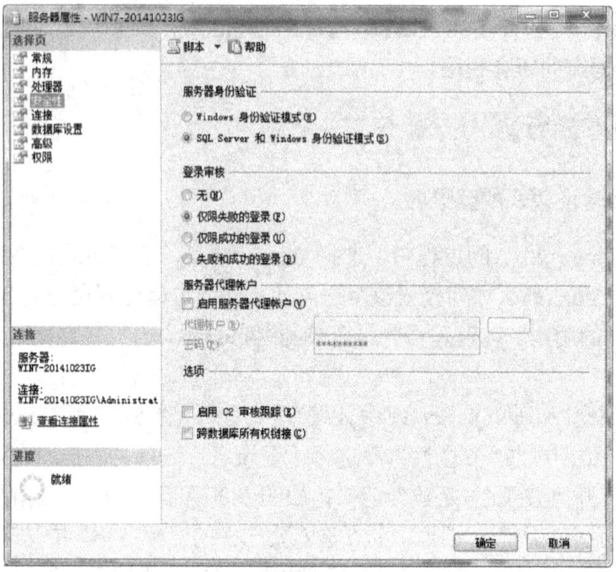

图 9.3 “服务器属性-WIN7-20141023IG”窗口

单击“确定”按钮，保存新的配置，重启 SQL Server 服务即可。

（2）创建 SQL Server 验证模式的登录名。在“对象资源管理器”面板中选择“安全性”中的“登录名”选项右击，在弹出的快捷菜单中选择“新建登录名”命令，打开“登录名-新建”窗口。选中“SQL Server 身份验证”单选按钮，在“登录名”文本框中输入“SQL_liu”，输入密码“123”并进行确认，并取消勾选“强制密码过期”复选框，默认数据库为“pxscj”，如图 9.4 所示。单击“确定”按钮即可。

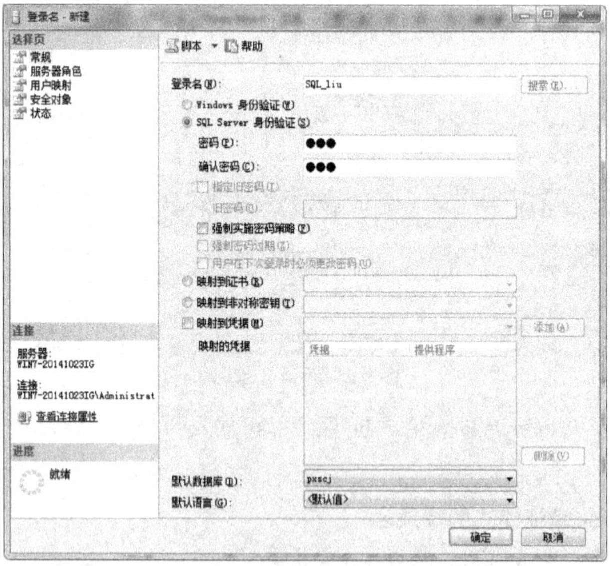

图 9.4 新建登录名

3. 管理数据库用户

在实现了数据库的安全登录后，检验用户权限的下一个安全等级就是数据库的访问权。数据库的访问权是通过映射数据库的用户与登录账户之间的关系来实现的。

一个登录名连接上 SQL Server 2012 以后，就需要设置用户访问数据库的权限。为此，需要创建数据库用户账户，然后给这些用户账户授予权限。设置权限以后，用户即可用这个账户连接 SQL Server 并访问能够访问的数据库。

（1）利用登录名新建数据库用户。以系统管理员身份连接 SQL Server，展开“数据库”（这里可选“pxscj”）→“安全性”，选择“用户”，右击，在弹出的快捷菜单中选择“新建用户”命令，打开“数据库用户-新建”窗口。在“登录名”文本框中填写一个能够登录 SQL Server 的登录名，如“SQL_liu”，在“用户名”文本框中填写一个数据库用户名“User_SQL_liu”。一个登录名在本数据库中只能创建一个数据库用户。这里可选择默认架构为 dbo，如图 9.5 所示。单击“确定”按钮完成创建。

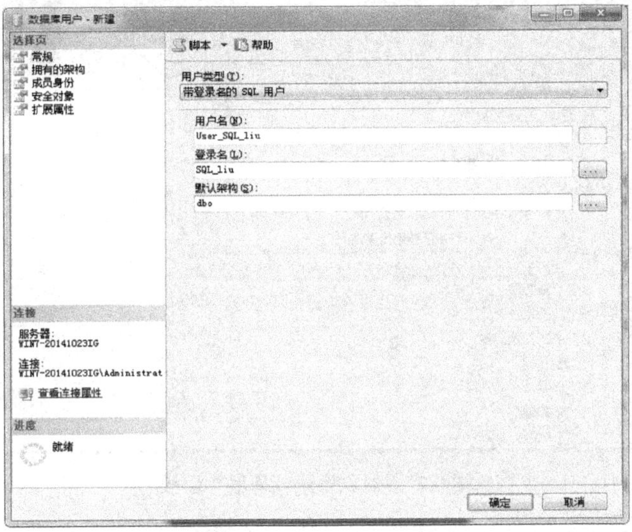

图 9.5　新建数据库用户

也可采用上述方法在 pxscj 数据库下新建 Windows 登录名“liu”对应的用户“User_liu”，如图 9.6 所示。

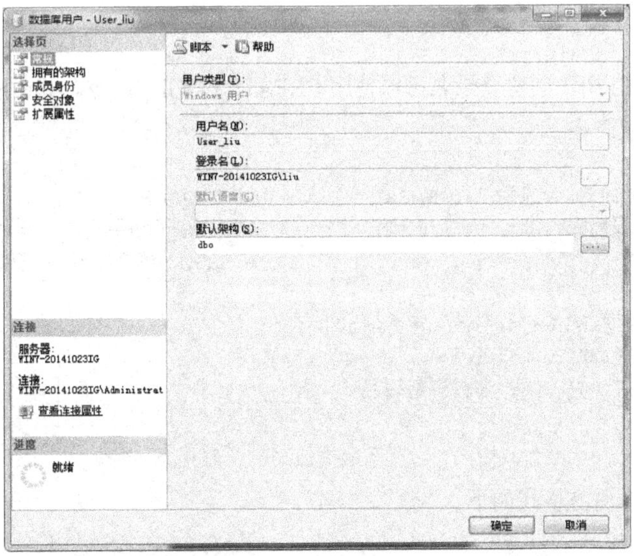

图 9.6　数据库用户

（2）数据库用户显示。数据库用户创建成功后，展开数据库“pxscj”→“安全性”，选择“用户”选项查看到该用户。在“用户”列表中，还可以修改现有数据库用户的属性，或者删除该用户。

（3）登录名对应数据库用户连接 SQL Server。重启 SQL Server，在该对话框中，“身份验证”选择“SQL Server 身份验证”，在“登录名”文本框中填写“SQL_liu”，输入密码“123”，单击“连接”按钮，即可连接 SQL Server。此时的“对象资源管理器”面板如图 9.7 所示。

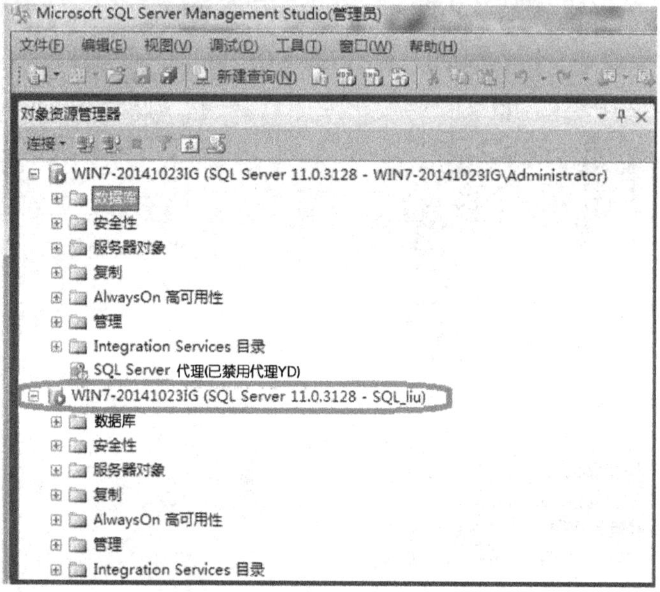

图 9.7 “对象资源管理器”面板

9.2.2 通过命令方式管理用户账户：CREATE LOGIN/USER

在 SQL Server 2012 中，还可以使用命令方式操作用户账户，如创建登录名、创建数据库用户等。

1. 登录名的创建与删除

1）创建登录名

在 SQL Server 2012 中，创建登录名可以使用 CREATE LOGIN 命令。其语法格式如下。

```
CREATE LOGIN 登录名
{
    WITH PASSWORD = '密码' [ HASHED ] [ MUST_CHANGE ]
        [ , <选项列表> [ , … ] ]              /*WITH 子句用于创建 SQL Server 登录名*/
    | FROM                                  /*FROM 子句用于创建其他登录名*/
    {
        WINDOWS [ WITH <Windows 选项> [ , … ] ]
        | CERTIFICATE 证书名
        | ASYMMETRIC KEY 非对称密钥名
    }
}
```

其中，选项列表的语法格式如下。

```
<选项列表> ::=
    SID = 登录 GUID
    | DEFAULT_DATABASE = 数据库
```

```
    | DEFAULT_LANGUAGE = 语言
    | CHECK_EXPIRATION = { ON | OFF}
    | CHECK_POLICY = { ON | OFF}
    [ CREDENTIAL = 凭据名 ]
<Windows 选项> ::=
    DEFAULT_DATABASE = 数据库
    | DEFAULT_LANGUAGE = 语言
```

有 4 种类型的登录名：Windows 验证模式登录名、SQL Server 验证模式登录名、证书映射登录名和非对称密钥映射登录名，这里只具体介绍前两种。

（1）创建 Windows 验证模式登录名。创建 Windows 验证模式登录名使用 FROM 子句，在 FROM 子句的语法格式中，WINDOWS 关键字指定将登录名映射到 Windows 登录名，其中，<Windows 选项>为创建 Windows 登录名的选项，DEFAULT_DATABASE 指定默认数据库，DEFAULT_LANGUAGE 指定默认语言。

> **注意：**
>
> 创建 Windows 登录名时首先要确认该 Windows 用户是否已经创建，在指定登录名时要符合“[域\用户名]”的格式，“域”为本地计算机名。

【例 9.1】 使用命令方式创建 Windows 登录名 tao（假设 Windows 用户 tao 已经创建，本地计算机名为 WIN7-20141023IG），默认数据库设置为 pxscj。

代码如下：

```
USE pxscj
GO
CREATE LOGIN [WIN7-20141023IG\tao]
    FROM WINDOWS
        WITH DEFAULT_DATABASE= pxscj
```

命令执行成功后在“登录名”→“安全性”列表上就可以查看到该登录名。

FROM 子句中还有另外两个选项：CERTIFICATE 选项用于指定将与登录名关联的证书名称；ASYMMETRIC KEY 选项用于指定将与此登录名关联的非对称密钥的名称。

（2）创建 SQL Server 验证模式登录名。创建 SQL Server 验证模式登录名使用 WITH 子句。其中：

① PASSWORD：用于指定正在创建的登录名的密码，“'密码'”为密码字符串。HASHED 选项指定在 PASSWORD 参数后输入的密码已经过哈希运算，如果未选择此选项，则在将作为密码输入的字符串存储到数据库之前，对其进行哈希运算。如果指定 MUST_CHANGE 选项，则 SQL Server 会在首次使用新登录名时提示用户输入新密码。

② <选项列表>：用于指定在创建 SQL Server 登录名时的一些选项，选项如下。

- SID：指定新 SQL Server 登录名的全局唯一标识符，如果未选择此选项，则自动指派。
- DEFAULT_DATABASE：指定默认数据库，如果未指定此选项，则默认数据库将设置为 master。
- DEFAULT_LANGUAGE：指定默认语言，如果未指定此选项，则默认语言将设置为服务器的当前默认语言。
- CHECK_EXPIRATION：指定是否对此登录名强制实施密码过期策略，默认值为 OFF。
- CHECK_POLICY：指定应对此登录名强制实施运行 SQL Server 的计算机的 Windows 密码策略，默认值为 ON。

只有在 Windows Server 2003 及更高版本上才会强制执行 CHECK_EXPIRATION 和 CHECK_POLICY。

【例 9.2】 创建 SQL Server 登录名 sql_tao，密码为 123456，默认数据库设置为 pxscj。

代码如下：

```
CREATE LOGIN sql_tao
    WITH PASSWORD='123456',
        DEFAULT_DATABASE=pxscj
```

2）删除登录名

删除登录名使用 DROP LOGIN 命令。其语法格式如下。

```
DROP LOGIN 登录名
```

例如，删除 Windows 登录名 tao 和 SQL Server 登录名 sql_tao。

```
DROP LOGIN [WIN7-20141023IG\tao]
DROP LOGIN sql_tao
```

2. 数据库用户的创建与删除

1）创建数据库用户

创建数据库用户使用 CREATE USER 命令。其语法格式如下。

```
CREATE USER 用户名
[{ FOR | FROM }
{
    LOGIN 登录名
    | CERTIFICATE 证书名
    | ASYMMETRIC KEY 非对称密钥名
}
| WITHOUT LOGIN
]
[ WITH DEFAULT_SCHEMA = 架构名 ]
```

说明：

（1）用户名：用于指定数据库用户名。FOR 或 FROM 子句用于指定相关联的登录名。

（2）LOGIN 登录名：指定要创建数据库用户的 SQL Server 登录名。“登录名”必须是服务器中有效的登录名。当此登录名进入数据库时，将获取正在创建的数据库用户的名称和 ID。

（3）WITHOUT LOGIN：指定不将用户映射到现有登录名。

（4）WITH DEFAULT_SCHEMA：指定服务器为此数据库用户解析对象名称时将搜索的第一个架构，默认为 dbo。

【例 9.3】 使用 SQL Server 登录名 sql_tao（假设已经创建）在 pxscj 数据库中创建数据库用户 User_sql_tao，默认架构名使用 dbo。

代码如下：

```
USE pxscj
GO
CREATE USER User_sql_tao
    FOR LOGIN sql_tao
    WITH DEFAULT_SCHEMA=dbo
```

命令执行成功后，可以在数据库 pxscj “安全性”中的“用户”列表中查看到该数据库用户。

2）删除数据库用户

删除数据库用户使用 DROP USER 语句。其语法格式如下。

```
DROP USER 用户名
```

“用户名”为要删除的数据库用户名，在删除之前要使用 USE 语句指定数据库。

例如，删除 pxscj 数据库的数据库用户 User_sql_tao 的代码如下。

```
USE pxscj
GO
DROP USER User_sql_tao
```

9.3 角色管理

在 SQL Server 中，通过角色可将用户分为不同的类，相同类用户（相同角色的成员）进行统一管理，赋予相同的操作权限。一个角色就相当于 Windows 账户管理中的一个用户组，可以包含多个用户。

SQL Server 给用户提供了预定义的服务器角色（固定服务器角色）、数据库角色（固定数据库角色）、自定义数据库角色和应用程序角色。固定服务器角色和固定数据库角色都是 SQL Server 内置的，不能进行添加、修改和删除。用户也可根据需要，创建自己的数据库角色，以便对具有同样操作的用户进行统一管理。

9.3.1 固定服务器角色

服务器角色独立于各个数据库。如果在 SQL Server 中创建一个登录名后，要赋予该登录者管理服务器的权限，此时可设置该登录名为服务器角色的成员。SQL Server 提供了以下固定服务器角色。

（1）sysadmin：系统管理员，角色成员可对 SQL Server 服务器进行所有的管理工作，为最高管理角色。这个角色一般适合于数据库管理员。

（2）securityadmin：安全管理员，角色成员可以管理登录名及其属性，可以授予、拒绝、撤销服务器级和数据库级的权限，还可以重置 SQL Server 登录名的密码。

（3）serveradmin：服务器管理员，角色成员具有对服务器进行设置及关闭服务器的权限。

（4）setupadmin：设置管理员，角色成员可以添加和删除链接服务器，并执行某些系统存储过程。

（5）processadmin：进程管理员，角色成员可以终止 SQL Server 实例中运行的进程。

（6）diskadmin：用于管理磁盘文件。

（7）dbcreator：数据库创建者，角色成员可以创建、更改、删除或还原任何数据库。

（8）bulkadmin：可执行 BULK INSERT 语句，但是这些成员对要插入数据的表必须有 INSERT 权限。BULK INSERT 语句的功能是以用户指定的格式复制一个数据文件至数据库表或视图。

（9）public：其角色成员可以查看任何数据库。

用户只能将一个用户登录名添加为上述某个固定服务器角色的成员，不能自行定义服务器角色。

例如，对于前面已建立的登录名“WIN7-20141023IG\tao”，如果要给其赋予系统管理员权限，可通过“对象资源管理器”面板或“系统存储过程”将该登录名加入 sysadmin 角色。

1．通过界面方式添加服务器角色成员

（1）以系统管理员身份登录到 SQL Server 服务器，在“对象资源管理器”面板中展开“安全性”→“登录名”，选择登录名，如“WIN7-20141023IG\tao”，双击或右击，在弹出的快捷菜单中选择“属性”命令，打开“登录属性”窗口。

（2）在打开的“登录属性”窗口中选择“服务器角色”选项卡，在“登录属性”窗口右侧面板列出了所有的固定服务器角色，用户可以根据需要，勾选相应服务器角色复选框，来为登录名添加服务器角色，此处默认已经选择了“public”服务器角色。单击“确定”按钮完成添加。

2．利用系统存储过程添加固定服务器角色成员

利用系统存储过程 sp_addsrvrolemember 可将一登录名添加到某一固定服务器角色中，使其成为固定服务器角色的成员。其语法格式如下。

```
sp_addsrvrolemember [ @登录名 = ] 'login',  [@角色名 =] 'role'
```

参数含义：'login'指定添加到固定服务器角色'role'的登录名，'login'可以是 SQL Server 登录名或 Windows 登录名；对于 Windows 登录名，如果还没有授予 SQL Server 访问权限，将自动对其授予访问权限。固定服务器角色名'role'必须为 sysadmin、securityadmin、serveradmin、setupadmin、processadmin、diskadmin、dbcreator、bulkadmin 和 public 之一。

> **说明：**
>
> （1）将登录名添加为固定服务器角色的成员后，该登录名就会得到与此固定服务器角色相关的权限。
>
> （2）不能更改 sa 角色成员资格。
>
> （3）不能在用户定义的事务内执行 sp_addsrvrolemember 存储过程。
>
> （4）sysadmin 固定服务器的成员可以将任何固定服务器角色添加到某个登录名，其他固定服务器角色的成员可以执行 sp_addsrvrolemember，为某个登录名添加同一个固定服务器角色。
>
> （5）如果不想让用户有任何管理权限，就不要将其指派给服务器角色，这样就可以将用户限定为普通用户。

【例 9.4】 将 Windows 登录名“WIN7-20141023IG\tao”添加到 sysadmin 固定服务器角色中。

代码如下：

```
EXEC sp_addsrvrolemember ' WIN7-20141023IG\tao', 'sysadmin'
```

3．利用系统存储过程删除固定服务器角色成员

利用 sp_dropsrvrolemember 系统存储过程可从固定服务器角色中删除 SQL Server 登录名或 Windows 登录名。其语法格式如下。

```
sp_dropsrvrolemember [ @登录名 = ] 'login' , [ @角色名 = ] 'role'
```

参数含义：'login'为将要从固定服务器角色删除的登录名。'role'为服务器角色名，默认值为 NULL，必须是有效的固定服务器角色名。

【例 9.5】 从 sysadmin 固定服务器角色中删除 SQL Server 登录名 sql_tao。

代码如下：

```
EXEC sp_dropsrvrolemember 'sql_tao', 'sysadmin'
```

也可在“对象资源管理器”面板中删除固定服务器角色中的登录名，请读者试一试。

9.3.2 固定数据库角色

固定数据库角色定义在数据库级别上，并且有权进行特定数据库的管理及操作。SQL Server 提供了以下固定数据库角色。

（1）db_owner：数据库所有者，这个数据库角色的成员可执行数据库中的所有管理操作。

用户发出的所有 SQL 语句均受限于该用户具有的权限。例如，CREATE DATABASE 仅限于 sysadmin 和 dbcreator 固定服务器角色的成员使用。

sysadmin 固定服务器角色的成员、db_owner 固定数据库角色的成员及数据库对象的所有者都可授予、拒绝或废除某个用户或某个角色的权限；使用 GRANT 赋予执行 T-SQL 语句或对数据进行操作的权限；使用 DENY 拒绝权限，并防止指定的用户、组或角色从组和角色成员的关系中继承权限；使用 REVOKE 取消以前授予或拒绝的权限。

（2）db_accessadmin：数据库访问权限管理者，角色成员具有添加、删除数据库使用者、数据库角色和组的权限。

（3）db_securityadmin：数据库安全管理员，角色成员可管理数据库中的权限，如设置数据库表的增加、删除、修改和查询等存取权限。

（4）db_ddladmin：数据库 DDL 管理员，角色成员可增加、修改或删除数据库中的对象。

（5）db_backupoperator：数据库备份操作员，角色成员具有执行数据库备份的权限。

（6）db_datareader：数据库数据读取者，角色成员可以从所有用户表中读取数据。

（7）db_datawriter：数据库数据写入者，角色成员具有对所有用户表进行增加、删除、修改的权限。

（8）db_denydatareader：数据库拒绝数据读取者，角色成员不能读取数据库中任何表的内容。

（9）db_denydatawriter：数据库拒绝数据写入者，角色成员不能对任何表进行增加、删修、修改操作。

（10）public：一个特殊的数据库角色，每个数据库用户都是 public 角色的成员，因此不能将用户、组或角色指派为 public 角色的成员，也不能删除 public 角色的成员。通常将一些公共的权限赋给 public 角色。

在创建一个数据库用户之后，可以将该数据库用户加入到数据库角色中，从而授予其管理数据库的权限。

例如，对于前面已建立的 pxscj 数据库上的数据库用户“david”，如果要给其赋予数据库管理员权限，可通过“对象资源管理器”面板或“系统存储过程”将该用户加入 db_owner 角色。

1．通过界面方式添加固定数据库角色成员

（1）以系统管理员身份登录到 SQL Server 服务器，在“对象资源管理器”面板中展开“数据库”→“pxscj”→“安全性”→“用户”，选择一个数据库用户，如“User_tao”，双击或右击，在弹出的快捷菜单中选择“属性”命令，打开“数据库用户”窗口。

（2）在“常规”选项卡中的“数据库角色成员身份”选项组中，用户可以根据需要，勾选数据库角色的复选框，为数据库用户添加相应的数据库角色，单击“确定”按钮完成添加。

（3）查看固定数据库角色的成员。在“对象资源管理器”面板中，在 pxscj 数据库下的“安全性”→“角色”→“数据库角色”目录下，选择“数据库角色”选项，如“db_owner”，右击，在弹出的快捷菜单中选择“属性”命令，在打开的“属性”窗口中的“角色成员”选项组中可以看到该数据库角色的成员列表。

2．利用“系统存储过程”添加固定数据库角色成员

利用系统存储过程 sp_addrolemember 可以将一个数据库用户添加到某一固定数据库角色中，使其成为该固定数据库角色的成员。其语法格式如下。

```
sp_addrolemember [ @角色名 = ] 'role', [ @成员名 = ] 'security_account'
```

参数含义：'role'为当前数据库中的数据库角色的名称。'security_account'为添加到该角色的安全账户，可以是数据库用户或当前数据库角色。

> **说明：**
>
> （1）当使用 sp_addrolemember 将用户添加到角色时，新成员将继承所有应用到角色的权限。
>
> （2）不能将固定数据库或固定服务器角色或 dbo 添加到其他角色。例如，不能将 db_owner 固定数据库角色添加成为用户定义的数据库角色的成员。
>
> （3）在用户定义的事务中不能使用 sp_addrolemember。
>
> （4）只有 sysadmin 固定服务器角色和 db_owner 固定数据库角色中的成员可以执行 sp_addrolemember，将成员添加到数据库角色。
>
> （5）db_securityadmin 固定数据库角色的成员可以将用户添加到任何用户定义的角色。

【例 9.6】 将 pxscj 数据库上的数据库用户 User_sql_tao 添加为固定数据库角色 db_owner 的成员。

代码如下：

```
USE pxscj
GO
EXEC sp_addrolemember 'db_owner', 'User_sql_tao'
```

3．利用“系统存储过程”删除固定数据库角色成员

利用系统存储过程 sp_droprolemember 可以将某一成员从固定数据库角色中去除。其语法格式如下。

```
sp_droprolemember [ @角色名 = ] 'role' , [ @成员名 = ] 'security_account'
```

> **说明：**
>
> 删除某一角色的成员后，该成员将失去作为该角色的成员身份所拥有的任何权限；不能删除 public 角色的用户，也不能从任何角色中删除 dbo。

【例 9.7】 将数据库用户 User_sql_tao 从 db_owner 中去除。

代码如下：

```
USE pxscj
GO
EXEC sp_droprolemember 'db_owner', 'User_sql_tao'
```

9.3.3 自定义数据库角色：CREATE/DROP ROLE

由于固定数据库角色的权限是固定的，有时有些用户需要一些特定的权限，如数据库的删除、修改和执行权限。固定数据库角色无法满足这种要求，这时就需要创建一个自定义数据库角色。

在创建数据库角色时将某些权限授予该角色，然后将数据库用户指定为该角色的成员，这样用户将继承这个角色的所有权限。

例如，要在数据库 pxscj 上定义一个数据库角色 ROLE1，该角色中新增成员有“tao”，对 pxscj 可进行的操作有查询、插入、删除、修改。下面将介绍如何实现这些功能。

1．通过界面方式创建数据库角色

1）创建数据库角色

以 Windows 系统管理员身份连接 SQL Server，在“对象资源管理器”面板中展开“数据库”，选择要创建角色的数据库（如 pxscj），展开其中的“安全性”→“角色”，右击，在弹出的快捷菜单中选择“新建”→“新建数据库角色”命令，打开“数据库角色-新建”窗口。

在“数据库角色-新建”窗口中，选择“常规”选项卡，输入要定义的角色名称（如 ROLE1），所有者默认为 dbo。直接单击“确定”按钮，完成数据库角色的创建，如图 9.8 所示。

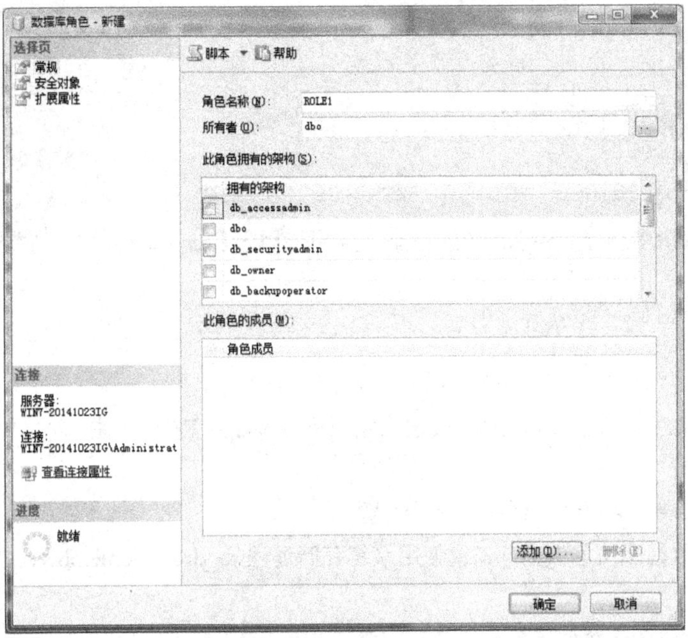

图 9.8 新建数据库角色

2）将数据库用户加入数据库角色

将用户加入自定义数据库角色的方法与将用户加入固定数据库角色的方法类似。例如，将 pxscj 数据库的用户 User_tao 加入 ROLE1 角色。此时数据库角色 ROLE1 的成员还没有任何权限。当授予数据库角色权限时，这个角色的成员也将获得相同的权限。当数据库用户成为某一数据库角色的成员之后，该数据库用户就获得该数据库角色所拥有的对数据库操作的权限。

2. 通过命令创建数据库角色

(1) 定义数据库角色。创建用户自定义数据库角色可以使用 CREATE ROLE 语句。其语法格式如下。

```
CREATE ROLE 角色名 [ AUTHORIZATION 所有者名 ]
```

说明：

“角色名”为要创建的数据库角色的名称。“AUTHORIZATION 所有者名”用于指定新的数据库角色的所有者，如果未指定，则执行 CREATE ROLE 的用户将拥有该角色。

【例 9.8】 在当前数据库中创建名为 ROLE2 的新角色，并指定 dbo 为该角色的所有者。

代码如下：

```
USE pxscj
GO
CREATE ROLE ROLE2
   AUTHORIZATION dbo
```

（2）给数据库角色添加成员。向用户定义数据库角色添加成员也使用存储过程 sp_ addrolemember，用法与之前介绍的基本相同。

【例 9.9】 使用 Windows 身份验证模式的登录名（如 WIN7-20141023IG\tao）创建 pxscj 数据库的用户（如 User_tao），并将该数据库用户添加到 ROLE1 数据库角色中。

代码如下：

```
USE pxscj
GO
CREATE USER  [User_tao]
   FROM LOGIN [WIN7-20141023IG\tao]
GO
EXEC sp_addrolemember 'ROLE1', 'WIN7-20141023IG\tao'
```

【例 9.10】将 SQL Server 登录名创建的 pxscj 的数据库用户 User_sql_tao 添加到数据库角色 ROLE1 中。

代码如下：

```
USE pxscj
GO
EXEC sp_addrolemember 'ROLE1','User_sql_tao'
```

【例 9.11】 将数据库角色 ROLE2（假设已经创建）添加到 ROLE1 中。

代码如下：

```
EXEC sp_addrolemember 'ROLE1','ROLE2'
```

将一个成员从数据库角色中去除，也使用系统存储过程 sp_droprolemember，之前已经介绍过，在此不再赘述。

3．通过命令方式删除数据库角色

要删除数据库角色，可以使用 DROP ROLE 语句。其语法格式如下。

```
DROP ROLE 角色名
```

其中，“角色名”为要删除的数据库角色的名称。

> **说明：**
>
> （1）无法从数据库删除拥有安全对象的角色。若要删除拥有安全对象的数据库角色，必须首先转移这些安全对象的所有权，或从数据库删除它们。
>
> （2）无法从数据库删除拥有成员的角色。若要删除拥有成员的数据库角色，必须首先删除角色的所有成员。
>
> （3）不能使用 DROP ROLE 删除固定数据库角色。

【例 9.12】 删除数据库角色 ROLE2。

在删除 ROLE2 之前首先需要将 ROLE2 中的成员删除，可以使用界面方式，也可以使用命令方式。若使用界面方式，只需在 ROLE2 的属性页中操作即可。采用命令方式在删除固定数据库成员时已经介绍，请参见前面内容。确认 ROLE2 可以删除后，使用以下命令删除 ROLE2。

```
DROP ROLE ROLE2
```

9.3.4 应用程序角色

应用程序角色相对于固定服务器角色和固定数据库角色来说比较特殊，它没有默认的角色成员。应用程序角色能够使应用程序用其自身的、类似用户的特权来运行。使用应用程序角色可以只允许通过特定应用程序连接的用户访问特定数据，用户仅用他们的 SQL Server 登录名和数据库账户将无法访问数据。

使用应用程序角色的一般过程如下：创建一个应用程序角色，并给它指派权限；用户打开批准的应用程序，并登录 SQL Server；激活应用程序角色，为此需要使用系统存储过程 sp_setapprole。

应用程序角色一旦被激活，SQL Server 就将用户作为应用程序来看待，并给用户指派应用程序角色所拥有的权限。

创建应用程序角色的步骤如下。

（1）以系统管理员身份连接 SQL Server，在“对象资源管理器”面板中展开“数据库”→“pxscj”→“安全性”→“角色”，右击“角色”选项，在弹出的快捷菜单中选择“新建”→“新建应用程序角色”命令，如图 9.9 所示。

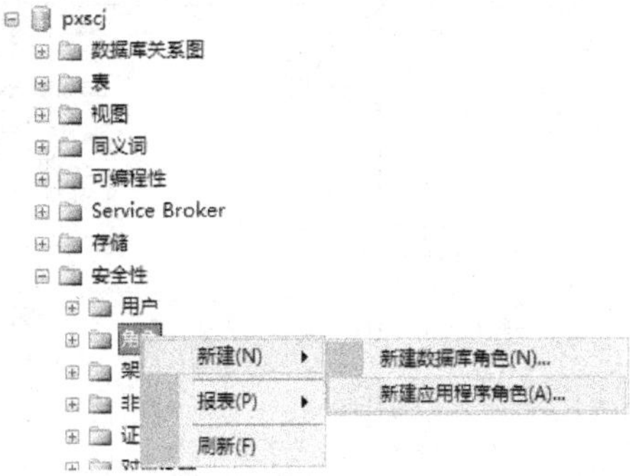

图 9.9　选择“新建应用程序角色”命令

（2）在打开的“应用程序角色-新建”窗口中输入应用程序角色名称“APPROLE”，默认架构设置为“dbo”，设置密码为“123”，如图 9.10 所示。

在“安全对象”选项卡中单击“搜索”按钮添加特定对象，选择安全对象为表 xsb。单击“确定”按钮返回“安全对象”选项卡中，授予表 xsb 的“选择”权限（如图 9.11 所示），完成后单击“确定”按钮。

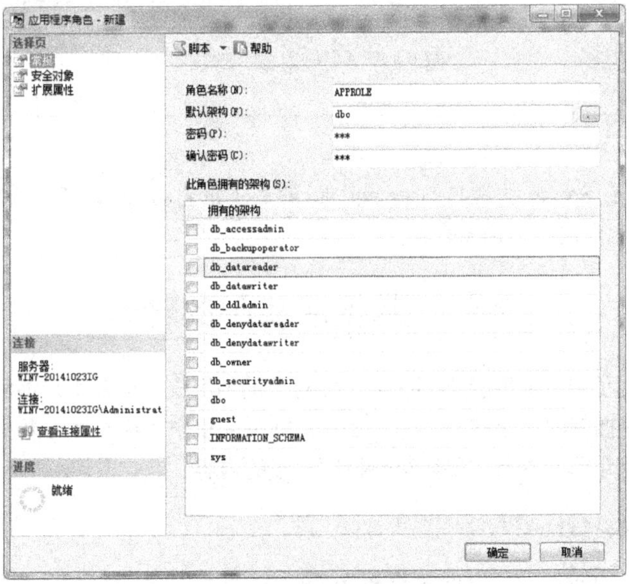

图 9.10　“应用程序角色-新建”窗口

（3）添加 User_sql_tao 用户为 db_denydatareader 数据库角色的成员，使用 sql_tao 登录名连接 SQL Server。此后，在查询窗口中输入如下语句。

```
USE pxscj
GO
SELECT * FROM xsb
```

运行结果显示出错信息。

（4）使用系统存储过程 sp_setapprole 激活应用程序角色，其语法格式如下。

```
EXEC sp_setapprole 'APPROLE', '123'
```

（5）在查询窗口中重新输入第（3）步中的查询语句，成功地执行查询。

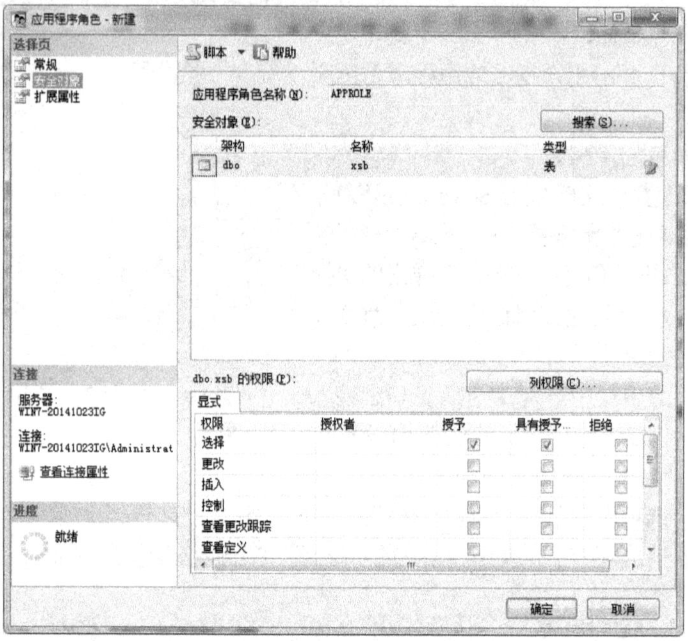

图 9.11 “安全对象”选项

说明：

在此过程中，SQL Server 将用户 User_sql_tao 看成了角色 APPROLE，而角色 APPROLE 拥有表 xsb 的查询权限，所以能够查询 xsb 表。

9.4 数据库权限的管理

数据库的权限指明了用户能够获得哪些数据库对象的使用权，以及用户能够对哪些对象执行何种操作。用户在数据库中拥有的权限取决于用户账户的数据库权限和用户所在数据库角色的类型。数据库角色的内容之前已经介绍，本节主要介绍数据库权限的内容。

9.4.1 授予权限：GRANT

权限的授予可以使用命令方式或界面方式完成。

1. 通过命令方式授予权限

利用 GRANT 语句可以给数据库用户或数据库角色授予数据库级别或对象级别的权限。其语法格式如下。

```
GRANT { ALL [ PRIVILEGES ] } | 权限 [ ( 列 [ , … ] ) ] [ , … ]
    [ ON 安全对象 ] TO 主体 [ , … ]
    [ WITH GRANT OPTION ] [ AS 主体 ]
```

说明：

（1）ALL：表示授予所有可用的权限。ALL PRIVILEGES 是 SQL-92 标准的用法。对于语句权限，只有 sysadmin 角色成员可以使用 ALL；对于对象权限，sysadmin 角色成员和数据库对象所有者都可以使用 ALL。SQL Server 2012 不推荐使用此选项，保留此选项仅用于向后兼容，它不会授予所有可能的权限。

（2）权限：权限的名称。根据安全对象的不同，权限的取值也不同。对于数据库，权限取值可为 BACKUP DATABASE、BACKUP LOG、CREATE DATABASE、CREATE DEFAULT、CREATE FUNCTION、CREATE PROCEDURE、CREATE RULE、CREATE TABLE 或 CREATE VIEW；对于表、表值函数或视图，权限的取值可为 SELECT、INSERT、DELETE、UPDATE 或 REFERENCES；对于存储过程，权限的取值为 EXECUTE；对于用户函数，权限可为 EXECUTE 和 REFERENCES。

（3）列：指定表、视图或表值函数中要授予对其权限的列的名称。只能授予对列的 SELECT、REFERENCES 及 UPDATE 权限。列可以在权限子句中指定，也可以在安全对象名称之后指定。

（4）ON 安全对象：指定将授予其权限的安全对象。例如，要授予表 xsb 上的权限时，ON 子句为 ON xsb。对于数据库级的权限，不需要指定 ON 子句。

（5）主体：主体的名称，指被授予权限的对象，可为当前数据库的用户、数据库角色，指定的数据库用户、角色必须在当前数据库中存在，不可将权限授予其他数据库中的用户和角色。

（6）WITH GRANT OPTION：表示允许被授权者在获得指定权限的同时，将指定权限授予其他用户、角色或 Windows 组，WITH GRANT OPTION 子句仅对对象权限有效。

（7）AS 主体：指定当前数据库中执行 GRANT 语句的用户所属的角色名或组名。当对象上的权限被授予一个组或角色时，用 AS 将对象权限进一步授予不是组或角色成员的用户。

GRANT 语句可使用两个特殊的用户账户：public 角色和 guest 用户。授予 public 角色的权限可应用于数据库中的所有用户；授予 guest 用户的权限可为所有在数据库中没有数据库用户账户的用户使用。

【例 9.13】 给 pxscj 数据库上的用户 User_wang 和 User_sql_wang 授予创建表的权限。

用上述方法创建 Windows 登录名 wang 和 pxscj 数据库用户 User_wang。创建 SQL Server 登录名 sql_wang 和 pxscj 数据库用户 User_sql_wang。

以系统管理员身份登录 SQL Server，新建一个查询，输入以下语句。

```
USE pxscj
GO
GRANT CREATE TABLE
   TO User_wang, User_sql_wang
GO
```

说明：

授予数据库级权限时，CREATE DATABASE 权限只能在 master 数据库中被授予。如果用户账户含有空格、反斜杠（\），则要用引号或中括号将安全账户括起来。

【例 9.14】 首先在数据库 pxscj 中给 public 角色授予表 xsb 的 SELECT 权限。然后，将其他一些权限授予用户 User_wang 和 User_sql_wang，使用户有对 xsb 表的所有操作权限。

以系统管理员身份登录 SQL Server，新建一个查询，输入以下语句。

```
USE pxscj
GO
GRANT SELECT
   ON xsb
```

```
    TO public
GO
GRANT INSERT, UPDATE, DELETE, REFERENCES
    ON xsb
    TO User_wang, User_sql_wang
GO
```

【例 9.15】 将 CREATE TABLE 权限授予数据库角色 ROLE1 的所有成员。

以系统管理员身份登录 SQL Server，新建一个查询，输入以下语句。

```
GRANT CREATE TABLE
    TO ROLE1
```

【例 9.16】 以系统管理员身份登录 SQL Server，将表 xsb 的 SELECT 权限授予 ROLE2 角色（指定 WITH GRANT OPTION 子句）。用户 User_li 是 ROLE2 的成员（创建过程略），在 User_li 用户上将表 xsb 上的 SELECT 权限授予用户 User_huang（创建过程略），User_huang 不是 ROLE2 的成员。

（1）以 Windows 系统管理员身份连接 SQL Server，授予角色 ROLE2 在 xsb 表上的 SELECT 权限。

```
USE pxscj
GO
GRANT SELECT
    ON xsb
    TO ROLE2
    WITH GRANT OPTION
```

在"Microsoft SQL Server Management Studio"窗口上单击"新建查询"按钮旁边的数据库引擎查询按钮，在打开的连接窗口中以 User_li 用户的登录名 li 登录。单击"连接"按钮连接到 SQL Server 服务器。

在查询分析器窗格中使用如下语句将用户 User_li 在 xsb 表上的 SELECT 权限授予 User_huang。

```
USE pxscj
GO
GRANT SELECT
    ON xsb TO User_huang
    AS ROLE2
```

> **说明：**
>
> 由于 User_li 是 ROLE2 角色的成员，因此必须用 AS 子句对 User_huang 授予权限。

【例 9.17】 在当前数据库 pxscj 中给 public 角色赋予对表 xsb 中学号、姓名字段的 SELECT 权限。

以系统管理员身份登录 SQL Server，新建一个查询，输入以下语句：

```
USE pxscj
GO
GRANT SELECT
    (学号,姓名) ON xsb
    TO public
GO
```

2．通过界面方式授予权限

1）授予数据库的权限

例如，数据库用户 User_wang 授予 pxscj 数据库中 CREATE TABLE 语句的权限（即创建表的权限）的操作步骤如下。

（1）选择“pxscj”数据库，右击，在弹出的快捷菜单中选择“属性”命令，打开 pxscj 数据库的属性窗口，选择“权限”选项卡。在用户或角色栏中选择需要授予权限的用户或角色（如 User_wang），在列出的权限列表中找到相应的权限（如“创建表”），勾选相应复选框，单击“确定”按钮即可完成。

（2）如果需要授予权限的用户在列出的用户列表中不存在，则可以单击“搜索”按钮，将该用户添加到列表中再进行选择。选择“有效”选项卡，可以查看该用户在当前数据库中有哪些权限。

2）授予数据库对象上的权限

例如，给数据库用户 User_wang 授予 kcb 表上的 SELECT、INSERT 权限。

（1）展开“pxscj”数据库→“表”→“kcb”，右击，在弹出的快捷菜单中选择“属性”命令，打开 kcb 表的属性窗口，选择“权限”选项卡。

（2）单击“搜索”按钮，在打开的“选择用户或角色”窗口中单击“浏览”按钮，选择需要授权的用户或角色（如 User_wang），单击“确定”按钮返回 kcb 表的属性窗口。

（3）选择用户（如 User_wang），在权限列表中选择需要授予的权限，如“插入”、“选择”，单击“确定”按钮完成授权。

（4）如果要授予的用户在表的列上的 SELECT 权限，可以选择“选择”权限后单击“列权限”按钮，在弹出的“列权限”对话框中选择要授予权限的列即可。

对用户授予权限后，读者可以以该用户身份登录 SQL Server，然后对数据库执行相关的操作，以测试是否得到已授予的权限。

9.4.2 拒绝权限

使用 DENY 命令可以拒绝给当前数据库内的用户授予的权限，并防止数据库用户通过其组或角色成员资格继承权限。其语法格式如下。

```
DENY { ALL [ PRIVILEGES ] }
    | 权限 [ ( 列 [ , … ] ) ] [ , … ]
    [ ON 安全对象 ] TO 主体 [ , … ]
    [ CASCADE] [ AS 主体 ]
```

说明：

CASCADE 表示拒绝为指定用户或角色授权该权限，同时对该用户或角色授予该权限的所有其他用户和角色也拒绝授予该权限。当主体具有带 WITH GRANT OPTION 的权限时，为必选项。DENY 命令语法格式其他各项的含义与 GRANT 命名中的相同。

注意：

（1）如果使用 DENY 语句禁止用户获得某个权限，那么以后将该用户添加到已得到该权限的组或角色时，该用户不能访问这个权限。

（2）默认情况下，sysadmin、db_securityadmin 角色成员和数据库对象所有者具有执行 DENY 的权限。

【例 9.18】 对多个用户不允许使用 CREATE VIEW 和 CREATE TABLE 语句。

代码如下：

```
DENY CREATE VIEW, CREATE TABLE
   TO li, huang
GO
```

【例 9.19】 拒绝用户 li、huang、[WIN7-20141023IG\liu]对表 xsb 的一些权限。

代码如下：

```
USE pxscj
GO
DENY SELECT, INSERT, UPDATE, DELETE
   ON xsb TO li, huang, [WIN7-20141023IG\liu]
GO
```

【例 9.20】 对所有 ROLE2 角色成员拒绝 CREATE TABLE 权限。

代码如下：

```
DENY CREATE TABLE
   TO ROLE2
GO
```

> **说明：**
>
> 假设用户 wang 是 ROLE2 的成员，并显式授予了 CREATE TABLE 权限，但仍拒绝 wang 的 CREATE TABLE 权限。

界面方式拒绝权限也是在相关的数据库或对象的属性窗口中操作的，勾选相应的“拒绝”复选框即可。

9.4.3 撤销权限

利用 REVOKE 命令可撤销以前给当前数据库用户授予或拒绝的权限。其语法格式如下。

```
REVOKE [ GRANT OPTION FOR ]
{
   [ ALL [ PRIVILEGES ] ]
      | 权限 [ ( 列 [ , … ] ) ] [ , … ]
}
[ ON 安全对象 ]
{ TO | FROM } 主体 [ , … ]
[ CASCADE] [ AS 主体 ]
```

> **说明：**
>
> （1）REVOKE 只适用于当前数据库内的权限。GRANT OPTION FOR 表示将撤销授予指定权限的能力。
>
> （2）REVOKE 只在指定的用户、组或角色上取消授予或拒绝的权限。例如，给 wang 用户账户授予了查询 xsb 表的权限，该用户账户是 ROLE1 角色的成员。如果取消了 ROLE1 角色查询 xsb 表的访问权，并且已显式授予 wang 查询表的权限，则 wang 仍能查询该表；若未显式授予 wang 查询 xsb 的权限，那么取消 ROLE1 角色的权限也将禁止 wang 查询该表。
>
> （3）REVOKE 权限默认授予 sysadmin 固定服务器角色成员、db_owner 和 db_securityadmin 固定数据库角色成员。

【例 9.21】 取消已授予用户 User_wang 的 CREATE TABLE 权限。

代码如下：

```
REVOKE CREATE TABLE
    FROM User_wang
```

【例 9.22】 取消授予多个用户的多个语句权限。

代码如下：

```
REVOKE CREATE TABLE, CREATE DEFAULT
    FROM User_wang, User_li
GO
```

【例 9.23】 取消以前对 User_wang 授予或拒绝的在 xsb 表上的 SELECT 权限。

代码如下：

```
REVOKE SELECT
    ON xsb
    FROM User_wang
```

【例 9.24】 角色 ROLE2 在 xsb 表上拥有 SELECT 权限，用户 User_li 是 ROLE2 的成员，User_li 使用 WITH GRANT OPTION 子句将 SELECT 权限转移给了用户 User_huang，用户 User_huang 不是 ROLE2 的成员。现要以用户 User_li 的身份撤销用户 User_huang 的 SELECT 权限。

以登录名 li 的身份登录 SQL Server 服务器，新建一个查询，使用如下语句撤销 User_huang 的 SELECT 权限。

```
USE pxscj
GO
REVOKE SELECT
    ON xsb
    TO User_huang
    AS ROLE2
```

9.5　数据库架构的定义和使用

在 SQL Server 2012 中，数据库架构是一个独立于数据库用户的非重复命名空间，数据库中的对象都属于某一个架构。一个架构只能有一个所有者，所有者可以是用户、数据库角色等。架构的所有者可以访问架构中的对象，并且还可以授予其他用户访问该架构的权限。

可以使用“对象资源管理器”面板和 T-SQL 语句两种方式来创建架构，但必须具有 CREATE SCHEMA 权限。

9.5.1　通过界面方式创建架构

1. 创建架构

以在 pxscj 数据库中创建架构为例，具体步骤如下。

（1）以系统管理员身份登录 SQL Server，在“对象资源管理器”面板中展开“数据库”→“pxscj”→“安全性”，选择“架构”选项，右击，在弹出的快捷菜单中选择“新建架构”命令。

（2）在打开的“架构-新建”窗口中选择“常规”选项卡，在“架构名称”文本框中输入架构名称（如 Sch_test），如图 9.12 所示。单击“搜索”按钮，在弹出的“搜索角色和用户”对话框中单击“浏览”按钮，弹出的“查找对象”对话框，勾选“User_SQL_liu”复选框，单击“确定”按钮，返回“搜索角色和用户”对话框。

单击“确定”按钮，返回“架构-新建”窗口。

单击“确定”按钮，完成架构的创建。这样就将用户 User_SQL_liu 设为架构 Sch_test 的所有者。

（3）创建完后，展开“数据库”→“pxscj”→“安全性”→“架构”，可以找到该创建后的新架构，打开该架构的属性窗口可以更改架构的所有者。

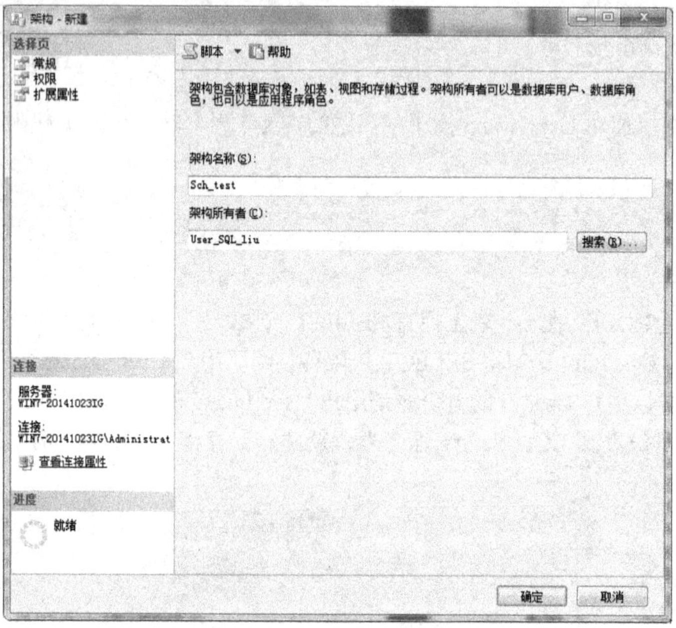

图 9.12 “架构-新建”窗口

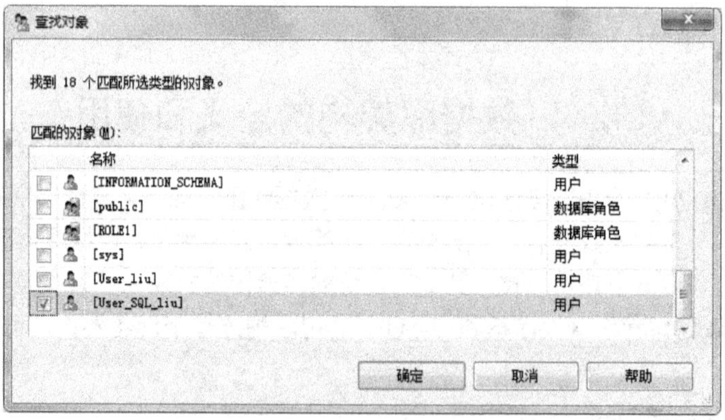

图 9.13 “查找对象”对话框

2. 架构的应用

（1）架构创建完后可以新建一个测试表来测试如何访问架构中的对象。在 pxscj 数据库中新建一个名为 table_1 的表。在创建表时，表的默认架构为 dbo，要在表的属性窗口中将其架构修改为 Sch_test。设置完成后保存该表，保存后的表可以在“对象资源管理器”面板中找到，此时表名已经变成 Sch_test. table_1。

（2）打开表 Sch_test. table_1，在表中输入一行数据“测试架构的使用”。

（3）在“对象资源管理器”面板中展开数据库“pxscj”→“安全性”→“架构”，选择新创建的架构 Sch_test，右击，在弹出的快捷菜单中选择“属性”命令，打开“架构属性”窗口，在该架构属性的“权限”选项卡中单击“搜索”按钮，选择用户 User_sql_owner（假设已经创建），为用户 User_sql_owner 分配权限，如“选择”权限。单击“确定”按钮，保存上述设置。用同样的方法，还可以授予其他用户访问该架构的权限。

（4）重新启动“SQL Server Management Studio”，使用 SQL Server 身份验证方式，以 sql_owner 的登录名连接 SQL Server。连接成功后，创建一个新的查询，在查询分析器窗格中输入查询表 Sch_test.table_1 中数据的 T-SQL 语句。

```
USE pxscj
GO
SELECT * FROM Sch_test.table_1
```

查询成功，结果正确。

再新建一个 SQL 查询，在查询编辑器中输入删除表 Sch_test. table_1 的 T-SQL 语句。

```
DELETE FROM Sch_test.table_1
```

很明显，由于用户 User_sql_owner 所属的架构没有相应的 DELETE 权限，因此无法对表 Sch_test.table_1 执行删除操作。

说明：

创建完架构后，再创建用户时可以为用户指定新创建的架构为默认架构，或者将架构指定为用户拥有的架构。

9.5.2 通过命令方式创建架构：CREATE SCHEMA

可以使用 CREATE SCHEMA 语句创建数据库架构。其语法格式如下。

```
CREATE SCHEMA <架构名子句> [ <架构元素> [ , … ] ]
```

其中，架构名子句的语法格式如下。

```
<架构名子句> ::=
{
    架构名
    | AUTHORIZATION 所有者名
    | 架构名 AUTHORIZATION 所有者名
}
<架构元素> ::=
{
    表定义 | 视图定义 | grant 语句
    revoke 语句 | deny 语句
}
```

说明：

（1）架构名：在数据库内标识架构的名称，架构名称在数据库中要唯一。

（2）AUTHORIZATION 所有者名：指定将拥有架构的数据库级主体（如用户、角色等）的名称。此主体还可以拥有其他架构，并且可以不使用当前架构作为其默认架构。

（3）表定义：指定在架构内创建表的 CREATE TABLE 语句。执行此语句的主体必须对当前数据库具有 CREATE TABLE 权限。

（4）视图定义：指定在架构内创建视图的 CREATE VIEW 语句。执行此语句的主体必须对当前数据库具有 CREATE VIEW 权限。

（5）grant 语句：指定可对除新架构外的任何安全对象授予权限的 GRANT 语句。

（6）revoke 语句：指定可对除新架构外的任何安全对象撤销权限的 REVOKE 语句。

（7）deny 语句：指定可对除新架构外的任何安全对象拒绝授予权限的 DENY 语句。

【例 9.25】 创建架构 sch1，其所有者为用户 User_david。

以系统管理员身份登录 SQL Server，新建一个查询，输入以下语句。

```
USE pxscj
GO
CREATE SCHEMA  sch1
    AUTHORIZATION User_david
```

另外，删除时可以使用 DROP SCHEMA 语句。例如：

```
DROP SCHEMA  sch1
```

注意：

删除架构时必须保证架构中没有对象。例如，无法删除架构 Sch_test，是因为表 table_1 属于架构 Sch_test，必须先删除表 table_1，才能删除架构 Sch_test。

习　题

1. SQL Server 采用哪些措施实现数据库的安全管理？
2. 如何创建 Windows 身份验证模式的登录名？
3. 如何创建 SQL Server 身份验证模式的登录名？
4. 固定服务器角色分为哪几类？每一类有哪些权限？
5. 固定数据库角色分为哪几类？每一类有哪些操作权限？
6. 自定义一个数据库角色，并授予其数据库 pxscj 上的权限。
7. 如何给一个数据库角色、用户赋予操作权限？
8. 数据库中架构的作用是什么？使用界面方式创建数据库架构，并将架构的某些权限授予某个用户。

第 10 章 SQL Server 其他功能

本章主要讨论 SQL Server 中的一些其他概念，包括事务、锁定、自动化管理和 SQL Server 服务等。

10.1 事 务

10.1.1 事务与 ACID 属性

到目前为止，数据库都是假设只有一个用户在使用，但是实际情况往往是多个用户共享数据库。多个用户可能在同一时刻去访问或修改同一部分数据，这样可能导致数据库中的数据不一致，这时就需要用到事务。

事务在 SQL Server 中相当于一个执行单元，它由一系列 T-SQL 语句组成。这个单元中的每个 SQL 语句是互相依赖的，并且单元作为一个整体是不可分割的。如果单元中的一个语句不能完成，整个单元就会回滚（撤销），所有影响到的数据将返回到事务开始以前的状态。因此，只有事务中的所有语句都成功地执行，才能说这个事务被成功地执行。

在现实生活中，事务就在我们周围——银行交易、股票交易、网上购物、库存品控制等。在所有这些例子中，事务的成功取决于这些相互依赖的行为是否能够被成功地执行和是否互相协调。其中的任何一个行为失败都将取消整个事务，而使系统返回到事务处理以前的状态。

用一个简单的例子来帮助理解事务：向公司添加一名新的雇员，如图 10.1 所示。这里的过程由 3 个基本步骤组成：在雇员数据库中为雇员创建一条记录；为雇员分配部门；建立雇员的工资记录。如果这 3 步中的任何一步失败，如为新成员分配的雇员 ID 已经被其他人使用或者输入到工资系统中的值太大，系统就必须撤销在失败之前所有的变化，删除所有不完整记录的踪迹，避免以后的不一致和计算失误。前面的 3 项任务构成了一个事务。任何一个任务的失败都会导致整个事务被撤销，而使系统返回到以前的状态。

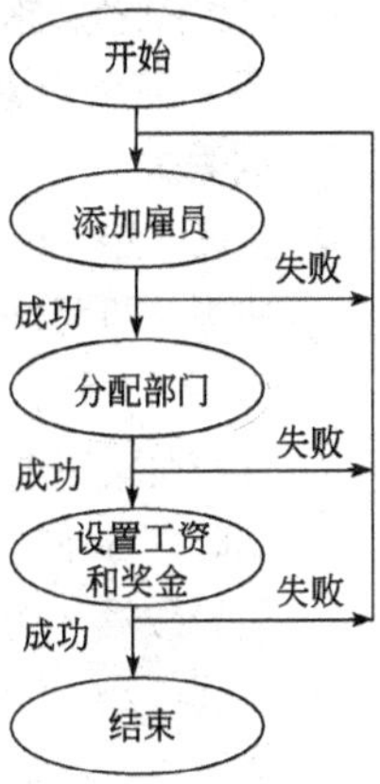

图 10.1 添加雇员事务

在形式上，事务是由 ACID 属性标识的。术语“ACID”是一个简称，每个事务的处理必须满足 ACID 原则，即原子性（Atomicity）、一致性（Consistency）、隔离性（Isolation）和持久性（Durability）。

（1）原子性。原子性意味着每个事务都必须被认为是一个不可分割的单元。假设一个事务由两个或者多个任务组成，其中的语句必须同时成功，才能认为事务是成功的。如果事务失败，系统将会返回到事务以前的状态。

在添加雇员这个例子中，原子性是指如果没有创建雇员相应的工资表和部门记录，就不可能向雇员数据库添加雇员。

原子的执行是一个或者全部发生或者什么也没有发生的命题。在一个原子操作中，如果事务中的任何一个语句失败，前面执行的语句都将返回，以保证数据的整体性没有受到影响。这在一些关键系统中尤其重要，现实世界的应用程序（如金融系统）执行数据输入或更新，必须保证不出现数据丢失或数据错误，以保证数据安全性。

（2）一致性。不管事务是完全成功完成还是中途失败，当事务使系统中的所有数据处于一致的状态时存在一致性。参照前面的例子，一致性是指如果从系统中删除了一个雇员，则所有和该雇员相关的数据，包括工资数据和组的成员资格也要被删除。

（3）隔离性。隔离性是指每个事务在它自己的空间发生，和其他发生在系统中的事务隔离，而且事务的结果只有在它完全被执行时才能看到。即使在这样的一个系统中同时发生了多个事务，隔离性原则也会保证某个特定事务在完全完成之前，其结果是看不见的。

当系统支持多个同时存在的用户和连接时（如 SQL Server），隔离性就尤其重要。如果系统不遵循这个基本规则，就可能导致大量数据的破坏，如每个事务各自空间的完整性很快地被其他冲突事务侵犯。

（4）持久性。持久性意味着一旦事务执行成功，在系统中产生的所有变化将是永久的。即使系统崩溃，一个提交的事务仍然存在。当一个事务完成，数据库的日志已经被更新时，持久性就开始发生作用了。大多数 RDBMS 产品通过保存所有行为的日志来保证数据的持久性，这些行为是指在数据库中以任何方法更改数据。数据库日志记录了所有对于表的更新、查询、报表等。

10.1.2 多用户使用问题

当多个用户对数据库并发访问时，可能会导致丢失更新（Lost Updata）、脏读（Dirty Read）、不可重复读（Unrepeatable Read）和幻读（Phantom Read）等问题。

- 丢失更新：指当两个或多个事务选择同一行，然后基于最初选定的值更新该行时，由于每个事务都不知道其他事务的存在，因此最后的更新将重写由其他事务所做的更新，这将导致数据丢失。
- 脏读：指一个事务正在访问数据，而其他事务正在更新该数据，但尚未提交，此时就会发生脏读问题，即第一个事务所读取的数据是“脏”（不正确）数据，它可能会引起错误。
- 不可重复读：当一个事务多次访问同一行且每次读取不同的数据时，会发生此问题。不可重复读与脏读有相似之处，因为该事务也是正在读取其他事务正在更改的数据。当一个事务访问数据时，另外的事务也访问该数据并对其进行修改，因此就发生了由于第二个事务对数据的修改而导致第一个事务两次读到的数据不一样的情况，这就是不可重复读。
- 幻读：当一个事务对某行执行插入或删除操作，而该行属于某个事务正在读取的行的范围时，会发生幻读问题。事务第一次读的行范围显示出其中一行已不复存在于第二次读或后续读中，因为该行已被其他事务删除。同样，由于其他事务的插入操作，事务的第二次读或后续读显示有一行已不存在于原始读中。

10.1.3 事务处理：BEGIN/ COMMIT/ROLLBACK/SAVE/ROLLBACK TRANSACTION

SQL Server 中的事务可以分为两类：系统提供的事务和用户定义的事务。

系统提供的事务是在执行某些 T-SQL 语句时，一条语句就构成了一个事务，这些语句包括 ALTER TABLE、CREATE、DELETE、DROP、FETCH、GRANT、INSERT、OPEN、REVOKE、SELECT、UPDATE、TRUNCATE TABLE。

例如，执行如下创建表的语句。

```
CREATE TABLE xxx
(
    f1 int        NOT NULL,
    f2 char(10)   NOT NULL,
    f3 varchar(30) NULL
)
```

以上语句本身构成一个事务，它要么建立包含 3 列的表结构，要么对数据库没有任何影响，而不会建立包含一列或二列的表结构。

在实际应用中，大量使用的是用户自定义的事务。用户自定义事务的定义方法主要有以下几个步骤。

1. 开始事务

在 SQL Server 中，显式地开始一个事务可以使用 BEGIN TRANSACTION 语句。其语法格式如下。

```
BEGIN { TRAN | TRANSACTION }
[
    { 事务名 | @事务名变量 }
    [ WITH MARK [ 'dEscription' ] ]
]
```

> **说明：**
>
> （1）TRAN 是 TRANSACTION 的同义词。
>
> （2）事务名：分配给事务的名称，必须遵循标识符规则，但字符数不能大于 32。
>
> （3）@事务名变量：用户定义的、含有有效事务名称的变量名称。
>
> （4）WITH MARK['dEscription']：指定在日志中标记事务。dEscription 是描述该标记的字符串。如果使用了 WITH MARK，则必须指定事务名。

2. 结束事务

COMMIT TRANSACTION 语句是提交语句，它将事务开始以来所执行的所有数据都修改为数据库的永久部分，也标志一个事务的结束，其语法格式如下。

```
COMMIT { TRAN | TRANSACTION }
    [ 事务名 | @事务名变量 ] ]
```

标志一个事务的结束也可以使用 COMMIT WORK 语句。其语法格式如下。

```
COMMIT [WORK]
```

此语句的功能与 COMMIT TRANSACTION 相同，但 COMMIT TRANSACTION 接受用户定义的事务名称，而 COMMIT WORK 不带参数。

3. 撤销事务

若要结束一个事务，可以使用 ROLLBACK TRANSACTION 语句。它使得事务回滚到起点，撤销自最近一条 BEGIN TRANSACTION 语句以后对数据库的所有更改，同时也标志了一个事务的结束。其语法格式如下。

```
ROLLBACK { TRAN | TRANSACTION }
    [ 事务名 | @事务名变量 ]
```

说明：

"事务名"是为 BEGIN TRANSACTION 语句上的事务分配的名称；"@事务名变量"为用户定义的、含有有效事务名称的变量名称。

ROLLBACK TRANSACTION 语句不能在 COMMIT 语句之后。

另外，一条 ROLLBACK WORK 语句也能撤销一个事务，功能与 ROLLBACK TRANSACTION 语句一样，但 ROLLBACK TRANSACTION 语句接受用户定义的事务名称。其语法格式如下。

```
ROLLBACK [ WORK ] [ ; ]
```

4. 回滚事务

ROLLBACK TRANSACTION 语句除了能够撤销整个事务外，还可以使事务回滚到某个点，不过在这之前需要使用 SAVE TRANSACTION 语句来设置一个保存点。SAVE TRANSACTION 的语法格式如下。

```
SAVE { TRAN | TRANSACTION }
    { 保存点名 | @保存点变量 }
```

说明：

"保存点名"是分配给保存点的名称；"@保存点变量"为包含有效保存点名称的用户定义变量的名称。

SAVE TRANSACTION 语句会向已命名的保存点回滚一个事务。如果在保存点被设置后，当前事务对数据进行了更改，则这些更改会在回滚中被撤销。其语法格式如下。

```
ROLLBACK { TRAN | TRANSACTION }
    [ 保存点名 | @保存点变量 ]
```

其中，"保存点名"是 SAVE TRANSACTION 语句中的保存点名。在事务中允许有重复的保存点名称，但指定保存点名称的 ROLLBACK TRANSACTION 语句只将事务回滚到使用该名称的最近的 SAVE TRANSACTION。

下面几个语句说明了有关事务的处理过程。

（1）BEGIN TRANSACTION mytran1。

（2）UPDATE…。

（3）DELETE…。

（4）SAVE TRANSACTION S1。

（5）DELETE…。

（6）ROLLBACK TRANSACTION S1。

（7）INSERT…。

（8）COMMIT TRANSACTION。

说明：

上述（1）开始了一个事务 mytran1；（2）、（3）对数据进行了修改，但没有提交；（4）置了一个保存点 S1；（5）除了数据，但没有提交；（6）事务回滚到保存点 S1，这时语句（5）所做修改已被撤销；（7）加了数据；（8）结束了这个事务 mytran1，这时只有语句（2）、（3）、（7）对数据库做的修改被持久化。

【例 10.1】 定义一个事务，向 pxscj 数据库的 xsb 表添加一行数据，然后删除该行数据。但执行后，新插入的数据行并没有删除，因为事务中使用了 ROLLBACK 语句将操作回滚到保存点 My_sav，即删除前的状态。

代码如下：

```
BEGIN TRANSACTION My_tran
USE pxscj
INSERT INTO xsb
   VALUES('191315', '胡新华', 1, '1996-06-27', '计算机', 50, NULL)
SAVE TRANSACTION My_sav
DELETE FROM xsb WHERE 学号='191315'
ROLLBACK TRAN My_sav
COMMIT WORK
GO
```

执行完上述语句后使用 SELECT 语句查询 xsb 表中的记录。

```
SELECT *
   FROM xsb
   WHERE 学号='191315'
```

执行结果仍然是“胡新华”记录信息。

在 SQL Server 中，事务是可以嵌套的。例如，在 BEGIN TRANSACTION 语句之后还可以再使用 BEGIN TRANSACTION 语句在本事务中开始另外一个事务。在 SQL Server 中有一个系统全局变量@@TRANCOUNT，这个全局变量用于报告当前等待处理的嵌套事务的数量。如果没有等待处理的事务，则这个变量值为 0。BEGIN TRANSACTION 语句将使@@TRANCOUNT 的值加 1。ROLLBACK TRANSACTION 语句将使@@TRANCOUNT 的值递减到 0，但 ROLLBACK TRANSACTION savepoint_name 语句不影响@@TRANCOUNT 的值。COMMIT TRANSACTION 和 COMMIT WORK 语句将使@@TRANCOUNT 的值减 1。

前面所提及的事务都是在一个服务器上的操作，还有一种称为分布式事务的用户定义事务。分布式事务跨越两个或多个服务器，通过建立分布式事务并执行它，通过事务管理器负责协调事务管理，以保证数据的完整性。SQL Server 中主要的事务管理器是 Microsoft 分布式事务处理协调器（MS DTC）。对于应用程序，管理分布式事务很像管理本地事务。事务结束时，应用程序请求提交或回滚事务。不同的是，分布式事务提交必须由事务管理器管理，以避免出现因网络故障而导致一个事务由某些资源管理器成功提交，但由另一些资源管理器回滚的情况。由于本书篇幅有限，有关分布式事务的具体内容这里不详细讨论。

10.1.4 事务隔离级：SET TRANSACTION ISOLATION LEVEL

每一个事务都有一个所谓的隔离级，它定义了用户彼此之间隔离和交互的程度。前面曾提到，事务型关系数据库管理系统的一个最重要的属性就是，它可以“隔离”在服务器上正在处理的不同的会话。在单用户的环境中，这个属性无关紧要，因为在任意时刻只有一个会话处于活动状态。但是在多用户环境中，许多关系数据库管理系统会话在任一给定时刻都是活动的。在这种情况下，能够隔离事务是很重要的，这样它们不互相影响，同时保证了数据库性能不受到影响。

为了了解隔离的重要性，有必要花些时间来考虑如果不强加隔离会发生什么。如果没有事务的隔离性，不同的 SELECT 语句将会在同一个事务的环境中检索到不同的结果，因为在这期间，数据已经基本上被其他事务修改。这将导致不一致性，同时很难相信结果集，从而不能利用查询结果作为计算的基础。因而隔离性强制对事务进行某种程度的隔离，可以保证应用程序在事务中看到一致的数据。

较低的隔离级别可以增加并发，但代价是降低数据的正确性。相反，较高的隔离级别可以确保数据的正确性，但可能对并发产生负面影响。

在 SQL Server 中，可以使用 SET TRANSACTION ISOLATION LEVEL 语句来设置事务的隔离级别。其语法格式如下。

```
SET TRANSACTION ISOLATION LEVEL
{
    READ UNCOMMITTED
    | READ COMMITTED
    | REPEATABLE READ
    | SNAPSHOT
    | SERIALIZABLE
}
```

说明：

SQL Server 提供了 5 种隔离级：未提交读（READ UNCOMMITTED）、提交读（READ COMMITTED）、可重复读（REPEATABLE READ）、快照（SNAPSHOT）和序列化（SERIALIZABLE）。

（1）未提交读。未提交读提供了事务之间最小限度的隔离，允许脏读，但不允许丢失更新。如果一个事务已经开始写数据，则另外一个事务不允许同时进行写操作，但允许其他事务读取此行数据。该隔离级别可以通过“排他锁”实现。

（2）提交读。提交读是 SQL Server 默认的隔离级别，处于这一级的事务可以看到其他事务添加的新记录，而且其他事务对现存记录做出的修改一旦被提交，也可以看到。也就是说，这意味着在事务处理期间，如果其他事务修改了相应的表，那么同一个事务的多个 SELECT 语句可能返回不同的结果。提交读允许不可重复读取，但不允许脏读。该隔离级别可以通过“共享锁”和“排他锁”实现。

（3）可重复读。处于这一级的事务禁止不可重复读取和脏读取，但是有时可能出现幻读。读取数据的事务将会禁止写事务（但允许读事务），写事务则禁止任何其他事务。

（4）快照。处于这一级别的事务只能识别在其开始之前提交的数据修改。在当前事务中执行的语句将看不到在当前事务开始以后由其他事务所做的数据修改。其效果就好像事务中的语句获得了已提交数据的快照，因为该数据在事务开始时就存在。必须在每个数据库中将 ALLOW_SNAPSHOT_ISOLATION 数据库选项设置为 ON，才能开始一个使用 SNAPSHOT 隔离级别的事务。设置的方法如下。

```
ALTER DATABASE 数据库名
    SET ALLOW_SNAPSHOT_ISOLATION ON
```

（5）序列化。序列化是隔离事务的最高级别，提供严格的事务隔离。它要求事务序列化执行，事务只能一个接着一个地执行，不能并发执行。

隔离级别越高，越能保证数据的完整性和一致性，但是对并发性能的影响也越大。对于大多数应用程序，可以优先考虑把数据库的隔离级别设为提交读，它能够避免脏取，而且具有较好的并发性能。

下面就 pxscj 数据库的隔离级别设置做一个简单示范，在“Microsoft SQL Server Management Studio”窗口中打开两个查询分析器窗格，在第一个窗格中执行如下语句，更新课程表 kcb 中的信息。

```
USE pxscj
GO
BEGIN TRANSACTION
UPDATE kcb SET 课程名='计算机导论' WHERE 课程号='101'
```

由于代码中并没有执行 COMMIT 语句，所以数据变动操作实际上还没有最终完成。接下来，在另一个窗格中执行下列语句查询 kcb 表中的数据。

```
SELECT * FROM kcb
```

“结果”窗口中将不显示任何查询结果，窗口底部提示“正在执行查询...”。出现这种情况的原因是，pxscj 数据库的默认隔离级别是提交读，若一个事务更新了数据，但事务尚未结束，这时就发生了脏读的情况。

在第一个窗格中使用 ROLLBACK 语句回滚以上操作。这时使用 SET 语句设置事务的隔离级别为未提交读，执行如下语句。

```
SET TRANSACTION ISOLATION LEVEL READ UNCOMMITTED
```

这时再重新执行修改和查询的操作就能够查询到事务正在修改的数据行，因为未提交读隔离级别允许脏读。

10.2 锁　　定

当用户对数据库并发访问时，为了确保事务完整性和数据库的一致性，需要使用锁定，它是实现数据库并发控制的主要手段。锁定可以防止用户读取正在由其他用户更改的数据，并可以防止多个用户同时更改相同数据。如果不使用锁定，则数据库中的数据可能在逻辑上不正确，并且对数据的查询可能会产生意想不到的结果。具体地说，锁可以防止丢失更新、脏读、不可重复读和幻读。

当两个事务分别锁定某个资源，而又分别等待对方释放其锁定的资源时，就会发生死锁。

10.2.1 锁定粒度

在 SQL Server 中，可被锁定的资源从小到大分别是行、页、扩展盘区、表和数据库，被锁定的资源单位称为锁定粒度。可见，上述 5 种资源单位，其锁定粒度是由小到大排列的。锁定粒度不同，系统的开销将不同，并且锁定粒度与数据库访问并发度是一对矛盾，锁定粒度大，系统开销小，但并发度会降低；锁定粒度小，系统开销大，但并发度可提高。

10.2.2 锁定模式

SQL Server 使用不同的锁定模式锁定资源，这些锁定模式确定了并发事务访问资源的方式。共有 6 种锁定模式，分别是排他（Exclusive，X）、共享（Shared，S）、更新（Update，U）、意向（Intent，I）、架构（Schema）、键范围（Key-range）和大容量更新（Bulk Update，BU）。

（1）排他锁。排他锁可以防止并发事务对资源进行访问。其他事务不能读取或修改排他锁锁定的数据。

（2）共享锁。共享锁允许并发事务读取一个资源。当一个资源上存在共享锁时，任何其他事务都不能修改数据。一旦读取数据完毕，资源上的共享锁便立即释放，除非将事务隔离级别设置为可重复读或更高级别，或者在事务生存周期内用锁定提示保留共享锁。

（3）更新锁。更新锁可以防止通常形式的死锁。一般更新模式由一个事务组成，此事务读取记录，获取资源（页或行）的共享锁，然后修改行，此操作要求锁转换为排他锁。如果两个事务获得了资源上的共享锁，然后试图同时更新数据，则其中的一个事务将尝试把锁转换为排他锁。共享模式到排他锁的转换必须等待一段时间，因为一个事务的排他锁与其他事务的共享锁不兼容，这就是锁等待。第二个事务试图获取排他锁以进行更新。由于两个事务都要转换为排他锁，并且每个事务都等待另一个事务释放共享锁，因此会发生死锁，这就是潜在的死锁问题。

为避免这种情况的发生，可使用更新锁。一次只允许有一个事务可获得资源的更新锁，如果该事务要修改锁定的资源，则更新锁将转换为排他锁；否则为共享锁。

（4）意向锁。意向锁表示 SQL Server 需要在层次结构中的某些底层资源（如表中的页或行）上获取共享锁或排他锁。例如，放置在表级的共享意向锁表示事务打算在表中的页或行上放置共享锁。表级设置意向锁可防止另一个事务随后在包含那一页的表上获取排他锁。意向锁可以提高性能，因为 SQL Server 仅用表级检查意向锁来确定事务是否可以安全地获取该表上的锁，而无须检查表中的每行或每页上的锁以确定事务是否可以锁定整个表。

意向锁包括意向共享（IS）、意向排他（IX）及与意向排他共享（ISX）。

- 意向共享锁：通过在各资源上放置共享锁，表明事务的意向是读取层次结构中的部分底层资源。
- 意向排他锁：通过在各资源上放置排他锁，表明事务的意向是修改层次结构中的部分底层资源。
- 意向排他共享锁：通过在各资源上放置意向排他锁，表明事务的意向是读取层次结构中的全部底层资源并修改部分底层资源。

（5）架构锁。执行表的 DDL 操作（如增加列或删除表）时使用架构修改锁。

（6）键范围锁。键范围锁用于序列化的事务隔离级别，可以保护由 T-SQL 语句读取的记录集合中隐含的行范围。键范围锁可以防止幻读，还可以防止对事务访问的记录集进行幻想插入或删除。

当编译查询时，使用架构稳定性锁。架构稳定性锁不阻塞任何事务锁，包括排他锁。因此在编译查询时，其他事务（包括在表上有排他锁的事务）都能继续运行，但不能在表上执行 DDL 操作。

（7）大容量更新锁。当将数据大容量复制到表，且指定了 TABLOCK 提示或者使用 sp_tableoption 设置了 table lock on bulk 表选项时，将使用大容量更新锁。大容量更新锁允许进程将数据并发地大容量复制到同一表，同时可防止其他不进行大容量复制数据的进程访问该表。

10.3 自动化管理

SQL Server 提供了使任务自动化的内部功能，本节主要介绍 SQL Server 中任务自动化的基础知识，如作业、警报、操作员等。

数据库的自动化管理实际上是指对预先能够预测到的服务器事件或必须按时执行的管理任务，根据已经制定好的计划做出必要的操作。通过数据库自动化管理，可以处理一些日常的事务和事件，减轻数据库管理员的负担；当服务器发生异常时通过自动化管理可以自动发出通知，以便让管理员及时获得信息，并做出处理。例如，如果希望在每个工作日下班后备份公司的所有服务器，就可以使该任务自动执行。将备份安排在星期一到星期五的 22:00 之后运行，如果备份出现问题将自动发出通知。

在 SQL Server 中要进行自动化管理，需要按以下步骤进行操作。

（1）确定哪些管理任务或服务器事件定期执行，以及这些任务或事件是否可以通过编程方式进行管理。

（2）使用自动化管理工具定义一组作业、计划、警报和操作员。

（3）运行已定义的 SQL Server 代理作业。

SQL Server 自动化管理能够实现以下管理任务。

（1）任何 T-SQL 语法中的语句。

（2）操作系统命令。

（3）VBScript 或 JavaScript 之类的脚本语言。

（4）复制任务。

（5）数据库创建和备份。

（6）索引重建。

（7）报表生成。

10.3.1 SQL Server 代理

要实现 SQL Server 数据库自动化管理，首先必须启动并正确配置 SQL Server 代理。SQL Server 代理是一种 Microsoft Windows 服务，它执行安排的管理任务，即“作业”。SQL Server 代理运行作业、监视 SQL Server 并处理警报。

在安装 SQL Server 时，SQL Server 代理服务默认是禁用的，要执行管理任务，首先必须启动 SQL Server 代理服务。可以在 SQL Server 配置管理器或“Microsoft SQL Server Management Studio”窗口中的资源管理器中启动 SQL Server 代理服务。

启动 SQL Server 代理服务以后需要正确配置 SQL Server 代理。SQL Server 代理的配置信息主要保存在系统数据库 msdb 的表中，使用 SQL Server 用户对象来存储代理的身份验证信息。在 SQL Server 中，必须将 SQL Server 代理配置为使用 sysadmin 固定服务器角色成员的账户，才能执行其功能。该账户必须拥有以下 Windows 权限。

- 调整进程的内存配额。
- 以操作系统方式操作。
- 跳过遍历检查。
- 作为批处理作业登录。
- 作为服务登录。
- 替换进程级记号。

如果需要验证账户是否已经设置了所需的 Windows 权限，请参考有关 Windows 文档。

通常情况下，为 SQL Server 代理选择的账户都是为此目的创建的域账户，并且有严格控制的访问权限。使用域账户不是必需的，但是如果使用本地计算机上的账户，那么 SQL Server 代理就没有权限访问其他计算机上的资源。SQL Server 需要访问其他计算机的情况很常见，如当它在另一台计算机上的某个位置创建数据库备份和存储文件时。

SQL Server 代理服务可以使用 Windows 身份验证或 SQL Server 身份验证连接到 SQL Server 本地实例，但是无论选择哪种身份验证，账户都必须是 sysadmin 固定服务器角色的成员。

10.3.2 操作员

SQL Server 代理服务支持通过操作员通知管理员的功能。操作员是在完成作业或出现警报时可以接收电子通知的人员或组的别名。操作员主要有两个属性：操作员名称和联系信息。

每一个操作员都必须具有唯一的名称，操作员的联系信息决定了通知操作员的方式。

10.3.3 作业

在 SQL Server 中，可以使用 SQL Server 代理作业来自动执行日常管理任务并反复运行它们，从而提高管理效率。作业是一系列由 SQL Server 代理按顺序执行的指定操作。作业可以执行一系列活动，包括运行 Transact-SQL 脚本、命令行应用程序、Microsoft ActiveX 脚本、Integration Services 包、Analysis Services 命令、查询或复制任务。作业可以运行重复任务或那些可计划的任务，它们可以通过生成警报来自动通知用户作业状态，从而极大地简化了 SQL Server 管理。作业可以手动运行，也可以配置为根据计划或响应警报来运行。

创建作业时，可以给作业添加成功、失败或完成时接收通知的操作员。那么当作业结束时，操作员可以收到作业的输出结果。

10.3.4 警报

对事件的自动响应称为“警报”。SQL Server 允许创建警报来解决潜在的错误问题。用户可以针对一个或多个事件定义警报，指定希望 SQL Server 代理如何响应发生的这些事件。

事件由 SQL Server 生成并输入到 Microsoft Windows 应用程序日志中。SQL Server 代理读取应用程序日志，并将写入的事件与定义的警报比较。当 SQL Server 代理找到匹配项时，它将发出自动响应事件的警报。除了监视 SQL Server 事件以外，SQL Server 代理还监视性能条件和 Windows Management Instrumentation（WMI）事件。

若要定义警报，需要指定警报的名称、触发警报的事件或性能条件、SQL Server 代理响应事件或性能条件所执行的操作。每个警报都响应一种特定的事件，事件类型可以是 SQL Server 事件、SQL Server 性能条件或 WMI 事件。事件类型决定了用于指定具体事件的参数。所以根据事件类型，警报可以分为事件警报、性能警报和 WMI 警报。

10.3.5 数据库邮件

数据库邮件（Database Mail）是从 SQL Server 数据库引擎中发送电子邮件的企业解决方案。通过使用数据库邮件，数据库应用程序可以向用户发送电子邮件。邮件中可以包含查询结果，还可以包含来自网络中任何资源的文件。数据库邮件主要使用简单邮件传输协议（SMTP）服务器（而不是 SQL Mail 所要求的 MAPI 账号）来发送电子邮件。

在默认情况下，数据库邮件处于非活动状态。要使用数据库邮件，必须使用数据库邮件配置向导、sp_configure 存储过程或者基于策略的外围应用配置功能显式地启用数据库邮件。

可以在 SQL Server 代理中创建从 SQL Server 接收电子邮件的操作员，在要执行的作业或警报中指定以电子邮件形式通知该操作员。之后在作业执行完成或警报激活时，SQL Server 将发送电子邮件到操作员的电子邮箱中。

10.3.6 维护计划向导

对于企业级数据库的管理操作，如数据库的备份、优化等一些需要经常执行的操作，虽然可以使用作业来执行，但是必须为每个数据库都创建作业，这样会使工作变得很烦琐。SQL Server 提供了维护计划向导来解决这类问题。

维护计划向导用于创建 SQL Server 代理可定期运行的维护计划。维护计划向导有助于用户设置核心维护任务，从而确保数据库运行正常、定期进行备份并确保数据库一致。维护计划向导可创建一个或多个 SQL Server 代理作业，代理作业可对多服务器环境中的本地服务器或目标服务器执行这些任务。若要创建或管理维护计划，用户必须是 sysadmin 固定服务器角色的成员。

维护计划创建完成后，可以在“管理”的“维护计划”节点下看到新创建的维护计划“管理数据库”。右击该维护计划，在弹出的快捷菜单中选择“修改”命令，可以在打开的“管理数据库（设计）”窗口下进行修改；选择“查看历史记录”选项可以查看维护计划最后执行的工作任务。选择“执行”命令可以执行该维护计划。

习　题

1．ACID 属性主要有哪几个？

2．如何开始一个事务？

3．开始一个事务，删除 xsb 表中的一行数据，回滚事务以将删除的数据复原。

4．SQL Server 中有哪几种锁定模式？

5．创建一个作业，要求每周的星期五对 pxscj 数据库做一次备份。

6．创建一个事件警报，当错误级别为 16 时激活警报，通知操作员 wang。

7．使用维护计划向导对数据库 pxscj 定期执行数据库检查完整性、重新组织索引、备份数据库的任务。

8．描述集成服务、报表服务和分析服务的作用。

实验 1 SQL Server 2012 环境

目的与要求

（1）掌握“Microsoft SQL Server Management Studio 窗口”中的“对象资源管理器”面板的使用方法。

（2）掌握“Microsoft SQL Server Management Studio 窗口”中的查询分析器的使用方法。

（3）对数据库及其对象有一个基本了解。

实验准备

（1）了解 SQL Server 2012 各种版本安装的软、硬件要求。

（2）了解 SQL Server 2012 支持的身份验证模式。

（3）对数据库、表及其他数据库对象有一个基本了解。

1. SQL Server 2012 的安装

检查软、硬件配置是否达到 SQL Server 2012 的安装要求，参照安装 SQL Server 2012 的步骤，熟悉 SQL Server 2012 的安装方法（选做）。

2. “对象资源管理器”面板的使用

单击“开始”按钮，选择“所有程序”→“Microsoft SQL Server 2012”→“Microsoft SQL Server Management Studio”命令，打开“连接到服务器”窗口。

1）连接到服务器

在打开的“连接到服务器”窗口中使用系统默认设置连接服务器，单击“连接”按钮，弹出“连接到服务器”对话框，如图 T1.1 所示。

观察和操作：

（1）对话框中显示的默认内容与安装 SQL Server2012 的选项有什么关系？

（2）界面中的服务器名称是什么，查看您的主机名。

（3）单击“连接”按钮，打开“Microsoft SQL Server Management Studio（管理员）”窗口。

2）熟悉“Microsoft SQL Server Management Studio”窗口

在“Microsoft SQL Server Management Studio”窗口中，左边是“对象资源管理器”面板，它以目录树的形式组织对象。

（1）了解系统数据库和数据库的对象。

安装 SQL Server 2012 后，系统生成了 4 个数据库：master、model、msdb 和 tempdb。

在“对象资源管理器”面板中选择“系统数据库”选项，右边显示 4 个系统数据库。选择系统数据库 master，观察 SQL Server 2012“对象资源管理器”面板中数据库对象的组织方式，如图 T1.2 所示。

其中，表、视图在“数据库”选项中，存储过程、触发器、函数、类型、默认值、规则等在“可编程性”选项中，用户、角色、架构等在“安全性”选项中。

（2）试试不同数据库对象的操作方法。

展开系统数据库“master”→“表”→“系统表”，选择“dbo.spt_fallback_db”选项，右击，在弹出的快捷菜单中选择“设计…”命令。如图 T1.3 所示。

图 T1.1　“连接到服务器”对话框

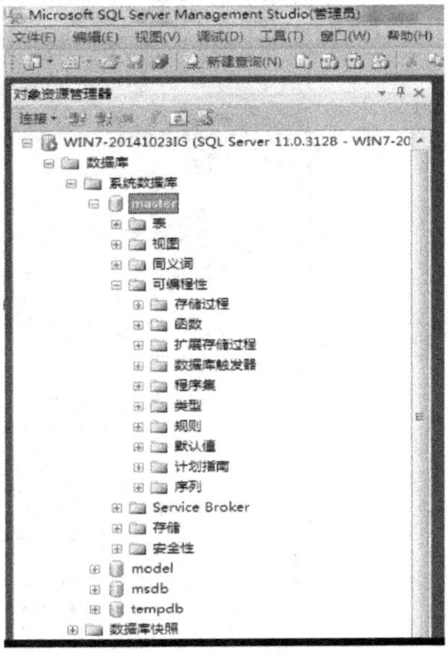

图 T1.2　“对象资源管理器”面板

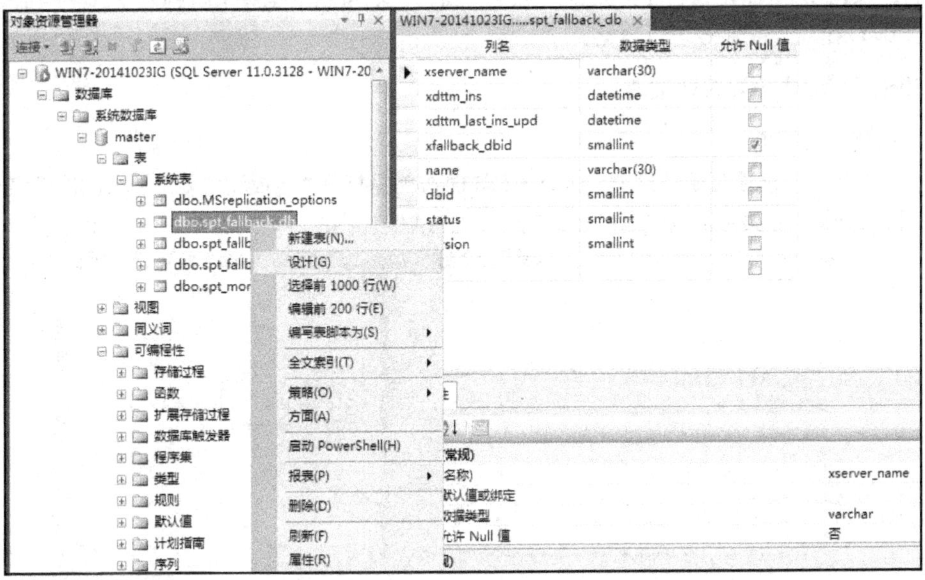

图 T1.3　选择“设计”命令

3．查询分析器的使用

在“Microsoft SQL Server Management Studio”窗口中单击“新建查询”按钮。在“对象资源管理器”面板的右边就会出现查询分析器窗格，在该窗格中输入下列命令。

```
USE master
SELECT *
```

```
    FROM dbo.spt_values
GO
```

单击“！执行”按钮，执行结果如图 T1.4 所示。

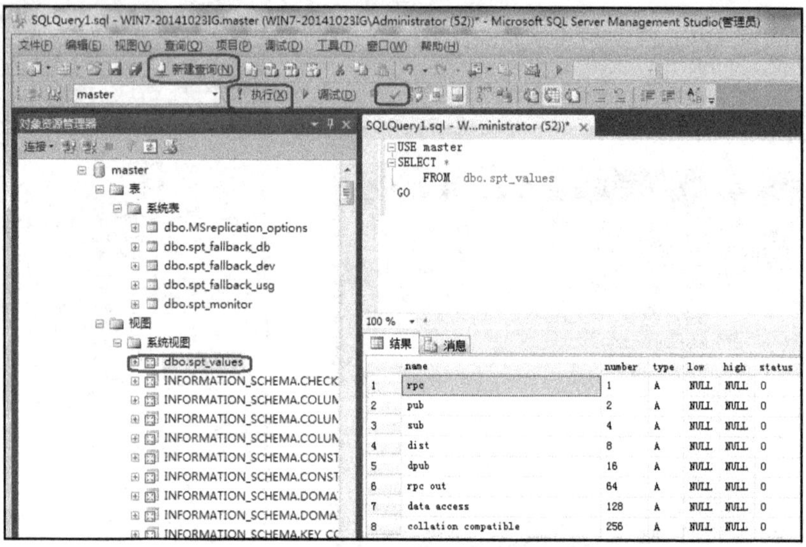

图 T1.4　执行结果

如果在“Microsoft SQL Server Manage Studio”窗口中的可用数据库下拉列表中选择当前数据库为“master”，则 USE master 命令可以省略。

4．模板资源管理器和帮助文档

1）模板资源管理器

选择“视图”→“模板资源管理器”命令，主界面右侧将打开“模板浏览器”面板。展开“Database”选项，双击“Create Database”选项，查看 CREATE DATABASE 语句的结构，如图 T1.5 所示。

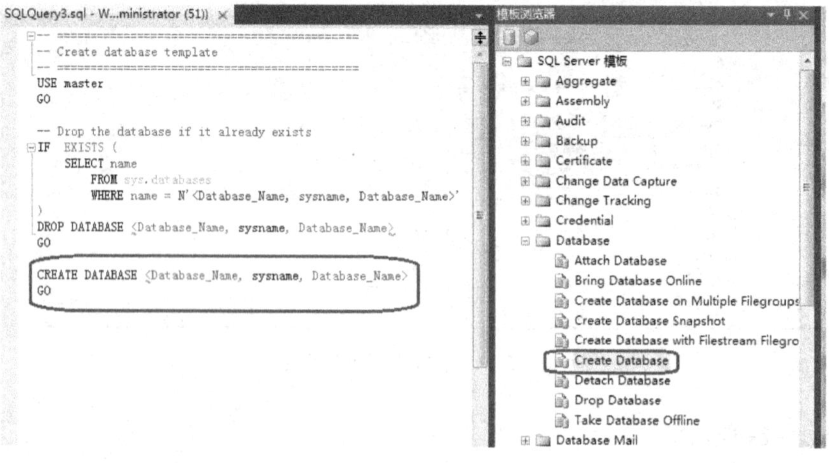

图 T1.5　“模板浏览器”面板

2）帮助文档

单击“开始”按钮，选择“所有程序”→“Microsoft SQL Server 2012”→“文档和社区”→“SQL Server 文档”命令，系统显示 SQL Server 2012 联机丛书，如图 T1.6 所示。

图 T1.6　联机丛书

在图中方框的位置输入帮助内容，单击后面的放大镜图标，系统将查找有关帮助文档。

实验 2 创建数据库和表

目的和要求

（1）了解 SQL Server 数据库的逻辑结构和物理结构。

（2）了解表的结构特点。

（3）了解 SQL Server 的基本数据类型。

（4）了解空值的概念。

（5）学会在“对象资源管理器”面板中创建数据库和表。

（6）学会使用 T-SQL 语句创建数据库和表。

实验准备

（1）能够创建数据库的用户必须是系统管理员，或是被授权使用 CREATE DATABASE 语句的用户。如果不是前者，就需要有关人员创建授权用户。

（2）创建数据库必须要确定数据库名、所有者（即创建数据库时使用的登录名）、数据库大小（最初大小、最大大小、是否允许增长及增长方式）和存储数据库的文件。

（3）确定数据库包含哪些表及所包含的各表的结构，还要了解 SQL Server 的常用数据类型，以创建数据库的表。

（4）了解两种常用的创建数据库、表的方法，即在“对象资源管理器”面板中创建和使用 T-SQL 的 CREATE 语句创建。

（1）创建一个新的数据库。

创建用于企业管理的员工管理数据库，数据库名为 YGGL。

数据库 YGGL 的逻辑文件初始大小为 10 MB，最大大小为 50 MB，数据库自动增长，增长方式是按 5%比例的增长。日志文件初始大小为 2 MB，最大可增长到 5 MB，按 1 MB 增长。

数据库的逻辑文件名和物理文件名均采用默认值。事务日志的逻辑文件名和物理文件名也均采用默认值。要求分别使用“对象资源管理器”面板和 T-SQL 命令完成数据库的创建工作。

（2）在创建好的员工管理数据库（YGGL）中创建数据表。

考虑到员工管理数据库 YGGL 要求包含员工的信息、部门信息及员工的薪水信息，所以数据库 YGGL 应包含下列 3 个表：Employees（员工自然信息）表、Departments（部门信息）表和 Salary（员工薪水情况（Salary）表。各表的结构分别如表 T2.1～表 T2.3 所示。

表 T2.1　Employees 表结构

列　名	数据类型	长　度	是否可空	说　明
EmployeeID	定长字符串型（char）	6	×	员工编号，主键
Name	定长字符串型（char）	10	×	姓名
Education	定长字符串型（char）	4	×	学历
Birthday	日期型（date）	系统默认	×	出生日期
Sex	位型（bit）	系统默认	×	性别，默认值为 1

续表

列　名	数据类型	长　度	是否可空	说　明
WorkYear	整数型（tinyint）	系统默认	√	工作时间
Address	不定长字符串型（varchar）	40	√	地址
PhoneNumber	定长字符串型（char）	12	√	电话号码
DepartmentID	定长字符串型（char）	3	×	员工部门号，外键

表 T2.2　Departments 表结构

列　名	数据类型	长　度	是否可空	说　明
DepartmentID	定长字符串型（char）	3	×	部门编号，主键
DepartmentName	定长字符串型（char）	20	×	部门名
Note	不定长字符串（varchar）	100	√	备注

表 T2.3　Salary 表结构

列　名	数据类型	长　度	是否可空	说　明
EmployeeID	定长字符串型（char）	6	×	员工编号，主键
InCome	浮点型（float）	系统默认	×	收入
OutCome	浮点型（float）	系统默认	×	支出

要求分别使用“对象资源管理器”面板和 T-SQL 语句完成数据表的创建工作。

1．通过界面方式创建和删除数据库

1）创建数据库

使用系统管理员用户以 Windows 身份验证方式登录 SQL Server 服务器，在“对象资源管理器”面板中选择其中的“数据库”选项，右击，在弹出的快捷菜单中选择“新建数据库”命令，打开“新建数据库”窗口。

在“新建数据库”窗口的“常规”选项卡中输入数据库名“YGGL”，设置“所有者”为默认值。在“数据库文件”下方的列表框中，分别设置“数据文件”和“日志文件”的增长方式和增长比例。设置完成后单击“确定”按钮完成数据库的创建。

2）删除数据库

在“对象资源管理器”面板中选择数据库“YGGL”，右击，在弹出的快捷菜单中选择“删除”命令，在打开的“删除对象”窗口中单击“确定”按钮，执行删除操作。

2．使用 T-SQL 语句创建与删除数据库

1）创建数据库

在查询分析器窗格中输入如下语句。

```
CREATE  DATABASE  YGGL
ON
(
    NAME='YGGL_Data',
    FILENAME='d:\ SQLServer2012\DATA\YGGL.mdf',
    SIZE=10 MB,
    MAXSIZE=50 MB,
    FILEGROWTH=5%
)
LOG ON
```

```
(
    NAME='YGGL_Log',
    FILENAME= 'd:\ SQLServer2012\DATA\YGGL_Log.ldf',
    SIZE=2 MB,
    MAXSIZE=5 MB,
    FILEGROWTH=1 MB
)
GO
```

单击“! 执行”按钮，执行上述语句，并在“对象资源管理器”面板中查看执行结果。如果“数据库”列表中未列出 YGGL 数据库，则右击“数据库”选项，在弹出的快捷菜单中选择“刷新”命令。

2）删除数据库

在“Microsoft SQL Server Management Studio”窗口的快捷工具栏中单击“新建查询”按钮，在查询分析器窗格中输入如下脚本后单击“!执行”按钮执行（YGGL 数据库后面要用，实际不要删除）。

```
DROP DATABASE YGGL
GO
```

3．通过界面方式创建表

1）创建表

以创建 Employees 表为例，在“对象资源管理器”面板中展开数据库“YGGL”，选择“表”选项，右击，在弹出的快捷菜单中选择“新建表”命令；在表设计器窗口中输入 Employees 表的各字段信息；单击工具栏中的“保存”按钮，在弹出的“保存”对话框中输入表名“Employees”，单击“确定”按钮即创建了表 Employees。创建后的 Employees 表的结构如图 T2.1 所示。

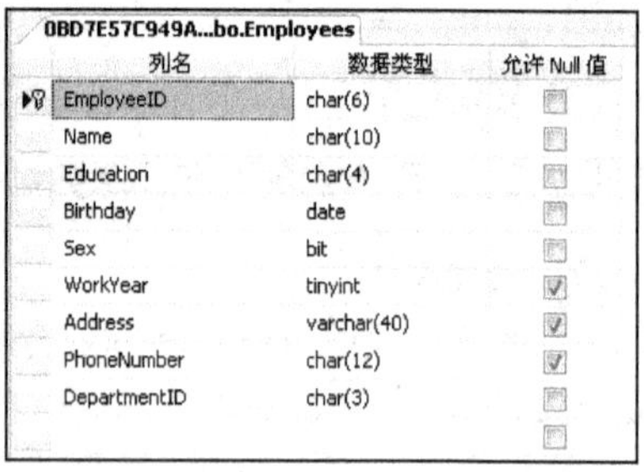

图 T2.1　Employees 表的结构

按同样的操作过程，创建表 Departments 和表 Salary。

2）删除表

在“对象资源管理器”面板中展开“数据库”→“YGGL”，选择“表”选项，右击其中的“dbo.Employees”表，在弹出的快捷菜单中选择“删除”命令，打开“删除对象”窗口。

在“删除对象”窗口中单击“显示依赖关系”按钮，打开“Employees 依赖关系”窗口。在该窗口中确认表“Employees”确实可以删除之后，单击“确定”按钮，返回“删除对象”窗口。在“删除对象”窗口中单击“确定”按钮，完成表 Employees 的删除。

按同样的操作过程也可以删除表 Departments 和 Salary。

4．使用 T-SQL 语句创建表

在查询分析器窗格中输入以下 T-SQL 语句。

```
USE YGGL
GO
CREATE TABLE Employees
(   EmployeeID   char(6)     NOT NULL PRIMARY KEY,
    Name         char(10)    NOT NULL,
    Education    char(4)     NOT NULL,
    Birthday     date        NOT NULL,
    Sex          bit         NOT NULL DEFAULT 1,
```

```
    WorkYear     tinyint      NULL,
    Address      varchar(40)  NULL,
    PhoneNumber  char(12)     NULL,
    DepartmentID char(3)      NOT NULL
)
GO
```

单击"！执行"图标，执行上述语句，即可创建表 Employees。

按同样的方法也可以创建表 Departments 和 Salary，并在"对象资源管理器"面板中查看结果。

思考与练习：

a. 在 YGGL 数据库存在的情况下，使用 CREATE DATABASE 语句新建数据库 YGGL，查看错误信息。

b. 创建数据库 YGGL1，使用界面方式或 ALTER DATABASE 语句尝试修改 YGGL1 数据库的逻辑文件的初始大小。

c. 在 YGGL1 中创建表 Salary1（参照表 Salary 的结构），表 Salary1 比表 Salary 多一列计算列，列名为"ActIncome"，由 InCome-OutCome 得到。

d. 在 YGGL1 数据库中创建表 Employees1（结构与 Employees 相同），分别使用命令行方式和界面方式将表 Employees1 中的 Address 列删除，并将 Sex 列的默认值修改为 0。

e. 什么是临时表？怎样创建临时表？

实验 3 表数据的插入、修改和删除

目的和要求

（1）学会在“对象资源管理器”面板中对数据库表进行插入、修改和删除数据操作。

（2）学会使用 T-SQL 语句对数据库表进行插入、修改和删除数据操作。

（3）了解数据更新操作时要注意数据完整性。

实验内容：

分别使用“对象资源管理器”面板和 T-SQL 语句，向在实验 2 中建立的数据库 YGGL 的 3 个表 Employees、Departments 和 Salary 中插入多行数据记录，然后修改和删除一些记录。使用 T-SQL 语句进行有限制地修改和删除。

实验准备：

（1）了解对表数据的插入、删除、修改都属于表数据的更新操作。对表数据的操作可以在“对象资源管理器”面板中进行，也可以由 T-SQL 语句实现。

（2）掌握 T-SQL 中用于对表数据进行插入、修改和删除的命令分别是 INSERT、UPDATE 和 DELETE（或 TRANCATE TABLE）。

YGGL 数据库中的 3 个表样本数据如表 T3.1～表 T3.3 所示。

表 T3.1 Employees 表数据样本

编号	姓名	学历	出生日期	性别	工作时间	住址	电话	部门号
000001	王林	大专	1966-01-23	1	8	中山路 32-1-508	83355668	2
010008	伍容华	本科	1976-03-28	1	3	北京东路 100-2	83321321	1
020010	王向容	硕士	1982-12-09	1	2	四牌楼 10-0-108	83792361	1
020018	李丽	大专	1960-07-30	0	6	中山东路 102-2	83413301	1
102201	刘明	本科	1972-10-18	1	3	虎距路 100-2	83606608	5
102208	朱俊	硕士	1965-09-28	1	2	牌楼巷 5-3-106	84708817	5
108991	钟敏	硕士	1979-08-10	0	4	中山路 10-3-105	83346722	3
111006	张石兵	本科	1974-10-01	1	1	解放路 34-1-203	84563418	5
210678	林涛	大专	1977-04-02	1	2	中山北路 24-35	83467336	3
302566	李玉珉	本科	1968-09-20	1	3	热和路 209-3	58765991	4
308759	叶凡	本科	1978-11-18	1	2	北京西路 3-7-52	83308901	4
504209	陈林琳	大专	1969-09-03	0	5	汉中路 120-4-12	84468158	4

表 T3.2 Departments 表数据样本

部门号	部门名称	备注	部门号	部门名称	备注
1	财务部	NULL	4	研发部	NULL
2	人力资源部	NULL	5	市场部	NULL
3	经理办公室	NULL			

表 T3.3 Salary 表数据样本

编　号	收　入	支　出	编　号	收　入	支　出
000001	2100.8	123.09	108991	3259.98	281.52
010008	1582.62	88.03	020010	2860.0	198.0
102201	2569.88	185.65	020018	2347.68	180.0
111006	1987.01	79.58	308759	2531.98	199.08
504209	2066.15	108.0	210678	2240.0	121.0
302566	2980.7	210.2	102208	1980.0	100.0

1．通过界面方式加入表数据

（1）在“对象资源管理器”面板中展开“数据库 YGGL”，选择要进行操作的表“Employees”，右击，在弹出的快捷菜单中选择“编辑前 200 行”命令，打开“表数据”窗口。在此窗口中，表中的记录按行显示，每个记录占一行。用户可通过“表数据”窗口向表中加入表 T3.1 中的记录，输完一行记录后将光标移到下一行，即保存了上一行记录。

（2）用同样的方法向 Departments 表和 Salary 表中分别插入表 T3.2 和表 T3.3 中的记录。

注意：

- 插入的数据要符合列的类型。试着在 tinyint 型的列中插入字符型数据（如字母），查看发生的情况。
- bit 类型的列在用界面方式插入数据时只能插入 True 或 False。True 表示 1，False 表示 0。
- 不能插入两行有相同主键的数据。例如，如果编号为 000001 的员工信息已经在 Employees 中存在，则不能向 Employees 表再插入编号为 000001 的数据行。

思考与练习：将 3 个样本数据表中的数据都存入到数据库 YGGL 的表中。

2．通过界面修改表数据

（1）在“对象资源管理器”面板中删除表 Employees 的第 1 行和 Salary 的第 1 行。注意进行删除操作时作为两表主键的 EmployeeID 的值，以保持数据完整性。

方法：在“对象资源管理器”面板中选择表“Employees”，右击，在弹出的快捷菜单中选择“编辑前 200 行”命令，在打开的“表数据”窗口中选中要删除的行，右击，在弹出的快捷菜单中选择“删除”命令。Salary 表中的数据删除方法相同。

（2）在“对象资源管理器”面板中将表 Employees 中编号为 020018 的记录的部门号改为 4。

方法：在“对象资源管理器”面板中右击表“Employees”，在弹出的快捷菜单中选择“编辑前 200 行”命令，在打开的“表数据”窗口中将光标定位至编号为 020018 的记录的 DepartmentID 字段，将值 1 改为 4。将光标移出本行即保存了修改。

3．使用 T-SQL 命令插入表数据

（1）删除表 Employees 中已经插入的一行数据。

在查询分析器窗格中输入以下 T-SQL 语句。

```
USE YGGL
GO
INSERT INTO Employees VALUES('000001', '王林', '大专', '1966-01-23', 1 , 8,
                        '中山路 32-1-508', '83355668', '2')
```

单击“！执行”按钮，执行上述语句，在验证操作是否成功时，可以在“对象资源管理器”中打开 Employees 表观察数据的变化。

（2）向表 Salary 插入一行数据，代码如下。

```
INSERT INTO Salary(EmployeeID, InCome, OutCome)
        values('000001', 2100.8, 123.09)
```

思考与练习：INSERT INTO 语句还可以通过 SELECT 子句来添加其他表中的数据，但是 SELECT 子句中的列要与添加表的列数目和数据类型都一一对应。假设有另一个空表 Employees2，结构和 Employees 表相同，使用 INSERT INTO 语句将 Employees 表中的数据添加到 Employees2 中。语句如下。

```
INSERT INTO Employees2  SELECT * FROM Employees
```

查看 Employees2 表中的变化。

4. 使用 T-SQL 命令修改表数据

（1）使用 SQL 命令修改表 Salary 中某个记录的字段值，代码如下。

```
UPDATE Salary
    SET InCome = 2890
    WHERE EmployeeID = '000001'
```

执行上述语句，将编号为 000001 的职工收入改为 2890。

（2）将所有职工收入增加 100，代码如下。

```
UPDATE Salary
    SET InCome = InCome +100;
```

执行完上述语句，打开 Salary 表查看数据的变化。可见，使用 SQL 语句操作表数据比在界面管理工具中操作表数据更为灵活。

5. 使用 T-SQL 命令删除表数据

（1）使用 SQL 命令删除表 Employees 中编号为 000001 的职工信息，代码如下。

```
DELETE FROM Employees
    WHERE EmployeeID= '000001'
```

（2）删除所有女性员工信息，代码如下。

```
DELETE FROM Employees
    WHERE Sex=0
```

（3）使用 TRANCATE TABLE 语句删除表中的所有行，代码如下。

```
TRUNCATE TABLE Salary
```

执行上述语句，将删除 Salary 表中的所有行。

> **注意：**
>
> 实验时一般不要轻易进行这个操作，因为后面的实验还要用到这些数据。若要查看该命令的效果，可建一个临时表，输入少量数据后进行。

6. 表中的数据同步

创建一个 Employees3 表，使用 MERGE 语句使 Employees3 表中的数据和 Employees 表中的数据同步，代码如下。

```
MERGE INTO Employees3
    USING Employees ON Employees3.EmployeeID= Employees.EmployeeID
    WHEN MATCHED
        THEN UPDATE SET Employees3.Name= Employees.Name,
                        Employees3.Education=Employees.Education,
                        Employees3.Birthday= Employees.Birthday,
                        Employees3.Sex=Employees.Sex,
                        Employees3.WorkYear= Employees.WorkYear,
                        Employees3.Address=Employees.Address,
                        Employees3.PhoneNumber= Employees.PhoneNu MBer,
                        Employees3.DepartmentID= Employees. DepartmentID
    WHEN NOT MATCHED
        THEN INSERT VALUES(Employees.EmployeeID, Employees.Name, Employees.Education,
                            Employees.Birthday, Employees.Sex, Employees.WorkYear,
                            Employees.Address,Employees.PhoneNumber,
                            Employees. DepartmentID)
    WHEN NOT MATCHED BY SOURCE
        THEN DELETE;
```

思考与练习：

使用 INSERT、UPDATE 语句将实验 3 中所有对表的修改恢复到原来的状态，以方便在以后的实验中使用。

实验 4 数据库的查询和视图

T4.1 数据库的查询

目的与要求

（1）掌握 SELECT 语句的基本语法。

（2）掌握子查询的表示。

（3）掌握连接查询的表示。

（4）掌握 SELECT 语句的 GROUP BY 子句的作用和使用方法。

（5）掌握 SELECT 语句的 ORDER BY 子句的作用和使用方法。

实验准备

（1）了解 SELECT 语句的基本语法格式。

（2）了解 SELECT 语句的执行方法。

（3）了解子查询的表示方法。

（4）了解连接查询的表示。

（5）了解 SELECT 语句的 GROUP BY 子句的作用和使用方法。

（6）了解 SELECT 语句的 ORDER BY 子句的作用。

1．查询语句的基本使用

（1）查询每个雇员的所有数据。

新建一个查询，在查询分析器窗格中输入如下语句并执行。

```
USE YGGL
GO
SELECT  *
    FROM Employees
```

思考与练习：查询 Departments 和 Salary 表中所有的数据信息。

（2）查询 Employees 表中每个雇员的地址和电话。

新建一个查询，在查询分析器窗格中输入如下语句并执行。

```
USE YGGL
GO
SELECT  Address,  PhoneNumber
   FROM Employees
```

思考与练习：

a．用 SELECT 语句查询 Departments 和 Salary 表的一列或若干列。

b．查询 Employees 表中的部门号和性别，要求使用 DISTINCT 消除重复行。

（3）查询 EmployeeID 为 000001 的雇员的地址和电话。

```
USE YGGL
GO
SELECT  Address,  PhoneNumber
    FROM  Employees
    WHERE  EmployeeID = '000001'
GO
```

思考与练习：

a. 查询月收入高于 2000 元的员工号码。

b. 查询 1970 年以后出生的员工的姓名和住址。

c. 查询所有财务部的员工的号码和姓名。

（4）查询 Employees 表中女雇员的地址和电话，使用 AS 子句将结果中各列的标题分别指定为地址和电话，代码如下。

```
USE YGGL
GO
SELECT  Address AS 地址,  PhoneNumber AS 电话
    FROM  Employees
    WHERE  Sex = 0
```

思考与练习：查询 Employees 表中男员工的姓名和出生日期，要求将各列标题用中文表示。

（5）查询 Employees 表中员工的姓名和性别，要求 Sex 值为 1 时显示为“男”，为 0 时显示为“女”，代码如下。

```
SELECT Name AS 姓名,
    CASE
       WHEN Sex= 1 THEN '男'
       WHEN Sex= 0 THEN '女'
         END AS 性别
  FROM Employees
```

思考与练习：查询 Employees 员工的姓名、住址和收入水平，2000 元以下显示为低收入，2000～3000 元显示为中等收入，3000 元以上显示为高收入。

（6）计算每个雇员的实际收入，代码如下。

```
USE YGGL
GO
SELECT  EmployeeID , 实际收入= InCome - OutCome
    FROM Salary
```

思考与练习：使用 SELECT 语句进行简单计算。

（7）获得员工总数，代码如下。

```
SELECT COUNT(*)
    FROM Employees
```

思考与练习：

a. 计算 Salary 表中员工月收入的平均数。

b. 获得 Employees 表中最大的员工号码。

c. 计算 Salary 表中所有员工的总支出。

d. 查询财务部雇员的最高和最低实际收入。

（8）找出所有姓王的雇员的部门号，代码如下。

```
USE YGGL
```

```
GO
SELECT  DepartmentID
     FROM  Employees
     WHERE  Name LIKE '王%'
```

思考与练习：

a. 找出所有其地址中含有“中山”的雇员的号码及部门号。

b. 查找员工号码中倒数第二个数字为 0 的员工的姓名、地址和学历。

（9）找出所有收入在 2000～3000 元之间的员工号码，代码如下。

```
SELECT EmployeeID
    FROM Salary
    WHERE InCome BETWEEN 2000 AND 3000
```

思考与练习：找出所有在部门“1”或“2”工作的雇员的号码。

> **注意：**
>
> 了解在 SELECT 语句中 LIKE、BETWEEN…AND、IN、NOT 及 CONTAIN 谓词的作用。

（10）使用 INTO 子句，由表 Salary 创建“收入在 1500 元以上的员工”表，包括编号和收入，代码如下。

```
USE YGGL
GO
SELECT EmployeeID as 编号, InCome as 收入
     INTO  收入在 1500 元以上的员工
     FROM  Salary
     WHERE  InCome > 1500
```

思考与练习：使用 INTO 子句，由表 Employees 创建“男员工”表，包括编号和姓名。

2. 子查询

（1）查找在财务部工作的雇员的情况，代码如下。

```
USE YGGL
GO
SELECT  *
     FROM  Employees
     WHERE  DepartmentID =
     (
         SELECT DepartmentID
             FROM  Departments
             WHERE  DepartmentName = '财务部'
     )
```

思考与练习：用子查询的方法查找所有收入在 2500 元以下的雇员的情况。

（2）查找财务部年龄不低于研发部雇员年龄的雇员的姓名，代码如下。

```
USE YGGL
GO
SELECT  Name
     FROM  Employees
     WHERE  DepartmentID  IN
```

```
    (
        SELECT  DepartmentID
            FROM Departments
            WHERE DepartmentName = '财务部'
    )
    AND
    Birthday !> ALL
    (
        SELECT Birthday
            FROM Employees
            WHERE DepartmentID IN
            (
                SELECT  DepartmentID
                    FROM   Departments
                    WHERE  DepartmentName = '研发部'
            )
)
```

思考与练习：用子查询的方法查找研发部比所有财务部雇员收入都高的雇员的姓名。

（3）查找比所有财务部的雇员收入都高的雇员的姓名，代码如下。

```
USE YGGL
GO
SELECT Name
    FROM   Employees
    WHERE  EmployeeID  IN
    (
        SELECT EmployeeID
            FROM   Salary
            WHERE  InCome >ALL
            (
                SELECT InCome
                    FROM   Salary
                    WHERE  EmployeeID  IN
                    (
                        SELECT  EmployeeID
                            FROM   Employees
                            WHERE  DepartmentID =
                            (
                                SELECT  DepartmentID
                                    FROM   Departments
                                    WHERE  DepartmentName = '财务部'
                            )
                    )
            )
    )
```

思考与练习：用子查询的方法查找所有年龄比研发部雇员年龄都大的雇员的姓名。

3. 连接查询

（1）查询每个雇员的情况及其薪水情况，代码如下。

```
USE YGGL
GO
```

```
SELECT  Employees . * ,  Salary . *
    FROM   Employees , Salary
    WHERE  Employees.EmployeeID = Salary.EmployeeID
```

思考与练习：查询每个雇员的情况及其工作部门的情况。

（2）使用内连接的方法查询名字为“王林”的员工所在的部门，代码如下。

```
SELECT DepartmentName
    FROM Departments JOIN Employees
            ON Departments. DepartmentID=Employees. DepartmentID
    WHERE Employees.Name='王林'
```

思考与练习：

a．使用内连接方法查找出不在财务部工作的所有员工信息。

b．使用外连接方法查找出所有员工的月收入。

（3）查找财务部收入在 2000 元以上的雇员姓名及其薪水详情。

新建一个查询，在查询分析器窗格中输入如下语句并执行。

```
USE YGGL
GO
SELECT Name,  InCome,  OutCome
    FROM   Employees , Salary , Departments
    WHERE  Employees.EmployeeID = Salary.EmployeeID
        AND  Employees.DepartmentID = Departments.DepartmentID
        AND  DepartmentName = '财务部'
        AND  InCome > 2000
```

思考与练习：查询研发部在 1976 年以前出生的雇员姓名及其薪水详情。

4．聚合函数

（1）求财务部雇员的平均收入。

新建一个查询，在查询分析器窗格中输入如下语句并执行。

```
USE YGGL
GO
SELECT  AVG(InCome) AS '财务部平均收入'
    FROM   Salary
    WHERE  EmployeeID  IN
    (
        SELECT EmployeeID
            FROM   Employees
            WHERE  DepartmentID =
            (
                SELECT  DepartmentID
                    FROM   Departments
                    WHERE  DepartmentName = '财务部'
            )
    )
```

思考与练习：查询财务部雇员的最高和最低收入。

（2）求财务部雇员的平均实际收入。

新建一个查询，在查询分析器窗格中输入如下语句并执行。

```
USE YGGL
GO
SELECT AVG(InCome-OutCome) AS '财务部平均实际收入'
    FROM   Salary
    WHERE  EmployeeID  IN
    (
        SELECT  EmployeeID
            FROM   Employees
            WHERE  DepartmentID =
            (
                SELECT DepartmentID
                    FROM   Departments
                    WHERE  DepartmentName = '财务部'
            )
    )
```

思考与练习：查询财务部雇员的最高和最低实际收入。

（3）求财务部雇员的总人数。

新建一个查询，在查询分析器窗格中输入如下语句并执行。

```
USE YGGL
GO
SELECT  COUNT( EmployeeID )
    FROM   Employees
    WHERE  DepartmentID =
    (
        SELECT  DepartmentID
            FROM   Departments
            WHERE  DepartmentName = '财务部'
    )
```

思考与练习：统计财务部收入在 2500 元以上的雇员人数。

5. 分组排序

（1）查找 Employees 表中男性和女性的人数，代码如下。

```
SELECT Sex, COUNT(Sex)
    FROM Employees
    GROUP BY Sex;
```

思考与练习：

a. 按部门列出在该部门工作的员工的人数。

b. 按员工的学历分组，排列出本科、大专和硕士的人数。

（2）查找员工数超过 2 的部门名称和员工数量，代码如下。

```
SELECT Employees.DepartmentID, COUNT(*) AS 人数
    FROM Employees, Departments
    WHERE Employees.DepartmentID=Departments.DepartmentID
    GROUP BY Employees.DepartmentID
        HAVING COUNT(*)>2
```

思考与练习：按员工的工作年份分组，统计各个工作年份的人数，例如，工作 1 年的多少人，工作 2 年的多少人。

（3）将各雇员的情况按收入由低到高排列。

新建一个查询，在查询分析器窗格中输入如下语句并执行。

```
USE YGGL
GO
SELECT  Employees . *, Salary . *
     FROM   Employees, Salary
     WHERE  Employees. EmployeeID = Salary.EmployeeID
     ORDER BY  InCome
```

思考与练习：

a．将员工信息按出生时间从小到大排列。

b．在 ODER BY 子句中使用子查询，查询员工姓名、性别和工龄信息，要求按实际收入从大到小排列。

T4.2 视图的使用

目的和要求

（1）熟悉视图的概念和作用。

（2）掌握视图的创建方法。

（3）掌握如何查询和修改视图。

实验准备

（1）了解视图的概念。

（2）了解创建视图的方法。

（3）了解并掌握对视图的操作。

1．创建视图

（1）创建 YGGL 数据库上的视图 DS_VIEW，视图包含 Departments 表的全部列，代码如下。

```
CREATE VIEW DS_VIEW
     AS SELECT *  FROM Departments
```

（2）创建 YGGL 数据库上的视图 Employees_view，视图包含员工号码、姓名和实际收入 3 列。使用如下 SQL 语句。

```
CREATE VIEW Employees_view(EmployeeID, Name, RealIncome)
     AS
       SELECT Employees. EmployeeID, Name, InCome-OutCome
               FROM Employees, Salary
                WHERE Employees. EmployeeID= Salary. EmployeeID
```

思考与练习：

a．在创建视图时 SELECT 语句有哪些限制？

b．在创建视图时有哪些注意点？

c．创建视图，包含员工号码、姓名、所在部门名称和实际收入这几列。

2．查询视图

（1）从视图 DS_VIEW 中查询出部门号为 3 的部门名称，代码如下。

```
SELECT DepartmentName
    FROM DS_VIEW
    WHERE DepartmentID='3'
```

（2）从视图 Employees_view 中查询出姓名为“王林”的员工的实际收入，代码如下。

```
SELECT RealIncome
    FROM Employees_view
    WHERE Name='王林'
```

思考与练习：

a. 若视图关联了某表中的所有字段，而此时该表中添加了新的字段，视图中能否查询到该字段？

b. 自己创建一个视图，并查询视图中的字段。

3. 更新视图

在更新视图前需要了解可更新视图的概念，了解什么视图是不可以进行修改的。更新视图真正更新的是和视图关联的表。

（1）向视图 DS_VIEW 中插入一行数据“6, 广告部, 广告业务”，代码如下。

```
INSERT INTO DS_VIEW VALUES('6', '广告部', '广告业务')
```

执行完该命令，使用 SELECT 语句分别查看视图 DS_VIEW 和基本表 Departments 中发生的变化。

尝试向视图 Employees_view 中插入一行数据，看看会发生什么情况。

（2）修改视图 DS_VIEW，将部门号为 5 的部门名称修改为“生产车间”，代码如下。

```
UPDATE DS_VIEW
    SET DepartmentName='生产车间'
    WHERE DepartmentID='5'
```

执行完该命令，使用 SELECT 语句分别查看视图 DS_VIEW 和基本表 Departments 中发生的变化。

（3）将视图 Employees_view 中员工号为 000001 的员工的姓名修改为“王浩”，代码如下。

```
UPDATE Employees_view
    SET Name='王浩'
    WHERE EmployeeID='000001'
```

（4） 删除视图 DS_VIEW 中部门号为“1”的一行数据，代码如下。

```
DELETE FROM DS_VIEW
    WHERE DepartmentID='1'
```

> **注意：**
>
> 为了便于以后的操作，请将删除的数据尽快恢复到原来的状态。

思考与练习：视图 Employees_view 中无法插入和删除数据，其中的 RealIncome 字段也无法修改，为什么？

4. 删除视图

删除视图 DS_VIEW，代码如下。

```
DROP VIEW DS_VIEW
```

5. 在界面中操作视图

（1）创建视图：打开“Microsoft SQL Server Management Studio”窗口，在“对象资源管理器”面板

中展开“数据库”→“YGGL”，选择“视图”选项，右击，在弹出的快捷菜单中选择“新建视图”命令，在打开的“添加表”窗口中，添加所需关联的基本表。在视图窗口的关系图窗口显示了基本表的全部列信息。根据需要选择创建视图所需的字段。完成后单击“保存”按钮保存。

（2）查询视图：新建一个查询，输入 T-SQL 查询命令即可像查询表一样查询视图。

（3）删除视图：展开“YGGL”数据库→“视图”，选择要删除的视图，右击，在弹出的快捷菜单中的选择“删除”命令，确认即可。

思考与练习：总结视图与基本表的差别。

实验 5 T-SQL 编程

目的与要求

（1）掌握用户自定义类型的使用。

（2）掌握变量的分类及其使用。

（3）掌握各种运算符的使用。

（4）掌握各种控制语句的使用。

（5）掌握系统函数及用户自定义函数的使用。

实验准备

（1）了解 T-SQL 支持的各种基本数据类型。

（2）了解自定义数据类型使用的一般步骤。

（3）了解 T-SQL 各种运算符、控制语句的功能及使用方法。

（4）了解系统函数的调用方法。

（5）了解用户自定义函数使用的一般步骤。

1．自定义数据类型

（1）自定义一个数据类型 ID_type，用于描述员工编号。在查询分析器窗格中输入如下程序并执行。

```
USE YGGL
EXEC sp_addtype 'ID_type',
    'char(6)','not null'
GO
```

> **注意：**
>
> 不能漏掉单引号。

思考与练习：在“对象资源管理器”面板中展开“数据库”→“PXSCJ”→“可编程性”，右击“类型”选项，在弹出的快捷菜单中选择“新建”命令，在打开的“新建数据类型”窗口中使用界面方式创建一个用户自定义数据类型。

（2）在 YGGL 数据库中创建 Employees3 表，表结构与 Employees 类似，只是 EmployeeID 列使用的数据类型为用户自定义数据类型 ID_type，代码如下。

```
USE YGGL
GO
IF EXISTS (SELECT name FROM sysobjects
    WHERE  name='Employees3')
    DROP table employees3
/*首先在系统表中查看 Employees3 表是否存在，若存在，则删除该表*/
CREATE TABLE Employees3
(
```

```
    EmployeeID ID_type,              /*定义字段EmployeeID的类型为ID_type */
    Name char(10)   NOT NULL,
    Education char(4) NOT NULL,
    Birthday date NOT NULL,
    Sex bit NOT NULL DEFAULT 1,
    WorkYear tinyint NULL,
    Address varchar(40) NULL,
    PhoneNumber char(12) NULL,
    DepartmentID char(3) NOT NULL,
    PRIMARY KEY(EmployeeID)
)
GO
```

2. 变量

（1）创建一个名为 female 的用户变量，并在 SELECT 语句中使用该局部变量查找表中所有女员工的编号和姓名，代码如下。

```
USE YGGL
DECLARE @female bit
SET @female=0
/*变量赋值完毕，使用以下语句查询*/
SELECT EmployeeID, Name
    FROM Employees
    WHERE Sex=@female
```

（2）定义一个变量，用于获取号码为 102201 的员工的电话号码，代码如下。

```
DECLARE @phone char(12)
SET @phone=(SELECT PhoneNumber
                FROM Employees
                WHERE EmployeeID='102201')
SELECT @phone
```

执行完该语句后可以得到变量 phone 的值。

思考与练习：定义一个变量，用于描述 YGGL 数据库中的 Salary 表中 000001 号员工的实际收入，然后查询该变量。

3. 运算符

（1）使用算术运算符“-”查询员工的实际收入，代码如下。

```
SELECT InCome-OutCome
    FROM Salary
```

（2）使用比较运算符“>”查询 Employees 表中工作时间大于 5 年的员工信息，代码如下。

```
SELECT *
    FROM Employees
    WHERE WorkYear > 5
```

思考与练习：熟悉各种常用运算符的功能和用法，如 LIKE、BETWEEN 等。

4. 流程控制语句

（1）判断 Employees 表中是否存在编号为 111006 的员工，如果存在，则显示该员工信息；若不存在，则显示“查无此人”，代码如下。

```
IF EXISTS(SELECT Name FROM Employees WHERE EmployeeID= '111006')
    SELECT * FROM Employees WHERE EmployeeID= '111006'
ELSE
    SELECT '查无此人'
```

思考与练习：判断姓名为“王林”的员工实际收入是否高于 3000 元，如果是，则显示其收入，否则显示“收入不高于 3000”。

（2）假设变量 X 的初始值为 0，每次加 1，直至 X 变为 5，代码如下。

```
DECLARE @X INT
SET @X=1
WHILE @X<5
BEGIN
    SET @X=@X+1
    PRINT 'X='+CONVERT(char(1),@X)
END
GO
```

思考与练习：使用循环输出一个用“*”组成的三角形。

（3）使用 CASE 语句对 Employees 表按部门进行分类，代码如下。

```
USE YGGL
GO
SELECT  EmployeeID , Name, Address, DepartmentID=
    CASE DepartmentID
        WHEN 1  THEN '财务部'
        WHEN 2  THEN '人力资源部'
        WHEN 3  THEN '经理办公室'
        WHEN 4  THEN '研发部'
        WHEN 5  THEN '市场部'
    END
    FROM    Employees
```

思考与练习：使用 IF 语句实现以上功能。

5. 自定义函数

（1）定义一个函数实现如下功能：对于一个给定的 DepartmentID 值，查询该值在 Departments 表中是否存在，若存在，则返回 0，否则返回–1。

新建一个查询，在查询分析器窗格中输入如下程序并执行。

```
CREATE FUNCTION CHECK_ID(@departmentid char(3))
RETURNS integer AS
BEGIN
    DECLARE @num int
    IF EXISTS (SELECT departmentID FROM departments
                WHERE @departmentid =departmentID)
        SELECT @num=0
    ELSE
        SELECT @num=-1
    RETURN @num
END
GO
```

（2）写一段 T-SQL 程序调用上述函数。当向 Employees 表中插入一行记录时，首先调用函数 CHECK_ID 检索该记录的 DepartmentID 值在表 Departments 的 DepartmentID 字段中是否存在对应值，若存在，则将该记录插入 Employees 表。在查询分析器窗格中输入如下程序并执行。

```
USE YGGL
GO
DECLARE @num int
SELECT @num=dbo.CHECK_ID('2')
IF @num=0
    INSERT Employees
        VALUES('990210','张英','本科','1982-03-24',0,4,'南京市镇江路2号','8497534','2')
GO
```

思考与练习：自定义一个函数，计算一个数的阶乘。

6．系统内置函数

（1）求一个数的绝对值，代码如下。

```
SELECT ABS(-123)
```

思考与练习：

a．使用 RAND()函数产生一个 0～1 的随机值。

b．使用 SQUARE()函数获得一个数的平方。

c．使用 SQRT()函数返回一个数的平方根。

（2）求财务部雇员的总人数，代码如下。

```
USE YGGL
SELECT COUNT( EmployeeID ) AS 财务部人数
   FROM Employees
   WHERE DepartmentID =
      ( SELECT DepartmentID
          FROM Departments
          WHERE DepartmentName = '财务部')
```

思考与练习：

a．求财务部收入最高的员工姓名。

b．查询员工收入的平均数。

c．聚合函数如何与 GROUP BY 函数一起使用？

（3）使用 ASCII 函数返回字符表达式最左端字符的 ASCII 值，代码如下。

```
SELECT ASCII('abc')
```

思考与练习：

a．使用 CHAR()函数将 ASCII 码代表的字符组成字符串。

b．使用 LEFT()函数返回从字符串'abcdef'左边开始的 3 个字符。

（4）获得当前的日期和时间，代码如下。

```
SELECT getdate()
```

查询 YGGL 数据库中员工号为 000001 的员工出生的年份，代码如下。

```
SELECT YEAR(Birthday)
    FROM Employees
    WHERE EmployeeID= '000001';
```

思考与练习：

a. 使用 DAY()函数返回指定日期时间的天数。

b. 列举出其他的时间日期函数。

c. 使用其他类型的系统内置函数。

实验 6 索引和数据完整性的使用

T6.1 索　　引

目的与要求

掌握索引的使用方法。

实验准备

（1）了解索引的作用与分类。

（2）掌握索引的创建方法。

1. 建立索引

（1）使用 CREATE INDEX 语句创建索引。

● 对 YGGL 数据库的 Employees 表中的 DepartmentID 列建立索引。

在查询分析器窗格中输入如下程序并执行。

```
USE YGGL
GO
CREATE INDEX depart_ind
    ON  Employees  (DepartmentID)
GO
```

● 在 Employees 表的 Name 列和 Address 列上建立复合索引。

在查询分析器窗格中输入如下程序并执行。

```
CREATE  INDEX Ad_ind
    ON Employees(Name, Address)
```

● 对 Departments 表上的 DepartmentName 列建立唯一非聚集索引。

在查询分析器窗格中输入如下程序并执行。

```
CREATE UNIQUE INDEX  Dep_ind
    ON Departments  (DepartmentName)
```

思考与练习：

a. 创建完索引后，在“对象资源管理器”面板中查看表中的索引。

b. 了解索引的分类情况。

c. 使用 CREATE INDEX 语句能创建主键吗？

d. 在什么情况下可以看到建立索引的好处？

（2）使用界面方式创建索引。

● 使用界面方式在 Employees 表的 PhoneNumber 列上创建索引。

打开“Microsoft SQL Server Management Studio”窗口，在“对象资源管理器”面板中展开数据库

"YGGL"→"Employees"，右击"索引"选项，在弹出的快捷菜单中选择"新建索引"命令。在打开的"新建索引"窗口中填写索引的名称和类型，单击"添加"按钮，在列表框中选择要创建索引的列。选择完单击"确定"按钮即完成创建工作。

思考与练习：

a．使用界面方式创建一个复合索引。

b．在 Employees 表的表设计器窗口中选择 Address 列，右击，在弹出的快捷菜单中选择"索引/键"命令，在弹出的"索引/键"对话框中为 Address 列创建一个唯一索引。

c．创建一个数据量很大的新表，查看使用索引和不使用索引的区别。

2．重建索引

重建表 Employees 中的所有索引，代码如下。

```
USE YGGL
GO
ALTER INDEX ALL
    ON Employees REBUILD
```

思考与练习：重建表 Employees 中 EmployeeID 列上的索引。

3．删除索引

使用 DROP INDEX 语句删除表 Employees 上的索引 depart_ind，使用如下 SQL 语句。

```
DROP INDEX depart_ind ON Employees
```

思考与练习：

a．使用 DROP INDEX 一次删除 Employees 表上的多个索引。

b．使用界面方式删除表 Departments 上的索引。

T6.2　数据完整性

目的与要求

掌握数据完整性的实现方法。

实验准备

（1）理解数据完整性的概念及分类。

（2）掌握各种数据完整性的实现方法。

1．UNIQUE 约束

（1）创建一个表 Employees5，只含 EmployeeID、Name、Sex 和 Education 列。将 Name 设为主键，作为列 Name 的约束。对 EmployeeID 列进行 UNIQUE 约束，并作为表的约束。代码如下。

```
CREATE TABLE Employees5
(
    EmployeeID char(6) NOT NULL,
    Name char(10) NOT NULL PRIMARY KEY,
    Sex tinyint,
    Education char(4),
    CONSTRAINT UK_id UNIQUE(EmployeeID)
)
```

（2）删除上面创建的 UNIQUE 约束，代码如下。

```
ALTER TABLE  Employees5
    DROP    CONSTRAINT UK_id
GO
```

思考与练习：

a. 使用 T-SQL 命令创建一个新表，使用一个复合列作为主键，作为表的约束，并为其命名。

b. 使用 ALTER TABLE 语句为表 Employees5 添加一个新列 Address，并为该列定义 UNIQUE 约束。

c. 使用界面方式为一个新表定义主键和 UNIQUE 约束，并了解如何使用图形向导方式删除主键和 UNIQUE 约束。

2. CHECK 约束

（1）创建新表 student，只考虑“号码”和“性别”两列，性别只能包含男或女。代码如下。

```
CREATE TABLE student
 (
    号码 char(6) NOT NULL,
    性别 char(2) NOT NULL
         CHECK(性别 IN ('男', '女'))
 )
```

思考与练习：向该表插入数据，“性别”列插入“男”和“女”以外的字符，查看会发生什么情况。

（2）创建新表 Salary2，结构与 Salary 相同，但 Salary2 表不允许 OutCome 列大于 Income 列。代码如下。

```
CREATE TABLE Salary2
(
    EmployeeID char(6) NOT NULL,
    Income float NOT NULL,
    OutCome float NOT NULL,
    CHECK(Income>=OutCome)
)
```

思考与练习：

a. 向表中插入数据，查看 OutCome 值比 Income 值大时会发生什么情况。

b. 创建一个表 Employees6，只考虑“学号”和“出生日期”两列，出生日期必须晚于 1980 年 1 月 1 日。

（3）对 YGGL 数据库中的 Employees 表进行修改，为其增加 DepartmentID 字段的 CHECK 约束。在查询分析器窗格中输入如下程序并执行。

```
USE YGGL
GO
ALTER TABLE Employees
    ADD CONSTRAINT depart CHECK (DepartmentID >=1 AND DepartmentID <=5)
```

思考与练习：测试 CHECK 约束的有效性。

3. 规则对象

（1）创建一个规则对象，用以限制输入到该规则所绑定的列中的值只能是该规则中列出的值。代码如下。

```
CREATE RULE list_rule
    AS @list IN ('财务部', '研发部', '人力资源部', '销售部')
GO
EXEC sp_bindrule 'list_rule', 'Departments.DepartmentName'
GO
```

思考与练习：

a. 建立一个规则对象，限制值在0～20之间。然后把它绑定到Employees表的WorkYear字段上。

b. 删除上述建立的规则对象。

（2）创建一个表Salary3，要求所有Salary3表上EmployeeID列的值都要出现在Salary表中，利用参照完整性约束实现，要求当删除或修改Salary表上的EmployeeID列时，Salary3表中的EmployeeID值也会随之变化。使用如下SQL语句。

```
CREATE TABLE Salary3
(
    EmployeeID char(6) NOT NULL PRIMARY KEY,
    InCome float  NOT NULL,
    OutCome float (8) NOT NULL,
    FOREIGN KEY(EmployeeID)
        REFERENCES Salary(EmployeeID)
            ON  UPDATE  CASCADE
            ON  DELETE   CASCADE
)
```

思考与练习：

a. 创建完Salary3表后，初始化该表的数据与Salary表相同。删除Salary表中的一行数据，再查看Salary3表的内容，查看会发生什么情况。

b. 使用ALTER TABLE语句向Salary表中的EmployeeID列上添加一个外键，要求当删除或修改Empolyees表中与EmployeeID值有关的行时，检查Salary表是否有与该EmployeeID值相关的记录，如果存在，则拒绝更新Employees表。

c. 在“对象资源管理器”面板中建立Departments、Employees和Salary 这3个表之间的参照关系。

实验 7 存储过程和触发器的使用

T7.1 存储过程

目的与要求

掌握存储过程的使用方法。

实验准备

（1）了解存储过程的使用方法。

（2）了解触发器的使用方法。

（3）了解 inserted 逻辑表和 deleted 逻辑表的使用。

（1）创建存储过程，使用 Employees 表中的员工人数来初始化一个局部变量，并调用这个存储过程。代码如下。

```
USE YGGL
GO
CREATE PROCEDURE TEST @NU MBER1 int OUTPUT
AS
BEGIN
  DECLARE @NU MBER2 int
  SET @NU MBER2=(SELECT COUNT(*) FROM Employees)
  SET @NU MBER1=@NU MBER2
END
```

执行该存储过程，并查看结果：

```
DECLARE @num int
EXEC TEST @num OUTPUT
SELECT @num
```

（2）创建存储过程，比较两个员工的实际收入，若前者比后者高就输出 0，否则输出 1。代码如下。

```
CREATE PROCEDURE COMPA @ID1 char(6), @ID2 char(6), @BJ int OUTPUT
AS
BEGIN
     DECLARE @SR1 float, @SR2 float
     SELECT @SR1=InCome-OutCome FROM Salary WHERE EmployeeID=@ID1
     SELECT @SR2=InCome-OutCome FROM Salary WHERE EmployeeID=@ID2
     IF @ID1>@ID2
         SET @BJ=0
     ELSE
         SET @BJ=1
END
```

执行该存储过程，并查看结果。

```
DECLARE @BJ int
EXEC COMPA '000001', '108991', @BJ OUTPUT
SELECT @BJ
```

（3）创建添加职员记录的存储过程 EmployeeAdd，代码如下。

```
USE YGGL
GO
CREATE  PROCEDURE EmployeeAdd
(
    @employeeid char(6),@name char(10), @education char(4), @birthday datetime,
    @workyear tinyint, @sex bit,@address char(40) ,@phonenumber char(12),
    @departmentID char(3)
)   AS
    BEGIN
        INSERT INTO Employees
            VALUES( @employeeid , @name, @education, @birthday, @workyear,
                    @sex, @address, @phonenumber, @departmentID )
    END
    RETURN
GO
```

执行该存储过程。

```
EXEC EmployeeAdd '990230','刘朝', '本科', '840909', 2, 1,'武汉小洪山5号', '85465213', '3'
```

（4）创建一个带有 OUTPUT 游标参数的存储过程，在 Employees 表中声明并打开一个游标，代码如下。

```
USE YGGL
GO
CREATE PROCEDURE em_cursor @em_cursor cursor VARYING OUTPUT
    AS
    BEGIN
        SET @em_cursor = CURSOR  FORWARD_ONLY STATIC
                FOR
                    SELECT *FROM Employees
        OPEN @em_cursor
    END
GO
```

声明一个局部游标变量，执行上述存储过程，并将游标赋值给局部游标变量，然后通过该游标变量读取记录，代码如下。

```
DECLARE @MyCursor cursor
EXEC em_cursor @em_cursor = @MyCursor OUTPUT                /*执行存储过程*/
FETCH NEXT FROM @MyCursor
WHILE (@@FETCH_STATUS = 0)
    BEGIN
        FETCH NEXT FROM @MyCursor
    END
CLOSE @MyCursor
DEALLOCATE @MyCursor
GO
```

（5）创建存储过程，使用游标确定一个员工的实际收入是否排在前三名。结果为 1 表示是，结果为 0 表示否，代码如下。

```
CREATE PROCEDURE TOP_THREE @EM_ID char(6), @OK bit OUTPUT
AS
BEGIN
    DECLARE @X_EM_ID char(6)
    DECLARE @ACT_IN int, @SEQ int
    DECLARE SALARY_DIS cursor FOR                    /*声明游标*/
            SELECT EmployeeID, InCome-OutCome
                FROM Salary
                ORDER BY InCome-OutCome DESC
    SET @SEQ=0
    SET @OK=0
    OPEN SALARY_DIS
    FETCH SALARY_DIS INTO @X_EM_ID, @ACT_IN          /*读取第一行数据*/
        WHILE @SEQ<3 AND @OK=0                       /*比较前 3 行数据*/
        BEGIN
            SET @SEQ=@SEQ+1
            IF @X_EM_ID=@EM_ID
                SET @OK=1
            FETCH SALARY_DIS INTO @X_EM_ID, @ACT_IN
        END
    CLOSE SALARY_DIS
    DEALLOCATE SALARY_DIS
    END
```

执行该存储过程，并查看结果。

```
DECLARE @OK BIT
EXEC TOP_THREE '108991',@OK OUTPUT
SELECT @OK
```

思考与练习：

a．创建存储过程，要求当一个员工的工作年份大于 6 年时将其转到经理办公室工作。

b．创建存储过程，根据每个员工的学历将收入提高 500 元。

c．创建存储过程，使用游标计算本科及以上学历的员工在总员工数中所占的比例。

d．使用命令方式修改存储过程的定义。

T7.2 触 发 器

目的与要求

掌握触发器的使用方法。

实验准备

（1）了解触发器的使用方法；

（2）了解 inserted 逻辑表和 deleted 逻辑表的使用；

对于 YGGL 数据库，表 Employees 的 DepartmentID 列与表 Departments 的 DepartmentID 列应满足参照完整性规则。

（1）向 Employees 表添加记录时，该记录的 DepartmentID 字段值在 Departments 表中应存在。

（2）修改 Departments 表的 DepartmentID 字段值时，该字段在 Employees 表中的对应值也应修改。

（3）删除 Departments 表中的记录时，该记录的 DepartmentID 字段值在 Employees 表中对应的记录也应删除。

对于上述参照完整性规则，在此通过触发器实现。

在查询分析器窗格中输入各触发器的代码并执行。

（1）向 Employees 表插入或修改一个记录时，通过触发器检查记录的 DepartmentID 值在 Departments 表中是否存在，若不存在，则取消插入或修改操作。代码如下。

```
USE YGGL
GO
CREATE TRIGGER EmployeesIns ON dbo.Employees
    FOR INSERT , UPDATE
AS
BEGIN
    IF ((SELECT DepartmentID from inserted)  NOT IN
        (SELECT DepartmentID FROM Departments))
        ROLLBACK                    /*对当前事务回滚，即恢复到插入前的状态*/
END
```

向 Employees 表插入或修改一行记录，查看效果。

（2）修改 Departments 表中 DepartmentID 的字段值时，该字段在 Employees 表中的对应值也做相应修改，代码如下。

```
USE YGGL
GO
CREATE TRIGGER DepartmentsUpdate ON dbo.Departments
    FOR UPDATE
    AS
    BEGIN
        UPDATE Employees
            SET DepartmentID=(SELECT DepartmentID FROM  inserted)
            WHERE  DepartmentID=(SELECT DepartmentID FROM deleted)
    END
GO
```

（3）删除 Departments 表中记录的同时删除该记录 DepartmentID 字段值在 Employees 表中对应的记录，代码如下。

```
CREATE TRIGGER DepartmentsDelete ON dbo.Departments
    FOR DELETE
    AS
    BEGIN
        DELETE FROM Employees
            WHERE  DepartmentID=(SELECT DepartmentID FROM deleted)
    END
GO
```

（4）创建 INSTEAD OF 触发器，当向 Salary 表中插入记录时，先检查 EmployeeID 列上的值在 Employees 中是否存在，如果存在，则执行插入操作，如果不存在，则提示“员工号不存在”。代码如下。

```
CREATE TRIGGER EM_EXISTS ON Salary
    INSTEAD OF INSERT
```

```
    AS
    BEGIN
        DECLARE @EmployeeID char(6)
        SELECT @EmployeeID= EmployeeID
            FROM inserted
        IF(@EmployeeID IN(SELECT EmployeeID FROM Employees))
            INSERT INTO Salary SELECT * FROM inserted
        ELSE
            PRINT '员工号不存在'
END
```

向 Salary 表中插入一行记录并查看效果：

```
INSERT INTO Salary VALUES('111111',2500.3,123.2)
```

（5）创建 DDL 触发器，当删除 YGGL 数据库的一个表时，提示“不能删除表”，并回滚删除表的操作。代码如下。

```
USE YGGL
GO
CREATE TRIGGER table_delete
    ON DATABASE
    AFTER DROP_TABLE
    AS
        PRINT '不能删除该表'
        ROLLBACK TRANSACTION
```

思考与练习：

a．对于 YGGL 数据库，表 Employees 的 EmployeeID 列与表 Salary 的 EmployeeID 列应满足参照完整性规则，请用触发器实现两个表间的参照完整性。

b．当修改表 Employees 时，若将 Employees 表中员工的工作时间增加 1 年，则将收入增加 500 元，若增加 2 年，则收入增加 1000 元，依次增加。若工作时间减少，则无变化。

c．创建 UPDATE 触发器，当 Salary 表中 InCome 值增加 500 时，OutCome 值增加 50。

d．创建 INSTEAD OF 触发器，实现向不可更新视图插入数据。

e．创建 DDL 触发器，当删除数据库时，提示“无法删除”并回滚删除操作。

实验 8　备份恢复与导入导出

T8.1　数据库的备份

目的与要求

（1）掌握在“对象资源管理器”面板中创建命名备份设备的方法。

（2）掌握在“对象资源管理器”面板中进行备份操作的步骤。

（3）掌握使用 T-SQL 语句对数据库进行完全备份的方法。

实验准备

了解在“对象资源管理器”面板中创建命名备份设备和进行数据库完全备份操作的方法。

使用“对象资源管理器”面板对数据库 YGGL 进行完全数据库备份和恢复。

1．通过界面方式对数据库进行完全备份

（1）在“对象资源管理器”面板中创建备份设备。

以系统管理员身份连接 SQL Server，打开“对象资源管理器”面板，展开“服务器对象”，选择“备份设备”选项，右击，在弹出的快捷菜单中选择“新建备份设备”命令，打开“备份设备”窗口。

在“备份设备”窗口的“常规”选项页中分别输入备份设备的名称（如 ygglbk）和完整的物理路径名（可通过该文本框右侧的 ... 按钮单击选择路径，这里保持默认设置），输入完毕后，单击“确定”按钮，完成备份设备的创建。

（2）在“对象资源管理器”面板中进行数据库完全备份。

在“对象资源管理器”面板中展开“服务器对象”，选择“备份设备”选项，右击，在弹出的快捷菜单中选择“备份数据库”命令，打开“备份数据库”窗口。

在“备份数据库”窗口中的“选项页”列表中选择“常规”选项卡，选择“源数据库”为“YGGL”，在“备份类型”下拉列表中选择“完整”选项。

单击“添加”按钮选择要备份的目标备份设备。其他常规属性采用系统默认设置。如果需要覆盖备份设备中的原有备份集，则需要在“选项”选项卡中选中“覆盖所有现有备份集”单选按钮。设置完成后，单击“确定”按钮，则系统开始执行备份。

思考与练习：

a．了解如何使用“对象资源管理器”面板进行差异备份、事务日志备份。

b．如何进行文件和文件组备份？

c．如果在一个备份设备中已经备份，那么如何使新的备份覆盖旧的备份？

d．如何将数据库一次备份到多个备份设备中？

e．使用“复制数据库向导”创建数据库 YGGL 的一个副本 YGGL_new。

2．用 T-SQL 语句对数据库进行备份

（1）使用逻辑名 CPYGBK 创建一个命名的备份设备，并将数据库 YGGL 完全备份到该设备。在查询分析器窗格中输入如下语句并执行。

```
USE master
GO
EXEC sp_addumpdevice 'disk' , 'CPYGBK', 'E:\data\CPYGBK.bak'
BACKUP DATABASE YGGL TO CPYGBK
```

（2）将数据库 YGGL 完全备份到备份设备 test，并覆盖该设备上原有的内容，代码如下。

```
EXEC sp_addumpdevice 'disk' , 'test', 'E:\data\test.bak'
BACKUP DATABASE YGGL TO test WITH INIT
```

（3）创建一个命名的备份设备 YGGLLOGBK，并备份 pxscj 数据库的事务日志，代码如下。

```
USE master
GO
EXEC sp_addumpdevice 'disk' , 'YGGLLOGBK' , 'E:\data\YGGLlog.bak'
BACKUP LOG YGGL TO YGGLLOGBK
```

思考与练习：

a. 写出将数据库 YGGL 完全备份到备份设备 CPYGBK，并覆盖该设备上原有内容的 T-SQL 语句，并执行该语句。

b．使用差异备份方法备份数据库 YGGL 到备份设备 CPYGBK 中。

c．备份 YGGL 数据库的文件和文件组到备份设备 CPYGBK 中。

T8.2 数据库的恢复

目的与要求

（1）掌握在“对象资源管理器”面板中进行数据库恢复的步骤。

（2）掌握使用 T-SQL 语句进行数据库恢复的方法。

实验准备

（1）了解在“对象资源管理器”面板中进行数据库恢复的步骤。

（2）了解使用 T-SQL 语句进行数据库恢复的方法。

使用 T-SQL 语句，对数据库 YGGL 进行完全数据库恢复。

1．通过界面方式对数据库进行完全恢复

数据库恢复的主要步骤如下。

在“对象资源管理器”面板中右击“数据库”选项，在弹出的快捷菜单中选择“还原数据库”命令，在打开的“还原数据库”窗口中填写要恢复的数据库名称，在“源设备”选项组中选择备份设备（如 CPYGBK），此时在设备集框中将显示该设备中包含的备份集，选择要恢复的备份集，单击“确定”按钮即可恢复数据库。如果数据库中存在与要恢复的数据库同名的数据库，则需要勾选“选项”选项卡中的“覆盖现有数据库”复选框。

2．使用 T-SQL 语句恢复数据库

（1）恢复整个数据库 YGGL。

在查询分析器窗格输入如下语句并执行。

```
RESTORE DATABASE YGGL
FROM CPYGBK
WITH REPLACE
```

（2）使用事务日志恢复数据库 YGGL，代码如下。

```
RESTORE DATABASE YGGL
    FROM CPYGBK
    WITH NORECOVERY, REPLACE
GO
RESTORE LOG YGGL
    FROM YGGLLOGBK
```

思考与练习：

a．如何恢复数据库中的部分数据？

b．使用“对象资源管理器”面板中附加数据库的方法将从其他服务器中复制来的数据库文件附加到当前数据库服务器中。

实验 9　数据库的安全性

T9.1　数据库用户的管理

目的与要求

（1）掌握 Windows 登录名的建立与删除方法。

（2）掌握 SQL Server 登录名的建立与删除方法。

（3）掌握数据库用户创建与管理的方法。

实验准备

（1）了解 Windows 身份验证模式与 SQL Server 身份验证模式的原理。

（2）了解数据库用户的建立与删除方法。

1. Windows 登录名

（1）使用界面方式创建 Windows 身份模式的登录名。方法如下。

①以管理员身份登录到 Windows，单击“开始”按钮，打开“控制面板”窗口，单击“性能和维护”按钮，单击“管理工具”按钮，打开“管理工具”窗口，双击“计算机管理”图标，打开“计算机管理”窗口。在该窗口中选择“本地用户和组”中的“用户”图标，右击，在弹出的快捷菜单中选择“新用户”命令，打开“新用户”窗口，新建一个用户 zheng。

②以管理员身份登录到 SQL Server Management Studio。在“对象资源管理器”面板中选择“安全性”，右击“登录名”选项，在弹出的快捷菜单中选择“新建登录名”命令。在打开的“新建登录名”窗口中单击“搜索”按钮添加 Windows 用户名 zheng。选择“Windows 身份验证模式”，单击“确定”按钮完成。

（2）使用命令方式创建 Windows 身份模式的登录名，语句如下。

```
USE master
GO
CREATE LOGIN [0BD7E57C949A420\zheng]
    FROM WINDOWS
```

说明：

0BD7E57C949A420 为计算机名。

思考与练习： 使用用户 zheng 登录 Windows，然后启动 SQL Server Management Studio，以 Windows 身份验证模式连接。查看与以系统管理员身份登录时的不同。

2. SQL Server 登录名

（1）使用界面方式创建 SQL Server 登录名。

方法：在“对象资源管理器”面板中展开“安全性”，右击“登录名”选项，在弹出的快捷菜单中选择“新建登录名”命令。在打开的“新建登录名”窗口中输入要创建的登录名 yan，并选择“SQL Server 身份验证模式”，输入密码，取消勾选“用户在下次登录时必须更改密码”复选框，单击“确定”按钮。

（2）以命令方式创建 SQL Server 登录名，语句如下。

```
CREATE LOGIN yan
    WITH PASSWORD='123456'
```

思考与练习：在“资源管理器”面板中重新连接数据库引擎，使用 SQL Server 身份验证模式登录，登录名使用 yan，查看与使用 Windows 系统管理员身份模式登录时的不同。

3. 数据库用户

（1）使用界面方式创建 YGGL 的数据库用户。

方法：在“对象资源管理器”面板中展开数据库 YGGL 的“安全性”，选择“用户”选项，在弹出的快捷菜单中选择“新建用户”命令，在打开的“数据库用户”窗口中输入要新建的数据库用户的用户名 yan，输入使用的登录名 yan。设置“默认架构”为“dbo”，单击“确定”按钮。

（2）使用命令方式创建 YGGL 的数据库用户，语句如下。

```
USE YGGL
GO
CREATE USER yan
    FOR LOGIN yan
    WITH DEFAULT_SCHEMA=dbo
```

思考与练习：分别使用界面方式和命令方式删除数据库用户。

T9.2　服务器角色的应用

目的与要求

掌握服务器角色的用法。

实验准备

（1）了解服务器角色的分类。

（2）了解每类服务器角色的功能。

1. 固定服务器角色

（1）通过资源管理器添加固定服务器角色成员。

方法：以系统管理员身份登录 SQL Server，展开“安全性→登录名”，选择要添加的登录名（如 yan），右击，在弹出的快捷菜单中选择“属性”命令，在打开的“登录名属性”窗口中选择“服务器角色”选项卡，选择要添加到的服务器角色，单击“确定”按钮即可。

（2）使用系统存储过程 sp_addsrvrolemember 将登录名添加到固定服务器角色中，代码如下。

```
EXEC sp_addsrvrolemember 'yan', 'sysadmin'
```

2. 固定数据库角色

（1）以界面方式为固定数据库角色添加成员。

方法：在数据库“YGGL”中展开“安全性”→“角色”→“数据库角色”，选择“db_owner”选项，右击，在弹出的快捷菜单中选择“属性”命令，打开“数据库角色属性”窗口，单击“添加”按钮可以为该固定数据库角色添加成员。

(2)使用系统存储过程 sp_addrolemember 将 YGGL 的数据库用户添加到固定数据库角色 db_owner 中，语句如下。

```
USE YGGL
GO
EXEC sp_addrolemember 'db_owner', 'yan'
```

3. 自定义数据库角色

（1）以界面方式创建自定义数据库角色，并为其添加成员。

方法：以系统管理员身份登录 SQL Server，在数据库 YGGL 中展开“安全性”→“角色”，右击“数据库角色”选项，在弹出的快捷菜单中选择“新建数据库角色”命令，在打开的“数据库角色-新建”窗口中输入要创建的角色名 myrole，单击“确定”按钮。

在新建角色 myrole 的“属性”窗口中单击“添加”按钮可以为其添加成员。

（2）以命令方式创建自定义数据库角色，代码如下。

```
USE YGGL
GO
CREATE ROLE myrole
    AUTHORIZATION dbo
```

思考与练习：

a．在“对象资源管理器”面板中为数据库角色 myrole 添加成员。

b．如何在“对象资源管理器”面板中删除数据库角色成员 myrole?

T9.3 数据库权限管理

目的与要求

（1）掌握数据库权限的分类。

（2）掌握数据库权限授予、拒绝和撤销的方法。

实验准备

（1）了解数据库权限的分类。

（2）了解数据库权限授予、拒绝和撤销的方法。

1. 授予数据库权限

（1）以界面方式授予数据库用户 YGGL 数据库上的 CREATE TABLE 权限。

方法：以系统管理员身份登录到 SQL Server，在“对象资源管理器”面板中右击数据库“YGGL”，在弹出的快捷菜单中选择“属性”命令，进入 YGGL 数据库的“属性”窗口，选择“权限”选项卡。在“权限”选项卡中选择数据库用户“yan”，在下方的权限列表中选择相应的数据库级别上的权限，如“创建表”，在“授予”复选框中打勾即可。选择完后单击“确定”按钮。

（2）以界面方式授予数据库用户在 Employees 表上的 SELECT、DELETE 权限。

方法：以系统管理员身份登录到 SQL Server，找到 Employees 表，右击，在弹出的快捷菜单中选择“属性”命令，进入表“Employees”的“属性”窗口，选择“权限”选项卡，单击“搜索”按钮选择要授予权限的用户或角色，然后在权限列表中选择要授予的权限，如“选择（SELECT）”和“删除（DELETE）”。

（3）以命令方式授予用户 yan 在 YGGL 数据库上的 CREATE TABLE 权限，代码如下。

```
USE YGGL
GO
GRANT CREATE TABLE
    TO yan
GO
```

（4）以命令方式授予用户 yan 在 YGGL 数据库上 Salary 表中的 SELECT、DELETE 权限，代码如下。

```
USE YGGL
GO
GRANT SELECT, DELETE
    ON Salary
    TO yan
GO
```

思考与练习：

a．授予用户权限后，以该用户身份登录 SQL Server，新建一个查询，查看能否使用相应的权限。

b．创建数据库架构 yg_test，其所有者为用户 yan。接着授予用户 wei 对架构 yg_test 进行查询、添加的权限。

2．拒绝和撤销数据库权限

（1）以命令方式拒绝用户 yan 在 Departments 表上的 DELETE 和 UPDATE 权限，代码如下。

```
USE YGGL
GO
DENY DELETE, UPDATE
    ON Departments TO yan
GO
```

（2）以命令方式撤销用户 yan 在 Salary 表中的 SELECT、DELETE 权限，代码如下。

```
REVOKE SELECT, DELETE
    ON Salary
    FROM yan
```

思考与练习：

a．使用界面方式拒绝用户 yan 在 Employees 表中的 INSERT 权限，并撤销其在数据库 YGGL 中的 CREATE TABLE 权限。

b．如何使用命令方式拒绝多个用户在表 Employees 中的 SELECT、DELETE 权限？

实验 10 SQL Server 与 XML

目的与要求

（1）掌握 SQL Server 中使用 XML 类型列或变量的方法。

（2）掌握 XQuery 的基本用法。

（3）掌握 FOR XML 子句的用法。

实验准备

（1）了解 XML 的基本语法。

（2）了解 XML 数据类型。

（3）了解插入 XML 数据的方法。

（4）了解 XQuery 查询的基本用法。

（5）了解 FOR XML 子句的用法。

1．创建 XML 文件

编写一段 XML 代码，并保存为 Employ.xml 文件，文件中存储员工的信息。

新建一个文本文档，在其中输入以下语句。

```
<?xml version="1.0" encoding="UTF-8"?>
<员工信息>
    <员工>
    <姓名 编号="000001">王林</姓名>
    <学历>大专</学历>
    <出生日期>1966-01-23</出生日期>
    </员工>
    <员工>
    <姓名 编号="010008">伍容华</姓名>
    <学历>本科</学历>
    <出生日期>1976-03-28</出生日期>
    </员工>
</员工信息>
```

保存文件，文件名为 Employ.xml。

思考与练习：编写一段有关学生信息的 XML 代码。

2．定义表 XML 数据类型列和添加表记录

使用 XML 数据类型定义一个表 tableA，并向表中插入一行数据。

创建时使用如下语句。

```
USE YGGL
GO
CREATE TABLE tableA
(
```

```
    num int NOT NULL PRIMARY KEY,
    infoxml NOT NULL
)
```

插入数据行的代码如下。

```
INSERT INTO tableA values(1, '<员工信息><姓名 编号= "000001">王林</姓名>
                         <学历>本科</学历></员工信息>')
```

思考与练习： 使用行集函数 OPENROWSET 将 Employ.xml 文件中的 XML 数据插入到表 tableA 中。

3. XML 数据类型的查询

使用 XML 数据类型方法查询 XML 实例中的 XML 数据，并掌握 XQuery 语言的基本用法。

（1）声明一个 XML 变量并将有关员工信息的 XML 数据分配给它，再使用 query()方法对文档指定 XQuery 来查询<姓名>子元素，代码如下。

```
DECLARE @xmldoc xml
SET @xmldoc=' <公司>
    <员工信息>
    <员工>
        <姓名 编号= "000001">王林</姓名>
        <性别>男</性别>
        <年龄>43</年龄>
    </员工>
    <员工>
        <姓名 编号="000002">陈燕</姓名>
        <性别>女</性别>
        <年龄>25</年龄>
    </员工>
    </员工信息>
</公司>'
SELECT @xmldoc.query('/公司/员工信息/员工/姓名') AS 员工姓名
```

思考与练习： 使用 query()方法查询“编号”属性值为 000001 的员工的“姓名”节点。

（2）使用 value()方法从 XML 数据中查询出元素的第一个“编号”值，并赋给 char 类型的变量，代码如下。

```
DECLARE @xmldoc xml
DECLARE @number char(6)
SET @xmldoc=' <公司>
    <员工信息>
    <员工>
        <姓名 编号= "000001">王林</姓名>
        <性别>男</性别>
        <年龄>43</年龄>
    </员工>
    <员工>
        <姓名 编号="000002">陈燕</姓名>
        <性别>女</性别>
        <年龄>25</年龄>
    </员工>
    </员工信息>
```

```
</公司>'
SELECT @number=@xmldoc.value('(/公司/员工信息/员工/姓名/@编号)[1]', 'char(6)')
SELECT @number AS 员工编号
```

思考与练习：

a．思考 query()方法和 value()方法的不同之处。

b．使用 value()方法返回“陈燕”的编号值。

（3）使用 XML DML 语句在一段员工信息数据中一个节点的后面添加一个节点，代码如下。

```
DECLARE @xmldoc xml
SET @xmldoc='<员工信息>
                <姓名 编号= '000001'>王林</姓名>
                <性别>男</性别>
                <年龄>46</年龄>
            </员工信息>'
SELECT @xmldoc AS 插入节点前的数据
SET @xmldoc.modify('insert <出生日期>1991-02-10</出生日期> after (/员工信息/性别)[1]')
SELECT @xmldoc 插入节点后的数据
```

思考与练习：

a．使用 modify()方法删除 XML 数据中的一个节点。

b．使用 modify()方法修改“姓名”节点的“编号”属性值为“000003”。

c．使用其他的 XML 数据类型方法对 XML 数据进行操作。例如，使用 exist()方法判断一个 XML 变量中是否存在某个属性。

d．使用 FLWOR 表达式查询 XML 数据。

4．FOR XML 子句

（1）查询 YGGL 数据库中的 Employees 表中工作时间大于 3 年的员工信息，并将结果使用 FOR XML RAW 模式返回为<row>元素，元素的属性名和值为表中各列的列名和列值。代码如下。

```
USE YGGL
GO
SELECT *
    FROM Employees
    WHERE WorkYear>3
    FOR XML RAW
```

思考与练习：

a．使用 FOR XML RAW 模式将 Employees 表中数据显示为 XML 类型，并指定根元素名为“<员工信息>”。

b．使用 FOR XML AUTO 模式将查询结果返回为嵌套的 XML 树形式。要求使用表名作为元素名称，FROM 子句中的每一个表都被表示为一个 XML 元素，使用列名作为属性名。

（2）使用 FOR XML PATH 模式查找学历为硕士的员工信息，使用<硕士员工>作为父级元素名，“联系电话”作为<硕士员工>的属性。<硕士员工>元素下是<员工信息>元素，<编号>、<姓名>和<工作时间>作为<员工信息>的子元素。代码如下。

```
SELECT PhoneNumber AS '@联系电话',
        EmployeeID AS '员工信息/编号',
        Name AS '员工信息/姓名',
        WorkYear AS '员工信息/工作时间'
```

```
    FROM Employees
    WHERE Education= '硕士'
    FOR XML PATH('硕士员工')
```

执行结果如下。

```
<硕士员工 联系电话="83792361    ">
  <员工信息>
    <编号>020010</编号>
    <姓名>王向容    </姓名>
    <工作时间>2</工作时间>
  </员工信息>
</硕士员工>
<硕士员工 联系电话="84708817    ">
  <员工信息>
    <编号>102208</编号>
    <姓名>朱俊      </姓名>
    <工作时间>2</工作时间>
  </员工信息>
</硕士员工>
<硕士员工 联系电话="83346722    ">
  <员工信息>
    <编号>108991</编号>
    <姓名>钟敏      </姓名>
    <工作时间>4</工作时间>
  </员工信息>
</硕士员工>
```

思考与练习：

a．使用 FOR XML PATH 模式查询实际收入大于 2000 元的员工信息，使用员工的实际收入作为<员工信息>元素的属性。

b．比较 FOR XML PATH 模式和 FOR XML EXPLICIT 模式的不同之处。

实习 0 SQL Server 2012 实习数据准备

为了与基础部分的学生成绩管理数据库区别，本书所有实习均采用图书管理数据库。实习部分与前面基础部分有一定的联系，但又是独立的。联系仅仅是：如果不熟悉 SQL Server 2012，那么学习前面的部分是必需的。实习 0 是为后面的具体实习准备共用的数据库，所以在进行后面的实习之前，读者都必须先完成实习 0。

P0.1 数 据 库

前面在介绍数据库基础时采用学生成绩数据库，数据库表中均使用汉字作为字段名，其目的是便于 SQL Server 2012 基础内容的学习，方便教学。但是，在实际应用开发时，用汉字作为字段名不太方便，综合应用实习部分是介绍解决实际问题的方法，为了与解决实际问题的方法一致，图书管理数据库中表所有的字段名都使用英文（缩写）。

创建图书管理数据库的步骤如下。

（1）图书管理数据库相关信息。

- 数据库名：MBOOK。
- 数据文件：MBOOK.mdf。
- 日志文件：MBOOK_log.ldf。
- 存储路径：D:\DATA。
- 登录名：sa（系统管理员用户）。
- 密码：123456。

数据库 MBOOK 由读者表（TReader）、图书表（TBook）和借阅表（TLend）3 个表构成，依托这 3 个基本表创建视图、触发器和存储过程。

（2）创建图书管理数据库。

启动 SQL Server Management Studio，连接到数据库服务器。右击“对象资源管理器”面板中服务器目录树下的“数据库”目录，在弹出的快捷菜单中选择“新建数据库”，打开如图 P0.1 所示的“新建数据库”窗口。在“数据库名称”文本框中填写要创建的数据库名称（MBOOK），单击“路径”选项中的 ... 按钮来自定义路径，这里设置数据文件及日志文件的存盘路径均为“D:\DATA”。其他设置保留默认值，确认后单击“确定”按钮，数据库创建成功。

P0.2 基 本 表

P0.2.1 读者表

1．读者表结构

创建读者表，表名为“TReader”，表结构如表 P0.1 所示。

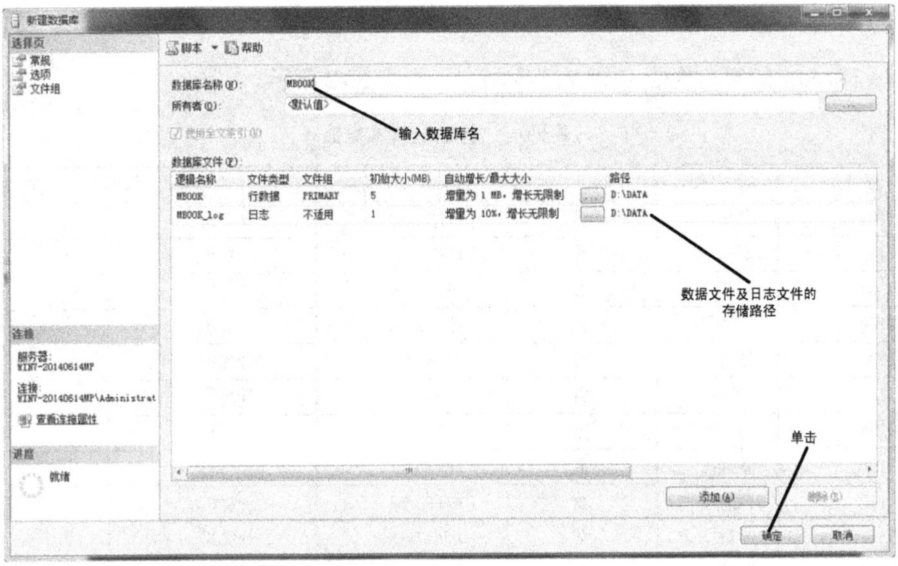

图 P0.1　创建数据库 MBOOK

表 P0.1　读者表（TReader）结构

项　目	字　段　名	类型与宽度	是 否 主 键	是否允许空值	说　明
借书证号	ReaderID	char(8)	√	×	
姓名	Name	char(8)	×	×	
性别	Sex	bit	×	×	1 为男，0 为女
出生时间	Born	date	×	×	
专业	Spec	char(12)	×	×	
借书量	Num	int	×	×	默认为 0
照片	Photo	varbinary(MAX)	×	√	

2．创建读者表

在“对象资源管理器”面板中展开“数据库”目录，右击新建的“MBOOK”数据库目录下的“表”子项，在弹出的快捷菜单中选择“新建表”命令，打开表设计器窗口，如图 P0.2 所示。根据以上设计好的表结构（表 P0.1），在图 P0.2 所指的表设计器窗口中分别输入（或选择）各列的名称、数据类型、是否允许为空等属性。表的各列的属性均编辑完成后，单击“保存”按钮，弹出“选择名称”对话框，在其中输入表名 TReader，单击“确定”按钮即可创建读者表。

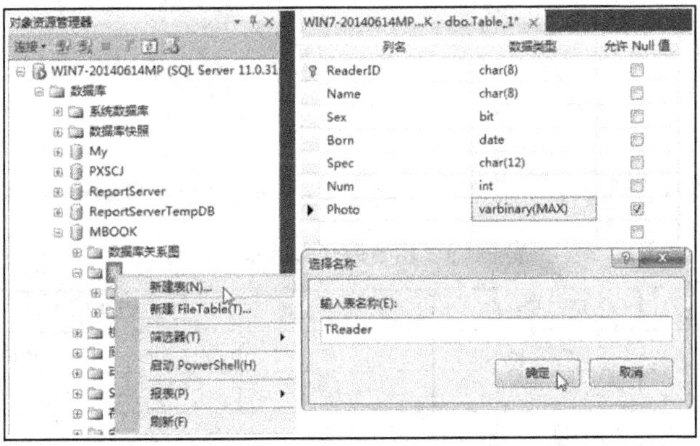

图 P0.2　创建读者表（TReader）

3. 读者表样本数据

读者表 TReader 的样本数据（“Photo”列除外）如表 P0.2 所示。

表 P0.2　读者表样本数据

借书证号	姓　名	性　别	出生时间	专　业	借书量
131101	王林	男	1996-2-10	计算机	4
131102	程明	男	1997-2-1	计算机	2
131103	王燕	女	1995-10-6	计算机	1
131104	韦严平	男	1996-8-26	计算机	4
131106	李方方	男	1996-11-20	计算机	1
131107	李明	男	1996-5-1	计算机	0
131108	林一帆	男	1995-8-5	计算机	0
131109	张强民	男	1995-8-11	计算机	0
131110	张蔚	女	1997-7-22	计算机	0
131111	赵琳	女	1996-3-18	计算机	0
131113	严红	女	1995-8-11	计算机	0
131201	王敏	男	1995-6-10	通信工程	1
131202	王林	男	1995-1-29	通信工程	1
131203	王玉民	男	1996-3-26	通信工程	1
131204	马琳琳	女	1995-2-10	通信工程	1
131206	李计	男	1995-9-20	通信工程	1
131210	李红庆	男	1995-5-1	通信工程	1
131216	孙祥欣	男	1995-3-19	通信工程	0
131218	孙研	男	1996-10-9	通信工程	1
131220	吴薇华	女	1996-3-18	通信工程	1
131221	刘燕敏	女	1995-11-12	通信工程	1
131241	罗林琳	女	1996-1-30	通信工程	0

“照片（Photo）”列数据根据各实习情况自行决定。可以使用 INSERT 语句录入样本数据。例如，录入借书证号为 131101 的读者信息时可以使用如下语句。

```
USE MBOOK
GO
INSERT INTO TReader
    VALUES('131101', '王林', 1, '1996-02-10', '计算机', 4, NULL)
```

P0.2.2 图书表

1. 图书表结构

创建图书表，表名为“TBook”，表结构如表 P0.3 所示。创建 TBook 表的方法这里不具体列出。

表 P0.3　图书表（TBook）结构

项　目	字段名	类型与宽度	是否主键	是否允许空值	说　明
ISBN	ISBN	char(18)	√	×	出版物的代码
书名	BookName	char(40)	×	×	
作译者	Author	char(16)	×	×	
出版社	Publisher	char(30)	×	×	

续表

项 目	字 段 名	类型与宽度	是 否 主 键	是否允许空值	说 明
价格	Price	float	×	×	
复本量	CNum	int	×	×	复本量=库存量+已经借阅的统计。当借一本书时，book 的库存量应减 1；当还一本书时，book 的库存量应加 1
库存量	Snum	int	×	×	
内容提要	Summary	varchar(200)	×	√	
封面照片	Photo	varbinary(MAX)	×	√	

2. 图书表样本数据

图书表样本数据如表 P0.4 所示。

表 P0.4 图书表样本数据

ISBN	书 名	作译者	出 版 社	价格	复本量	库存量	内容提要
978-7-121-23270-1	MySQL 实用教程（第 2 版）	郑阿奇	电子工业出版社	53	8	1	
978-7-81124-476-2	S7-300/400 可编程控制器原理与应用	崔维群 孙启法	北京航空航天大学出版社	59	4	1	
978-7-111-21382-6	Java 编程思想	Bruce Eckel	机械工业出版社	108	3	1	
978-7-121-23402-6	SQL Server 实用教程（第 4 版）	郑阿奇	电子工业出版社	59	8	5	
978-7-302-10853-6	C 程序设计（第三版）	谭浩强	清华大学出版社	26	10	7	
978-7-121-20907-9	C#实用教程（第 2 版）	郑阿奇	电子工业出版社	49	6	3	

P0.2.3 借阅表

1. 借阅表结构

创建借阅表，表名为“TLend”，表结构如表 P0.5 所示。

表 P0.5 借阅表（TLend）结构

项 目	字 段 名	类型与宽度	是 否 主 键	是否允许空值	说 明
索书号	BookID	char(10)	√	×	
借书证号	ReaderID	char(8)	×	×	
ISBN	ISBN	char(18)	×	×	
借书时间	Ltime	datetime	×	×	

2. 借阅表样本数据

借阅表样本数据如表 P0.6 所示。

表 P0.6 借阅表样本数据

图书 ID	借 书 证 号	ISBN	借 书 时 间
1200001	131101	978-7-121-23270-1	2014-02-18
1300001	131101	978-7-81124-476-2	2014-02-18
1200002	131102	978-7-121-23270-1	2014-02-18
1400030	131104	978-7-121-23402-6	2014-02-18
1600011	131101	978-7-302-10853-6	2014-02-18
1700062	131104	978-7-121-20907-9	2014-02-19

续表

图书 ID	借书证号	ISBN	借书时间
1200004	131103	978-7-121-23270-1	2014-02-20
1200003	131201	978-7-121-23270-1	2014-03-10
1300002	131202	978-7-81124-476-2	2014-03-11
1200005	131204	978-7-121-23270-1	2014-03-11
1400031	131206	978-7-121-23402-6	2014-03-13
1600013	131203	978-7-302-10853-6	2014-03-13
1700064	131210	978-7-121-20907-9	2014-03-13
1300003	131216	978-7-81124-476-2	2014-03-13
1200007	131218	978-7-121-23270-1	2014-04-08
1800001	131220	978-7-111-21382-6	2014-04-08
1200008	131221	978-7-121-23270-1	2014-04-08
1400032	131101	978-7-121-23402-6	2014-04-08
1700065	131102	978-7-121-20907-9	2014-04-08
1600014	131104	978-7-302-10853-6	2014-07-22
1800002	131104	978-7-111-21382-6	2014-07-22

P0.3 视图

创建“读者借阅图书”视图，名称为 rbl，把 3 个基本表联系起来，方便需要 3 表关联的功能使用。通过“借书证号（ReaderID）”将读者表（TReader）和借阅表（TLend）联系起来，通过“ISBN”将图书表（TBook）和借阅表（TLend）联系起来，视图包含借书证号、索书号、ISBN、书名、出版社、价格、借书时间等列。

1. 创建视图

在“对象资源管理器”面板中展开“数据库”→“MBOOK”，选择“视图”选项，在弹出的快捷菜单中选择“新建视图”命令，弹出“添加表”对话框，选中本实习的 3 个基本表，单击“添加”按钮，打开视图设计窗口，如图 P0.3 所示。根据需要在视图设计窗口中依顺序勾选视图的各列名复选框，设计区下方就会自动生成创建视图的语句。完成后单击“保存”按钮，弹出“选择名称”对话框，在其中输入视图名 rbl，单击“确定”按钮即可创建视图。

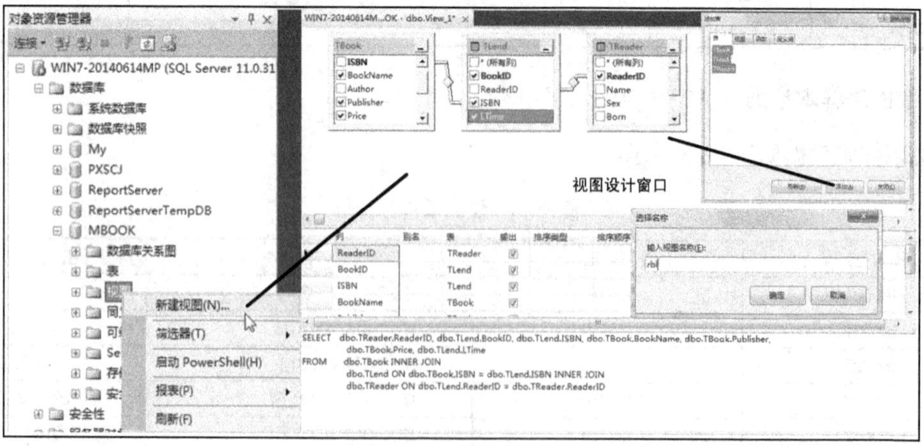

图 P0.3 视图的设计

2．功能测试

进行功能测试代码如下。

```
USE MBOOK
GO
SELECT * FROM rbl
```

执行上面语句后，出现如图 P0.4 所示的结果页，读者可以从中观察 3 个表关联的字段数据的正确性。

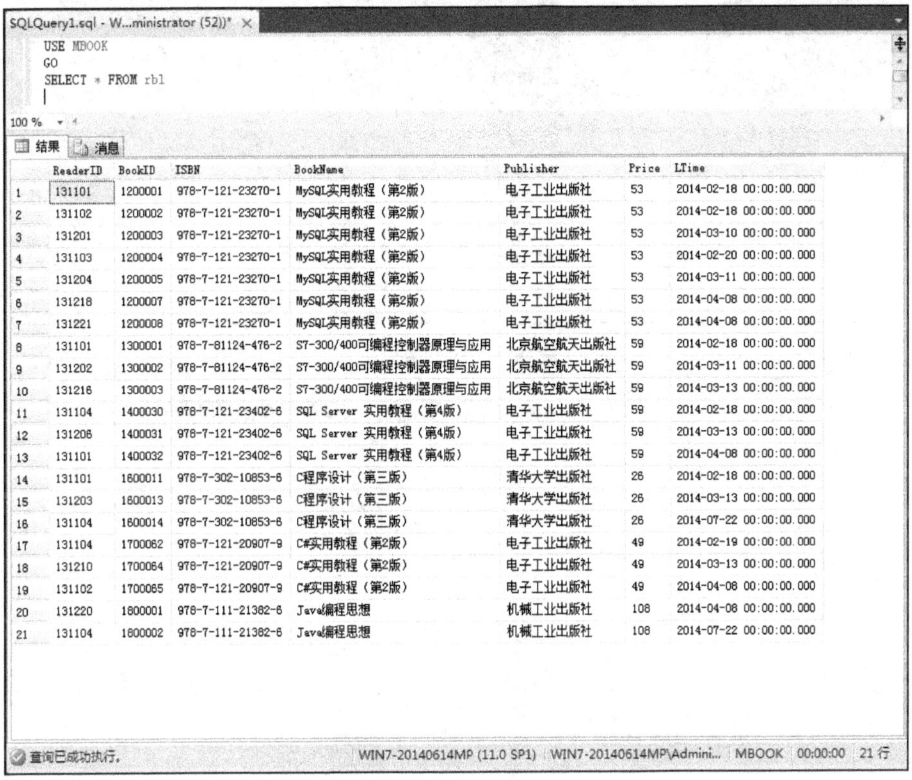

	ReaderID	BookID	ISBN	BookName	Publisher	Price	LTime
1	131101	1200001	978-7-121-23270-1	MySQL实用教程（第2版）	电子工业出版社	53	2014-02-18 00:00:00.000
2	131102	1200002	978-7-121-23270-1	MySQL实用教程（第2版）	电子工业出版社	53	2014-02-18 00:00:00.000
3	131201	1200003	978-7-121-23270-1	MySQL实用教程（第2版）	电子工业出版社	53	2014-03-10 00:00:00.000
4	131103	1200004	978-7-121-23270-1	MySQL实用教程（第2版）	电子工业出版社	53	2014-02-20 00:00:00.000
5	131204	1200005	978-7-121-23270-1	MySQL实用教程（第2版）	电子工业出版社	53	2014-03-11 00:00:00.000
6	131218	1200007	978-7-121-23270-1	MySQL实用教程（第2版）	电子工业出版社	53	2014-04-08 00:00:00.000
7	131221	1200008	978-7-121-23270-1	MySQL实用教程（第2版）	电子工业出版社	53	2014-04-08 00:00:00.000
8	131101	1300001	978-7-81124-476-2	S7-300/400可编程控制器原理与应用	北京航空航天出版社	59	2014-02-18 00:00:00.000
9	131202	1300002	978-7-81124-476-2	S7-300/400可编程控制器原理与应用	北京航空航天出版社	59	2014-03-11 00:00:00.000
10	131216	1300003	978-7-81124-476-2	S7-300/400可编程控制器原理与应用	北京航空航天出版社	59	2014-03-13 00:00:00.000
11	131104	1400030	978-7-121-23402-6	SQL Server 实用教程（第4版）	电子工业出版社	59	2014-02-18 00:00:00.000
12	131208	1400031	978-7-121-23402-6	SQL Server 实用教程（第4版）	电子工业出版社	59	2014-03-13 00:00:00.000
13	131101	1400032	978-7-121-23402-6	SQL Server 实用教程（第4版）	电子工业出版社	59	2014-04-08 00:00:00.000
14	131101	1600011	978-7-302-10853-6	C程序设计（第三版）	清华大学出版社	26	2014-02-18 00:00:00.000
15	131203	1600013	978-7-302-10853-6	C程序设计（第三版）	清华大学出版社	26	2014-03-13 00:00:00.000
16	131104	1600014	978-7-302-10853-6	C程序设计（第三版）	清华大学出版社	26	2014-07-22 00:00:00.000
17	131104	1700062	978-7-121-20907-9	C#实用教程（第2版）	电子工业出版社	49	2014-02-19 00:00:00.000
18	131210	1700064	978-7-121-20907-9	C#实用教程（第2版）	电子工业出版社	49	2014-03-13 00:00:00.000
19	131102	1700065	978-7-121-20907-9	C#实用教程（第2版）	电子工业出版社	49	2014-04-08 00:00:00.000
20	131220	1800001	978-7-111-21382-6	Java编程思想	机械工业出版社	108	2014-04-08 00:00:00.000
21	131104	1800002	978-7-111-21382-6	Java编程思想	机械工业出版社	108	2014-07-22 00:00:00.000

图 P0.4　视图功能测试

P0.4　完整性约束

1．创建完整性

判断是否允许删除图书记录（使用参照完整性约束实现）。在删除读者表（TReader）中读者记录前，查找借阅表（TLend）该读者的借阅记录。如果存在借阅记录，则不能删除该读者记录，否则可以允许执行“删除读者记录”操作。

创建完整性的操作步骤如下。

（1）在“对象资源管理器”面板中展开“数据库→MBOOK”，右击“数据库关系图”选项，在弹出的快捷菜单中选择“新建数据库关系图”命令，在弹出的提示对话框中单击“是”按钮，弹出“添加表”对话框，如图 P0.5 所示。

选择要添加的表，此处选择 TReader（读者表）和 TLend（借阅表），单击“添加”按钮完成表的添加，之后单击“关闭”按钮关闭窗口。

（2）在打开的“数据库关系图设计”窗口中，将 TReader 表中的 ReaderID（借书证号）字段拖动到 TLend 表中的 ReaderID 字段。在弹出的的“表和列”对话框中输入关系名、设置主键表和列名，如图 P0.6 所示，单击“确定”按钮。

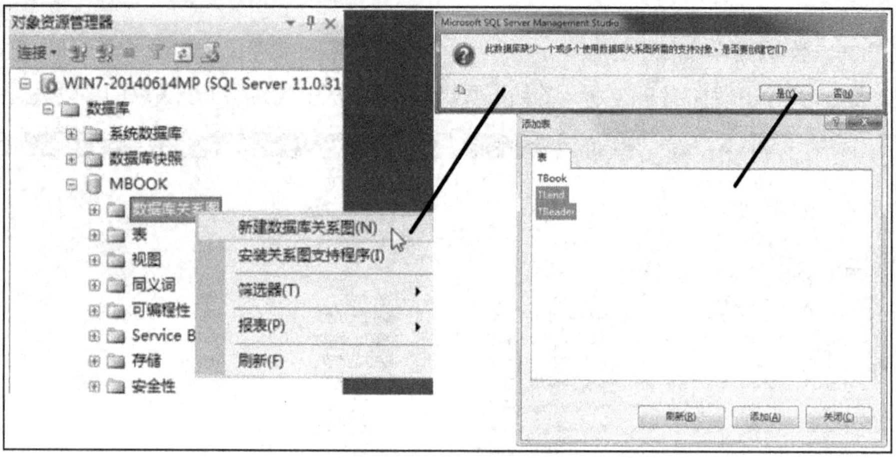

图 P0.5　添加表对象

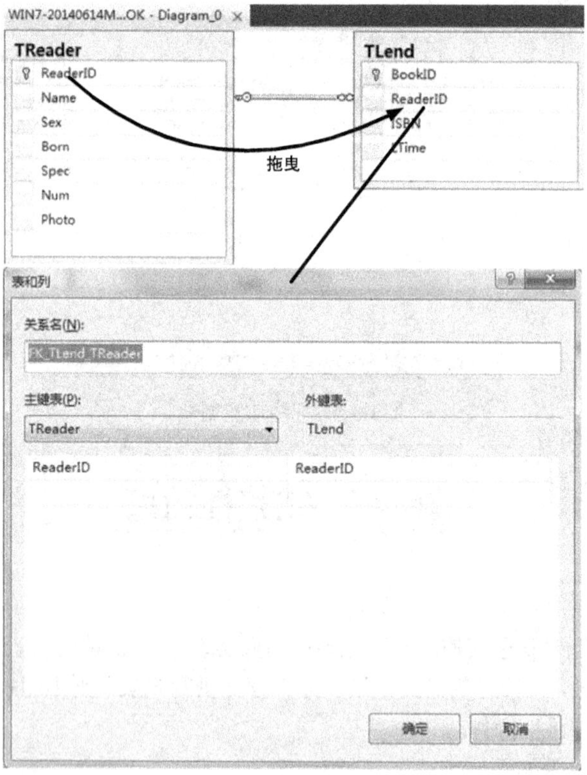

图 P0.6　设置参照完整性

（3）在打开的如图 P0.7 所示的“外键关系”对话框中，设置“INSERT 和 UPDATE 规范”的“删除规则”为“不执行任何操作”，单击“确定”按钮。

（4）单击“保存”按钮，在弹出的“选择名称”对话框中输入关系图名称（这里取默认名）。单击“确定”按钮，在弹出的“保存”对话框中单击“是”按钮，进行保存设置。至此，完整性参照关系创建完成。

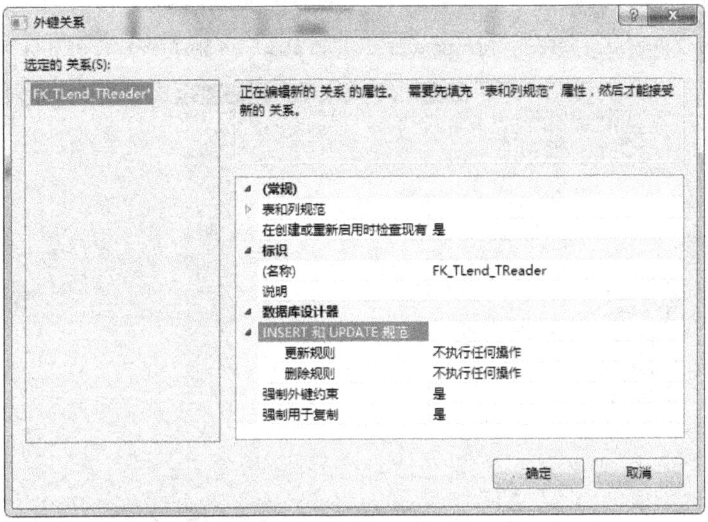

图 P0.7　设置外键关系

2. 功能测试

（1）创建了参照完整性约束后，使用 DELETE 语句删除 TReader 表中的一行数据。代码如下。执行结果如图 P0.8 所示。

```
/*增加新读者 131301*/
INSERT INTO TReader VALUES('131301', '李霞', 0, '1997-03-16', '计算机', 3, NULL)
/*添加 131301 的借书记录*/
INSERT INTO TLend VALUES('1200009', '131301', ' 978-7-121-23270-1', GETDATE())
/*删除读者 131301*/
DELETE FROM TReader WHERE ReaderID= '131301'
```

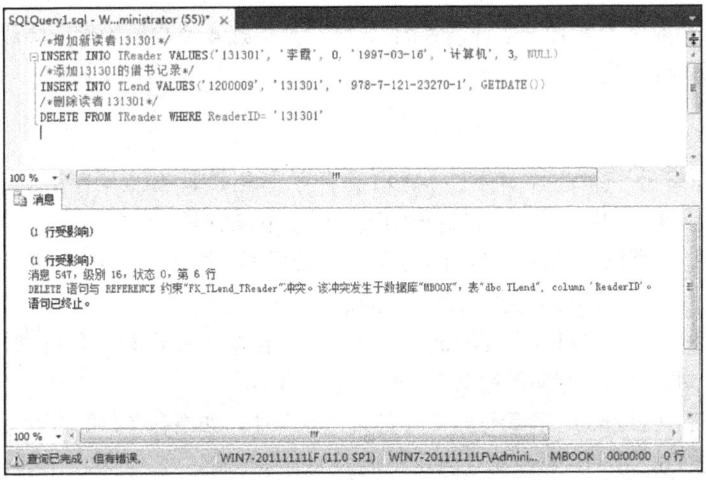

图 P0.8　验证能否删除有借书记录的读者

图中显示，上述 DELETE 命令没有执行成功。原因是借书证号为 131301 的读者在 TLend 表中已经存在借书记录。

（2）删除 TReader 表中的一行数据，该行数据在 TLend 表中无相关记录，查看删除情况。

代码如下，执行结果如图 P0.9 所示。

```
DELETE FROM TLend WHERE ReaderID= '131301'    /*先删除 131301 号读者所有的借书记录*/
DELETE FROM TReader WHERE ReaderID= '131301' /*删除读者“131301”*/
```

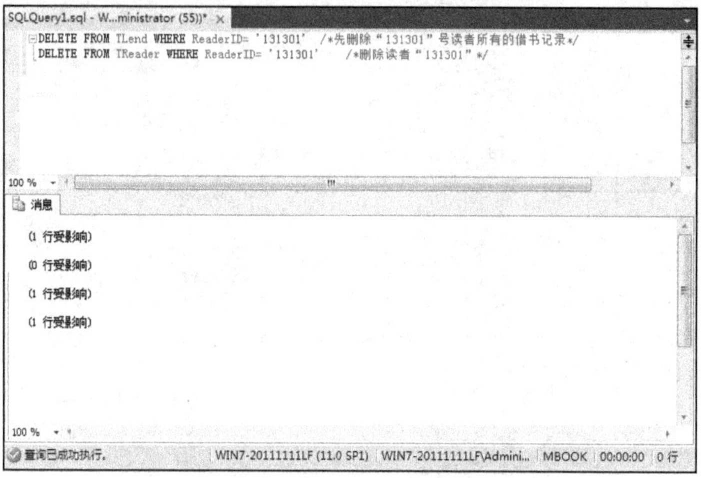

图 P0.9　验证能否删除无借书记录的读者信息

P0.5　存 储 过 程

存储过程名称为 book_borrow。

1. 参数

参数有借书证号（in_ReaderID）、ISBN（in_ISBN）、索书号（in_BookID）和执行信息（out_str）。

2. 实现功能

根据存储过程的前 3 个参数，实现读者图书“借阅”。第 4 个参数为输出参数，将存储过程的执行情况以字符串形式赋予此参数。

3. 编写思路

（1）根据“借书证号”查询读者表（TReader）是否存在该读者，如果不存在，则将输出参数 out_str 赋值为“该读者不存在”并返回 0，存储过程结束，表示不能借书。

（2）根据“ISBN”查询图书表（TBook）是否存在该图书，如果不存在，则将输出参数赋值为“该图书不存在”并返回 0，存储过程结束，表示不能借书。

（3）根据“ISBN”查询图书表（TBook）中该书的库存量。如果库存量=0，则将输出参数赋值为“图书库存量为 0”并返回 0，存储过程结束，表示不能借书。

（4）查询借阅表（TLend），查看该索书号是否已经存在，如果存在，则将输出参数赋值为“该索书号已存在”并返回 0，存储过程结束，表示不能添加借书记录。

（5）使借阅表（TLend）增加一条该读者借书记录；使读者表（TReader）中该读者的借书量加 1；使图书表（TBook）中该图书（对应 ISBN）记录的库存量减 1。存储过程结束，将输出参数赋值为“借书成功”并返回 1，表示借书成功。

（6）如果存储过程执行过程中遇到错误，则回滚之前进行的操作，并将输出参数赋值为“执行过程中遇到错误”并返回 0，表示存储过程执行过程中遇到错误，回滚到执行存储过程前的状态。

4．实现方法

在“对象资源管理器”面板中展开“数据库”→“MBOOK”→“可编程性”，右击“存储过程”选项，在弹出的快捷菜单中选择“新建存储过程”命令，在打开的存储过程脚本编辑窗口中输入要创建的存储过程的代码，如图 P0.10 所示。

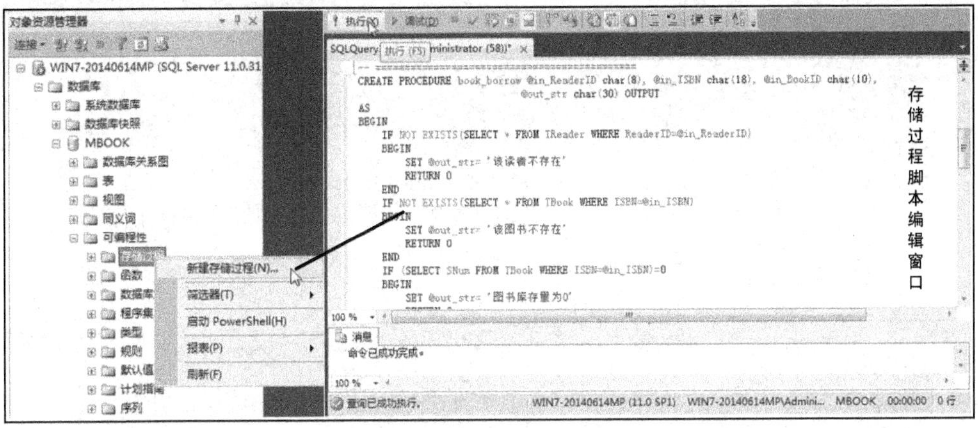

图 P0.10　编辑创建存储过程的代码

创建存储过程 book_borrow，代码如下。

```
CREATE PROCEDURE book_borrow @in_ReaderID char(8), @in_ISBN char(18),
                              @in_BookID char(10), @out_str char(30) OUTPUT
AS
BEGIN
    IF NOT EXISTS(SELECT * FROM TReader WHERE ReaderID=@in_ReaderID)
    BEGIN
        SET @out_str= '该读者不存在'
        RETURN 0
    END
    IF NOT EXISTS(SELECT * FROM TBook WHERE ISBN=@in_ISBN)
    BEGIN
        SET @out_str= '该图书不存在'
        RETURN 0
    END
    IF (SELECT SNum FROM TBook WHERE ISBN=@in_ISBN)=0
    BEGIN
        SET @out_str= '图书库存量为 0'
        RETURN 0
    END
    IF EXISTS(SELECT * FROM TLend WHERE BookID=@in_BookID)
    BEGIN
        SET @out_str= '该索书号已存在'
        RETURN 0
    END
    BEGIN TRAN                       /*开始一个事务*/
```

```
    INSERT INTO TLend VALUES(@in_BookID, @in_ReaderID, @in_ISBN, GETDATE())
    IF @@ERROR>0                    /*如果前面一条 SQL 语句出错，则回滚事务并返回*/
    BEGIN
        ROLLBACK TRAN
        SET @out_str= '执行过程中遇到错误'
        RETURN 0
    END
    UPDATE TReader SET Num=Num+1 WHERE ReaderID=@in_ReaderID
    IF @@ERROR>0                    /*如果前面一条 SQL 语句出错，则回滚事务并返回*/
    BEGIN
        ROLLBACK TRAN
        SET @out_str= '执行过程中遇到错误'
        RETURN 0
    END
    UPDATE TBook SET SNum=SNum-1 WHERE ISBN=@in_ISBN
    IF @@ERROR=0                    /*如果所有语句都不出错，则结束事务并返回*/
    BEGIN
        COMMIT TRAN
        SET @out_str= '借书成功'
        RETURN 1
    END
    ELSE                            /*如果执行出错，则回滚所有操作并返回*/
    BEGIN
        ROLLBACK TRAN
        SET @out_str= '执行过程中遇到错误'
        RETURN 0
    END
END
```

说明：

在这段语句中，@@ERROR 全局变量用于保存前一条 T-SQL 语句的错误号。如果前一条 T-SQL 语句执行没有错误，则@@ERROR 的值为 0，如果出错，则值为错误号。本存储过程使用事务以保证操作的完整性，通过@@ERROR 的值判断存储过程执行过程中是否出错，如果出错，则回滚开始事务后已经执行的语句，并将输出参数赋值为“执行过程中遇到错误”并返回 0，表示运行失败。如果存储过程正常运行，则结束事务并将输出参数赋值为“借书成功”，并返回 1，表示借书成功。

5. 功能测试

创建完存储过程 book_borrow 后可以使用 T-SQL 语句验证图书借阅是否能够实现，代码如下，执行结果如图 P0.11 所示。

```
DECLARE @out_str char(30)
DECLARE @con int
/*查询 131101 读者的原借书量*/
SELECT ReaderID, Num FROM TReader WHERE ReaderID= '131101'
SELECT ISBN, SNum FROM TBook WHERE ISBN='978-7-121-20907-9'  /*查询书的原库存量*/
EXEC @con=book_borrow '131101', '978-7-121-20907-9', '1700066',@out_str OUTPUT
                                        /*执行存储过程，实现图书借阅*/
SELECT @out_str  AS 执行情况
                                        /*查询存储过程的执行情况*/
```

```
SELECT @con AS 返回值情况
                                        /*查询返回值，0 表示失败，1 表示成功*/
SELECT ReaderID, Num FROM TReader WHERE ReaderID= '131101'
                                        /*查询 131101 号读者的现有借书量*/
SELECT ISBN, SNum FROM TBook WHERE ISBN='978-7-121-20907-9'  /*查询书的现有库存量*/
```

查看“执行情况”（输出参数 out_str 的值），其值会显示存储过程执行的情况。查看“返回值情况”（@con）的值：为 1，表示成功执行了借阅图书的操作，读者借书量增 1，图书库存量减 1。再查看 TLend 表中的内容，确认新记录是否已经存在：为 0，则表示未实现图书“借阅”，借阅表中将不会添加新的借书记录。

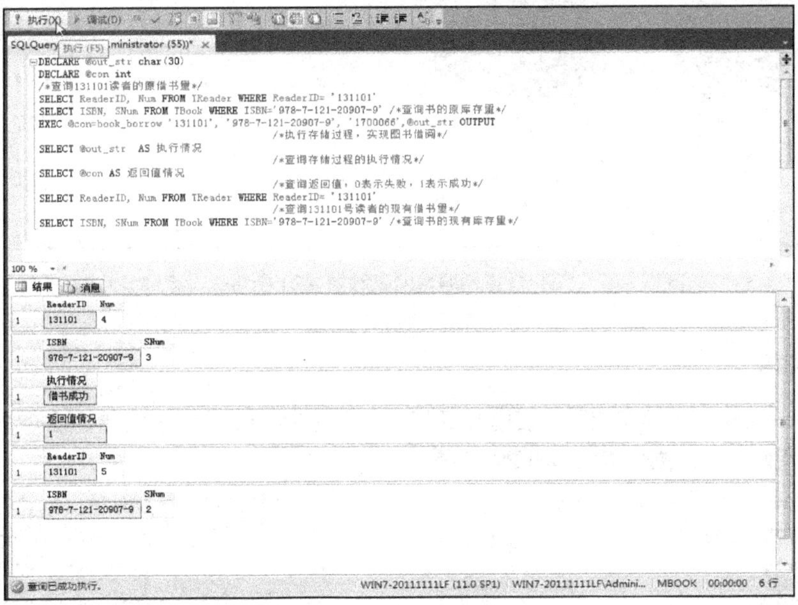

图 P0.11　实现图书借阅

P0.6　触　发　器

1. 实现功能

通过创建借阅表（TLend）的 DELETE 触发器实现：当用户归还图书（即删除借阅表中的一条借书记录）时，读者表（TReader）中该读者的借书量减 1；图书表（TBook）中该图书记录的库存量加 1。触发器的名称为 tlend_delete。

2. 实现方法

在“对象资源管理器”面板中展开“数据库”→“MBOOK”→“表”→“dbo.TLend”，右击“触发器”选项，在弹出的快捷菜单中选择“新建触发器”命令，在打开的触发器脚本编辑窗口中输入相应的创建触发器的语句，如图 P0.12 所示。

创建触发器 tlend_delete 的语句如下。

```
CREATE TRIGGER tlend_delete ON TLend
    AFTER DELETE
    AS
```

```
    BEGIN
        UPDATE TReader SET Num=Num-1 WHERE ReaderID=(SELECT ReaderID FROM deleted)
        UPDATE TBook SET SNum=SNum+1 WHERE ISBN=(SELECT ISBN FROM deleted)
    END
```

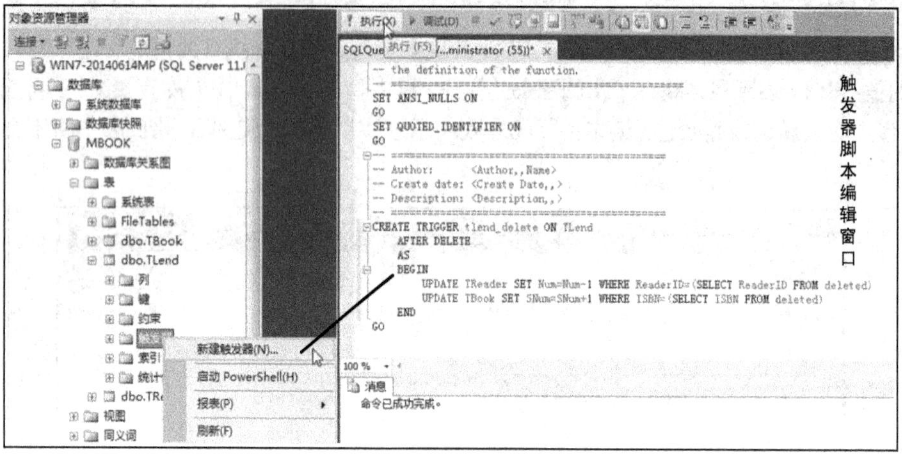

图 P0.12 编辑创建触发器的语句

3. 功能测试

触发器 tlend_delete 创建完成后，使用 DELETE 语句删除 TLend 表中的一行数据并查看其他两个表中的变化。代码如下，执行结果如图 P0.13 所示。

```
SELECT ReaderID, Num FROM TReader WHERE ReaderID= '131101'   /*查询131101 读者的原借书量*/
SELECT ISBN, SNum FROM TBook WHERE ISBN='978-7-121-20907-9'  /*查询书的原库存量*/
DELETE FROM TLend WHERE BookID='1700066'                     /*删除该读者对该书的借阅记录*/
SELECT ReaderID, Num FROM TReader WHERE ReaderID= '131101'   /*查询131101 读者现有借书量*/
SELECT ISBN, SNum FROM TBook WHERE ISBN='978-7-121-20907-9'  /*查询该书的现有库存量*/
```

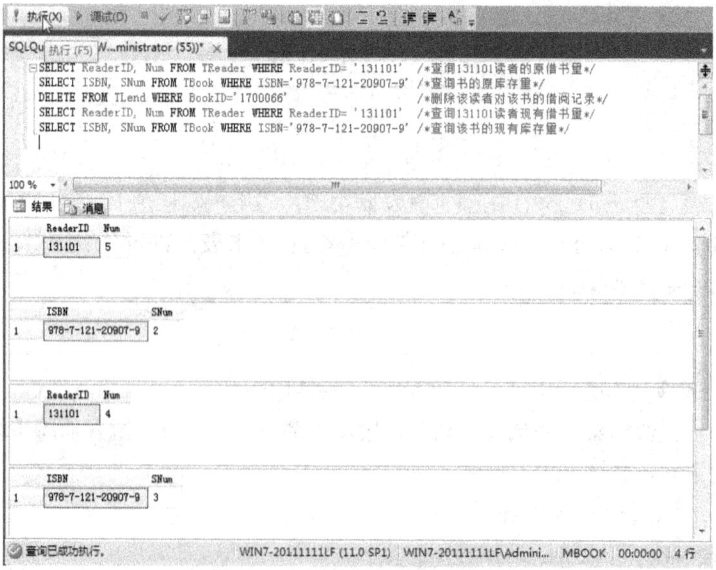

图 P0.13 验证删除借阅记录后借书量和库存量是否有相应变化

图中显示，执行 DELETE 命令删除读者 131101 对 ISBN 为“978-7-121-20907-9”的图书的借阅记录后，该读者的借书量减 1，该书的库存量加 1。

P0.7　系统功能

完整的图书管理系统的功能包括图书查询、借书查询、借书还书、读者管理、图书管理等；但是，本实习仅仅实现“读者管理”和“借书还书”，因为这两个功能就已经囊括了操作数据库的全部内容，其他功能学生通过模仿即可完成，留作课后练习。

> **注意：**
>
> 本书实习部分要实现的系统功能中使用的样本数据即为表 P0.2、表 P0.4 和表 P0.6 中的数据。为了保证数据与后面实习部分的一致性，如果在实习之前数据库中数据与样本数据有出入，请将数据进行修改，使其与样本数据一致。

1. 读者管理

“读者管理”参考界面如图 P0.14 所示。其中，表格与数据库读者表（TReader）绑定显示内容。

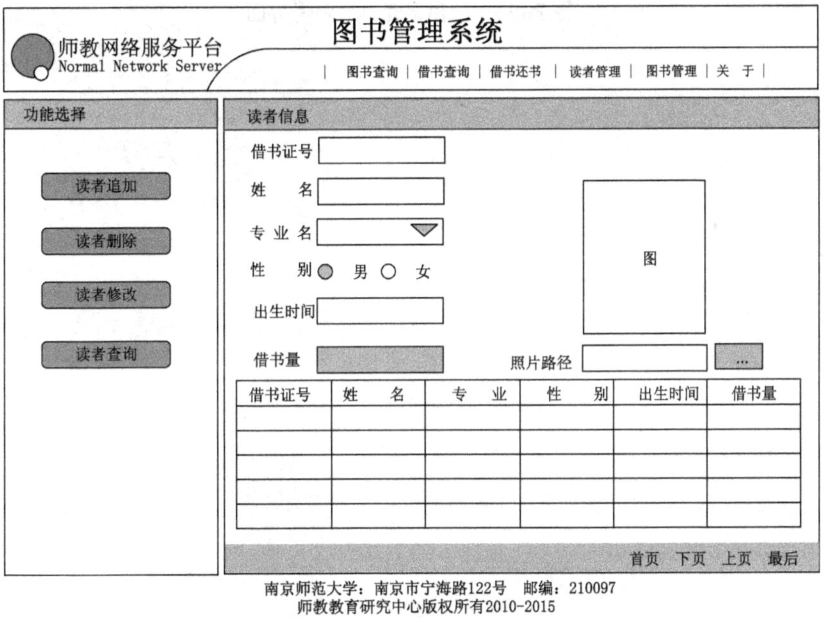

图 P0.14　“读者管理”参考界面

学生练习：模仿完成“图书管理”功能。

2. 借书还书

“借书还书”参考界面如图 P0.15 所示。其中，表格与数据库视图 rbl 绑定显示内容，借书功能调用存储过程 book_borrow 实现，还书则应用触发器 tlend_delete。

学生练习：

a. 尝试在不调用存储过程的情况下完成同样的“借书”功能，要求表格也不与视图 rbl 绑定。

b. 尝试不使用触发器，而改用一个存储过程来实现同样的“还书”功能。

图 P0.15 “借书还书”参考界面

实习 1　PHP/SQL Server 2012 图书管理系统

本系统是在 Windows 环境下，基于 PHP 脚本语言实现的图书管理系统，Web 服务器使用 Apache 2.2，后台数据库使用 SQL Server 2012。本系统现包含“借书还书”和“读者管理”两大功能模块，其中，“借书还书”包括借阅信息查询和借还书操作；“读者管理”包括读者追加、读者删除、读者修改及读者查询 4 个子功能。读者可以在本系统的基础上进行相应的扩展，如增加“图书查询”、“图书管理”等相关的模块。在学习这部分内容前，首先需要掌握一定的 PHP 和 HTML 基础知识。

P1.1　开发环境的搭建

SQL Server 2012 数据库的安装和配置不再重复，这里只介绍如何搭建 PHP 操作 SQL Server 2012 数据库的开发环境。

1．操作系统准备

若读者使用的操作系统是 Win7，由于 PHP 环境需要使用系统 80 端口，而 Win7 的 80 端口默认是被 PID 为 4 的系统进程占用的，为了扫除障碍，必须预先对操作系统进行以下设置。

打开 Win7 注册表（方法：单击 Windows“开始”按钮，选择“所有程序”→“附件”→“命令提示符”命令，输入“regedit”按 Enter 键，调出注册表编辑器），找到 HKEY_LOCAL_MACHINE\SYSTEM\CurrentControlSet\Services\HTTP，找到一个 DWORD 项 Start，将其值改为 0，如图 P1.1 所示。

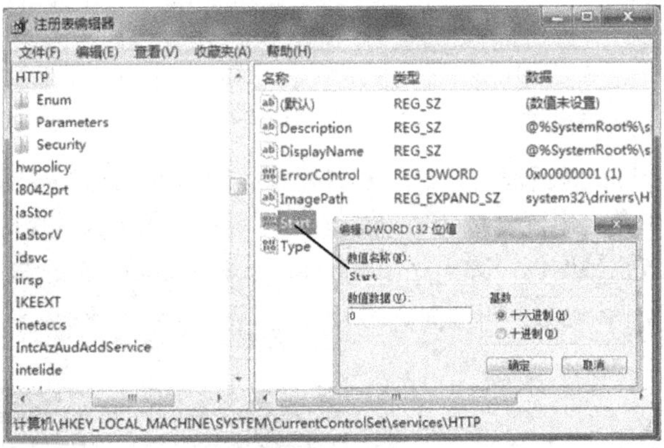

图 P1.1　修改注册表 Start 项的值

然后，将 Start 项所在的 HTTP 文件夹 SYSTEM 的权限设置为拒绝，具体操作如图 P1.2 所示。

经以上设置，Win7 系统进程对 80 端口的占用被彻底解除。下面即可非常顺利地安装 Apache 服务器和 PHP。

2．安装 Apache 服务器

Apache 是开源软件，用户可以在其官网（http://httpd.apache.org/download.cgi）免费下载。本书选

用 openssl 安装版，下载得到的安装包文件名为 httpd-2.2.25-win32-x86-openssl-0.9.8y，对其双击，启动安装向导，如图 P1.3 所示。单击“Next”按钮，弹出如图 P1.4 所示的“License Agreement”对话框，选中“I accept the terms in the license agreement”单选按钮，单击“Next”按钮。

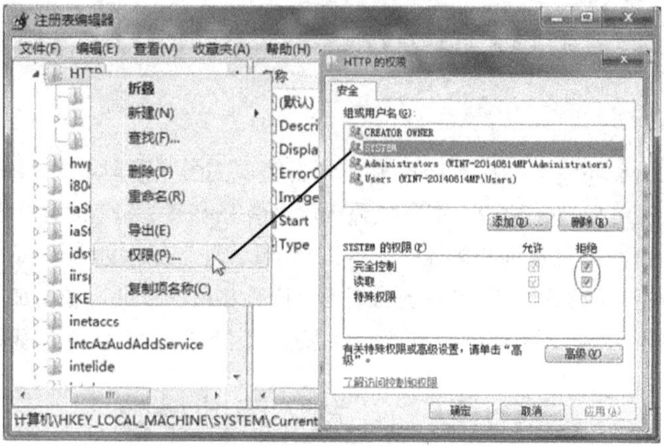

图 P1.2　设置 SYSTEM 的权限

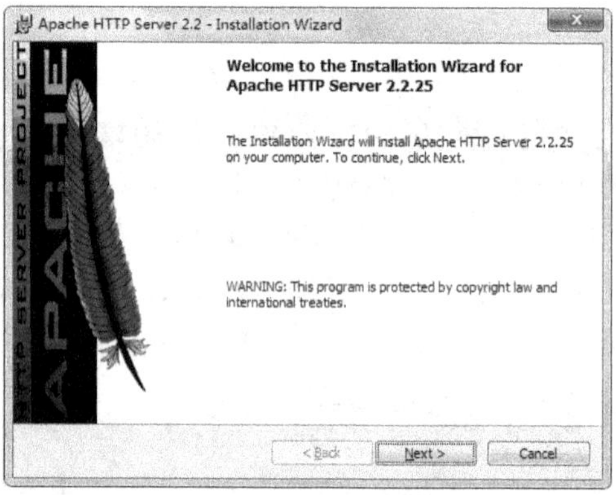

图 P1.3　Apache 安装向导

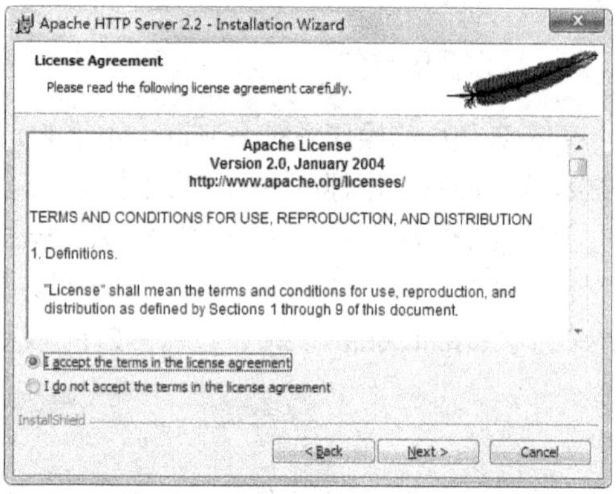

图 P1.4　“License Agreement”对话框

弹出“Server Information”对话框设置如图 P1.5 所示，安装过程的其余步骤都取默认设置。Apache 安装成功后在任务栏右下角会出现一个  图标，图标内的三角形为绿色时表示服务正在运行，为红色时表示服务停止。双击该图标，弹出“Apache Service Monitor”对话框，如图 P1.6 所示。

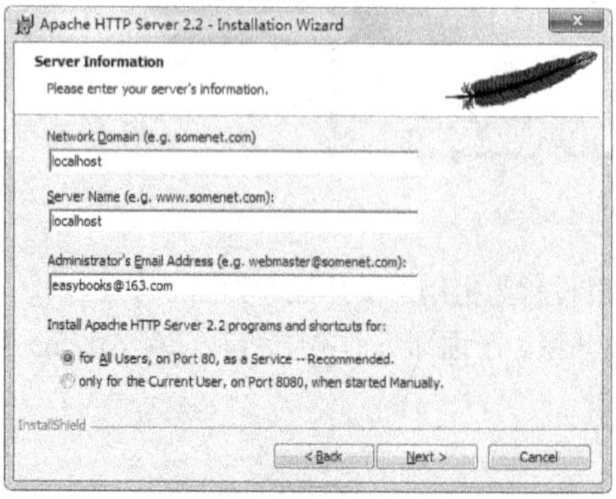

图 P1.5　服务器信息设置

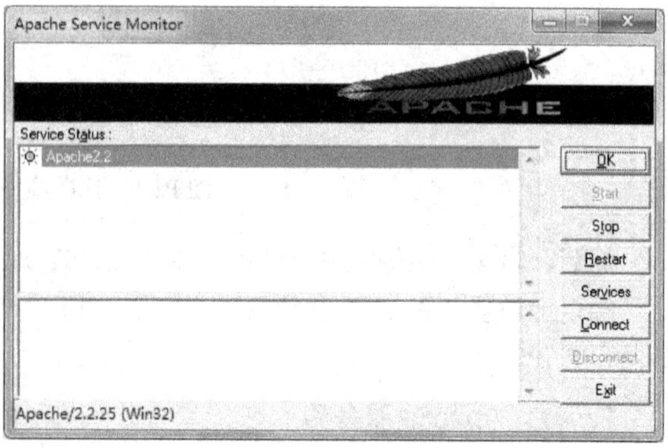

图 P1.6　“Apache Service Monitor”对话框

单击“Start”、“Stop”和“Restart”按钮分别表示开始、停止和重启 Apache 服务。

Apache 安装完成后可以测试一下看能否运行。在 IE 地址栏输入“http://localhost”或“http://127.0.0.1”按 Enter 键，如果测试成功，会出现显示有“It works!”的页面。

3. 安装 PHP 插件

Apache 安装完成后，还需要为其安装 PHP 插件。PHP 官网有时只提供源代码或压缩包，若想获得可在 Windows 下直接安装的 installer 包，最好访问 Windows 版 PHP 下载网站(http://windows.php.net/download/)，目前支持的最高版本为 PHP 5.3.29。下载得到的安装文件名为 php-5.3.29-Win32-VC9-x86，对其双击，进入安装向导，如图 P1.7 所示。单击“Next”按钮打开如图 P1.8 所示的“End-User License Agreement”窗口，勾选“I accept the terms in the License Agreement”复选框。

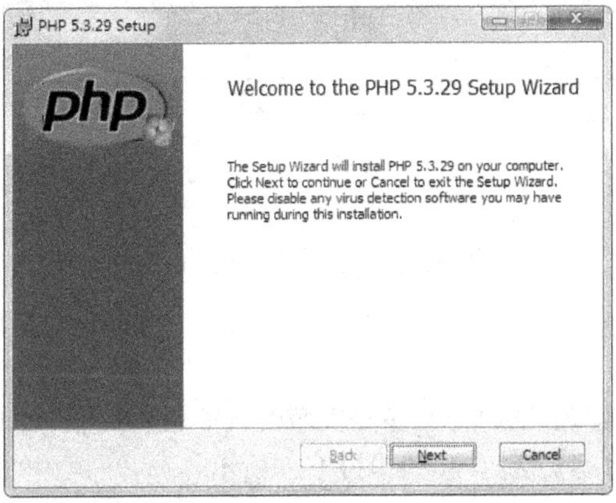

图 P1.7　PHP 安装向导

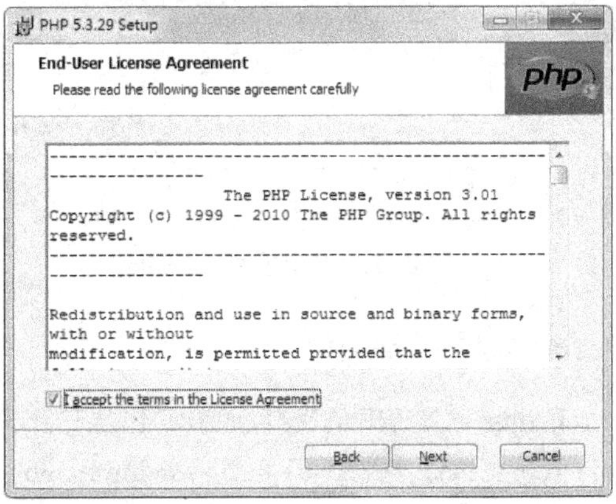

图 P1.8　“End-User License Agreement”窗口

按向导的指引继续操作，直至打开“Web Server Setup”窗口，如图 P1.9 所示，选中“Apache 2.2.x Module”单选按钮。

单击“Next”按钮，弹出“Select Apache Configuration Pirectory”对话框，此处要把 Apache 安装路径的 conf 文件夹的路径填写到“Folder name”文本框中。单击“Browse”按钮，找到 conf 文件夹，如图 P1.10 所示，单击“OK”按钮确定修改。

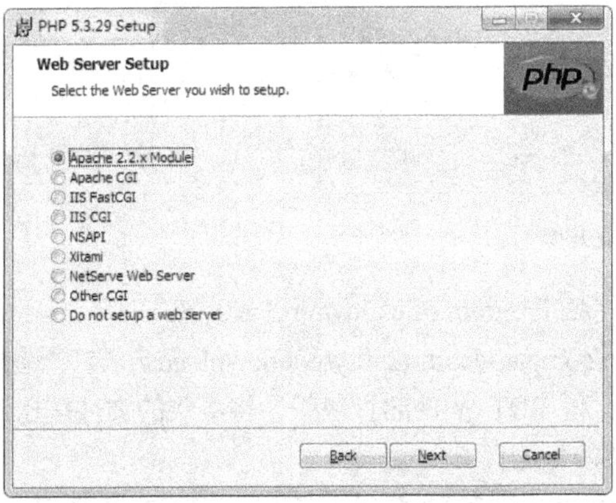

图 P1.9　“Web Server Setup”窗口

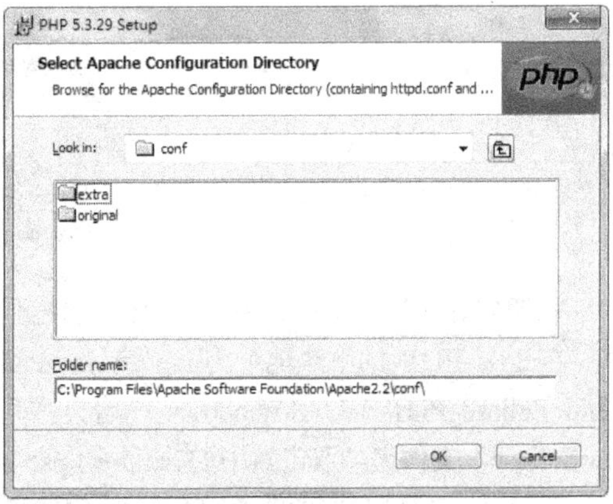

图 P1.10　定位 Apache 的配置路径

修改配置目录后单击“Next”按钮，打开“Choose Items to Install”窗口，建议初学者安装所有的组件，如图 P1.11 所示，单击树状结构中 X▾ 右边的箭头，在展开菜单中选择“Entire feature will be installed on local hard drive”选项即可。

安装完后重启 Apache 服务管理器，其下方的状态栏会显示“Apache/2.2.25 (Win32) PHP/5.3.29”，如图 P1.12 所示（注意与前图 P1.6 比较），这说明 PHP 已经安装成功！

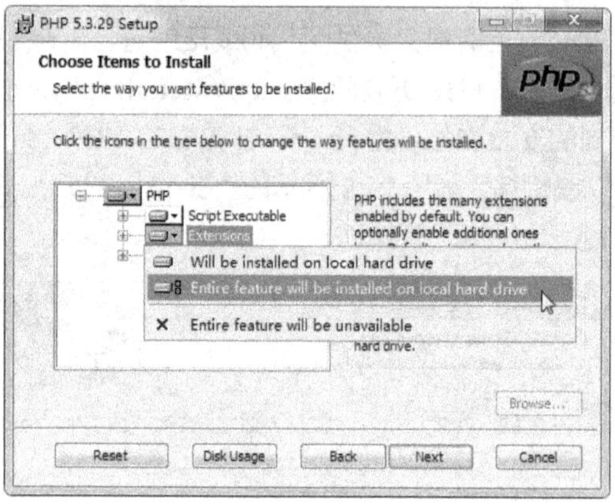

图 P1.11 安装全部功能组件

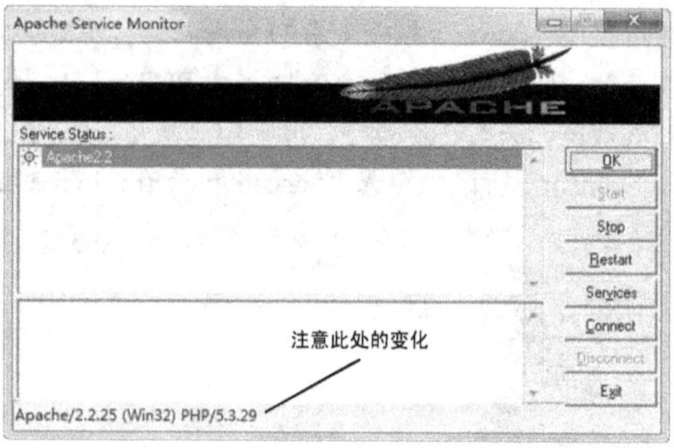

图 P1.12 Apache 已支持 PHP

4．安装 Eclipse PDT

Eclipse 需要 JRE 的支持，而 JRE 包含在 JDK 中，故安装 JDK 即可。本书安装的版本是 JDK 8 Update 20，安装可执行文件为 jdk-8u20-windows-i586，双击启动安装向导，如图 P1.13 所示。

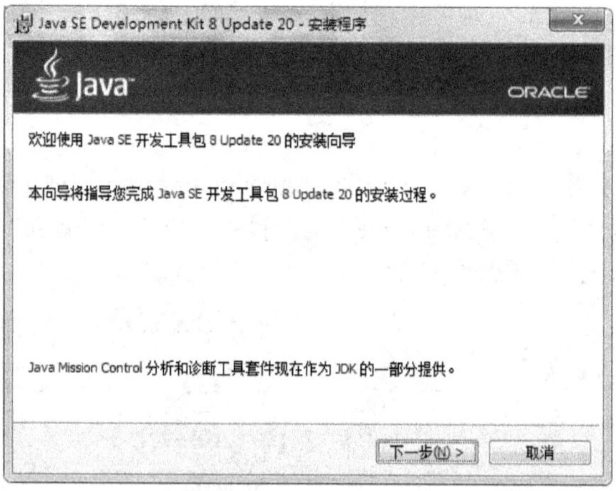

图 P1.13 安装 JDK

按照向导的步骤操作，完成后 JRE 安装到了目录“C:\Program Files\Java\jre1.8.0_20”。

Eclipse PDT 的下载地址为http://www.zend.com/en/company/community/pdt/downloads/。本书选择 Zend Eclipse PDT 3.2.0（Windows 平台），即 Eclipse 和 PDT 插件的打包版，将下载的文件解压到“D:\eclipse”文件夹，双击其中的 zend-eclipse-php 文件即可运行 Eclipse。

Eclipse 的启动画面如图 P1.14 所示。软件启动后会自动进行配置，并提示选择工作空间，如图 P1.15 所示，单击“Browse”按钮可修改 Eclipse 的工作空间。

本书开发使用的路径为“C:\Program Files\Apache Software Foundation\Apache2.2\htdocs”。单击“OK”按钮，进入 Eclipse 的主界面，如图 P1.16 所示。

图 P1.14 Eclipse 的启动画面

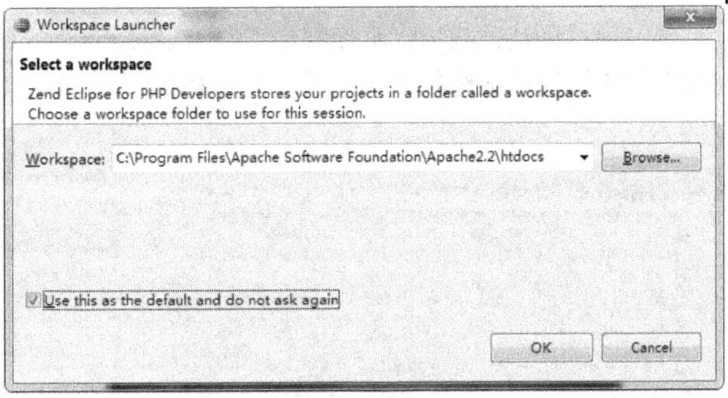

图 P1.15 Eclipse 的工作空间选择

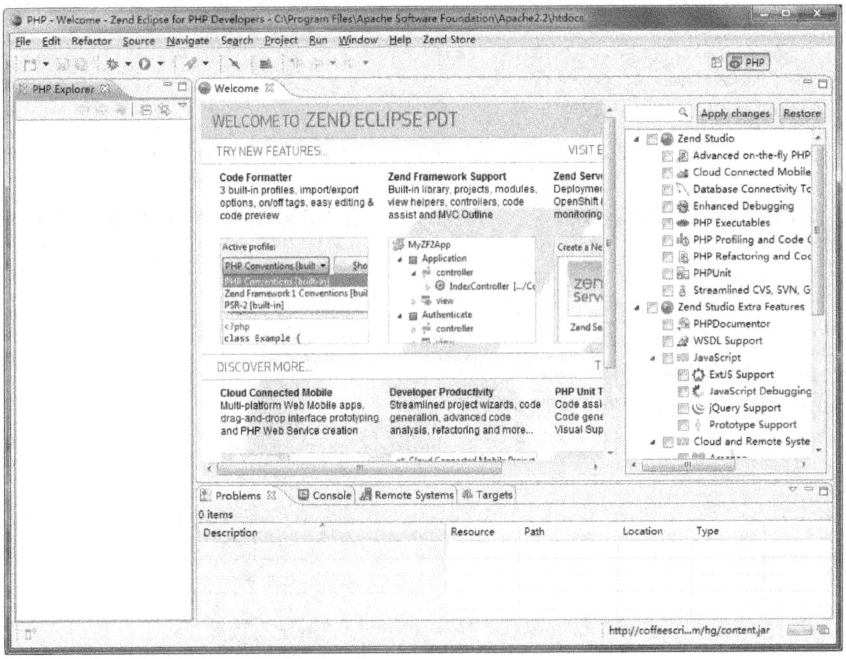

图 P1.16 Eclipse 的主界面

P1.2 创建 PHP 项目

1. 新建项目

（1）启动 Eclipse，选择“File”→“New”→“Local PHP Project”命令，如图 P1.17 所示。

（2）在打开的“Create a Local PHP Project”窗口中的“Project Name”文本框中输入项目名“bookManage”，如图 P1.18 所示，在“Version”下拉列表中选择“php5.3”选项（与本书安装的版本一致）。

（3）单击“Next”按钮，打开如图 P1.19 所示的“New PHP Project”窗口，系统默认项目位于本机 localhost，基准路径为/bookManage/，于是项目启动运行的 URL 是 http://localhost/bookManage/，本例就采用这个默认的路径地址。

（4）完成后单击“Finish”按钮即可，Eclipse 会在 Apache 安装目录的 htdocs 文件夹下自动创建一个名为“bookManage”的文件夹，并创建项目设置和缓存文件。

（5）项目创建完成后，工作界面“PHP Explorer”区域会出现一个“bookManage”项目树，右击，在弹出的快捷菜单中选择“New”→“PHP File”命令，如图 P1.20 所示，就可以创建.PHP 源文件。

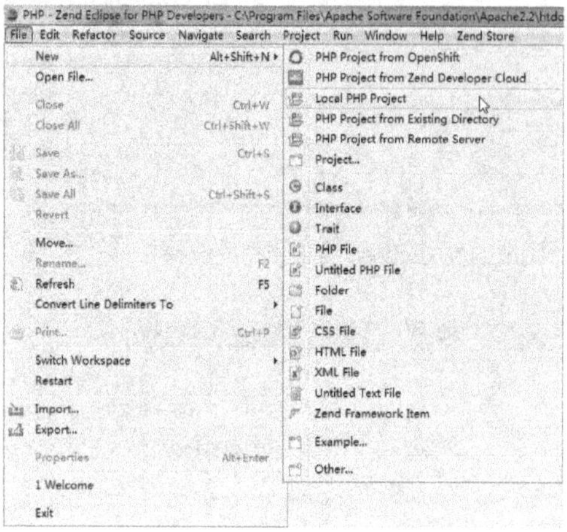

图 P1.17　新建 PHP 项目

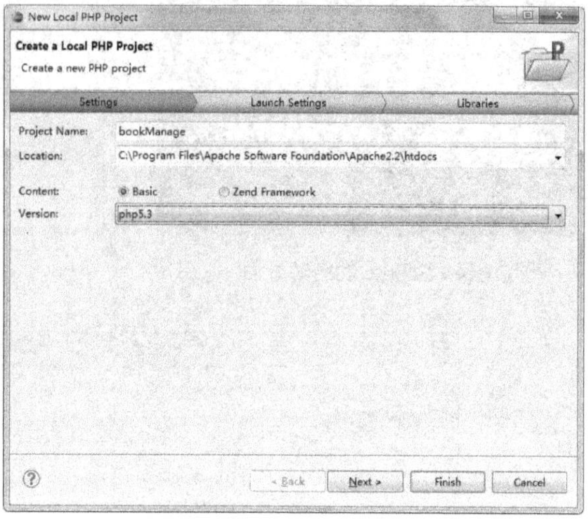

图 P1.18　“Create a Local PHP Project”窗口

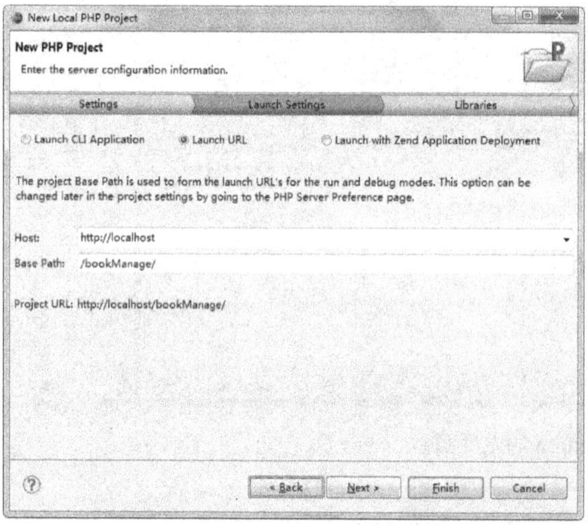

图 P1.19　“New PHP Project”窗口

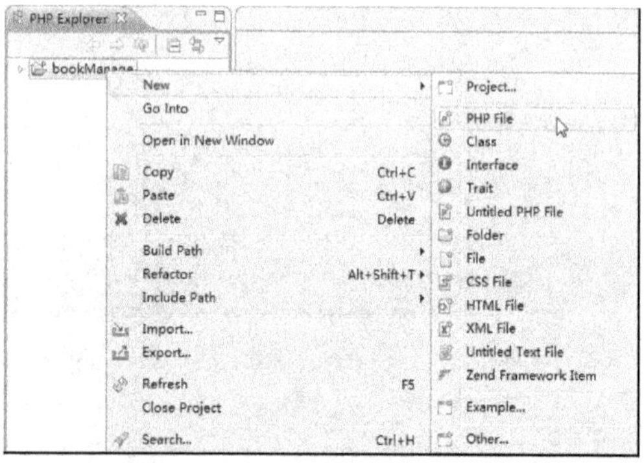

图 P1.20　新建 PHP 源文件

2. 运行项目

创建新项目的时候，Eclipse 默认已经在项目树下建立了一个 index.php 文件供用户编写 PHP 代码，当然用户也可以自己创建源文件。这里先使用现成的 index.php 做测试，在其中输入以下 PHP 代码。

```
<?php
    phpinfo();
?>
```

接下来修改 PHP 的配置文件，打开“C:\Program Files\PHP”中的文件 php.ini，在其中找到如下内容。

```
short_open_tag = Off
; Allow ASP-style <% %> tags.
```

```
; http://php.net/asp-tags
asp_tags = Off
```

将其中的 Off 都改为 On，以使 PHP 能支持<??>和<%%>的标记方式。确认修改后，保存配置文件，重启 Apache 服务。

单击工具栏中的 按钮，在弹出的“Run PHP Web Application”对话框中单击“OK”按钮，在中央的主工作区就会显示出 PHP 版本信息页，如图 P1.21 中的“运行方法①”。也可以单击 按钮右边的下拉按钮，选择“Run As”→“PHP Web Application”运行程序，如图 P1.21 中的“运行方法②”。

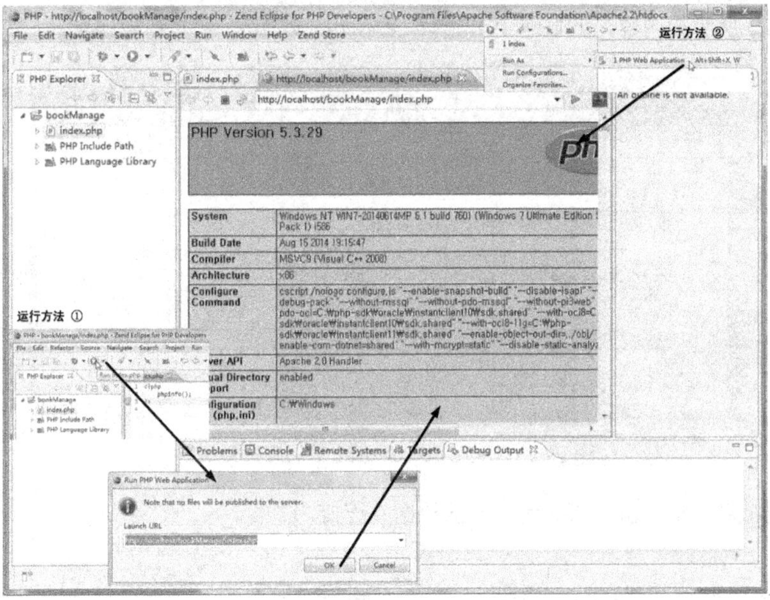

图 P1.21　Eclipse 运行 PHP 程序

除了使用 Eclipse 在 IDE 中运行 PHP 程序，还可以直接从浏览器运行。打开 IE 浏览器，输入“http://localhost/bookManage/index.php”按 Enter 键，浏览器中也显示出 PHP 版本信息页，如图 P1.22 所示。

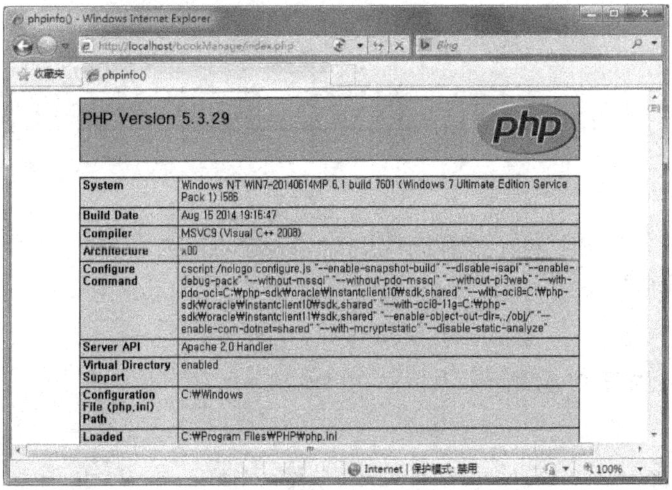

图 P1.22　浏览器运行 PHP 程序

3. 连接 SQL Server 2012

从 Microsoft 官网下载 PHP 的 SQL Server 2012 扩展库 SQLSRV30.EXE，安装并解压后，将其中的 php_pdo_sqlsrv_53_ts.dll 和 php_sqlsrv_53_ts.dll 复制到“C:\Program Files\PHP\ext”下，再在配置文件 php.ini 末尾添加以下代码。

```
extension=php_pdo_sqlsrv_53_ts.dll
extension=php_sqlsrv_53_ts.dll
```

完成后重启 Apache，打开 IE，输入“http://localhost/bookManage/index.php”按 Enter 键，如果页面中有如图 P1.23 所示的内容，就表示 PHP 的 SQL Server 2012 扩展库加载成功。

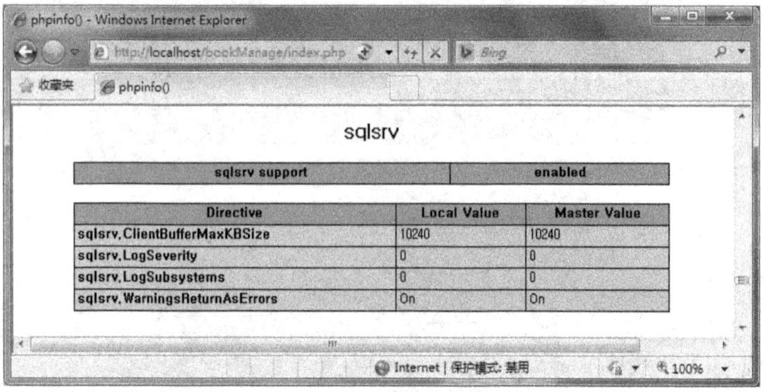

图 P1.23　SQL Server 2012 扩展库加载成功

新建 fun.php 源文件，编写如下代码测试数据库连接。

```
<?php
    $serverName = "localhost";                                          //服务器名
    $connectionInfo = array("Database"=>"MBOOK","ConnectionPooling"=>false);
                                                                        //连接参数信息
    $conn = sqlsrv_connect($serverName,$connectionInfo);                //连接服务器
    if($conn == false){                                   //返回 false，表示连接出错
        echo "连接失败！";
        die(print_r(sqlsrv_errors(),true));                             //输出错误信息
    }
?>
```

P1.3　模块 1：借书还书

1. 目的要求

实现“借书还书”页面的布局、查询借阅记录和完成借书、还书功能，其中，借书功能调用存储过程，还书则利用触发器。

2. 程序界面

“借书还书”界面如图 P1.24 所示。

3. 实现功能

单击页面顶部导航菜单中的“借书还书”链接，显示如图 P1.24 所示的“借书还书”界面，此时分页列表显示出系统全部已有的借阅记录。

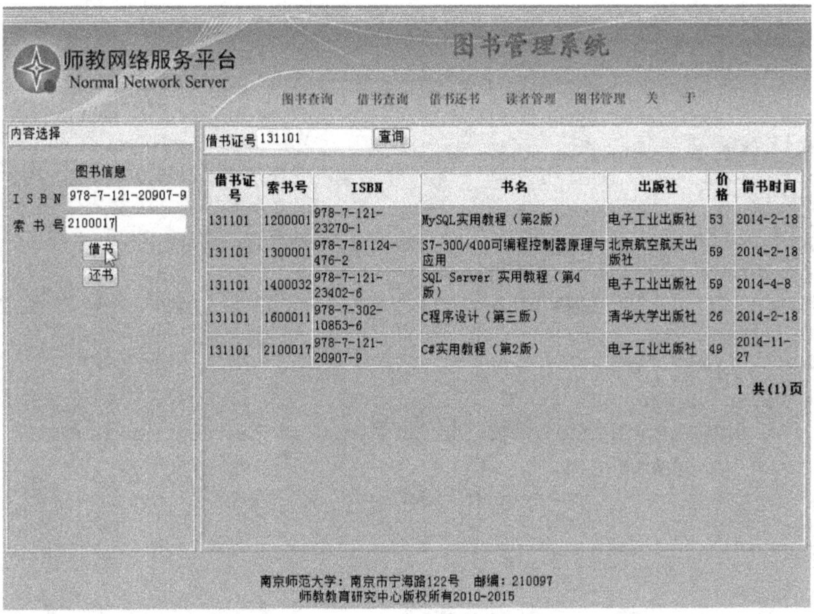

图 P1.24　“借书还书”界面

（1）在列表上方文本框中输入借书证号，单击“查询”按钮，从数据库 MBOOK 中查找该借书证号所对应读者的借阅记录。

（2）在界面左部“图书信息”表单中输入要借的书的 ISBN 和索书号，单击“借书”按钮执行存储过程 book_borrow，实现图书的借阅。

（3）在“图书信息”表单中输入索书号，单击“还书”按钮，用触发器 tlend_delete 实现图书的归还。

4．实现过程

（1）在项目 bookManage 下创建一个 images 文件夹，将本项目要使用的图片资源复制到该文件夹下。

（2）创建 top.html 文件，用于设计网页中主界面头部导航的功能链接。

（3）创建 book_serv_main.php 文件。在文件中新建一个“图书信息”表单 frm1，包括“ISBN”和“索书号”两个文本框，用于输入要借还的图书信息；新建表单 frm2，包括一个“借书证号”文本框和一个“查询”按钮。

（4）创建 show_book_info.php 文件。以 GET 方式接收 book_serv_main.php 文件中表单 frm2 传来的借书证号值。从视图 rbl 中查找出该借书证号的读者对应所借图书的索书号、ISBN、书名、出版社、价格及借书时间信息。

（5）创建 lend_book.php 文件，用于接收使用 SESSION 从 show_book_info.php 页面传来的借书证号值，以 POST 方式接收 book_serv_main.php 页面传来的 ISBN 和索书号值。调用存储过程 book_borrow 实现借书功能，用 SQL 语句（DELETE）和触发器 tlend_delete 实现还书功能。

5．主要代码

（1）top.html 文件。

top.html 文件实现页面头部主菜单的布局和超链接到各个页面的功能。在后面的“读者管理”主页面 read_serv_main.php 中也要包含此文件。

代码如下：

```
<html>
<head>
<title>图书管理系统</title>
<meta http-equiv="Content-Type" content="text/html; charset=gb2312">
</head>
<body bgcolor="#FFFFFF" leftmargin="0" topmargin="0" marginwidth="0" marginheight="0">
<!-- Save for Web Slices (图书管理系统.jpg) -->
<table id="__01" width="824" height="112" border="0" cellpadding="0" cellspacing="0"
        align="center">
    <tr>
        <td rowspan="2">
            <img src="images/师教网络服务平台.gif" width="268" height="112" alt=""></td>
        <td colspan="7">
            <img src="images/图书管理系统.gif" width="556" height="77" alt=""></td>
    </tr>
    <tr>
        <td>
            <img src="images/图书查询.gif" width="79" height="35" alt=""></td>
        <td>
            <img src="images/借书查询.gif" width="75" height="35" alt=""></td>
        <td><a href='book_serv_main.php'>        <!-- 超链接到“借书还书”页面 -->
            <img src="images/借书还书.gif" width="74" height="35" border="0"
                    alt=""></a></td>
        <td><a href='reader_serv_main.php'>      <!-- 超链接到“读者管理”页面 -->
            <img src="images/读者管理.gif" width="74" height="35" border="0"
                    alt=""></a></td>
        <td>
            <img src="images/图书管理.gif" width="72" height="35" alt=""></td>
        <td>
            <img src="images/关于.gif" width="71" height="35" alt=""></td>
        <td>
            <img src="images/背景.gif" width="111" height="35" alt=""></td>
    </tr>
</table>
<!-- End Save for Web Slices -->
</body>
</html>
```

（2）book_serv_main.php 文件。

book_serv_main.php 文件生成“借书还书”界面的整体布局。其中包含了显示头部菜单的 top.html 文件和显示读者借阅信息的 show_book_info.php 页面（将在后面介绍）。

代码如下：

```
<?php
    session_start();          //启动 SESSION
    @include "top.html";      //包含 top.html 页面
?>
<html>
<head>
```

```
    <title>图书管理系统</title>
    <style>.font1{font-size:13px;}</style>
</head>
<body>
    <table bgcolor="#71CABF" align="center">
        <tr>
            <td>
                <form name="frm1" method="post" action="lend_book.php">
                    <table border="1" width="180" cellspacing=1 class="font1">
                        <tr bgcolor="#E9EDF5"><td>内容选择</td></tr>
                        <tr>
                            <td align="left" valign="top" height="400">
                                <table align="center" class="font1">
                                    <tr><td align="center"><br>图书信息<br></td></tr>
                                    <tr><td>I S B N <input
                                        name="ISBN" type="text" size="16"></td></tr>
                                    <tr><td>索 书 号<input name="BookID"
                                        type="text" size="16"></td></tr>
                                    <tr><td align="center"><input name="btn"
                                        type="submit" value="借书"></td></tr>
                                    <tr><td align="center"><input name="btn"
                                        type="submit" value="还书"></td></tr>
                                </table>
                            </td>
                        </tr>
                    </table>
                </form>
            </td>
            <td>
                <form name="frm2" method="get" action="book_serv_main.php">
                    <table border="1" width="617" class="font1">
                        <tr bgcolor="#E9EDF5">
                            <td>
                                借书证号<input name="ReaderNum" id="ReaderNum" type=
                                    "text" size="15"><input type="submit"
                                    value="查询">
                            </td>
                        </tr>
                        <tr>
                            <td height="386" valign="top"><br>
<?php
    @include "show_book_info.php";            //包含 show_book_info.php 页面
?>
                            </td>
                        </tr>
                        <tr></tr>
                    </table>
                </form>
            </td>
        </tr>
        <tr>
            <td colspan="2" align="center" class="font1">
```

```
                南京师范大学：南京市宁海路 122 号  邮编：210097<br>
                师教教育研究中心版权所有 2010-2015
            </td>
        </tr>
    </table>
</body>
</html>
```

（3）show_book_info.php 文件。

show_book_info.php 文件以表格形式显示借书证号、索书号、ISBN、书名、出版社、价格及借书时间等借阅记录的信息，该页面获取 book_serv_main.php 页面传来的借书证号信息并显示相应读者的借阅记录。在不输入借书证号的情况下，默认显示系统中所有的借阅记录；输入借书证号查询后，显示该读者所对应的借阅记录；没有借阅记录时，显示“无记录”；当输入的借书证号不存在时，提示并显示“无记录”。

代码如下：

```
<?php
    require "fun.php";
    if($_SESSION['number']&&(!@$_GET['ReaderNum']))
        $ReaderNum = $_SESSION['number'];     //获取 SESSION 中保存的借书证号
    else
        $ReaderNum = @$_GET['ReaderNum'];     //以 GET 方式从 book_serv_main.php 获
                                                取借书证号
    if(!$ReaderNum)
        $sql = "SELECT * FROM rbl";           //借书证号为空时，显示所有借阅记录
    else{
        $_SESSION['number'] = $ReaderNum;     //将该读者的借书证号保存在 SESSION 中
        //查询该读者所对应的借阅记录
        $sql = "SELECT * FROM rbl WHERE ReaderID='$ReaderNum'";
        //查询是否存在此借书证号的读者
        $T_sql = "SELECT ReaderID FROM TReader WHERE ReaderID='$ReaderNum'";
        $T_result = sqlsrv_query($conn,$T_sql);
        $T_row = sqlsrv_fetch_array($T_result);
        if(!$T_row)                           //借书证号不存在时提示
            echo "<script>alert('借书证号不存在!');location.href='book_serv_main.
                php';</script>";
    }
    //这里要求显式指明使用键集游标，因为系统默认的前进游标返回的是 false，无法获得记录总数
    $result = sqlsrv_query($conn,$sql,array(),array("Scrollable"=>SQLSRV_CURSOR_KEYSET));
    $total = sqlsrv_num_rows($result);                         //获取借阅记录的总数
    $page = isset($_GET['page'])?intval($_GET['page']):1;//获取地址栏中 page 的值，
                                                              不存在，则设置为 1
    $num = 7;                                                  //每页显示 7 条记录
    $url = 'book_serv_main.php';
    $pagenum = ceil($total/$num);             //页码计算，获得总页数（也是最后一页）
    $page = min($pagenum,$page);                           //获得首页
    $prepg = $page-1;                                      //获得上一页
    $nextpg = ($page==$pagenum? 0: $page+1);               //获得下一页
    $offset = ($page-1)*$num;                              //获取本页记录数的起始值
    //生成从第($offset+1)个记录开始的$num 个记录的 SQL 语句
```

```
    $new_sql = "SELECT TOP $num ReaderID, BookID, ISBN, BookName, Publisher, Price,
    CONVERT(char(20),LTime,20) AS LTime FROM ($sql) AS Result WHERE BookID NOT IN (SELECT TOP
    $offset BookID FROM ($sql) AS WW) ORDER BY BookID";
    $new_result = sqlsrv_query($conn,$new_sql);
    //输出表格
    echo "<table width=605 border=1 align=center cellpadding=0 cellspacing=0
        class=font1>";
    echo "<tr bgcolor=#E9EDF5><th>借书证号</th>";
    echo "<th>索书号</th><th>ISBN</th><th>书名</th>";
    echo "<th>出版社</th><th>价格</th><th>借书时间</th></tr>";
    if($new_row = sqlsrv_fetch_array($new_result)){ //查询结果不为空时，输出显示结果
        do{
            list($ReadID,$BookID,$ISBN,$BookName,$Publisher,$Price,$LTime) = $new_row;
            echo "<td>$ReadID</td><td>$BookID</td><td>$ISBN</td>";
            echo "<td>$BookName</td><td>$Publisher</td><td>$Price</td>";
            $timeTemp = strtotime($LTime);   //将借书时间解析为 UNIX 时间戳
            $time = date("Y-n-j",$timeTemp);
                                        //用 date 函数将时间戳转换为“年-月-日”的形式
            echo "<td>$time</td>";              //输出借书时间
            echo "</tr>";
        }while($new_row = sqlsrv_fetch_array($new_result));
        echo "</table>";
        //开始分页导航条代码
        $pagenav = "";
        if($prepg)
            $pagenav.="<a href='$url?page=$prepg&ReaderNum=$ReaderNum'>上一页</a> ";
        for($i = 1; $i <= $pagenum; $i++){
            if($page == $i)
                $pagenav.=$i." ";
            else
                $pagenav.=" <a href='$url?page=$i&ReaderNum=$ReaderNum'>$i</a> ";
        }
        if($nextpg)
            $pagenav.=" <a href='$url?page=$nextpg&ReaderNum=$ReaderNum'>下一页</a>";
        $pagenav.="共(".$pagenum.")页";
        echo "<br><div align=right><b>".$pagenav."</b></div>";    //输出分页导航
    }else{
        echo "</table>";
        echo "<center>无记录! </center>";                          //查询结果为空时显示
    }
?>
```

说明：

在用户输入借书证号查询借阅记录时，使用 SESSION 保存借书证号值，并在 lend_book.php 文件中取出该值，用于实现借书功能。

（4）lend_book.php 文件。

lend_book.php 文件完成的是借还书功能：通过执行存储过程 book_borrow 来完成借书，将借书证号、ISBN 和索书号作为存储过程的输入参数，存储过程执行完成后获取其输出参数 out_str 和返回值 con，并利用它们向用户反馈借书操作的结果；通过执行 SQL 语句（DELETE）和触发器 tlend_delete 来完成图书的归还。

代码如下：

```
<?php
    require "fun.php";
    include "book_serv_main.php";
    $number = $_SESSION['number'];   //接收 show_book_info.php 页面传来的借书证号值
    $ISBN = $_POST['ISBN'];                        //以 POST 方式获取页面上输入的 ISBN 值
    $BookID = $_POST['BookID'];                    //以 POST 方式获取页面上输入的索书号
    if(@$_POST["btn"]=='借书'){                     //单击"借书"按钮
        $sql = "DECLARE @con int                   //调用执行存储过程的语句
                DECLARE @out_str char(30)
                EXEC @con=book_borrow '$number', '$ISBN', '$BookID', @out_str OUTPUT
                SELECT @con as con, @out_str as out_str";
        $result = sqlsrv_query($conn,$sql);  //执行存储过程
        $row = sqlsrv_fetch_array($result);
        if($row['con']=='0')                       //返回值 0 表示借书操作失败
            echo "<script>alert('".$row['out_str']."');location.href='book_
            serv_main.php';</script>";
        else                                       //返回值 1 表示借书操作成功
            echo"<script>alert('借书成功! ');location.href='book_serv_main.php';</script>";
    }
    if(@$_POST["btn"]=='还书'){                     //单击"还书"按钮
        // DELETE 语句删除对应索书号的借阅记录
        $sql = "DELETE FROM TLend WHERE BookID='$BookID'";
        //查询是否存在此索书号的借阅记录
        $T_sql = "SELECT BookID FROM TLend WHERE BookID='$BookID'";
        $T_result = sqlsrv_query($conn,$T_sql);
        $T_row = sqlsrv_fetch_array($T_result);
        if(!$T_row)                                //索书号不存在时提示
            echo "<script>alert('借书记录不存在!');location.href='book_serv_main.
            php';</script>";
        else{                                      //索书号存在，则执行还书操作
            $result = sqlsrv_query($conn,$sql);
            if(sqlsrv_rows_affected($result)>0)          //判断操作结果
                echo"<script>alert('还书成功!');location.href='book_serv_main.
                php';</script>";
            else
                echo"<script>alert('操作失败!');location.href='book_serv_main.
                php';</script>";
        }
    }
?>
```

P1.4 模块 2：读者管理

1. 目的要求

掌握对 SQL Server 2012 数据库进行 INSERT、DELETE、UPDATE 和 SELECT 操作的方法。

2. 程序界面

“读者管理”界面如图 P1.25 所示。

3．实现功能

通过输入借书证号后单击“读者查询”按钮查询出该读者的基本信息（显示在界面右侧面板的“读者信息”表单里）；修改表单中的信息后单击“读者修改”按钮，可以修改该读者的信息；单击“读者删除”按钮，则删除该读者的记录；在“读者信息”表单中填入新读者的各项信息后单击“读者追加”按钮，可以向数据库中添加新的读者记录。每次操作后都将在页面下方的表格中显示相应的读者记录。

4．实现过程

（1）创建 reader_serv_main.php 文件。该页面包含了 top.html 文件，用来显示页面头部的主菜单部分。文件中新建了一个表单 frm3，表单中包含“功能选择”和“读者信息”两个表格。“功能选择”表格包含了“读者追加”、“读者删除”、“读者修改”和“读者查询”4 个提交按钮；“读者信息”表格中包含了借书证号、姓名、专业名、性别、出生时间、借书量、照片等信息和用来显示读者信息的文件 show_reader_info.php，如图 P1.25 所示。

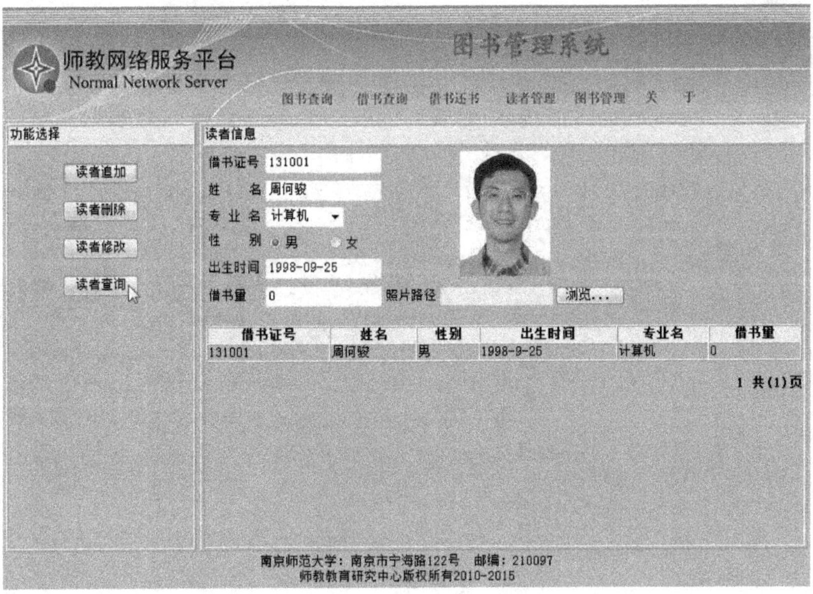

图 P1.25　“读者管理”界面

（2）创建 manage_reader.php 文件。以 POST 方式接收 reader_serv_main.php 页面提交的表单 frm3 中的数据，对读者信息进行增、删、改、查等各种操作，同时将借书证号保存在 SESSION 中。

（3）创建 show_reader_info.php 文件。它接收使用 SESSION 从 manage_reader.php 页面传来的借书证号值，查找对应的读者信息，以分页列表显示。

（4）创建显示照片页面 show_picture.php。以 GET 方式从 reader_serv_main.php 页面上 img 控件的 src 属性中获取借书证号值，查询读者表并输出照片。

5．主要代码

（1）reader_serv_main.php 页面。

实现功能：实现“读者管理”页面布局，页面效果如图 P1.25 所示。在“借书证号”文本框中输入读者的借书证号后，单击“读者查询”按钮，可以将数据提交到 manage_reader.php 页面，并将该读者的信息显示在页面的表单中。显示照片时调用 showpicture.php 文件。

reader_serv_main.php 文件的代码如下：

```
<?php
session_start();          //启动 SESSION
@include "top.html";      //包含 top.html 页面
?>
<html>
<head>
<title>图书管理系统</title>
<style>.font1 {font-size: 13px;}</style>
</head>
<body>
<?php
        $row = $_SESSION['row'];
        $ReadNum = $row['ReaderID'];
?>
<form name="frm3" method="post" action="manage_reader.php" enctype="multipart/
form-data" style="margin: 0">
    <table bgcolor="#71CABF" align="center">
        <tr>
            <td>
                <table border="1" width="194" cellspacing=1 class="font1">
                    <tr bgcolor="#E9EDF5"><td>功能选择</td></tr>
                    <tr>
                        <td align="center" valign="top" height="400"><br>
                        <input name="btn" type="submit" value="读者追加"><br><br>
                        <input name="btn" type="submit" value="读者删除"><br><br>
                        <input name="btn" type="submit" value="读者修改"><br><br>
                        <input name="btn" type="submit" value="读者查询"><br><br>
                        </td>
                    </tr>
                </table>
            </td>
            <td>
                <table border="1" width="617" class="font1">
                    <tr bgcolor="#E9EDF5"><td>读者信息</td></tr>
                    <tr>
                        <td height="397" valign="top">
                            <table class="font1">
                                <tr>
                                    <td>借书证号</td>
                                    <td>
                                        <input name="ReaderNum" type="text"
                                        size="15"
                                        value="<?php echo @$row['ReaderID'];?>">
                                        <!--隐藏文本框用来保存当前查询的借书证号值-->
                                        <input name="ReaderNum_h" type="hidden"
                                        size= "15" value="<?php echo @$row
                                        ['ReaderID'];?>">
                                    </td>
                                    <td rowspan="5" colspan="2" align="center">
```

```
<!-- 使用 img 控件调用 showpicture.php 页面用于显示照片，readerid 用于保存当前借书证号值，
time()函数用于产生一个时间戳，防止服务器读取缓存中的内容-->
                        <?php
                            if(@$row['Photo'])
                                echo "<img src='show_picture.
                                    php?readerid=$ReadNum&time
                                    =".time()."'>";
                            else
                                echo "<div class=STYLE1>暂无照
                                    片</div>";
                        ?>
                    </td>
                </tr>
                <tr>
                    <td>姓    名</td>
                    <td>
                        <input name="StuName" type="text" size="15"
                        value= "<?php echo @$row['Name'];?>">
                    </td>
                </tr>
                <tr>
                    <td>专 业 名</td>
                    <td>
                        <select name="Spec">
                <?php
                    if($row['Spec'])
                        echo "<option>".@$row['Spec']."</option>";
                    else
                        echo "<option>请选择</option>";
                    require "fun.php";
                    //查找所有的专业名
                    $spec_sql = "SELECT DISTINCT Spec FROM TReader";
                    $spec_result = sqlsrv_query($conn,$spec_sql);
                //输出专业名到下拉列表中
                while($spec_row=sqlsrv_fetch_array($spec_result)){
                    $special = $spec_row['Spec'];
                    if($special!=$row['Spec'])
                    echo "<option value=$special>$special</option>";
                    }
                ?>
                        </select>
                    </td>
                </tr>
                <tr>
                    <td>性    别</td>
                    <?php
                        if(@$row['Sex']===0){
                    ?>
                    <td>
                        <input type="radio" name="Sex" value=
                            "1">男    
```

```
                                        <input type="radio" name="Sex" value="0"
                                            checked= "checked">女
                                    </td>
                                    <?php
                                        }else{
                                    ?>
                                    <td>
                                        <input type="radio" name="Sex" value="1"
                                        checked= "checked">男   
                                        <input type="radio" name="Sex" value="0">女
                                    </td>
                                    <?php
                                        }
                                    ?>
                                </tr>
                                <tr>
                                    <td>出生时间</td>
                                    <td>
                                        <input name="Birthday" type="text" size="15"
                                        value= "<?php echo @$row['Born'];?>">
                                    </td>
                                </tr>
                                <tr>
                                    <td>借书量</td>
                                    <td>
                                        <input name="Number" type="text" size="15"
                                        value= "<?php echo @$row['Num'];?>" readonly>
                                    </td>
                                    <td>照片路径</td>
                                    <td>
                                        <input name="FileName" type="file" size="15">
                                    </td>
                                </tr>
                            </table><br>
                            <?php include "show_reader_info.php";?>
                        </td>
                    </tr>
                </table>
            </td>
        </tr>
        <tr>
            <td colspan="2" align="center" class="font1">
                南京师范大学：南京市宁海路 122 号  邮编：210097<br>
                师教教育研究中心版权所有 2010-2015
            </td>
        </tr>
    </table>
</form>
</body>
</html>
```

说明：

代码中的“读者信息”表格输入框中将 value 属性值设置为查询到的结果值，即可显示读者的相应信息。在用户进行输入借书证号操作以后，使用 SESSION 保存借书证号值，并在 show_reader_info.php 页面中获取该值，用于显示该读者的信息。

（2）manage_reader.php 页面。

该页面接收 reader_serv_main.php 页面表单提交的数据，对数据库中的读者记录进行各种操作，其代码的主体结构如下。

```
<?php
    require "fun.php";
    include "reader_serv_main.php";
    $ReaderNum = @$_POST['ReaderNum'];                 //获取借书证号
    $Read_h = @$_POST["ReaderNum_h"];                  //隐藏表单中的借书证号
    $StuName = @$_POST['StuName'];                     //姓名
    $Spec = @$_POST['Spec'];                           //专业名
    $Sex = @$_POST['Sex'];                             //性别
    $Birthday = @$_POST['Birthday'];                   //出生时间
    $tmp_file = @$_FILES["FileName"]["tmp_name"];//文件被上传后在服务端储存的临时文件
    $handle = @fopen($tmp_file,'rb');                  //打开文件
    $Picture = base64_encode(fread($handle,filesize($tmp_file)));//读取上传的照
                                                                  片变量并编码
    //使用正则表达式简单验证日期的格式
    $checkbirthday = @preg_match('/^\d{4}-(0?\d|1?[012])-(0?\d|[12]\d|3[01])
                     $/',$Birthday);
    //查找借书证号、借书量信息
    $s_sql = "SELECT ReaderID, Num FROM TReader WHERE ReaderID='$ReaderNum'";
    $s_result = sqlsrv_query($conn,$s_sql);
    $s_row = sqlsrv_fetch_array($s_result);

    /*以下为验证函数的代码*/
    ……
    /*以下为各“读者管理”操作按钮的代码*/
    //“读者追加”功能代码
    ……
    //“读者删除”功能代码
    ……
    //“读者修改”功能代码
    ……
    //“读者查询”功能代码
    ……
?>
```

由于本页面代码量比较多，为了便于读者阅读，下面将验证函数、读者追加、读者删除、读者修改、读者查询等部分代码分别单独列出。

① 验证函数。验证函数 test()用来验证在添加和修改读者信息时表单数据的正确性。本系统允许照片为空，但照片不为空时，对照片的“格式”、“大小”也做了一些规定。验证函数的所有代码都在 manage_reader.php 文件中编写。

代码如下：

```
function test($ReaderNum, $StuName, $Spec, $checkbirthday, $tmp_file){
    if(!$ReaderNum){                                        //没有输入借书证号时提示
        echo "<script>alert('请输入借书证号!');location.href='reader_serv_main.
        php'</script>";
        exit;
    }else if(!$StuName){                                    //没有输入姓名时提示
        echo "<script>alert('请输入姓名!');location.href='reader_serv_main.php';</script>";
        exit;
    }else if($Spec == "请选择"){                            //没有选择专业时提示
        echo "<script>alert('请选择专业!');location.href='reader_serv_main.php';</script>";
        exit;
    }else if(!$checkbirthday){                              //判断日期是否符合格式要求
        echo "<script>alert('日期格式错误!');location.href='reader_serv_main.
        php';</script>";
        exit;
    }else{
        if($tmp_file){                                      //如果上传了照片
            $type = @$_FILES['FileName']['type'];      //上传文件的格式
            $Psize = @$_FILES['FileName']['size'];     //图片的大小
            //判断图片格式
            if((($type != "image/gif")&&($type != "image/jpeg")&&($type !=
            "image/pjpeg")&&($type != "image/bmp"))){
            echo "<script>alert('照片格式不对!');location.href='reader_serv_
            main.php';</script>";
            exit;
            }else if($Psize > 100000){              //照片大于 100  KB 时不允许上传
    echo "<script>alert('照片尺寸太大，无法上传!');location.href='reader_serv_
    main.php';</script>";
            exit;
            }
        }
    }
}
```

② “读者追加”功能。输入读者信息后，单击“读者追加”按钮可以将新建的读者记录添加到数据库中，并将添加后的记录回显在页面上。

代码如下：

```
if(@$_POST["btn"]=='读者追加'){                                    //单击"读者追加"按钮
    test($ReaderNum,$StuName,$Spec,$checkbirthday,$tmp_file);     //验证表单数据
    if($s_row)                                              //要添加的借书证号已经存在时提示
        echo "<script>alert('借书证号已存在，请重新输入!');location.href='reader_
        serv_main.php';</script>";
    else{
        if(!$tmp_file){                                             //没有上传照片的情况
            $insert_sql = "INSERT INTO TReader VALUES('$ReaderNum','$StuName',
                $Sex,'$Birthday','$Spec',0,NULL)";
        }else{                                                      //有照片上传的情况
            $insert_sql = "INSERT INTO TReader VALUES('$ReaderNum','$StuName',
            $Sex,'$Birthday','$Spec',0,CONVERT(varbinary(MAX),'$Picture'))";
        }
        $insert_result = sqlsrv_query($conn,$insert_sql);//执行追加操作
        if(sqlsrv_rows_affected($insert_result)>0){         //操作成功
            @$_SESSION['ReadNum'] = 0;
```

```
            echo "<script>alert('添加成功!');location.href='reader_serv_main.
            php';</script>";
        }else                                                   //操作失败
            echo "<script>alert('添加失败，请检查输入信息!');location.href='reader_
            serv_main.php';</script>";
    }
}
```

说明：

在添加记录时，如果上传了照片，则需要使用 CONVERT()函数将照片变量$Picture 转化为二进制流格式再插入数据库。

③“读者删除”功能。

输入借书证号后，单击“读者删除”按钮，可以删除读者信息。

代码如下：

```
if(@$_POST["btn"]=='读者删除'){                         //单击"读者删除"按钮
    if($ReaderNum == NULL)                              //没有输入借书证号时提示
        echo "<script>alert('请输入要删除的借书证号!');location.href='reader_
        serv_main.php';</script>";
    else{                                               //输入了借书证号
        if(!$s_row)                                     //借书证号不存在时提示
    echo "<script>alert('借书证号不存在，无法删除!');location.href='reader_serv_
    main.php';</script>";
        else{                                           //处理借书证号存在的情况
            if($s_row['Num']!=0)                        //借书证号有借书记录时提示
                echo "<script>alert('该读者有借书记录，不能删除!');location.href=
                'reader_serv_ main.php';
                    </script>";
            else{                                       //执行删除操作
                $del_sql = "DELETE FROM TReader WHERE ReaderID='$ReaderNum'";
                $del_result = sqlsrv_query($conn,$del_sql);
                if(sqlsrv_rows_affected($del_result)>0){ //判断操作是否成功
                    @$_SESSION['ReadNum'] = 0;
                    echo "<script>alert('删除借书证号".$ReaderNum."成功!');
                    location.href='reader_serv_main.php';</script>";
                }
            }
        }
    }
}
```

④“读者修改”功能。当用户输入借书证号查询到读者信息时，修改了读者的信息后，单击“读者修改”按钮，可以对读者信息进行修改。若用户修改了原来的借书证号值，则不允许此修改操作。

代码如下：

```
if(@$_POST["btn"]=='读者修改'){                                 //单击"读者修改"按钮
    test($ReaderNum,$StuName,$Spec,$checkbirthday,$tmp_file);//验证表单的正确性
    if($Read_h!=$ReaderNum&&!$s_row){                   //如果读者修改了原借书证号
        $_SESSION['ReadNum'] = $Read_h;                 //将原借书证号值使用 SESSION 保存
        echo "<script>alert('借书证号不可修改!');location.href='reader_serv_
        main.php';</script>";
```

```
    }else{                                          //修改操作
        $_SESSION['ReadNum'] = $ReaderNum;    //将用户输入的借书证号用 SESSION 保存
        test($ReaderNum,$StuName,$Spec,$Birthday,$tmp_file);
        if(!$tmp_file)                              //若没有上传文件，则不修改照片列
            $update_sql = "UPDATE TReader SET Name='$StuName', Sex=$Sex, Born=
            '$Birthday', Spec= '$Spec' WHERE ReaderID='$ReaderNum'";
        else                                        //若上传了文件，则要修改照片列
            $update_sql = "UPDATE TReader SET Name='$StuName', Sex=$Sex, Born=
            '$Birthday', Spec= '$Spec', Photo=CONVERT(varbinary(MAX),'$Picture')
            WHERE ReaderID='$ReaderNum'";
        $update_result = sqlsrv_query($conn,$update_sql);          //执行修改操作
        if(sqlsrv_rows_affected($update_result)>0)          //判断操作是否成功
            echo "<script>alert('修改成功！');location.href='reader_serv_main.
                php';</script>";
        else
            echo "<script>alert('修改失败，请检查输入信息！');location.href='reader_
                serv_main.php';</script>";
    }
}
```

⑤“读者查询”功能。当用户输入了借书证号，单击“读者查询”按钮，可以查出对应该借书证号的读者信息，该读者的信息会同时显示在“读者信息”表单及其下方的表格中

代码如下：

```
if(@$_POST["btn"]=='读者查询'){                              //单击"读者查询"按钮
    if(!$ReaderNum)                                          //判断借书证号是否输入
        echo "<script>alert('请输入借书证号！ ');location.href='reader_serv_
        main.php';</script>";
    else{                                                    //查询操作
        $_SESSION['ReadNum'] = $ReaderNum;                   //将借书证号值传给其他页面
        $sql = "SELECT ReaderID, Name, Sex, CONVERT(char(20),Born,20) AS Born,
        Spec, Num, Photo
        FROM TReader WHERE ReaderID='$ReaderNum'";    //查找借书证号对应的读者信息
        $result = sqlsrv_query($conn,$sql);                  //执行查询操作
        $row = sqlsrv_fetch_array($result);                  //返回结果集
        if(!$row)                                            //结果集为空
            echo "<script>alert('没有该读者的信息！');location.href='reader_serv_
            main.php';</script>";
        //判断借书证号是否存在
        else{
            $_SESSION['row'] = $row;
            echo "<script>location.href='reader_serv_main.php';</script>";
        }
    }
}
```

（3）show_reader_info.php 页面。

以表格的形式将读者信息输出。该页面获取 manage_reader.php 页面使用 SESSION 保存的借书证号值，并显示相应的读者信息。在不输入借书证号的情况下，默认分页显示所有读者的信息；输入借书证号并查询后，显示所对应的读者信息；当读者信息不存在时，提示并显示无记录。

代码如下：

```
<?php
    require "fun.php";
    @session_start();
    $ReadNum = @$_SESSION['ReadNum'];              //从 SESSION 获取借书证号
    if(!$ReadNum)                                  //若借书证号为空，则查询所有读者记录
        $sql = "SELECT ReaderID, Name, Sex, Born, Spec, Num FROM TReader";
    else                                           //若借书证号不为空，则查询相应的读者信息
        $sql = "SELECT ReaderID, Name, Sex, Born, Spec, Num FROM TReader WHERE
        ReaderID='$ReadNum'";
    $result = sqlsrv_query($conn,$sql,array(),array("Scrollable"=>SQLSRV_
    CURSOR_KEYSET));
    $total = sqlsrv_num_rows($result);
    $page = isset($_GET['page'])?intval($_GET['page']):1;
                                    //获取地址栏中 page 的值，不存在，则设置为 1
    $num = 7;                                      //每页显示 7 条记录
    $url = 'reader_serv_main.php';
    $pagenum = ceil($total/$num);                  //页码计算，获得总页数（也是最后一页）
    $page = min($pagenum,$page);                   //获得首页
    $prepg = $page-1;                              //获得上一页
    $nextpg = ($page==$pagenum? 0: $page+1); //获得下一页
    $offset = ($page-1)*$num;                      //获取本页记录数的起始值
    //生成从第($offset+1)个记录开始的$num 个记录的 SQL 语句
    $new_sql = "SELECT TOP $num ReaderID, Name, Sex, CONVERT(char(20),Born,20)
    AS Born, Spec, Num FROM ($sql) AS Result1 WHERE ReaderID NOT IN (SELECT TOP
    $offset ReaderID FROM ($sql) AS Result2) ORDER BY ReaderID";
    @$new_result = sqlsrv_query($conn,$new_sql);
    echo "<table width=605 border=1 align=center cellpadding=0 cellspacing=0 class=font1>";
    echo "<tr bgcolor=#E9EDF5><th>借书证号</th>";
    echo "<th>姓名</th><th>性别</th>";
    echo "<th>出生时间</th><th>专业名</th>";
    echo "<th>借书量</th></tr>";
    if(@$new_row = sqlsrv_fetch_array($new_result)){      //查询结果不为空时，输出显示结果
        do{
            list($ReaderID,$Name,$Sex,$Born,$Spec,$Num) = $new_row;
            echo "<td>$ReaderID</td>";
            echo "<td>$Name</td>";
            if($Sex==1)
                echo "<td>男</td>";
            else
                echo "<td>女</td>";
            $timeTemp = strtotime($Born);      //将出生时间解析为 UNIX 时间戳
            $time = date("Y-n-j",$timeTemp);
                                  //用 date()函数将时间戳转换为“年-月-日”的形式
            echo "<td>$time</td>";                 //输出出生时间
            echo "<td>$Spec</td>";
            echo "<td>$Num</td>";
            echo "</tr>";
        }while($new_row = sqlsrv_fetch_array($new_result));
        echo "</table>";
```

```
        //开始分页导航条代码
        $pagenav="";
        if($prepg)
            $pagenav.="<a href='$url?page=$prepg'>上一页</a> ";
        for($i = 1; $i <= $pagenum; $i++){
            if($page == $i)
                $pagenav.=$i." ";
            else
                $pagenav.=" <a href='$url?page=$i'>$i</a> ";
        }
        if($nextpg)
            $pagenav.=" <a href='$url?page=$nextpg'>下一页</a>";
        $pagenav.="共(".$pagenum.")页";
        //输出分页导航
        echo "<br><div align=right><b>".$pagenav."</b></div>";
    }else{
        echo "</table>";
        echo "<center>无记录！</center>";
    }
?>
```

（4）show_picture.php 页面。

showpicture.php 文件通过接收借书证号值查找到读者的照片信息并显示。

代码如下：

```
<?php
    header('Content-type: image/jpg');                //输出 HTTP 头信息
    require "fun.php";
    //以 GET 方法从 reader_serv_main.php 页面下 img 控件的 src 属性中获取借书证号值
    $ReadNumber = $_GET['readerid'];
    //根据借书证号查找照片
    $sql = "SELECT Photo FROM TReader WHERE ReaderID='$ReadNumber'";
    $result = sqlsrv_query($conn,$sql);              //执行查询
    $row = sqlsrv_fetch_array($result);
    $image = base64_decode($row['Photo']);           //使用 base64_decode()函数解码
    echo $image;                                     //输出图片
?>
```

说明：

本程序插入图片的操作先通过 PHP 的 base64_encode()函数将图片文件编码后存入 SQL Server 数据库，在显示图片时，在 showpicture.php 文件中使用 base64_decode()函数将数据解码后显示。如果不是图片数据且不是通过base64_encode()函数编码而保存的，在显示时就不需要使用 base64_decode()函数解码。

至此，本系统预定设计的两个功能模块已经全部开发完成，读者可以根据需要对其他功能进行自行扩展。

实习 2　Java EE/SQL Server 2012 图书管理系统

本实习基于 Java EE（Struts 2）实现图书管理系统，Web 服务器使用 Tomcat 8.x，访问后台数据库 SQL Server 2012。系统同样包含“借书还书”和“读者管理”两大功能模块，读者可以在本系统的基础上进行相应的扩展，增加其他模块。在学习这部分内容前，首先需要掌握一定的 Java EE 开发的基础知识。

P2.1　开发环境的搭建

SQL Server 2012 数据库的安装和配置不再重复，这里只介绍如何搭建 Java EE 操作 SQL Server 2012 数据库的开发环境。

1．安装 JDK 8

在实习 1 里已安装过 JDK，这里设置环境变量以便后面使用。下面是具体设置方法。

1）打开“环境变量”对话框

右击桌面“计算机”图标，在弹出的快捷菜单中选择“属性”命令，单击“高级系统设置”链接，弹出“系统属性”对话框，单击“环境变量”按钮，弹出“环境变量”对话框，操作如图 P2.1 所示。

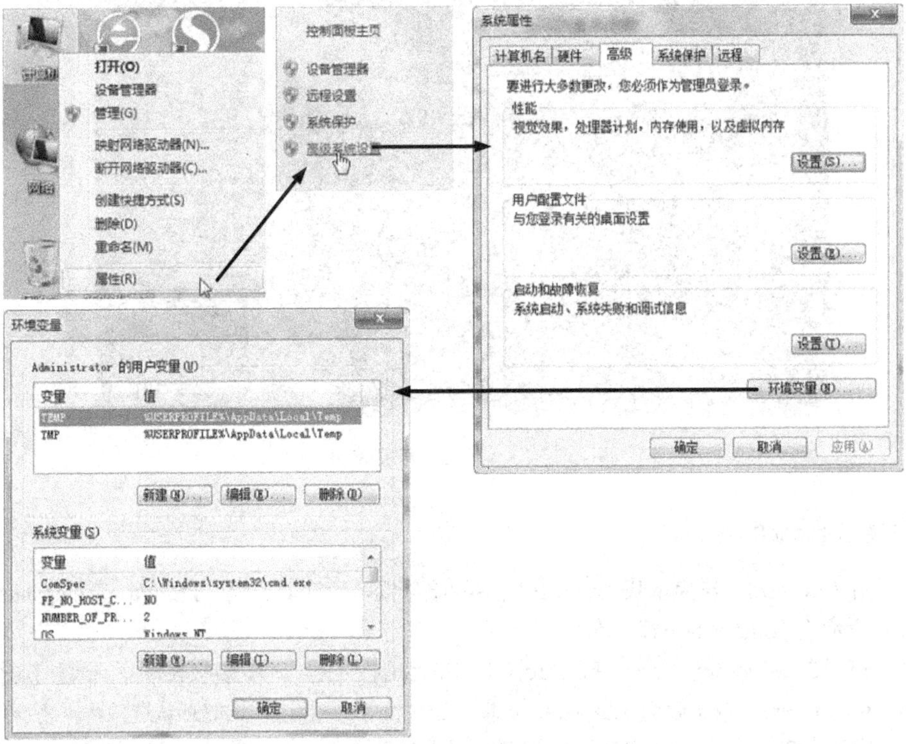

图 P2.1　打开“环境变量”对话框

2）新建系统变量 JAVA_HOME

在“系统变量”列表框中单击“新建”按钮，弹出“新建系统变量”对话框。在“变量名”文本框中输入“JAVA_HOME”，在“变量值”文本框中输入 JDK 安装路径“C:\Program Files\Java\jdk1.8.0_20”，如图 P2.2(a)所示，单击“确定”按钮。

3）设置系统变量 Path

在“系统变量”列表框中找到名为“Path”的变量，单击“编辑”按钮，弹出“编辑系统变量”对话框，在“变量值”字符串中加入路径“%JAVA_HOME%\bin”，如图 P2.2(b)所示，单击“确定”按钮。

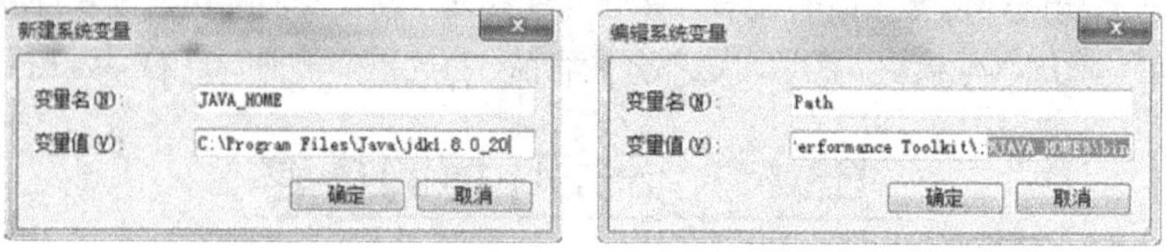

(a) 新建 JAVA_HOME 变量　　(b) 编辑 Path 变量

图 P2.2　设置环境变量

选择“开始”→“运行”命令，在弹出的“运行”对话框中输入“cmd”按 Enter 键，在命令行输入“java -version”，如果环境变量设置成功就会出现 Java 的版本信息，如图 P2.3 所示。

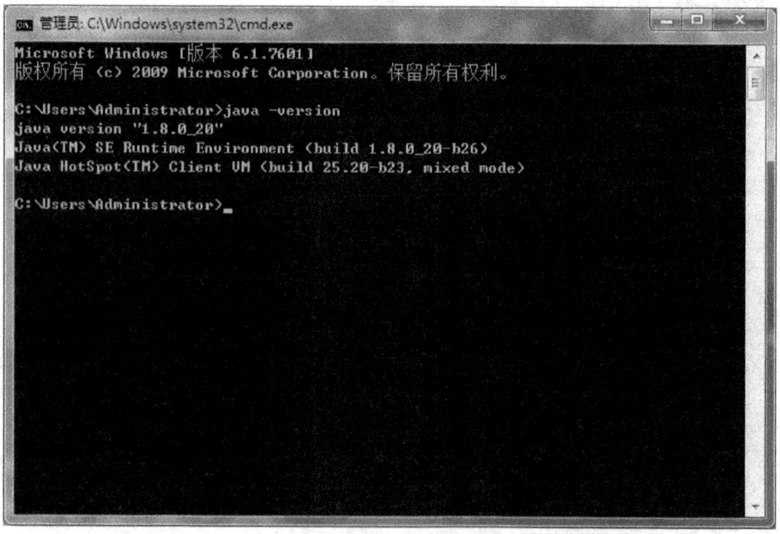

图 P2.3　JDK 8 安装成功

2. 安装 Tomcat 8

本书采用 Tomcat 8.x 作为承载 Java EE 应用的服务器，可在其官网（http://tomcat.apache.org/）下载，图 P2.4 所示为 Tomcat 的下载发布页。

其中 Core 下的 Windows Service Installer（手形鼠标所指）是一个安装版软件，下载并获得执行文件 apache-tomcat-8.0.14.exe，双击启动安装向导，如图 P2.5 所示，安装过程均取默认选项，不再详细说明。

安装完毕后，Tomcat 会自行启动，打开浏览器，输入“http://localhost:8080”并按 Enter 键进行测试，若呈现如图 P2.6 所示的页面，就表明安装成功。

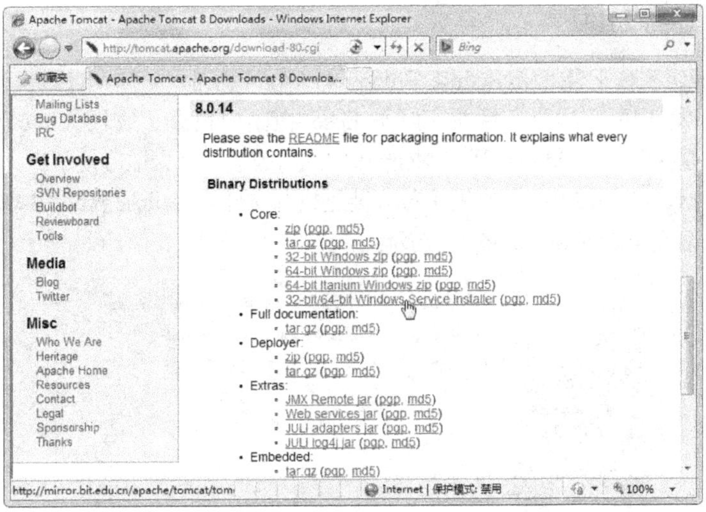

图 P2.4　Apache 官网上的 Tomcat 发布页

图 P2.5　Tomcat 8 安装向导

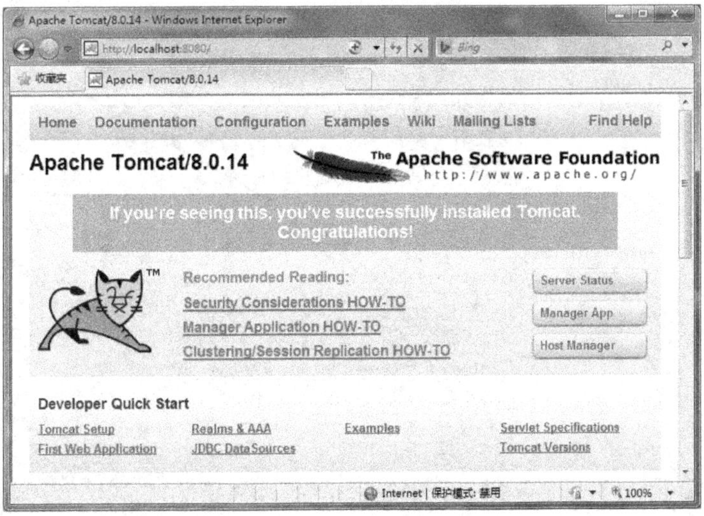

图 P2.6　Tomcat 8 安装成功

3．安装 MyEclipse 2014

MyEclipse 企业级工作平台（MyEclipse Enterprise Workbench，简称 MyEclipse）是一个功能强大的 Java EE集成开发环境（IDE）。目前，MyEclipse 在国内也有了官网（http://www.myeclipseide.cn/index.html），其提供中文 Windows 版 MyEclipse 的注册破解，极大地方便了广大 Java EE 初学者。本书使用最新版的 MyEclipse 2014，从官网下载安装包执行文件 myeclipse-pro-2014-GA-offline-installer-windows.exe，双击启动安装向导，如图 P2.7 所示。

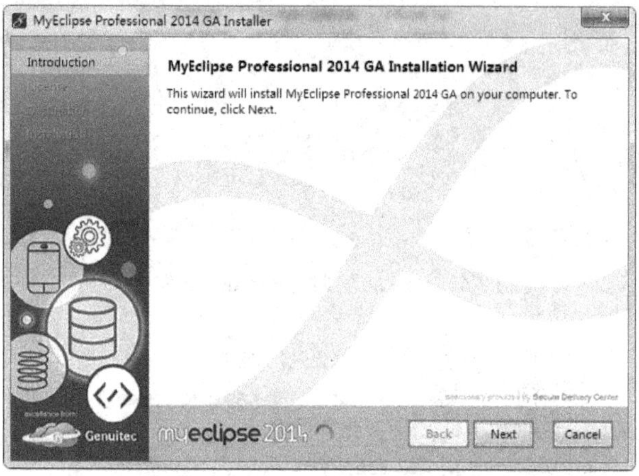

图 P2.7 MyEclipse 2014 安装向导

按照向导的指引进行操作，安装过程从略。安装完毕后，再从官网免费下载《MyEclipse 2014 激活教程》，请读者自己学习破解，破解注册完成后，即可无限期地使用 MyEclipse。

4．配置 MyEclipse 2014 所用的 JRE

在 MyEclipse 2014 中内嵌了 Java 编译器，但为了使用我们安装的 JDK，需要手动配置。启动 MyEclipse 2014，选择“Window”→“Preferences”命令，打开如图 P2.8 所示的“Preferences”窗口。

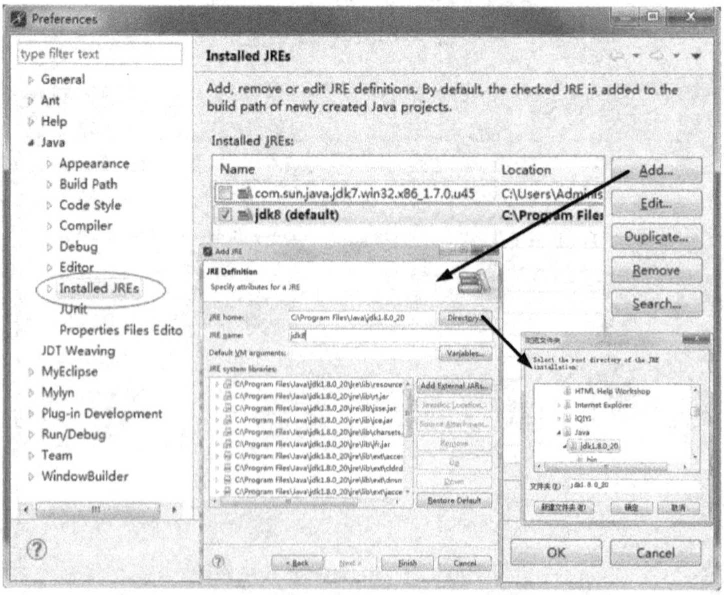

图 P2.8 MyEclipse 2014 的 JRE 配置

展开左边项目树中的“Java”→“Installed JREs”，单击“Add”按钮，添加自己安装的 JDK，并命名为 jdk8。

5．集成 MyEclipse 2014 与 Tomcat 8

启动 MyEclipse 2014，选择“Window”→“Preferences”命令，打开“Preferences”窗口展开左边项目树中“MyEclipse”→“Servers”→“Tomcat”→“Tomcat 8.x”，在右面激活 Tomcat 8.x，设置 Tomcat 的安装路径，如图 P2.9 所示。

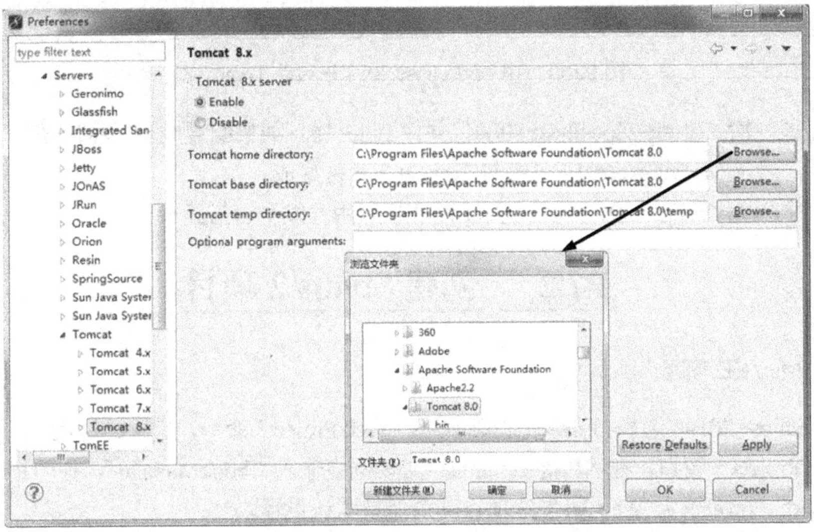

图 P2.9　MyEclipse 2014 的服务器配置

进一步展开项目树，选择“Tomcat 8.x”→“JDK”选项，将其设置为前面刚设置的名为 jdk8 的 Installed JRE（从下拉列表中选择），如图 P2.10 所示。

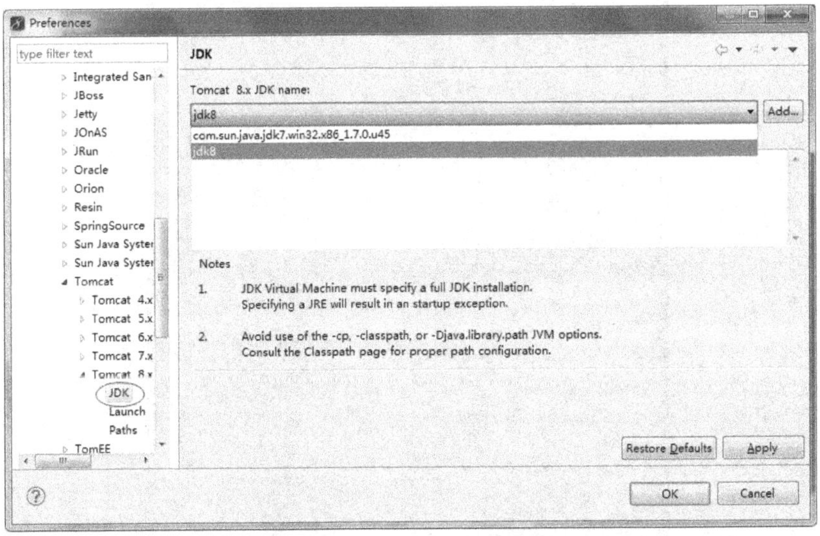

图 P2.10　配置 Tomcat 所使用的 JDK

在 MyEclipse 2014 工具栏中单击“Run/Stop/Restart MyEclipse Servers”复合按钮  右边的

下拉按钮，选择“Tomcat 8.x”→“Start”选项，主界面下方控制台区就会输出 Tomcat 的启动信息，如图 P2.11 所示，说明服务器已经开启。

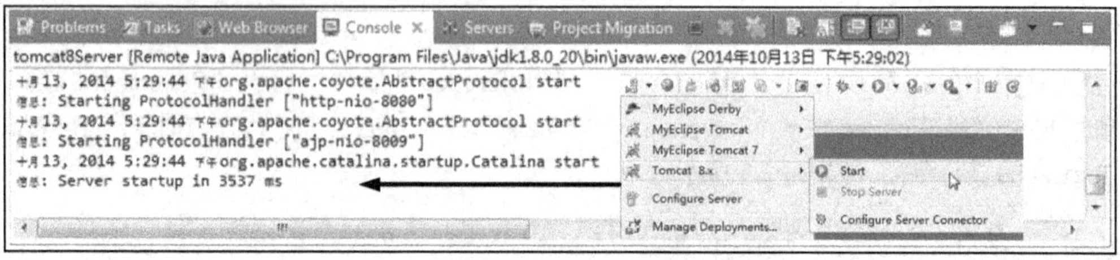

图 P2.11 由 MyEclipse 2014 来启动 Tomcat 8

打开浏览器，输入“http://localhost:8080”并按 Enter 键，如果配置成功，将出现与图 P2.6 一样的 Tomcat 8 首页，表示 MyEclipse 2014 已经与 Tomcat 8 紧密集成。

至此，一个以 MyEclipse 2014 为核心的 Java EE 应用开发平台搭建成功。

P2.2 创建 Struts 2 项目

1．新建 Java EE 项目

启动 MyEclipse 2014，选择“File”→“New”→“Web Project”命令，打开如图 P2.12 所示的“Create a Java EE Web Project”窗口，在“Project name”文本框中输入“bookManage”，在“Java EE version”下拉列表中选择“JavaEE 7 - Web 3.1”选项，其余保持默认设置。

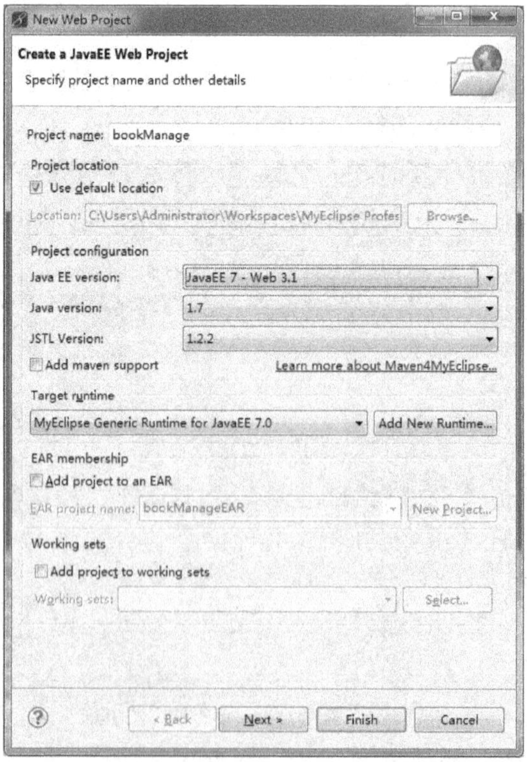

图 P2.12 “Create a Java EE Web Project”窗口

单击“Next”按钮，打开“Web Module”窗口，勾选“Generate web.xml deployment descriptor”复选框，单击“Next”按钮，如图 P2.13 所示，在打开的“Configure Project Libraries”窗口中勾选“JavaEE 7.0 Generic Library”复选框，同时取消勾选“JSTL 1.2.2 Library”，如图 P2.14 所示。

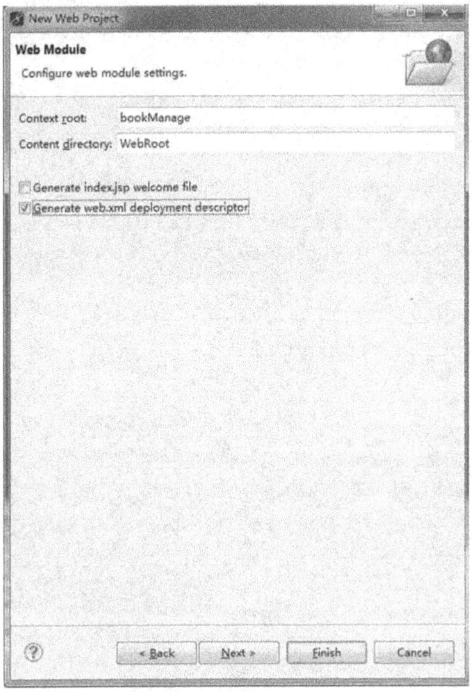

图 P2.13 “Web Module”窗口

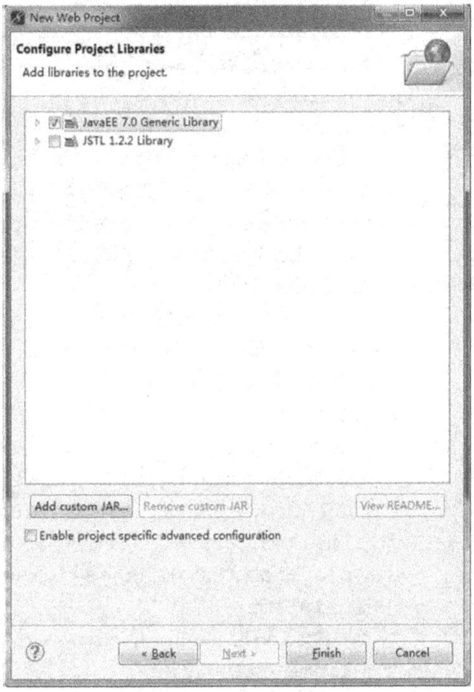

图 P2.14 “Configure Project Libraries”窗口

设置完成，单击“Finish”按钮，MyEclipse 会自动生成一个 Java EE 项目。

2. 加载 Struts 2 包

登录 http://struts.apache.org/，下载 Struts 2 完整版，本书使用的是 Struts 2.3.16.3。将下载的文件 struts-2.3.16.3-all.zip 解压缩，得到文件夹包含的目录结构，如图 P2.15 所示，这是一个典型的 Web 结构。

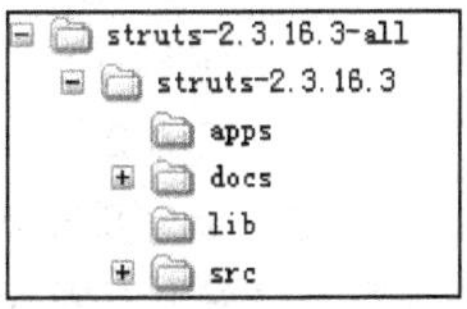

图 P2.15 Struts 2.3.16.3 目录

- apps：包含基于 Struts 2 的示例应用，对学习者来说是非常有用的资料。
- docs：包含 Struts 2 的相关文档，如 Struts 2 的快速入门、Struts 2 的 API 文档等内容。
- lib：包含 Struts 2 框架的核心类库及 Struts 2 的第三方插件类库。
- src：包含 Struts 2 框架的全部源代码。

大部分时候，使用 Struts 2 的 Java EE 应用并不需要用到 Struts 2 的全部特性，开发 Struts 2 程序只需用到 lib 下的 9 个 jar 包，具体如下。

（1）传统 Struts 2 的 5 个基本类库：struts2-core-2.3.16.3.jar；xwork-core-2.3.16.3.jar；ognl-3.0.6.jar；commons-logging-1.1.3.jar；freemarker-2.3.19.jar。

（2）附加的 4 个库：commons-io-2.2.jar；commons-lang3-3.1.jar；javassist-3.11.0.GA.jar；commons-fileupload-1.3.1.jar。

将它们一起复制到项目的\WebRoot\WEB-INF\lib 路径下，右击项目名，在弹出的快捷菜单中选择“Refresh”命令即可。

然后在 WebRoot/WEB-INF 目录下配置 web.xml 文件，代码如下。

```
<?xml version="1.0" encoding="UTF-8"?>
<web-app xmlns:xsi="http://www.w3.org/2001/XMLSchema-instance" xmlns="http://
xmlns.jcp.org/xml/ns/javaee"
xsi:schemaLocation="http://xmlns.jcp.org/xml/ns/javaee http://xmlns.jcp.org/
xml/ns/javaee/web-app_3_1.xsd" id=
"WebApp_ID" version="3.1">
  <filter>
     <filter-name>struts2</filter-name>
     <!-- 配置 Struts2 框架的核心 Filter-->
     <filter-class>org.apache.struts2.dispatcher.ng.filter.StrutsPrepareAndExe
     cuteFilter</filter-class>
     <init-param>
          <param-name>actionPackages</param-name>
          <param-value>com.mycompany.myapp.actions</param-value>
     </init-param>
  </filter>
  <filter-mapping>
     <filter-name>struts2</filter-name>
     <url-pattern>/*</url-pattern>
  </filter-mapping>
  <display-name>bookManage</display-name>
  <welcome-file-list>
     <welcome-file>head.jsp</welcome-file>
  </welcome-file-list>
</web-app>
```

3. 连接 SQL Server 2012

选择“Window”→“Open Perspective”→“MyEclipse Database Explorer”命令，打开 MyEclipse 2014 的 DB Browser（“数据库浏览器”模式），右击，在弹出的快捷菜单中选择“New”命令，打开如图 P2.16 所示的“New Database Connection Driver”窗口，在其中编辑数据库连接驱动。

完成后，在 DB Browser 中右击打开连接 sqlsrv，若能看到 MBOOK 数据库中的表，就说明 MyEclipse 2014 已成功地与 SQL Server 2012 相连了。

接着编写用于连接 SQL Server 2012 的 Java 类，在项目 src 中建立 org.jdbc 包，在该包下创建 DBConn.java，代码如下。

```
package org.jdbc;
import java.sql.*;
public class DBConn {
     private Connection conn = null;                         //Connection 对象（连接）
     public DBConn() {
          this.conn = this.getConnection();                  //获取数据库连接
     }
     public Connection getConnection() {                     //获取连接类
          try {
               /** 加载并注册 SQL Server 2012 的 JDBC 驱动 */
               Class.forName("com.microsoft.sqlserver.jdbc.SQLServerDriver");
               /**编写连接字符串，创建并获取连接*/
               conn = DriverManager.getConnection("jdbc:sqlserver://localhost:
```

```
            1433;databaseName=MBOOK","sa","123456");
        } catch (Exception e) {
            e.printStackTrace();
        }
        return conn;
    }
    public Connection getConn() { return conn; } //返回一个 Connection
}
```

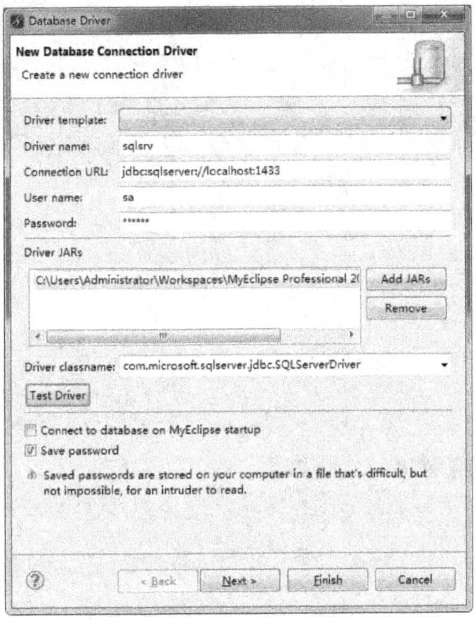

图 P2.16　配置 SQL Server 2012 驱动

为了能用 Java 面向对象方式操作数据库，要预先创建“读者”、“图书”和“借阅”的值对象，它们位于 src 中的 org.vo 包中。其中，Reader.java 构建“读者”的值对象，代码如下。

```
package org.vo;
import java.util.Date;
public class Reader implements java.io.Serializable {
    private String readerID;                         //借书证号
    private String name;                             //姓名
    private byte sex;                                //性别
    private Date born;                               //出生时间
    private String spec;                             //专业
    private int num;                                 //借书量
    private byte[] photo;                            //照片、字节数组

    //上面各属性的 get()和 set()方法
    public String getReaderID() {                        //获取借书证号的值
        return this.readerID;
    }
    public void setReaderID(String readerID) {           //给借书证号赋值
        this.readerID = readerID;
    }
    ...
}
```

> **说明：**
>
> Reader.java 文件中只列出变量 readerID 的 get 和 set 方法，其余变量的 get 和 set 方法与其类似，更详细的代码请参考本书附带的源代码。

Book.java 构建“图书”的值对象，代码如下。

```
package org.vo;
public class Book {
    private String isbn;                    //ISBN
    private String bookName;                //书名
    private String author;                  //作者
    private String publisher;               //出版社
    private float price;                    //价格
    private int cnum;                       //复本量
    private int snum;                       //库存量
    private String summary;                 //内容提要
    private byte[] photo;                   //封面照片

    //上面各属性的get()和set()方法
    ……
}
```

Lend.java 构建“借阅”的值对象，代码如下。

```
package org.vo;
import java.util.*;
public class Lend {
    private String bookID;                  //索书号
    private String readerID;                //借书证号
    private String isbn;                    //ISBN
    private Date ltime;                     //借书时间
    private String bookName;                //书名
    private String publisher;               //出版社
    private float price;                    //价格

    //上面各属性的get 和 set 方法
    ……
}
```

> **说明：**
>
> Book.java 和 Lend.java 文件中的 get 和 set 方法与 Reader.java 中的书写格式一样，请读者参考本书附带的源代码，这里省略。

P2.3　模块 1：借书还书

1．创建 JSP 页面

在 WebRoot 目录下建立下面两个 JSP 文件，其中 head.jsp 文件用于布局窗体的头部，lendBook.jsp 页面用于实现借阅信息查询和借还书的功能。这两个页面需要使用图片资源，在项目 WebRoot 目录下创建一个 images 文件夹，将事先准备好的图片复制到该文件夹中，右击，在弹出的快捷菜单选择“Refresh”命令刷新项目。

（1）head.jsp 代码如下：

```
<%@ page language="java" pageEncoding="utf-8"%>
<html>
<head>
<title>图书管理系统</title>
</head>
<body bgcolor="#FFFFFF" leftmargin="0" topmargin="0" marginwidth="0" marginheight="0">
<!-- Save for Web Slices (图书管理系统.jpg) -->
<table id="__01" width="824" height="112" border="0" cellpadding="0" cellspacing=
"0" align="center">
    <tr>
        <td rowspan="2">
            <img src="images/师教网络服务平台.gif" width="268" height="112" alt=""></td>
        <td colspan="7">
            <img src="images/图书管理系统.gif" width="556" height="77" alt=""></td>
    </tr>
    <tr>
        <td>
            <img src="images/图书查询.gif" width="79" height="35" alt=""></td>
        <td>
            <img src="images/借书查询.gif" width="75" height="35" alt=""></td>
        <!-- 单击触发操作，style="cursor:hand"表示当鼠标指针移动到该图片时，鼠标指针变
        成手状，下同 -->
        <td>
            <img src="images/借书还书.gif" width="74" height="35" alt="" onclick=
                "location.href= 'lendBook.jsp'" style="cursor:hand"></td>
        <td>
            <img src="images/读者管理.gif" width="74" height="35" alt="" onclick=
                "location.href= 'browseReader.jsp'" style="cursor:hand"></td>
        <td>
            <img src="images/图书管理.gif" width="72" height="35" alt=""></td>
        <td>
            <img src="images/关于.gif" width="71" height="35" alt=""></td>
        <td>
            <img src="images/背景.gif" width="111" height="35" alt=""></td>
    </tr>
</table>
<!-- End Save for Web Slices -->
</body>
</html>
```

系统主页头部的执行效果如图 P2.17 所示。

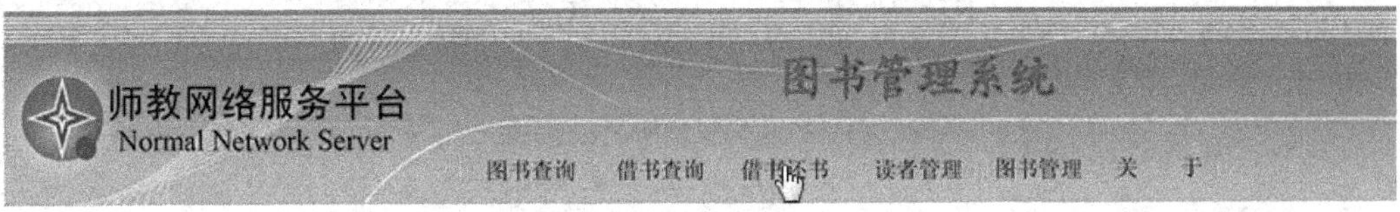

图 P2.17 “图书管理系统”主页头部

说明：

该页面使用了两个超链接图片，单击“借书还书”图片链接到 lendBook.jsp 页，进入“借书还书”功能页面；单击“读者管理”图片链接到 browseReader.jsp 页（该 JSP 页的代码实现将在后面“P2.4 模块 2：读者管理”部分给出），进入“读者管理”功能页面。

（2）lendBook.jsp 代码如下：

```
<%@ page language="java" pageEncoding="utf-8"%>
<%@ taglib uri="/struts-tags" prefix="s"%>
<html>
<head>
    <title>借书还书</title>
    <style>.font1{font-size:13px;}</style>
</head>
<body>
<table bgcolor=#71CABF align="center" class="font1">
    <tr>
        <td colspan="2"><jsp:include page="head.jsp"/></td>
    </tr>
    <tr>
        <s:form theme="simple" action="lend" method="post" validate="true">
        <td>
            <table border="1" width="190" cellspacing=1 class="font1">
                <tr bgcolor="#E9EDF5"><td>内容选择</td></tr>
                <tr>
                    <td align="left" valign="top" height="466">
                        <table align="center" class="font1">
                            <tr><td align="center"><br>图书信息<br></td></tr>
                            <tr><td>I S B N <input name="lend.
                                isbn" type= "text" size="15"></td></tr>
                            <tr><td>索书号 <input name="lend.bookID" type=
                                "text" size= "15"></td></tr>
                            <tr><td align="center"><s:submit value="借书" method=
                                "lendBook"/> </td></tr>
                            <tr><td align="center"><s:submit value="还书"
                                method="returnBook"/> </td></tr>
                        </table>
                    </td>
                </tr>
            </table>
        </td>
        </s:form>
        <td>
            <table border="1" width="622" cellspacing="1" class="font1" valign="top">
                <tr bgcolor="#E9EDF5">
                    <td>
                        <table border="1" width="622" cellspacing="1" class="font1">
                            <tr bgcolor="#E9EDF5">
                                <s:form theme="simple" action="search" method=
                                "post" validate="true">
```

```
                    <td>
                        借书证号<input type="text" name="lend.
                        readerID"/><input type="submit" value="查询"/>
                    </td>
                    </s:form>
                </tr>
            </table>
        </td>
    </tr>
    <tr>
        <td height="450" valign="top">
            <table border="1" width="622" cellspacing="1" class="font1">
                <tr bgcolor="#E9EDF5">
                    <td align="center">借书证号</td>
                    <td align="center">索书号</td>
                    <td align="center">ISBN</td>
                    <td align="center">书名</td>
                    <td align="center">出版社</td>
                    <td align="center">价格</td>
                    <td align="center">借书时间</td>
                </tr>
                <s:iterator value="#request.lendList" id="xs1">
                <tr>
                    <td><s:property value="#xs1.readerID"/></td>
                    <td><s:property value="#xs1.bookID"/></td>
                    <td><s:property value="#xs1.isbn"/></td>
                    <td><s:property value="#xs1.bookName"/></td>
                    <td><s:property value="#xs1.publisher"/></td>
                    <td><s:property value="#xs1.price"/></td>
                    <td><s:property value="#xs1.ltime"/></td>
                </tr>
                </s:iterator>
                <s:set name="pager" value="#request.pager"/>
                <s:if test="#pager.hasFirst">
                    <a href="lendBookPaging.action?currentPage=1&lend.
                    readerID= <s:property value="#request.readerId"/
                    >">首页</a>
                </s:if>
                <s:if test="#pager.hasPrevious">
                    <a href="lendBookPaging.action?currentPage=
                    <s:property value="#pager.currentPage-1"/>
                    &lend.readerID=<s:property value="#request.
                    readerId"/>">上一页</a>
                </s:if>
                <s:if test="#pager.hasNext">
                    <a href="lendBookPaging.action?currentPage=<s:
                    property value= "#pager.currentPage+1"/>&lend.
                    readerID=<s:property value=
                    "#request.readerId"/>">下一页</a>
                </s:if>
                <s:if test="#pager.hasLast">
```

```
                                        <a href="lendBookPaging.action?currentPage=
                                        <s:property value="#pager.totalPage"/>&lend.
                                        readerID=<s:property value="#request.
                                        readerId"/>">尾页</a>
                                    </s:if>
                                    当前第<s:property value="#pager.currentPage"/>页,总
                                    共<s:property value="#pager.totalPage"/>页
                                </table>
                            </td>
                        </tr>
                    </table>
                </td>
            </tr>
            <tr>
                <td colspan="2" align="center">
                    南京师范大学：南京市宁海路 122 号  邮编：210097<br>
                    师教教育研究中心版权所有 2010-2015
                </td>
            </tr>
        </table>
        </body>
        </html>
```

说明：

该页面根据读者的借书证号将读者已借阅图书查询出来，并根据 ISBN 和索书号借阅图书，用索书号还书。

（3）创建页面类，实现分页查询。

读者的图书借阅查询使用了分页技术。在 src 下建立 org.util 包，在该包下建立 Pager.java，用于分页查询，代码如下：

```
package org.util;
public class Pager {
    private int currentPage;                           //当前页数
    private int pageSize = 8;                          //每页显示多少条记录
    private int totalPage;                             //共有多少页
    private int totalSize;                             //一共有多少记录
    private boolean hasFirst;                          //是否有首页
    private boolean hasPrevious;                       //是否有前一页
    private boolean hasNext;                           //是否有下一页
    private boolean hasLast;                           //是否有最后一页
    public Pager(int currentPage,int totalSize){
        this.currentPage = currentPage;                //利用构造方法为变量赋值
        this.totalSize = totalSize;
    }
    public int getCurrentPage() {
        return currentPage;
    }
    public void setCurrentPage(int currentPage) {
        this.currentPage = currentPage;
```

```
    }
    public int getPageSize() {
        return pageSize;
    }
    public void setPageSize(int pageSize) {
        this.pageSize = pageSize;
    }
    public int getTotalPage() {
        totalPage = getTotalSize()/getPageSize();          //一共有多少页的算法
        if(totalSize%pageSize!=0)
            totalPage++;
        return totalPage;
    }
    public void setTotalPage(int totalPage) {
        this.totalPage = totalPage;
    }
    public int getTotalSize() {
        return totalSize;
    }
    public void setTotalSize(int totalSize) {
        this.totalSize = totalSize;
    }
    public boolean isHasFirst() {
        if(currentPage == 1)                              //如果当前为第一页,就没有首页
            return false;
        else return true;
    }
    public void setHasFirst(boolean hasFirst) {
        this.hasFirst = hasFirst;
    }
    public boolean isHasPrevious() {
        if(this.isHasFirst())          //如果有首页就有前一页，因为有首页就不是第一页
            return true;
        else return false;
    }
    public void setHasPrevious(boolean hasPrevious) {
        this.hasPrevious = hasPrevious;
    }
    public boolean isHasNext() {
        if(isHasLast())                //如果有尾页就有下一页，因为有尾页表明不是最后一页
            return true;
        else return false;
    }
    public void setHasNext(boolean hasNext) {
        this.hasNext = hasNext;
    }
    public boolean isHasLast() {
        if(currentPage == this.getTotalPage())     //如果不是最后一页就有尾页
            return false;
        else return true;
    }
```

```
    public void setHasLast(boolean hasLast) {
        this.hasLast = hasLast;
    }
}
```

2. 实现控制器

在 src 中创建 org.action 包，在该包下创建 LendAction.java，源程序如下：

```
package org.action;
import org.jdbc.*;
import org.vo.*;                                        //引入值对象
import org.util.Pager;                                  //引入分页类
import java.util.*;
import java.sql.*;
import java.io.File;                                    //引入文件类
import java.io.FileInputStream;                         //引入文件输入流类
import com.opensymphony.xwork2.*;                       //引入 Struts 2 的 xwork 库
import org.apache.struts2.ServletActionContext;
import javax.servlet.*;                                 //引入 servlet 库
import javax.servlet.http.*;
public class LendAction extends ActionSupport {
    private Reader reader;
    private Lend lend;
    private String readerID;
    private int currentPage = 1;                        //设置当前页是第一页
    private List<Lend> lendList;                        //定义 List 引用
    public Lend getLend() { return lend; }
    public void setLend(Lend lend) { this.lend = lend; }
    public int getCurrentPage() { return currentPage; }
    public void setCurrentPage(int currentPage) { this.currentPage = currentPage; }
    public Reader getReader() { return reader; }
    public void setReader(Reader reader) { this.reader = reader; }
    private List readerList;
    public String lendBookPaging() throws Exception {    /*分页查询所借图书 */
        LendJdbc lendJ = new LendJdbc();
        int totalSize = lendJ.getTotal(lend.getReaderID());//该读者已借阅图书总数
        Pager pager = new Pager(currentPage, totalSize);  //创建分页类
        int s = pager.getPageSize()*(currentPage-1);      //当前的记录行数
        try {
            lendList = lendJ.showBook(pager.getPageSize(),s,lend.getReaderID());
        } catch (SQLException e) {
            e.printStackTrace();
        }
        Map request = (Map)ActionContext.getContext().get("request"); //创建 Map 对象
        request.put("lendList", lendList);          //将查询的借阅信息放到 Map 容器中
        request.put("pager",pager);
        request.put("readerId", lend.getReaderID());
        Map session = (Map)ActionContext.getContext().getSession();
        session.put("lend.readerID", lend.getReaderID());//保存读者的借书证号
        return SUCCESS;
    }
```

```
    /*借阅图书 */
    public String lendBook() throws Exception{
        Map session = (Map)ActionContext.getContext().getSession();
        String str = (String)session.get("lend.readerID"); //获取读者的借书证号
        LendJdbc lendJ = new LendJdbc();
        /*开始收集数据*/
        lend.setBookID(lend.getBookID());
        lend.setIsbn(lend.getIsbn());
        lend.setReaderID(str);
        lendJ.addBook(lend);                        //用 addBook 方法实现借书功能
        return SUCCESS;
    }

    /*归还图书*/
    public String returnBook() throws Exception{
        LendJdbc lendJ = new LendJdbc();
        lendJ.delBook(lend.getBookID());            //用 delBook 方法实现还书功能
        return SUCCESS;
    }
}
```

说明:

当用户单击页面上不同的按钮（“借书”或“还书”）时，Struts 2 框架会根据请求的不同，分别执行 Action 中不同的方法（lendBook 或 returnBook 方法），将表单中提交的数据收集起来传给业务逻辑类。

3. 实现业务逻辑

在 org.jdbc 包中创建 LendJdbc 类，该类用于实现“查询借阅信息”、“借书”和“还书”的业务逻辑，并且直接对数据库进行操作。

LendJdbc.java 代码如下:

```
package org.jdbc;
import java.sql.*;
import java.util.*;
import org.vo.*;                                            //引入值对象
public class LendJdbc {
    private Connection conn = null;                         //连接对象
    private PreparedStatement psmt = null;                  //SQL 语句对象
    private ResultSet rs = null;                            //结果集
    private String sql1,sql2;
    public LendJdbc() {}
    public Connection getConn() {                           //获取连接对象
        try {
            if (this.conn == null || this.conn.isClosed()) {
                DBConn mc = new DBConn();
                this.conn = mc.getConn();                   //获取数据库连接
            }
        } catch (SQLException e) {
            e.printStackTrace();
```

```
        }
        return conn;                          //返回连接对象
    }

    /*获取总的记录数*/
    public int getTotal(String readerID) throws SQLException {
        if(readerID.isEmpty()) {              //不输借书证号时默认获取系统全部借阅记录数
            sql1 = "SELECT COUNT(*) FROM rbl";
        } else {                              //获取该借书证号对应读者的借阅记录数
            sql1 = "SELECT COUNT(*) FROM rbl WHERE rbl.readerID="+readerID;
        }
        Statement stmt = null;                //初始化
        ResultSet rs = null;
        int a = 0;
        try {
            stmt = this.getConn().createStatement();
            rs = stmt.executeQuery(sql1);//执行查询
            if(rs.next()) {
                a = rs.getInt(1);             //获取记录数
            }
        } catch (Exception e) {
            e.toString();
        }
        return a;                             //返回结果
    }

    /*查询读者的借阅信息*/
    public List showBook(int num,int topsize,String readerID) throws SQLException {
        int a = num;                          //每页显示的记录数
        int b = topsize;                      //当前的记录行数
        if(readerID.isEmpty()) {              //不输借书证号时默认查询系统全部的借阅记录
            sql2 = "SELECT TOP ("+a+") * FROM rbl WHERE BookID NOT IN(SELECT TOP("+b+")
            BookID FROM rbl) ORDER BY BookID";
        } else {                              //查询该借书证号所对应读者的借阅记录
            sql2 = "SELECT TOP ("+a+") * FROM rbl WHERE ReaderID="+readerID+" AND BookID not
            in(SELECT TOP("+b+") BookID FROM rbl WHERE ReaderID="+readerID+")";
        }
        //创建一个 ArrayList 容器，将从数据库中查询的读者信息存放在容器中
        List lendList = new ArrayList();
        try {
            psmt = this.getConn().prepareStatement(sql2);
            rs = psmt.executeQuery();                 //执行查询
            while (rs.next()) {
                Lend lend = new Lend();               //每个 Lend 对象中存放一条借阅记录
                /* 开始保存借阅记录各字段的数据*/
                lend.setReaderID(rs.getString("readerID"));
                lend.setBookID(rs.getString("bookID"));
                lend.setIsbn(rs.getString("isbn"));
                lend.setBookName(rs.getString("bookName"));
                lend.setPublisher(rs.getString("publisher"));
                lend.setPrice(rs.getFloat("price"));
                lend.setLtime(rs.getDate("ltime"));
                lendList.add(lend);               //添加到容器中
```

```
        }
        return lendList;                    //返回记录 List
    } catch (Exception e) {
        e.printStackTrace();
    } finally {
        ……      //关闭 Connection、PreparedStatement 和 ResultSet 对象，略，详
                见本书附带的源代码
    }
    return lendList;
}

/*添加借阅信息（借书功能实现）*/
public Lend addBook(Lend lend) {
    CallableStatement stmt = null;
    try {
        conn = this.getConn();
        stmt = conn.prepareCall("{CALL book_borrow(?,?,?,?)}");
                                                //为调用存储过程准备
        stmt.setString(1, lend.getReaderID());  //输入存储过程的第 1 个参数
        stmt.setString(2, lend.getIsbn());      //输入存储过程的第 2 个参数
        stmt.setString(3, lend.getBookID());    //输入存储过程的第 3 个参数
        stmt.registerOutParameter(4, Types.CHAR,1);  //登记输出参数
        stmt.executeUpdate();           //调用 book_borrow 存储过程，执行语句
        String str = stmt.getString(4);         //获取输出参数值
        System.out.println(str);                //在控制台输出参数信息
    } catch (Exception e) {
        e.printStackTrace();
    } finally {
        …… //关闭 Connection、PreparedStatement 对象，略，详见本书附带的源代码
    }
    return lend;
}

/* 删除借阅信息（还书功能实现）*/
public void delBook(String bookID) throws Exception {
    String sql = "DELETE FROM TLend WHERE BookID="+bookID;//删除对应索书号的记录
    //查询该索书号的借阅记录是否存在
    String sql2 = "SELECT COUNT(*) FROM TLend WHERE BookID="+bookID;
    Statement stmt = null;                      //初始化
    ResultSet rs = null;
    int a = 0;
    stmt = this.getConn().createStatement();    //获取 Statement 对象
    rs = stmt.executeQuery(sql2);               //执行查询语句
    if(rs.next()) {                             //返回结果集不为空
        a = rs.getInt(1);
    }
    if (a != 0) {                               //存在该索书号的记录
        try {
            psmt = this.getConn().prepareStatement(sql);
            psmt.execute();                     //执行删除语句
        } catch (Exception e) {
            e.printStackTrace();
        } finally {
```

```
                ...... //关闭Connection、PreparedStatement对象，略，详见本书附带的源代码
            }
        } else {
            System.out.println("该索书号不存在！");
        }
    }
}
```

4．配置 struts.xml

Struts 2 框架的核心配置文件就是 struts.xml，该文件主要负责管理 Struts 2 框架的业务控制器 Action。Struts 2 框架自动加载该文件。

在 src 目录中创建 struts.xml 文件，并加入下面的代码。

```
<?xml version="1.0" encoding="utf-8"?>
<!DOCTYPE struts PUBLIC
   "-//Apache Software Foundation//DTD Struts Configuration 2.0//EN"
   "http://struts.apache.org/dtds/struts-2.0.dtd">
<struts>
    <package name="default" extends="struts-default">
        <!-- 查询全部的借阅信息 -->
        <actionname="lendBookPaging"class="org.action.LendAction"method="lendBookPaging">
            <result name="success">/lendBook.jsp</result>
            <result name="input">/lendBook.jsp</result>
        </action>
        <!--查询某一个读者的借阅信息-->
        <action name="search" class="org.action.LendAction" method="lendBookPaging">
            <result name="success">/lendBook.jsp</result>
            <result name="input">/lendBook.jsp</result>
        </action>
        <!-- 借书和还书 -->
        <action name="lend" class="org.action.LendAction">
            <result name="success">/lendBook.jsp</result>
            <result name="input">/lendBook.jsp</result>
        </action>
    </package>
    <constant name="struts.multipart.saveDir" value="/tmp"></constant>
    <!-- 设置动态方法调用 -->
    <constant name="struts.enable.DynamicMethodInvocation" value="true" />
</struts>
```

说明：

当浏览者进行翻页查询时，实际上客户端发出了 lendBookPaging.action 请求调用 lendBookPaging 方法；当客户端发出 search.action 请求时，Struts 2 框架根据配置文件调用 org.action.LendAction 类的 lendBookPaging 方法将该读者已借阅的图书查询出来；当客户端发出 lend.actionURL 请求时，因配置文件中设置常量 struts.enable.DynamicMethodInvocation 值为 true，Struts 2 框架就能根据页面上用户所单击按钮的 method 属性自动地“识别”出应该调用 org.action.LendAction 类中的哪一个方法：当读者单击“借书”按钮时调用 lendBook 方法借阅图书，若单击的是“还书”按钮，则调用 returnBook 方法归还图书。

5. 部署运行

完成了上面的步骤之后，项目即可部署运行。单击 MyEclipse 2014 工具栏上的“部署”按钮，弹出“Project Deployments”对话框，如图 P2.18 所示。单击“Add”按钮，打开“New Deployment”窗口，加载 Tomcat 8.x 服务器，单击“Finish”按钮，返回“Project Deployments”对话框，单击“OK”按钮，项目部署完成。

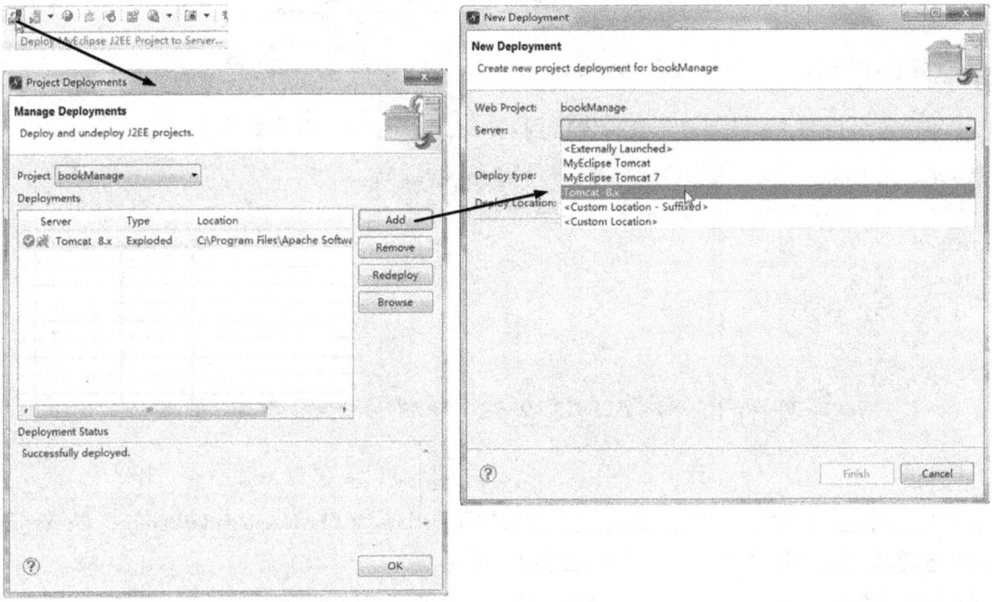

图 P2.18　部署 Struts 2 项目

项目部署完成之后即可运行。打开浏览器，在地址栏中输入“http://localhost:8080/bookManage/”，单击页头部“借书还书”链接，打开如图 P2.19 所示的借还书功能页，在该页右部框架上方的文本框中输入“131101”，单击“查询”按钮，则借书证号为“131101”的读者的借阅信息就会显示出来。

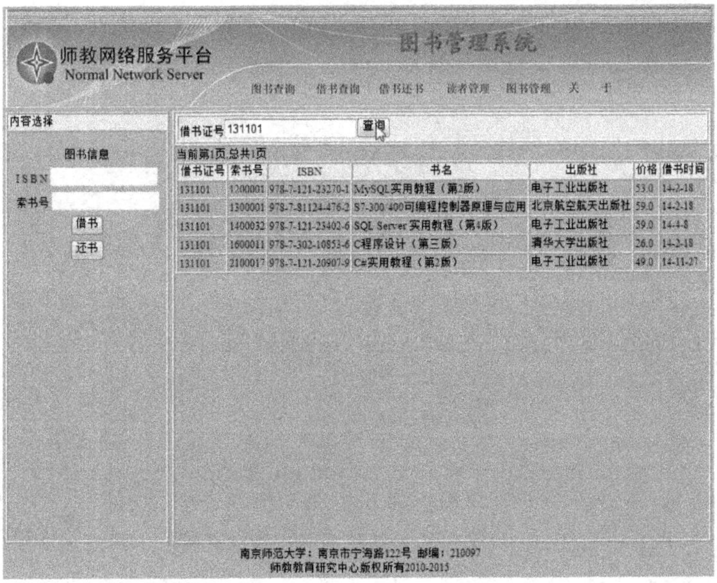

图 P2.19　读者借阅信息查询

若该读者还要借阅新书，则在页左部框架“图书信息”表单中输入要借的书的“ISBN”和“索书号”，单击“借书”按钮，程序会调用book_borrow存储过程，根据该读者的“借书证号”及他所输入的“ISBN”和“索书号”执行SQL语句，并于控制台输出返回信息；若要还书，只需输入相应图书借阅记录的“索书号”，单击“还书”按钮即可。

P2.4 模块2：读者管理

1. 创建JSP页面

（1）单击主页头部“读者管理”图片链接到browseReader.jsp，代码如下。

```
<%@ page language="java" pageEncoding="utf-8"%>
<%@ taglib prefix="s" uri="/struts-tags" %>
<html>
<head>
    <title>读者管理</title>
</head>
<body>
    <s:action name="browseReaderPaging" executeResult="true"/>
</body>
</html>
```

该页用于浏览全部读者信息的列表，其上仅部署了一个名为“browseReaderPaging”的Action，触发该Action将跳转到“读者管理”功能页readerManage.jsp。

（2）readerManage.jsp是实现“读者管理”功能的页面，代码如下。

```
<%@ page language="java" pageEncoding="utf-8"%>
<%@ taglib uri="/struts-tags" prefix="s"%>
<html>
<head>
    <title>读者管理</title>
    <style>.font1{font-size:13px;}</style>
    <script type="text/javascript" src="images/calendar.js"></script>
</head>
<body>
<s:set name="xs" value="#request.reader1"/>
<table bgcolor=#71CABF align="center" class="font1">
    <tr>
        <td colspan="2"><jsp:include page="head.jsp"/></td>
    </tr>
    <tr>
        <s:form theme="simple" action="reader" method="post" enctype="multipart/
        form-data" validate="true">
        <td>
            <table border="1" width="200" cellspacing=1 class="font1">
                <tr bgcolor="#E9EDF5"><td>功能选择</td></tr>
                <tr>
                    <td align="center" valign="top" height="402">
                        <br><br><br>
                        <s:submit value="读者追加" method="addReader"/><br><br>
```

```
                    <s:submit value="读者删除" method="deleteReader"/><br><br>
                    <s:submit value="读者修改" method="updateReader"/><br><br>
                    <s:submit value="读者查询" method="selectReader"/>
                </td>
            </tr>
        </table>
    </td>
    <td>
        <table border="1" width="599" cellspacing="1" class="font1" valign="top">
            <tr bgcolor="#E9EDF5"><td>读者信息</td></tr>
            <tr>
                <td height="200" valign="top">
                    <table class="font1" border=0>
                        <tr>
                            <td width="100">借书证号</td>
                            <td><input type="text" name="reader.ReaderID"
                            value="<s:propertyvalue="#xs.ReaderID"/>"/></td>
                        </tr>
                        <tr>
                            <td width="100">姓名</td>
                            <td><input type="text" name="reader.name" value=
                            "<s:property value="#xs.name"/>"/></td>
                            <td></td>
                            <td rowspan="4" align="center">
                                <img id="image" src="getImage.action?reader.
                                ReaderID= <s:property value="#xs.ReaderID"/>"
                                width="100" height="120">
                            </td>
                        </tr>
                        <tr>
                            <td width="100">专业名</td>
                            <td>
                                <input type="text" name="reader.spec" value=
                                "<s:property value="#xs.spec"/>"/>
                            </td>
                        </tr>
                        <tr>
                            <td width="100">性别</td>
                            <td>
                                <s:radio list="#{1:'男',0:'女'}" value=
                                "#xs.sex" label="性别" name="reader.sex"/>
                            </td>
                        </tr>
                        <tr>
                            <td width="100">出生时间</td>
                            <!-- 调用 JS 写的时间控件，非常方便时间的选择，而且输
                            入框设置为只读，防止输入错误的格式 -->
                            <td>
                                <input type="text" name="reader.born" onclick=
                                "calendar();" readonly="true" value="<s:
                                date name="#xs.born" format= "yyyy-MM-dd"/>"/>
```

```
                    </td>
                </tr>
                <tr>
                    <td width="100">借书量</td>
                    <td>
                        <input type="text" name="reader.num" readonly=
                        "true"value="<s:property value="#xs.num"/>"/>
                    </td>
                    <td>照片路径</td>
                    <td width="100">
                        <s:file name="zpfile" accept="image/*" onchange=
                        "document.all['image'].src=this.value;"/>
                    </td>
                </tr>
            </table>
        </td>
    </tr>
    <tr>
        <td height="200" valign="top">
            <table border="1" width="599" cellspacing="1" class="font1">
                <tr bgcolor="#E9EDF5">
                    <td align="center">借书证号</td>
                    <td align="center">姓名</td>
                    <td align="center">专业名</td>
                    <td align="center">性别</td>
                    <td align="center">出生时间</td>
                    <td align="center">借书量</td>
                </tr>
                <s:iterator value="#request.readerList" id="xs1">
                <tr>
                    <td>
                        <a href="selectReader.action?reader.readerID=
                        <s:property value="#xs1.readerID"/>">
                            <s:property value="#xs1.readerID"/>
                        </a>
                    </td>
                    <td><s:property value="#xs1.name"/></td>
                    <td><s:property value="#xs1.spec"/></td>
                    <td>
                        <s:if test="#xs1.sex==1">男</s:if>
                        <s:else>女</s:else>
                    </td>
                    <td><s:date name="#xs1.born" format="yyyy-MM-dd"/></td>
                    <td><s:property value="#xs1.num"/></td>
                </tr>
                </s:iterator>
                <s:set name="pager" value="#request.pager"/>
                <s:if test="#pager.hasFirst">
                    <a href="browseReaderPaging.action?
                    currentPage=1">首页</a>
                </s:if>
```

```
                                    <s:if test="#pager.hasPrevious">
                                        <a href="browseReaderPaging.action?
                                        currentPage=<s:property
                                        value="#pager.currentPage-1"/>">上一页</a>
                                    </s:if>
                                    <s:if test="#pager.hasNext">
                                        <a href="browseReaderPaging.action?
                                        currentPage=<s:property
                                        value="#pager.currentPage+1"/>">下一页</a>
                                    </s:if>
                                    <s:if test="#pager.hasLast">
                                        <a href="browseReaderPaging.action?
                                        currentPage=<s:property
                                        value="#pager.totalPage"/>">尾页</a>
                                    </s:if>
                                    当前第<s:property value="#pager.currentPage"/>页,总
                                    共<s:property value="#pager.totalPage"/>页
                                </table>
                            </td>
                        </tr>
                    </table>
                </td>
                </s:form>
            </tr>
            <tr>
                <td colspan="2" align="center">
                    南京师范大学：南京市宁海路 122 号  邮编：210097<br>
                    师教教育研究中心版权所有 2010-2015
                </td>
            </tr>
        </table>
        </body>
        </html>
```

说明：

在 readerManage.jsp 页面中需要实现上传照片，因此为表单元素的 enctype 属性设置 enctype ="multipart/form-data"，表示提交表单时不再以字符串形式，而是以二进制编码的方式提交请求参数；action 属性指定了表单提交的 actionURL，在这个页面中同时实现读者信息的增、删、改和查询功能，因此在 reader.action 中有 4 个方法，分别为 addReader、deleteReader、updateReader 和 selectReader；在显示出生时间时应以“yyyy-MM-dd”格式，在添加出生时间时，调用一个 JS 写的时间控件，当单击该文本框时，就会调用该 JS 控件，可灵活选择时间，该时间控件已放入 images 文件夹中，页面引用该时间控件方式如下。

```
<script type="text/javascript" src="images/calendar.js"></script>
```

<s:file>标签表示文件选择对话框，用于上传文件内容，这里要上传的是照片信息。<%@ taglib uri="/struts-tags" prefix="s"%>表示引用 Struts 2 的标签库。

2．实现控制器

在 org.action 包中创建 ReaderAction.java，代码如下。

```
package org.action;
……//引入所需类库和包，同前 LendAction.java，略
public class ReaderAction extends ActionSupport {
    private Reader reader;
    private int currentPage = 1;                          //设置当前页为第一页
    private File zpfile;                                   //定义文件类
    public int getCurrentPage() { return currentPage; }   //获取当前页
    public void setCurrentPage(int currentPage) { this.currentPage = currentPage; }
                                                          //设置当前页
    public File getZpfile() { return zpfile; }            //获取照片内容
    public void setZpfile(File zpfile) { this.zpfile = zpfile; } //设置照片内容
    public Reader getReader() { return reader; }
    public void setReader(Reader reader) { this.reader = reader; }
    private List readerList;                              //定义 List 引用

    /*添加读者*/
    public String addReader() throws Exception {
        ReaderJdbc ReaderJ = new ReaderJdbc();
        /*开始收集表单数据*/
        reader.setReaderID(reader.getReaderID());
        reader.setName(reader.getName());
        reader.setSex(reader.getSex());
        reader.setBorn(reader.getBorn());
        reader.setSpec(reader.getSpec());
        reader.setNum(reader.getNum());
        if (this.getZpfile() != null) {
            //创建文件输入流，用于读取照片内容
            FileInputStream fis = new FileInputStream(this.getZpfile());
            //创建字节类型数组，用于存放照片的二进制数据
            byte[] buffer = new byte[fis.available()];
            fis.read(buffer);                     //将照片内容读入到字节数组中
            reader.setPhoto(buffer);              //通过 setPhoto 方法赋值到 reader 中
        }
        ReaderJ.addReader(reader);                //传给业务逻辑类
        return SUCCESS;
    }

    /*查询所有读者*/
    public String browseReaderPaging() throws Exception {
        ReaderJdbc readerJ = new ReaderJdbc();
        int totalSize = readerJ.getTotal();                   //获取总的读者记录数
        Pager pager = new Pager(currentPage, totalSize); //创建分页类
        int s = pager.getPageSize()*(currentPage-1);          //获取当前的记录号
        Reader reader1 = new Reader();
        try {
            readerList = readerJ.showStudent(pager.getPageSize(), s);//传给业务逻辑类
        } catch (SQLException e) {
            e.printStackTrace();
        }
        Map request = (Map) ActionContext.getContext().get("request");
                                                              //返回一个 Map 对象
```

```
        request.put("readerList", readerList);    //将查询的读者信息放到Map容器中
        request.put("pager",pager);               //将查询的分页信息放到Map容器中
        return SUCCESS;
    }

    /*查询一个读者信息*/
    public String selectReader() throws Exception {
        Reader reader1 = new Reader();
        ReaderJdbc readerJ = new ReaderJdbc();
        reader1 = readerJ.selectReader(reader.getReaderID());//查询一个读者信息
        Map request = (Map) ActionContext.getContext().get("request");
        request.put("reader1", reader1);          //将查询的读者信息放到Map容器中
        return SUCCESS;
    }

    /*获取照片信息*/
    public String getImage() throws Exception {
        if (reader.getReaderID().length() == 0)
            return null;                          //如果不存在记录，则返回空
        else {
            HttpServletResponse response = ServletActionContext.getResponse();
            Reader reader1 = new Reader();
            ReaderJdbc readerJ = new ReaderJdbc();
            reader1 = readerJ.selectReader(reader.getReaderID());//查询一个读者信息
            byte[] img = reader1.getPhoto();                //获取照片信息
            response.setContentType("image/*");             //指定HTTP响应的编码
            ServletOutputStream os = response.getOutputStream();
            if (img != null && img.length != 0) {
                for (int i = 0; i < img.length; i++) {
                    os.write(img[i]);                       //向流中写入数据
                }
            }
            return null;
        }
    }

    /*更新一个读者信息*/
    public String updateReader() throws Exception {
        ReaderJdbc readerJ = new ReaderJdbc();
        /*开始收集表单数据*/
        reader.setReaderID(reader.getReaderID());
        reader.setName(reader.getName());
        reader.setSex(reader.getSex());
        reader.setBorn(reader.getBorn());
        reader.setSpec(reader.getSpec());
        reader.setNum(reader.getNum());
        if (this.getZpfile() != null) {           //创建文件输入流，用于读取照片信息
            FileInputStream fis = new FileInputStream(this.getZpfile());
            byte[] buffer = new byte[fis.available()];   //创建字节数组，存放照片
                                                           的二进制数据
            fis.read(buffer);
```

```
            reader.setPhoto(buffer);            //通过 setPhoto 方法赋值到 reader 中
        }
        readerJ.updateSaveReader(reader);       //更新读者信息
        return SUCCESS;
    }

    /*删除一个读者信息*/
    public String deleteReader() throws Exception {
        Reader reader1 = new Reader();
        ReaderJdbc studentJ = new ReaderJdbc();
        studentJ.deleteReader(reader.getReaderID());        //删除指定的读者信息
        return SUCCESS;
    }
}
```

3. 实现业务逻辑

在 org.jdbc 包中建立 ReaderJdbc.java，用于完成对读者信息的增、删、改和查询等操作。ReaderJdbc.java 源程序如下：

```
package org.jdbc;
……//引入所需类库和包，同前 LendJdbc.java，略
public class ReaderJdbc {
    private Connection conn = null;                     //连接对象
    private PreparedStatement psmt = null;              //SQL 语句对象
    private ResultSet rs = null;                        //结果集
    public ReaderJdbc() {}
    /*获取数据库连接*/
    ……                                      //代码同前 LendJdbc.java 的 getConn 方法，略
    /*添加读者（读者追加功能实现）*/
    public Reader addReader(Reader reader) {
        String sql = "INSERT INTO TReader (readerID,name,sex,born,spec,num,photo)
        VALUES(?,?,?,?,?,?,?)";
        try {
            psmt = this.getConn().prepareStatement(sql);
                                                        //获取 preparedStatement 对象
            /*开始收集数据*/
            psmt.setString(1, reader.getReaderID());
            psmt.setString(2, reader.getName());
            psmt.setByte(3, reader.getSex());
            psmt.setTimestamp(4, new Timestamp(reader.getBorn().getTime()));
                                                        //插入时间值
            psmt.setString(5, reader.getSpec());
            psmt.setInt(6, reader.getNum());
            psmt.setBytes(7, reader.getPhoto());
            psmt.execute();                             //执行预编译语句
        } catch (Exception e) {
            e.printStackTrace();
        } finally {
            ……  //关闭 Connection、PreparedStatement 对象，略，详见本书附带的源代码
        }
        return reader;                                  //返回 Reader 对象给 Action
```

```
}

/*查询所有读者*/
public List showStudent(int num,int topsize) throws SQLException {
    int a = num;                                    //每页显示的记录数
    int b = topsize;                                //当前的记录行数
    //分页查询读者记录
    String sql = "SELECT TOP("+a+") * FROM TReader WHERE readerID NOT IN(SELECT
    TOP("+b+")readerID FROM TReader)";
    //创建一个ArrayList容器，将从数据库中查询的读者信息存放在容器中
    List readerList = new ArrayList();
    try {
        psmt = this.getConn().prepareStatement(sql);
        rs = psmt.executeQuery();            //执行SQL语句，返回所查询的读者信息
        while (rs.next()) {        //读取ResultSet中的数据，放入到ArrayList中
            Reader reader = new Reader();
            /* 开始收集数据*/
            reader.setReaderID(rs.getString("readerID"));
            reader.setName(rs.getString("name"));
            reader.setSex(rs.getByte("sex"));
            reader.setBorn(rs.getDate("born"));
            reader.setSpec(rs.getString("spec"));
            reader.setNum(rs.getInt("num"));
            reader.setPhoto(rs.getBytes("photo"));
            readerList.add(reader); //将reader对象放入到ArrayList中
        }
        return readerList;              //返回ArrayList对象给Action
    } catch (Exception e) {
        e.printStackTrace();
    } finally {
        ......      //关闭Connection、PreparedStatement和ResultSet对象，略，详
                      见本书附带的源代码
    }
    return readerList;
}

/*查询读者的记录数*/
public int getTotal() throws SQLException {
    String sql = "SELECT COUNT(*) FROM TReader";
    Statement stmt = null;                                   //初始化
    ResultSet rs = null;
    int a = 0;
    try {
        stmt = this.getConn().createStatement(); //获取Statement对象
        rs = stmt.executeQuery(sql);                  //执行SQL语句
        if(rs.next()) {
            a = rs.getInt(1);                          //获取记录数
        }
    } catch (Exception e) {
        e.toString();
    }
```

```
        return a;                                   //返回读者的记录数
    }

    /*查询一个读者（读者查询功能实现）*/
    public Reader selectReader(String ReaderID) {
        ResultSet rs = null;
        if(ReaderID.length() == 0)                  //如果不存在这条记录，则直接返回
            return null;
        else {
            String sql = "SELECT * FROM TReader WHERE ReaderID=" + ReaderID;
            Reader reader = new Reader();
            try {
                psmt = this.getConn().prepareStatement(sql);
                                                    //获取 PreparedStatement 对象
                rs = psmt.executeQuery();           //执行查询
                while (rs.next()) {
                    /*开始收集数据*/
                    reader.setReaderID(rs.getString("ReaderID"));
                    reader.setName(rs.getString("name"));
                    reader.setSex(rs.getByte("sex"));
                    reader.setBorn(rs.getDate("born"));
                    reader.setSpec(rs.getString("spec"));
                    reader.setNum(rs.getInt("num"));
                    reader.setPhoto(rs.getBytes("photo"));
                }
            } catch (Exception e) {
                e.printStackTrace();
            } finally {
                …… //关闭 Connection、PreparedStatement 对象，略，详见本书附带的源代码
            }
            return reader;                          //返回查到的 Reader 对象
        }
    }

    /*更新一个读者（读者修改功能实现）*/
    public Reader updateSaveReader(Reader reader) {
        String sql = "UPDATE TReader SET readerID=?,name=?,sex=?,born=?,spec=?,
        num=?,photo=? WHERE
        readerID="+ reader.getReaderID();
        try {
            psmt = this.getConn().prepareStatement(sql);
                                                    //获取 preparedStatement 对象
            /*开始赋值*/
            psmt.setString(1, reader.getReaderID());
            psmt.setString(2, reader.getName());
            psmt.setByte(3, reader.getSex());
            System.out.println(reader.getBorn());
            psmt.setTimestamp(4, new Timestamp(reader.getBorn().getTime()));
            psmt.setString(5, reader.getSpec());
            psmt.setInt(6, reader.getNum());
            psmt.setBytes(7, reader.getPhoto());
            psmt.execute();                         //执行预编译语句
```

```
        } catch (Exception e) {
            e.printStackTrace();
        } finally {
            …… //关闭 Connection、PreparedStatement 对象，略，详见本书附带的源代码
        }
        return reader;                                    //返回读者对象
    }

    /*删除一个读者（读者删除功能实现）*/
    public void deleteReader(String readerID) throws Exception {
        String sql = "DELETE FROM TReader WHERE readerID="+readerID;
        //查询该读者是否存在借阅记录，若存在，则不能删
        String sql2 ="SELECT COUNT(*) FROM TLend WHERE readerID="+readerID;
        Statement stmt = null;                                //初始化
        ResultSet rs = null;
        int a = 0;
        stmt = this.getConn().createStatement();              //获取 Statement 对象
        rs = stmt.executeQuery(sql2);                         //执行 SQL 语句
        if(rs.next()) {                                       //返回结果集不为空
            a = rs.getInt(1);
        }
        if (a == 0) {                                         //该读者没有借阅记录,可以删除
            try {
                psmt = this.getConn().prepareStatement(sql);
                                                              //获取preparedStatement 对象
                psmt.execute();                               //执行删除操作
            } catch (Exception e) {
                e.printStackTrace();
            } finally {
                …… //关闭 Connection、preparedStatement 对象，略，详见本书附带的源代码
            }
        } else {
            System.out.println("该读者存在借阅记录，不能删除该读者记录");
        }
    }
}
```

4. 配置 struts.xml

在 struts.xml 中加入如下代码：

```
……
<struts>
    <package name="default" extends="struts-default">
        ……
        <!-- 读者管理 -->
        <action name="reader" class="org.action.ReaderAction">
            <result name="success">/browseReader.jsp</result>
            <result name="input">/browseReader.jsp</result>
        </action>
        <!--查询所有读者信息  -->
        <action name="browseReaderPaging" class="org.action.ReaderAction" method=
        "browseReaderPaging">
            <result name="success">/readerManage.jsp</result>
            <result name="input">/readerManage.jsp</result>
```

```
        </action>
        <!--查询一个读者信息  -->
        <action name="selectReader" class="org.action.ReaderAction" method="selectReader">
            <result name="success">/browseReader.jsp</result>
            <result name="input">/browseReader.jsp</result>
        </action>
        <!-- 查询该读者的照片信息 -->
        <action name="getImage" class="org.action.ReaderAction" method="getImage"/>
    </package>
    ......
</struts>
```

说明：

（1）同样因为设置了动态方法调用，当客户端发出 reader.actionURL 请求时，Struts 2 框架能根据用户所单击按钮的 method 属性决定应该调用 org.action.ReaderAction 类中的哪一个方法。执行操作后请求被转发到/browseReader.jsp，触发其上名为“browseReaderPaging”的 Action，以便实时地查看当前数据库中全部读者的信息列表。

（2）当用户进入“读者管理”页面，单击“读者查询”按钮时，客户端实际上发出 browseReaderPaging.actionURL 请求。Struts 2 框架根据 struts.xml 的配置文件找到相应的 Action。根据 Action 调用 org.action.ReaderAction 类的 browseReaderPaging 方法。

（3）当客户端发出 selectReader.action 请求时，Struts 2 框架根据 struts.xml 中的配置文件寻找 selectReader 的 action。找到后，调用 org.action.ReaderAction 类的 selectReader 方法。同样客户端发出 getImage.action 请求时，调用 org.action.ReaderAction 的 getImage 方法获取照片信息。

5. 运行项目

开发完成之后需要重新部署项目，操作同图 P2.18。接下来测试运行，启动 Tomcat 服务器，在浏览器地址栏中输入“http://localhost:8080/bookManage/”，单击页头部的“读者管理”链接，打开如图 P2.20 所示的读者管理功能页。在页面表单中填入要添加的读者信息后，单击“读者追加”按钮即可往数据库中添加新的读者记录。

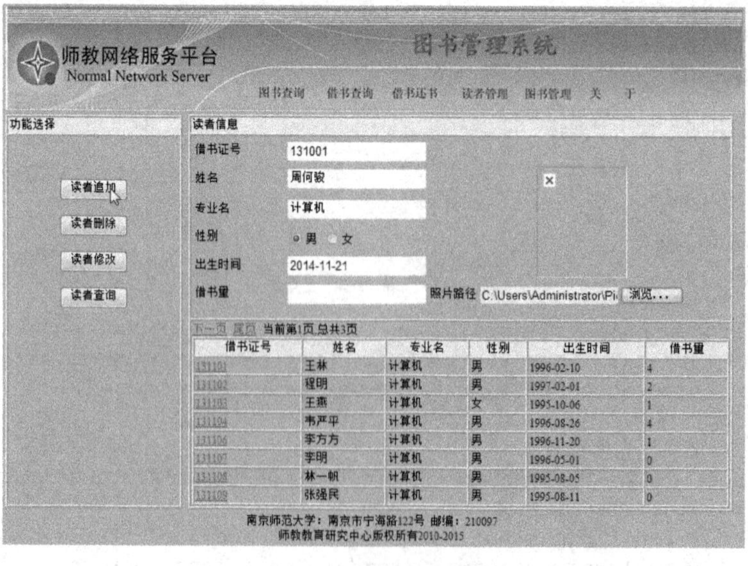

图 P2.20　添加读者信息

读者信息添加成功之后，返回 readerManage.jsp 页面，这时可在下方列表里看到刚刚添加的读者记录，如图 P2.21 所示，单击该记录的“借书证号”超链接，在页面上的表单里会自动加载显示该读者的详细信息。当然，用户也可以通过在表单“借书证号”文本框中输入该读者的借书证号后，单击“读者查询”按钮，同样可以查询出该读者的详细信息并于表单中显示。

读者的详细信息显示出来后，即可修改读者信息，如图 P2.22 所示是通过页面上的 JS 时间控件修改该读者的出生时间，修改后单击“读者修改”按钮，该读者的信息修改成功，从下方列表里就可以马上看到修改效果。

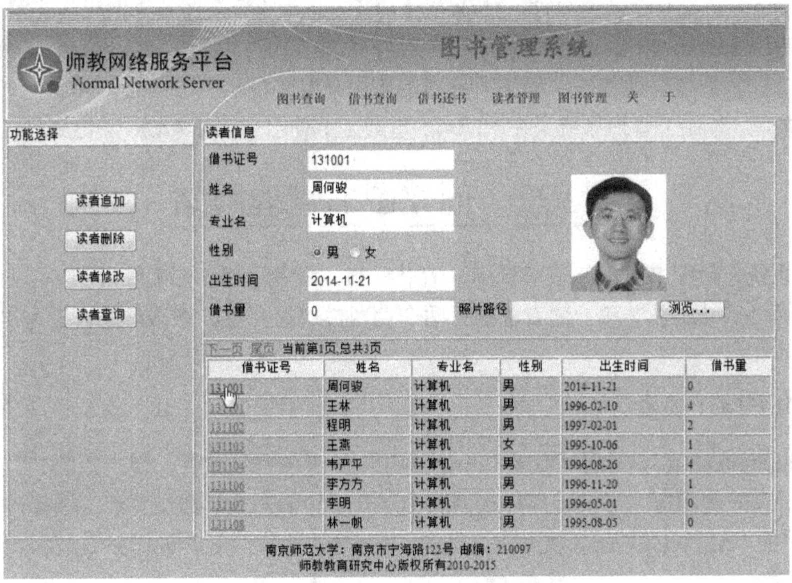

图 P2.21　读者信息查询

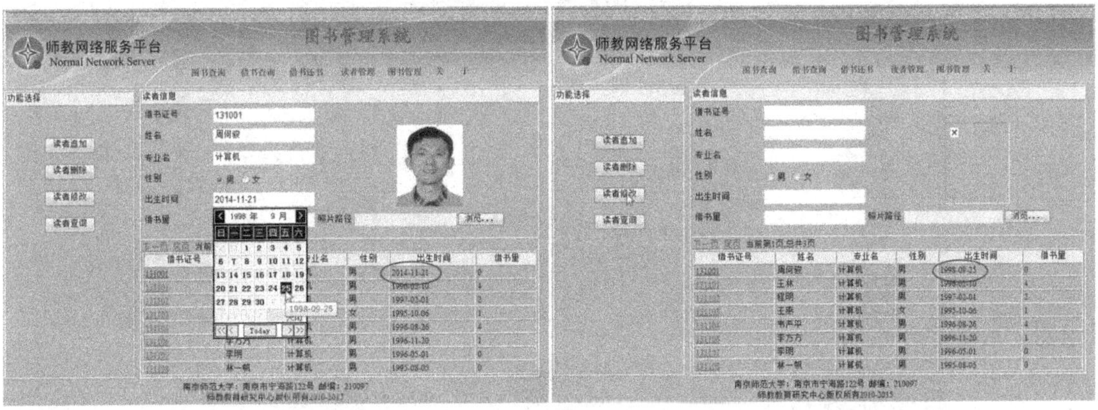

(a)　　　　(b)

图 P2.22　修改读者信息

在显示出某读者的详细信息后，单击“读者删除”按钮，这时会自动执行参照完整性约束，如果该读者存在借阅记录，那么就不能删除该读者信息，否则该读者信息将被删除。

至此，本系统预定设计的两个功能模块已经全部开发完成，读者可以根据需要对其他功能自行扩展。

实习 3　ASP.NET 4.5(C#)/SQL Server 2012 图书管理系统

近年来 Microsoft.NET 越来越流行，已成为与 PHP、Java EE 并驾齐驱的三大主流 Web 应用开发平台之一。SQL Server 2012 作为新一代数据库管理系统，它与 Microsoft 的集成开发环境 Visual Studio.NET 系列很好地集成，提供了更多的应用开发特性，二者结合，为新一代项目开发提供了全面的解决方案。本图书管理系统是在.NET 4.5 框架之上使用 Visual Studio 2013 基于 C#语言开发的。

P3.1　创建图书管理网站

图书管理系统包括图书查询、借书查询、借书还书、读者管理、图书管理和关于等功能，限于篇幅，这里只介绍“借书还书”和“读者管理”两个功能模块的开发，感兴趣的读者可以自己完成其他功能。

1．新建 ASP.NET 项目

启动 Visual Studio 2013，选择“文件”→“新建”→“项目”项目，弹出如图 P3.1 所示的“新建项目”对话框。在左侧面板“已安装”树状列表中展开“Visual C#”类型节点，选择“Web”子节点，选择中间面板中的“ASP.NET Web 应用程序”选项。在下方“名称”文本框中输入项目名“bookManage”，单击“确定”按钮。

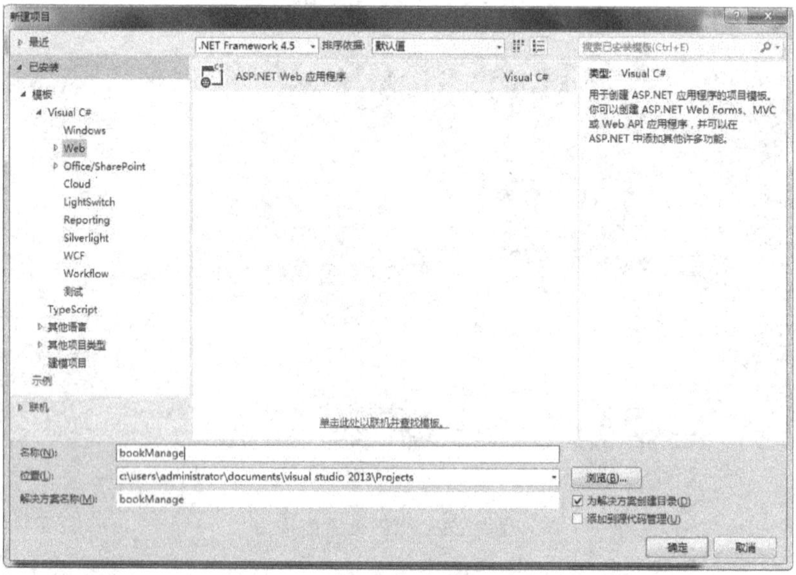

图 P3.1　新建 ASP.NET 项目

弹出如图 P3.2 所示的“新建 ASP.NET 项目-book Manage”对话框中，在“选择模板”选项组中选择“Empty”选项，单击“确定”按钮即可建立一个空的 ASP.NET 项目。

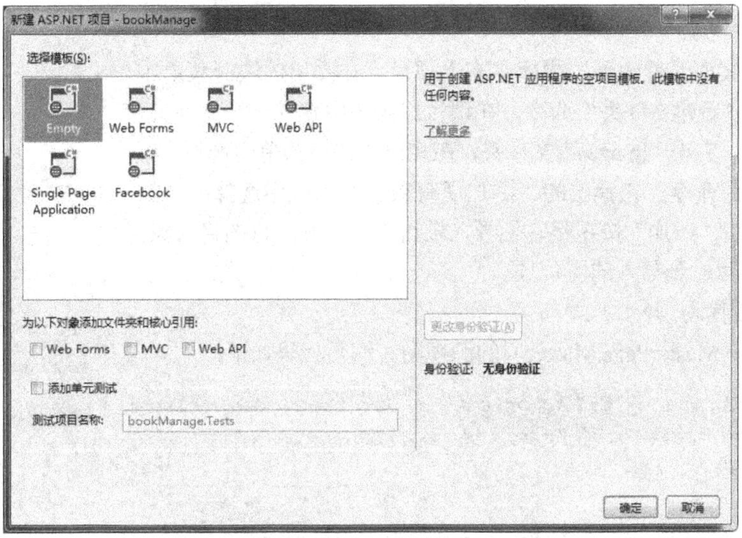

图 P3.2　选择建立一个空 ASP.NET 项目

2. 设计母版页

使用母版页可以为 Web 应用程序中的页面创建一致的布局，单个母版页就可以为网站系统中的所有（或一组）页定义所需的外观和标准行为，使整个网站保持一致的风格和样式。图书管理系统的每个功能页的头部都有着相同的图片和导航链接，底部也有着一样的版权声明信息，故理想的方法是采用母版页来设计实现。

ASP.NET 母版页的设计步骤如下。

1）创建母版页

在“解决方案资源管理器”面板中右击项目“bookManage”，在弹出的快捷菜单中选择“添加”→“新建项”命令，在弹出的“添加新项-bookManage”对话框中选择“Web 窗体母版页”模板，如图 P3.3 所示，单击“添加”按钮，新建的母版页默认名为 MasterPage.Master。

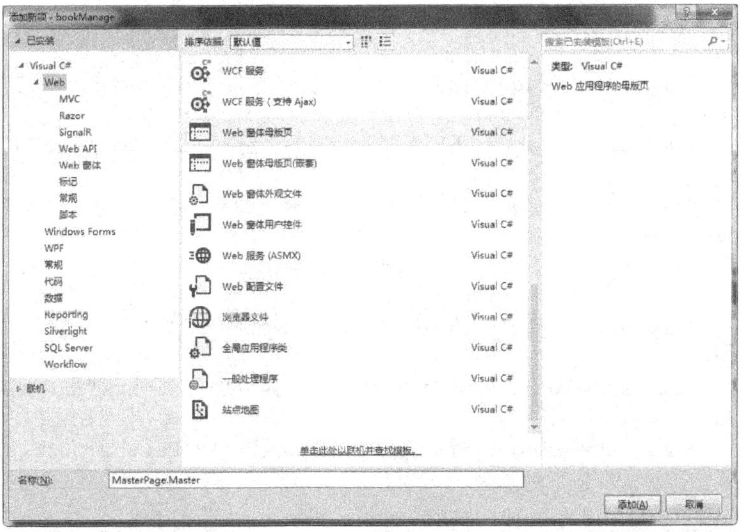

图 P3.3　新建母版页

2）添加图片资源

在"解决方案资源管理器"面板中右击项目，在弹出的快捷菜单中选择"添加"→"新建文件夹"命令，在项目目录树中建立一个文件夹，命名为"images"。右击"images"文件夹，在弹出的快捷菜单中选择"添加"→"现有项"命令，在弹出的"添加现有项"对话框中选择准备好的图片资源，单击"添加"按钮将它们导入项目中。展开项目的目录树，如图P3.4所示，可看到导入的图片项。

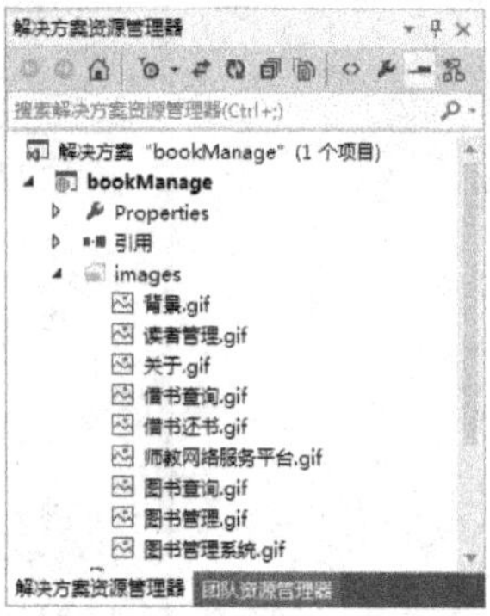

图P3.4 添加图片资源

3）编写母版代码

打开母版页（MasterPage.Master）的源视图。编写代码如下：

```
<%@MasterLanguage="C#"AutoEventWireup="true"CodeBehind=
"MasterPage.master.cs" Inherits="bookManage.
MasterPage" %>
<!DOCTYPE html>
<html xmlns="http://www.w3.org/1999/xhtml">
<head runat="server">
<meta http-equiv="Content-Type" content="text/html; charset=utf-8"/>
    <title></title>
    <asp:ContentPlaceHolder ID="head" runat="server">
    </asp:ContentPlaceHolder>
</head>
<body bgcolor="#FFFFFF" leftmargin="0" topmargin="0" marginwidth="0" marginheight="0">
    <form id="form1" runat="server">
        <table id="__01" width="824" border="0" cellpadding="0" cellspacing="0"
        align="center" bgcolor="#91D7C0">
     <tr>
         <td rowspan="2">
             <img src="images/师教网络服务平台.gif" width="268" height="112" alt=""></td>
         <td colspan="7">
             <img src="images/图书管理系统.gif" width="556" height="77" alt=""></td>
     </tr>
     <tr>
         <td>
             <img src="images/图书查询.gif" width="79" height="35" alt=""></td>
         <td>
             <img src="images/借书查询.gif" width="75" height="35" alt=""></td>
         <td>
             <img src="images/借书还书.gif" width="74" height="35" alt=""></td>
         <td>
             <img src="images/读者管理.gif" width="74" height="35" alt=""></td>
         <td>
             <img src="images/图书管理.gif" width="72" height="35" alt=""></td>
         <td>
             <img src="images/关于.gif" width="71" height="35" alt=""></td>
         <td>
             <img src="images/背景.gif" width="111" height="35" alt=""></td>
     </tr>
</table>
<table id="__02" width="824" height="112" border="0" cellpadding="0" cellspacing="0"
align="center" bgcolor="#91D7C0">
    <tr>
```

```
            <td>
                <div>
                    <asp:ContentPlaceHolder ID="ContentPlaceHolder1" runat="server">
                    </asp:ContentPlaceHolder>
                </div>
            </td>
        </tr>
        <tr>
            <td align="center">
                南京师范大学：南京市宁海路 122 号 邮编：210097<br/>师教教育研究中心版权所有 2010-2015
            </td>
        </tr>
    </table>
</form>
</body>
</html>
```

切换到设计视图，可预览母版页的显示效果，如图 P3.5 所示。

图 P3.5　母版页的显示效果

3. 创建功能页

设计好母版页后，就可以在接下来创建的“读者管理”、“借书还书”等功能页面中使用这个母版页。操作步骤如下。

1）添加“读者管理”页面

在“解决方案资源管理器”面板中右击项目，在弹出的快捷菜单中选择“添加”→“新建项”命令，在弹出的“添加新项-book Manage”对话框中选择“包含母版页的 Web 窗体”模板，如图 P3.6 所示，在下方“名称”文本框中填写页名“ReaderManage.aspx”。

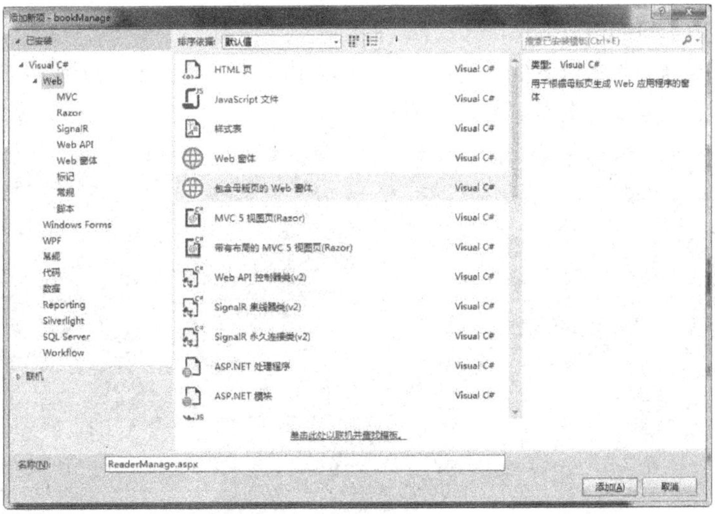

图 P3.6　添加 Web 页面

2）选择母版页

单击“添加”按钮，在弹出的“选择母版页”对话框中选择刚刚设计的“MasterPage.Master”母版页，如图 P3.7 所示，单击“确定”按钮，这样“读者管理”页面即新建成功。

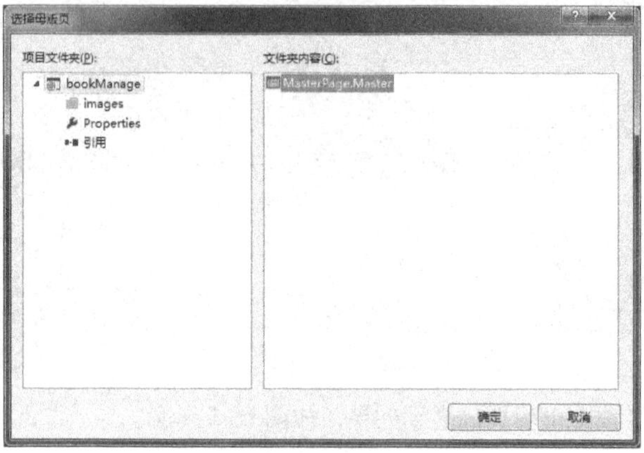

图 P3.7 选择母版页

3）添加“借书还书”页面

与添加“读者管理”页面的操作完全相同，页面命名为“BorrowBook.aspx”，这里不再赘述。

4）设置页面导航超链接

打开母版页 MasterPage.Master，切换到设计视图，删除“读者管理”图片，替换一个 ImageButton 控件，打开 ImageButton 控件属性，ImageUrl 选择“读者管理.gif”图片，“Height”和“Width”属性均设置为源“读者管理.gif”图片的相应属性值，“PostBackUrl”属性设置为“~/ReaderManage.aspx”，表示单击此图片按钮会链接到“ReaderManage.aspx”页面。“借书还书”功能导航超链接的设置与“读者管理”类似，在此不再赘述。

P3.2 模块 1：借书还书

1. 功能描述

“借书还书”页面（BorrowBook.aspx）的功能包括以下几点。

（1）根据借书证号查询此读者的借阅记录。当输入借书证号并单击“查询”按钮时，把该读者所借的书本信息显示在页面上，页面如图 P3.8 所示。

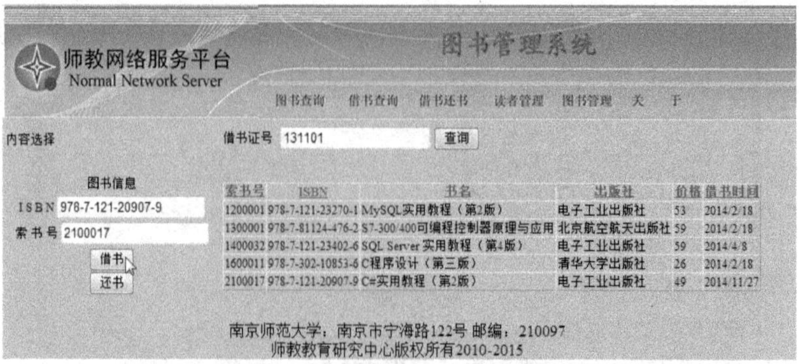

图 P3.8 “借书还书”页面部分截图

（2）输入索书号，根据 ISBN 和借书证号执行借书操作。当单击“借书”按钮时，将借书证号、ISBN 和索书号作为 book_borrow 存储过程的参数并调用此存储过程，完成图书的借阅并把此读者所有借的书显示在页面上。

（3）根据提供的索书号，归还图书。当给出索书号，单击“还书”按钮时，删除数据库中对应索书号的借阅记录，并由触发器 tlend_delete 保证读者借书量和该书库存量的正确。

此页面主要是操作数据库 MBOOK 的 rbl 视图、调用 book_borrow 存储过程和应用 tlend_delete 触发器。

2. 页面设计

“借书还书”页面的设计步骤如下。

1）页面布局

切换到“借书还书”页面（BorrowBook.aspx）设计视图，选择“表”→“插入表”命令，在弹出的“插入表格”对话框中设置表为 6 行 2 列。合并第 2 列中的 2～6 行（操作方法可以选定要合并的单元格，然后右击，在弹出的快捷菜单中选择“修改”→“合并单元格”命令）。

2）拖放控件

打开工具箱，拖放 5 个 Label 控件、3 个 Button 控件、3 个 TextBox 控件、1 个 GridView 控件和 1 个 SqlDataSource 控件到表格的相应位置，并输入提示字样，如图 P3.9 所示。

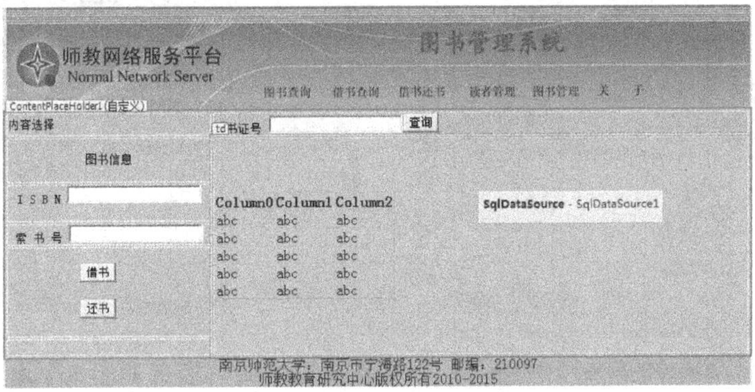

图 P3.9 “借书还书”页面的布局

3）控件的设置

此页面的控件设置主要是针对 SqlDataSource 控件和 GridView 控件的。其他控件的属性如表 P3.1 所示。

表 P3.1 简单控件的属性设置

控件类别	包含的控件 ID	控件属性设置	说明
Button	Button1~Button3	Text 属性分别为“查询”、“借书”和“还书”	3 个按钮分别执行读者所借的书的查询和借书还书操作
TextBox	TextBox1~TextBox3		接受用户输入信息
Label	Label1~Label5	Text 属性分别为“内容选择”、“借书证号”、“图书信息”、“ISBN”和“索书号”	显示页面提示文本

（1）SqlDataSource 控件的设置。

SqlDataSource1 为 GridView1 提供数据源，而 GridView1 显示读者所借书的信息。单击 SqlDataSource1 右上角的 ▷ 图标，选择“配置数据源”选项，在弹出的“配置数据源”对话框中单击“新建连接”按钮，弹出“选择数据源”对话框，如图 P3.10 所示，在“数据源”选项组中选择“Microsoft SQL Server”选项。

单击“继续”按钮，弹出“添加连接”对话框，设置连接参数，如图 P3.11 所示。测试连接成功后单击“确定”按钮，单击“下一步”按钮，在弹出的“将连接字符串保存到应用程序配置文件中”对话框中保持复选框的选中状态和文本框的字符（MBOOKConnectionString）不变。

> **说明：**
>
> 将数据库连接字符串保存到应用程序配置文件中是为了方便数据库连接，同时也是为了数据库安全。

单击“下一步”按钮，配置 Select 语句，设置如图 P3.12 所示，单击“WHERE”按钮，弹出“添加 WHERE 子句”对话框，设置如图 P3.13 所示，分别单击“添加”、“确定”按钮完成添加 WHERE 子句的操作。单击“下一步”按钮，再单击“完成”按钮完成数据源的配置。

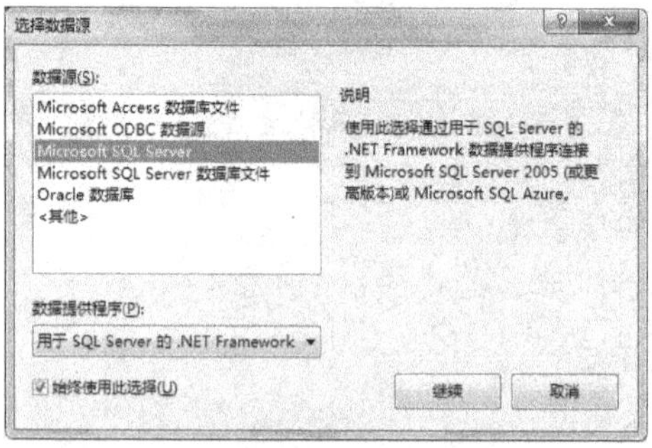

图 P3.10 “选择数据源”对话框

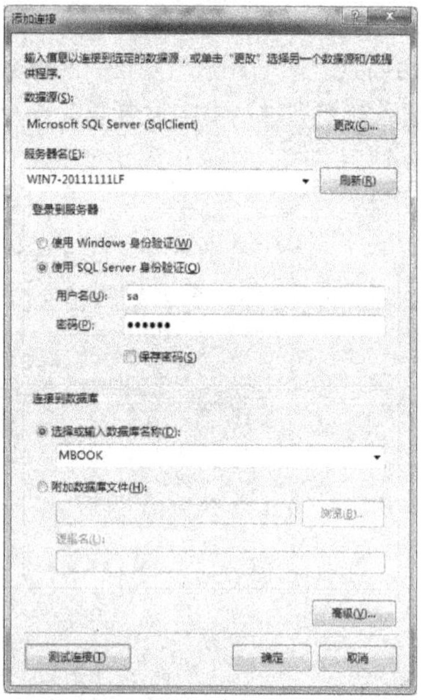

图 P3.11 “添加连接”对话框

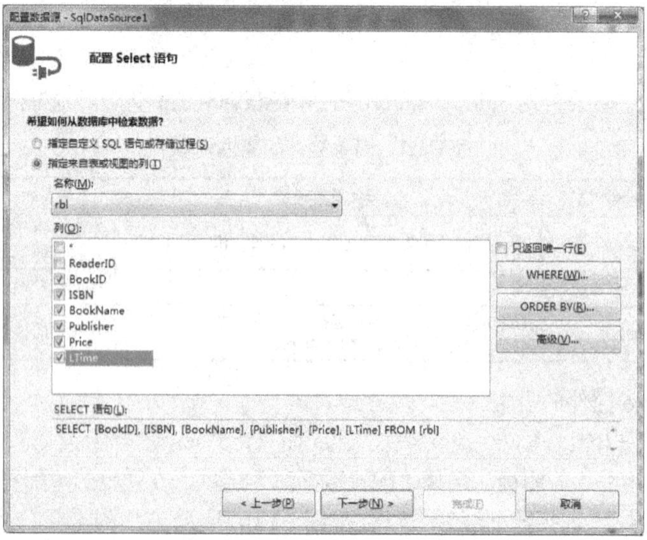

图 P3.12 配置 Select 语句

（2）GridView 控件的设置。单击 GridView1 右上角的 [>] 图标，选择“SqlDataSource1”数据源，选中“启用分页”和“启用排序”。选择“编辑列”选项，将各个字段的“HeaderText”改为相应的名称，同时“借书时间”的“DataFormatString”设置为“{0:d}”，即按精简日期格式显示，单击“确定”按钮。编辑各个字段，如图 P3.14 所示。

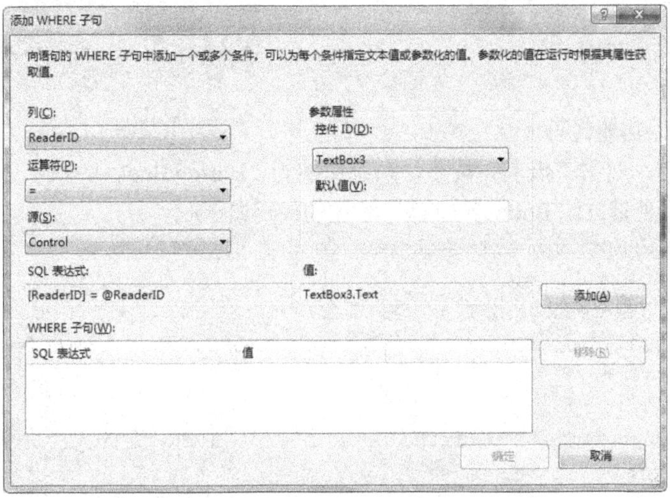

图 P3.13　“添加 WHERE 子句”对话框

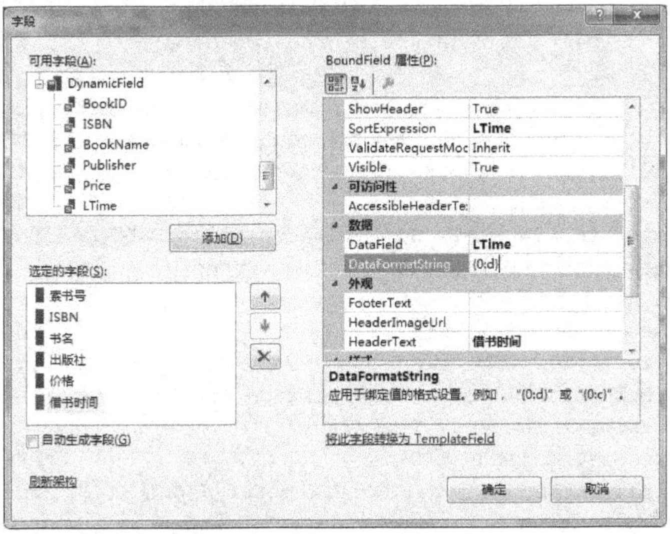

图 P3.14　编辑各个字段

3. 代码编写

1）添加命名空间

因为本页面涉及操作 SQL Server 2012 数据库和配置文件的读取，所以打开 BorrowBook.aspx.cs 代码页，添加如下命名空间：

```
using System.Data.SqlClient;
using System.Data;
using System.Configuration;
```

2）添加“查询读者所借的书”功能代码

切换到设计视图，双击“查询”按钮，系统切换到“BorrowBook.aspx.cs”代码页面，并添加了Button1 的 Click 事件处理方法“Button1_Click”。添加的代码如下：

```
protected void Button1_Click(object sender, EventArgs e) //查询读者所借的书
{
    GridView1.DataBind();                                  //GridView1 被重新绑定
}
```

3）添加“借书”功能代码

切换到设计视图，双击“借书”按钮，系统切换到“BorrowBook.aspx.cs”代码页面，并添加了Button2 的 Click 事件处理方法 Button2_Click。添加的代码如下：

```
protected void Button2_Click(object sender, EventArgs e) //借书
{
    //检查存储过程所需的 3 个参数是否输入齐全
    if (TextBox1.Text.Trim() == "" || TextBox2.Text.Trim() == "" || TextBox3.
    Text.Trim() == "")
    {
        Response.Write("<script>alert('借书证号，ISBN，索书号输入完整！')</script>");
        return;
    }
    SqlConnection conn = new SqlConnection(connStr);        //新建数据库连接对象
    SqlCommand cmd = new SqlCommand("book_borrow", conn);//新建数据库命令对象
    cmd.CommandType = CommandType.StoredProcedure;          //设置命令类型为存储过程
    //新建并设置参数
    SqlParameter inReaderID = new SqlParameter("@in_ReaderID", SqlDbType.Char, 8);
    inReaderID.Direction = ParameterDirection.Input;        //参数类型为输入参数
    inReaderID.Value = TextBox3.Text.Trim();                //给参数赋值
    cmd.Parameters.Add(inReaderID);                         //添加“借书证号”参数
    SqlParameter inISBN = new SqlParameter("@in_ISBN", SqlDbType.Char, 18);
    inISBN.Direction = ParameterDirection.Input;
    inISBN.Value = TextBox1.Text.Trim();
    cmd.Parameters.Add(inISBN);                             //添加“ISBN”参数
    SqlParameter inBookID = new SqlParameter("@in_BookID", SqlDbType.Char, 8);
    inBookID.Direction = ParameterDirection.Input;
    inBookID.Value = TextBox2.Text.Trim();
    cmd.Parameters.Add(inBookID);                           //添加“索书号”参数
    SqlParameter outReturn = new SqlParameter("@out_str", SqlDbType.Char, 30);
    outReturn.Direction = ParameterDirection.Output;        //参数类型为输出参数
    cmd.Parameters.Add(outReturn);                          //添加参数
    try
    {
        conn.Open();                                        //打开数据库连接
        cmd.ExecuteNonQuery();                              //执行存储过程
        Response.Write("<script>alert('"+outReturn.Value.ToString()+"')</script>");
        }
        catch
        {
            Response.Write("<script>alert('借书出错！')</script>");
        }
        finally
```

```
        {
            conn.Close();
            GridView1.DataBind();                         //重新绑定 GridView1 数据源
        }
    }
```

4）添加“还书”功能代码

切换到设计视图，双击“还书”按钮，系统切换到“BorrowBook.aspx.cs”代码页面，并添加了Button3 的 Click 事件处理方法 Button3_Click。添加的代码如下：

```
protected void Button3_Click(object sender, EventArgs e) //还书
{
    if (TextBox2.Text == "")                              //必须输入索书号
    {
        Response.Write("<script>alert('请输入索书号')</script>");
        return;
    }
    SqlConnection conn = new SqlConnection(connStr);      //新建数据库连接对象
    string sqlStr = "DELETE FROM TLend WHERE BookID=@BookID";      //设置 SQL 语句
    SqlCommand cmd = new SqlCommand(sqlStr, conn);        //新建操作数据库命令对象
    cmd.Parameters.Add("@BookID", SqlDbType.Char, 10).Value = TextBox2.Text.
    Trim();                                               //添加参数
    try
    {
        conn.Open();                                      //打开数据库连接
        int a = cmd.ExecuteNonQuery();                    //执行 SQL 语句
        GridView1.DataBind();                             //重新绑定
        if (a != 0)                                       //返回值，判断操作是否成功
        {
            Response.Write("<script>alert('删除成功！')</script>");
        }
        else
        {
            Response.Write("<script>alert('没有此索书号的借阅记录！')</script>");
        }
    }
    catch
    {
        Response.Write("<script>alert('删除错误！')</script>");
    }
    finally
    {
        conn.Close();                                     //关闭数据库连接
    }
}
```

至此，完成了“借书还书”功能模块的开发。

P3.3　模块 2：读者管理

1．功能描述

“读者管理”页面（ReaderManage.aspx）的功能如下。

（1）读者追加。当输入读者信息并单击“读者追加”按钮时，把读者信息存储到数据库中，并从数据库中读取数据显示在页面上，成功添加了一个读者后，页面如图P3.15所示。

（2）读者删除。用于删除读者，当此读者存在借书情况时不允许删除。

（3）读者修改。用于修改读者信息，修改成功后信息显示在页面上。

（4）读者查询。根据借书证号查询此读者的详细信息并显示在页面上。页面下部分表格显示所有读者的信息。

此页面主要操作数据库MBOOK的“TReader”表，执行数据库的增、删、改、查等基本SQL操作。

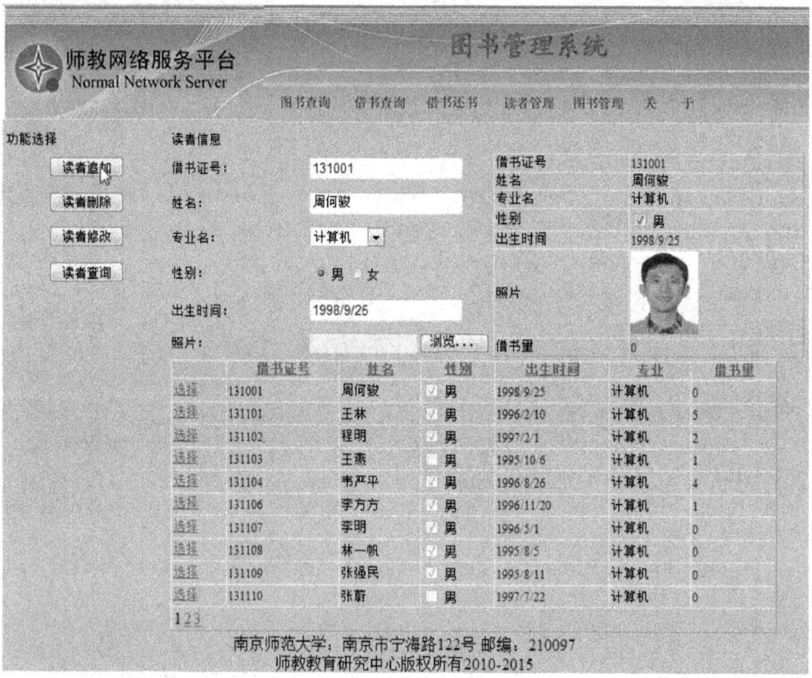

图P3.15 添加读者后的页面部分截图

2. 页面设计

“读者管理”页面的设计步骤如下。

1）页面布局

切换到读者管理页面（ReaderManage.aspx）设计视图，选择“表”→“插入表”命令，在弹出的“插入表格”对话框中设置表为8行4列。合并第4列中的2～7行，合并第8行中的2～4列。

2）拖放控件

打开工具箱，拖放8个Label控件、4个Button控件、3个TextBox控件、1个DropDownList控件、1个RadioButtonList控件、1个FileUpload控件、1个GridView控件、1个DetailsView控件和1个SqlDataSource控件到表格的相应位置，并且输入提示字样，如图P3.16所示。

3）控件的设置

此页面的控件设置主要是针对DropDownList控件、RadioButtonList控件、SqlDataSource控件、GridView控件和DetailsView控件的。其他控件的属性如表P3.2所示。

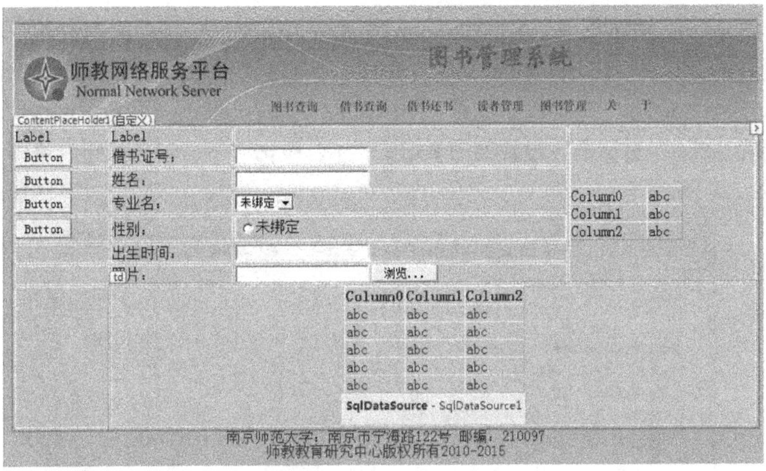

图 P3.16 布局后的页面

表 P3.2 其他控件的属性

控 件 类 别	包含的控件 ID	控件属性设置	说 明
Button	Button1~Button4	Text 属性分别为“读者追加”、“读者删除”、“读者修改”和“读者查询”	4 个按钮分别执行读者的添加、删除、修改和查询操作
TextBox	TextBox1~TextBox3		接受用户输入信息和显示信息
Label	Label1~Label8	Text 属性分别为“功能选择”、“读者信息”、“借书证号：”、“姓名：”、“专业名：”、“性别：”、“出生时间：”和“照片：”	显示页面提示文本

（1）DropDownList 控件的设置。打开 DropDownList1 的“属性”窗口，单击 Items 的 ... 图标，弹出“ListItem 集合编辑器”窗口，分别添加“计算机”和“通信工程”两个成员，“计算机”的属性如图 P3.17 所示，“通信工程”的“Selected”属性设置为“False”。

（2）RadioButtonList 控件的设置。打开 RadioButtonList1 的“属性”窗口，单击 Items 的 ... 图标，弹出“ListItem 集合编辑器”对话框，分别添加“男”和“女”两个成员，“男”的属性如图 P3.18 所示，“女”的“Selected”和“Value”属性都设置为“False”。“RepeatDirection”设置为“Horizontal”。

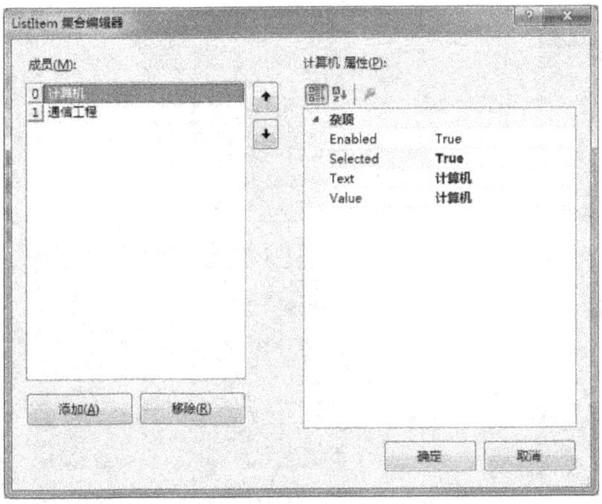

图 P3.17 DropDownList 控件的设置

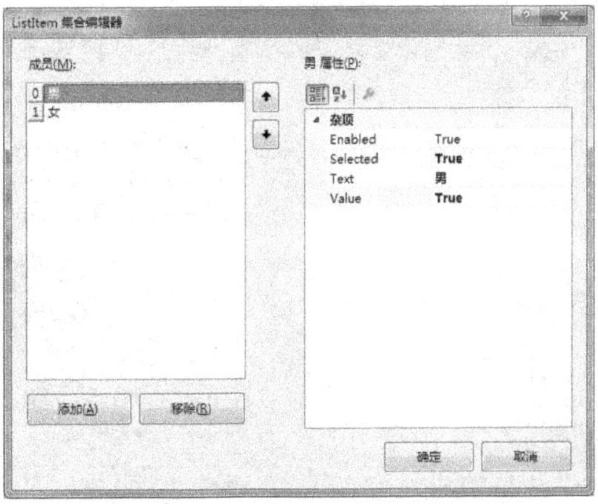

图 P3.18 RadioButtonList 控件的设置

（3）SqlDataSource 控件的设置。SqlDataSource1 是为 GridView1 提供数据源的，而 GridView1 是显示所有读者信息的。单击 SqlDataSource1 右上角的 [>] 图标，选择“配置数据源”选项，在弹出的“配置数据源-Sql Data Soursel”对话框中选择“MBOOKConnectionString”数据连接，单击“下一步”按钮，弹出“配置 Select”对话框，设置如图 P3.19 所示，单击“下一步”按钮，单击“完成”按钮完成数据源的配置。

图 P3.19 配置 Select 语句

（4）GridView 控件的设置。单击 GridView1 右上角的 [>] 图标，数据源选择“SqlDataSource1”，勾选“启用分页”、“启用排序”和“启用选定内容”复选框。选择“编辑列”选项，将各个字段的“HeaderText”改为相应的名称，同时“出生时间”的“DataFormatString”设置为“{0:d}”，即按精简日期格式显示，将“性别”转换为 TemplateField，单击“确定”按钮。编辑各个字段如图 P3.20 所示。右击“GridView1”，在弹出的快捷菜单中选择“编辑模板”命令，选择“Column[3]-性别”，在“ItemTemplate”中输入“男”，表示复选框勾选为男，否则为女，如图 P3.21 所示。右击“GridView1”选项，在弹出的快捷菜单中选择“结束模板编辑”命令。

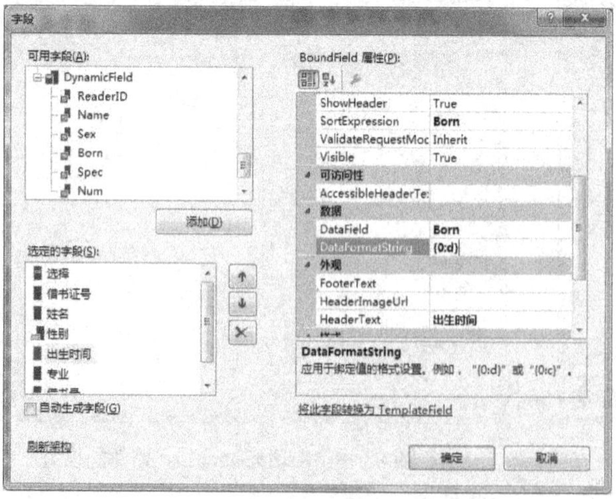

图 P3.20 编辑各个字段

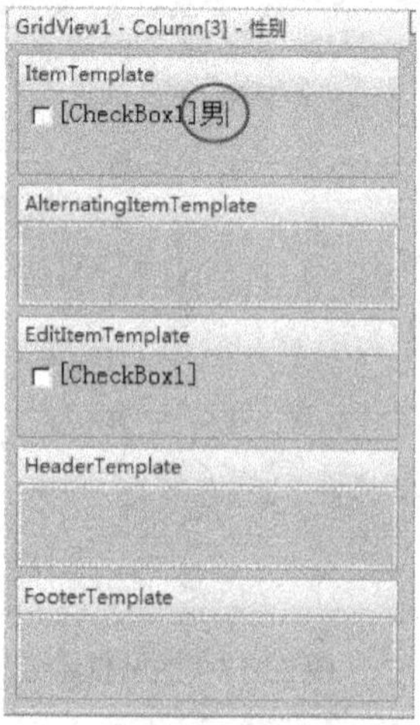

图 P3.21 设置性别的 ItemTemplate

（5）DetailsView 控件的编辑

右击 DetailsView1 右上角的 [>] 图标，在弹出的快捷菜单中选择"编辑字段"命令，在弹出的"字段"对话框中分别添加 8 个"BoundField"，它们的"DataField"分别设置为"ReaderID"、"Name"、"Spec"、"Sex"、"Born"、"Photo"和"Num"，"HeaderText"设置为对应的汉字。将"Sex"和"Photo"转换为 TemplateField，DetailsView1 字段的设置和 GridView1 基本相同，单击"确定"按钮。

右击"DetailsView1"，在弹出的快捷菜单中选择"编辑模板"命令，选择 Field[3]-性别"，在"ItemTemplate"中拖放一个 CheckBox 控件并输入"男"，表示复选框勾选为男，否则为女，如图 P3.21 所示，右击 CheckBox 控件，在弹出的快捷菜单中选择"编辑 DataBindings"命令，在弹出的"CheckBox2 DataBindings"对话框中设置 Checked 的自定义绑定代码表达式为"Eval("Sex")"，如图 P3.22 所示，单击"确定"按钮完成 CheckBox 控件的 Checked 绑定。

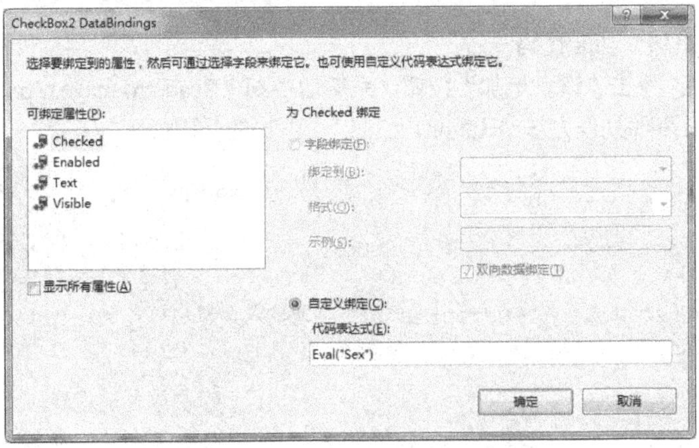

图 P3.22　自定义代码表达式绑定控件

右击"DetailsView1"，在弹出的快捷菜单中选择"编辑模板"命令，选择 Field[5]-照片"，删除"ItemTemplate"中的 Label 控件，并拖放一个 Image 控件，调整到适当的大小，右击 Image 控件"，在弹出的快捷菜单中选择"编辑 DataBindings"命令，在弹出的"Image1 DataBindings"对话框中设置 ImageUrl 的自定义绑定代码表达式为""Pic.aspx?id=" + Eval("ReaderID")"，单击"确定"按钮完成 Image 控件的 ImageUrl 绑定。

3. 代码编写

1）添加命名空间

因为本页面涉及操作 SQL Server 2012 数据库和配置文件的读取，所以打开 ReaderManage.aspx.cs 代码页，添加命名空间如下：

```
using System.Configuration;
using System.Data.SqlClient;
using System.Data;
using System.IO;
```

2）定义连接字符串变量

为了在接下来的编程中，各个方法能方便地使用数据库连接字符串，特将数据库连接字符串定义为成员变量，置于 ReaderManage 类中，代码如下：

```
namespace bookManage
```

```
{
    public partial class ReaderManage : System.Web.UI.Page
    {
    //获取连接字符串
        protected  string connStr = ConfigurationManager.ConnectionStrings
        ["MBOOKConnectionString"].
        ConnectionString;
        protected void Page_Load(object sender, EventArgs e)
        {

        }
        ……
}
```

3）添加“读者追加”功能代码

切换到设计视图，双击“读者追加”按钮，系统切换到“ReaderManage.aspx.cs”代码页面，并添加了 Button1 的 Click 事件处理方法“Button1_Click”。添加的代码如下。

```
protected void Button1_Click(object sender, EventArgs e) //读者追加
{
    if (TextBox1.Text == "" || TextBox2.Text == "" || TextBox3.Text == ""){
                                                            //检查输入是否完整
        Response.Write("<script>alert('请输入完整！')</script>");
        return;                                             //如果没输入完整，则返回
    }
    string sqlStr;
    SqlConnection conn = new SqlConnection(connStr);        //新建数据库连接对象
    if (!string.IsNullOrEmpty(FileUpload1.FileName))        //如果选择了照片
    {
        //设置 SQL 语句
        sqlStr = "INSERT INTO TReader VALUES(@ReaderID,@Name,@Sex,@Born,@Spec,
        0,@Photo)";
    }else{                                                  //如果没选择照片
        //设置 SQL 语句
        sqlStr = "INSERT INTO TReader VALUES(@ReaderID,@Name,@Sex,@Born,@Spec,0,NULL)";
    }
    SqlCommand cmd = new SqlCommand(sqlStr, conn);    //新建操作数据库命令对象
    //添加参数
    cmd.Parameters.Add("@ReaderID", SqlDbType.Char, 8).Value = TextBox1.Text.Trim();
    cmd.Parameters.Add("@Name", SqlDbType.Char, 8).Value = TextBox2.Text.Trim();
    cmd.Parameters.Add("@Sex", SqlDbType.Bit).Value = RadioButtonList1.SelectedValue;
    cmd.Parameters.Add("@Born", SqlDbType.Date).Value = TextBox3.Text.Trim();
    cmd.Parameters.Add("@Spec", SqlDbType.Char, 12).Value = DropDownList1.SelectedValue;
    if (!string.IsNullOrEmpty(FileUpload1.FileName)) //若选择了照片，加入参数@Photo
    {
        cmd.Parameters.Add("@Photo", SqlDbType.Image);    //这里选择 Image 类型
        cmd.Parameters["@Photo"].Value = FileUpload1.FileBytes;   //把照片转化成
                                                                    字节数组
    }
    try
    {
```

```
        conn.Open();                                          //打开数据库连接
        cmd.ExecuteNonQuery();                                //执行 SQL 语句
        string sqlStrSelect = "SELECT ReaderID,Name,Sex,Spec,Born,Photo,Num FROM
        TReader WHERE
        ReaderID='" + TextBox1.Text.Trim() + "'";             //查询添加读者后SQL语句
        SqlCommand cmdBind = new SqlCommand(sqlStrSelect, conn);
        DetailsView1.DataSource = cmdBind.ExecuteReader();//查询结果作为 DetailsView1
                                                              数据源
        DetailsView1.DataBind();                              //绑定 DetailsView1
    }
    catch (Exception ex)
    {
        Response.Write("<script>alert('出错! " + ex.Message + "')</script>");
    }
    finally
    {
        conn.Close();                                         //关闭数据库连接
    }
}
```

4）添加“选定”功能代码

当选定了 GridView1 中的某个读者时，将此读者的详细信息显示到页面上。打开 GridView1 的“属性”窗口，单击 ⚡ 图标，双击“SelectedIndexChanged”事件后的空白处，系统自动添加了“GridView1_SelectedIndexChanged”方法。添加的代码如下。

```
protected void GridView1_SelectedIndexChanged(object sender, EventArgs e)
                                                          //选中特定的读者
{
    TextBox1.Text = (GridView1.SelectedRow.Cells[1]).Text.ToString();
                                                          //借书证号放在 TextBox1 中
    TextBox2.Text = (GridView1.SelectedRow.Cells[2]).Text.ToString();
                                                          //姓名放在 TextBox2 中
    DropDownList1.Items.FindByValue("计算机").Selected = false;//取消专业的选择
    string zy = (GridView1.SelectedRow.Cells[5]).Text.Trim().ToString();
    DropDownList1.Items.FindByValue(zy).Selected = true;      //重新选择专业
    CheckBox ck = (CheckBox)GridView1.SelectedRow.Cells[3].FindControl("CheckBox1");
    if (ck.Checked == false)                              //如果性别为女
    {
        RadioButtonList1.Items.FindByText("男").Selected = false;
        RadioButtonList1.Items.FindByText("女").Selected = true;
    }
    TextBox3.Text = (GridView1.SelectedRow.Cells[4]).Text.ToString();
                                                          //出生时间放在 TextBox3 中
    SeachReader((GridView1.SelectedRow.Cells[1]).Text.ToString());//调用 SeachReader
                                                              方法
}
```

其中调用了 SeachReader 方法，此方法根据借书证号从数据库中查找出此读者的信息并显示在页面上，添加 SeachReader 方法的代码如下。

```
protected void SeachReader(string sreaderid)              //查找读者
```

```
{
    SqlConnection conn = new SqlConnection(connStr);      //新建数据库连接对象
    string sqlStrSelect = "SELECT ReaderID,Name,Sex,Spec,Born,Photo,Num FROM
    TReader WHERE
    ReaderID='" + sreaderid + "'";                        //设置 SQL 语句
    try
    {
        conn.Open();                                      //打开数据库连接
        SqlCommand cmdBind = new SqlCommand(sqlStrSelect, conn);
        DetailsView1.DataSource = cmdBind.ExecuteReader();//执行结果作为 DetailsView1
                                                          数据源
        DetailsView1.DataBind();                          //绑定 DetailsView1
    }
    catch
    {
        Response.Write("<script>alert('查找数据出错')</script>");
    }
    finally
    {
        conn.Close();
    }
}
```

5）实现“显示照片”页

读者详细信息内容中可能包含照片，为此我们需要专门编写一个页面，此页面的功能就是根据读者的借书证号从数据库中找出此读者照片并且显示在页面上。

添加显示照片页面的步骤如下。

（1）添加一个 Web 窗体。在“解决方案资源管理器”面板中，右击项目，在弹出的快捷菜单中选择“添加”→“新建项”命令，弹出“添加新项”对话框，选择“Web 窗体”模板，命名为“Pic.aspx”，单击“添加”按钮。

（2）添加代码。打开 Pic.aspx.cs 文件，添加显示读者照片的代码，代码如下。

```
using System;
using System.Collections.Generic;
using System.Linq;
using System.Web;
using System.Web.UI;
using System.Web.UI.WebControls;
using System.Configuration;                               //添加命名空间
using System.Data.SqlClient;
namespace bookManage
{
    public partial class Pic : System.Web.UI.Page
    {
        protected void Page_Load(object sender, EventArgs e)
        {
            if (!Page.IsPostBack)                         //判断是否第一次加载页面
            {
                byte[] picData;                 //以字节数组的方式存储获取的图片数据
                string id = Request.QueryString["id"];    //获取传入的参数
```

```
            if (!CheckParameter(id, out picData))       //参数验证
            {
                Response.Write("<script>alert('没有可以显示的照片。')</script>");
            }else{
                Response.ContentType = "application/octet-stream";
                                                        //设置页面的输出类型
                Response.BinaryWrite(picData);          //以二进制输出图片数据
                Response.End();                         //清空缓冲，停止页面执行
            }
        }
    }
    private bool CheckParameter(string id, out byte[] picData)
    {
        picData = null;
        if (string.IsNullOrEmpty(id))                   //判断传入参数是否为空
        {
            return false;
        }
        //从配置文件中获取连接字符串
        string connStr = ConfigurationManager.ConnectionStrings
        ["MBOOKConnectionString"].ConnectionString;
        SqlConnection conn = new SqlConnection(connStr);//新建数据库连接对象
        string query = string.Format("SELECT Photo FROM TReader WHERE ReaderID='{0}'", id);
        SqlCommand cmd = new SqlCommand(query, conn);   //新建数据库命令对象
        try{
            conn.Open();                                //打开数据库连接
            object data = cmd.ExecuteScalar();          //根据参数获取数据
            if (Convert.IsDBNull(data) || data == null) //如果照片字段为空或者无
                                                          返回值
            {
                return false;
            }
            else
            {
                picData = (byte[])data;                 //照片数据存储在字节数组中
                return true;
            }
        }finally{
            conn.Close();                               //关闭数据库连接
        }
    }
  }
}
```

当要在其他页面的 Image 控件上显示照片时，可以使用 Image 控件的 ImageUrl 属性自定义绑定到此显示照片页即可。

6）添加“读者删除”功能代码

切换到设计视图，双击“读者删除”按钮，系统切换到“ReaderManage.aspx.cs”代码页面，并添加了 Button2 的 Click 事件处理方法 Button2_Click。添加的代码如下。

```
protected void Button2_Click(object sender, EventArgs e)      //读者删除
```

```
{
    if (TextBox1.Text == "")                              //必须输入借书证号
    {
        Response.Write("<script>alert('请输入借书证号')</script>");
        return;
    }
    SqlConnection conn = new SqlConnection(connStr);      //新建数据库连接对象
    string sqlStr = "DELETE FROM TReader WHERE ReaderID=@ReaderID";//设置 SQL 语句
    SqlCommand cmd = new SqlCommand(sqlStr, conn);        //新建数据库命令对象
    cmd.Parameters.Add("@ReaderID", SqlDbType.Char, 8).Value = TextBox1.
    Text.Trim();                                          //添加参数
    try
    {
        conn.Open();                                    //打开数据库连接
        int a = cmd.ExecuteNonQuery();                  //执行 SQL 语句
        GridView1.DataBind();                           //重新绑定 GridView1
        DetailsView1.DataBind();                        //重新绑定 DetailsView1
        if (a == 1)                                     //根据返回值判断操作执行情况
        {
            Response.Write("<script>alert('删除成功！')</script>");
        }else{
            Response.Write("<script>alert('数据库中没有此读者！')</script>");
        }
    }
    catch
    {
        Response.Write("<script>alert('删除错误！')</script>");
    }
    finally
    {
        conn.Close();                                   //关闭数据库连接
    }
}
```

7）添加“读者修改”功能代码

切换到设计视图，双击“读者修改”按钮，系统切换到“ReaderManage.aspx.cs”代码页面，并添加了 Button3 的 Click 事件处理方法 Button3_Click。添加的代码如下。

```
protected void Button3_Click(object sender, EventArgs e) //读者修改
{
    if (TextBox1.Text.Trim() == "")                      //必须输入借书证号
    {
        Response.Write("<script>alert('请输入借书证号')</script>");
        return;
    }
    SqlConnection conn = new SqlConnection(connStr);     //新建数据库连接对象
    //设置读者修改的 SQL 语句
    string sqlStr = "UPDATE TReader SET";
    if (TextBox2.Text.Trim().ToString() != "")           //如果姓名有改动
    {
        sqlStr += " Name='" + TextBox2.Text.Trim() + "',";
```

```
    }
    if (TextBox3.Text.Trim() != "")                         //如果出生时间有改动
    {
        sqlStr += " Born='" + TextBox3.Text.Trim() + "',";
    }
    if (!string.IsNullOrEmpty(FileUpload1.FileName))        //如果选择了照片
    {
        sqlStr += " Photo=@Photo,";
    }
    sqlStr += " Spec='" + DropDownList1.SelectedValue + "',Sex='" + RadioButtonList1.
    SelectedValue + "'";
                                                            //获取专业和性别的改动
    sqlStr += " WHERE ReaderID='" + TextBox1.Text.Trim() + "'";
    SqlCommand cmd = new SqlCommand(sqlStr, conn);          //新建数据库命令对象
    cmd.Parameters.Add("@Photo", SqlDbType.Image);          //这里选择 Image 类型
    //把照片转换为字节流作为@Photo 参数值
    cmd.Parameters["@Photo"].Value = FileUpload1.FileBytes;
    try
    {
        conn.Open();                                        //打开数据库连接
        int yxh = cmd.ExecuteNonQuery();                    //执行 SQL 语句
        if (yxh != 1)                             //如果影响的行数不为 1,则说明没有此读者
        {
            Response.Write("<script>alert('数据库中没有此读者！')</script>");
        }
        SeachReader(TextBox1.Text.Trim());//重新从数据库中查找出此读者信息并显示在页面上
    }
    catch
    {
        Response.Write("<script>alert('出错，没有完成读者的修改！')</script>");
    }
    finally
    {
        conn.Close();                                       //关闭数据库连接
    }
}
```

8）添加“读者查询”功能代码

切换到设计视图，双击“读者查询”按钮，系统切换到“ReaderManage.aspx.cs”代码页面，并添加了 Button4 的 Click 事件处理方法 Button4_Click。添加的代码如下。

```
protected void Button4_Click(object sender, EventArgs e)        //读者查询
{
    if (TextBox1.Text == "")                          //必须输入借书证号才能查询
    {
        Response.Write("<script>alert('请输入借书证号')</script>");
        return;
    }
    SeachReader(TextBox1.Text.Trim());                //调用 SeachReader 方法查找读者
}
```

至此，完成了“读者管理”功能模块的开发。

实习 4 Visual C# 2013/SQL Server 2012 图书管理系统

实习 3 是 ASP.NET 4.5(C#)操作 SQL Server 2012，采用 B/S 模式，而此实习使用 Windows 窗体应用程序来设计图书管理系统，使用 Visual C# 2013 操作 SQL Server 2012，采用的是 C/S 模式，依然使用 Microsoft Visual Studio 2013 工具开发。

P4.1 创建图书管理系统

1. 新建 Visual C#项目

启动 Visual Studio 2013，选择“文件”→“新建”→“项目”命令，弹出如图 P4.1 所示的“新建项目”对话框。在左边窗口“已安装”树状列表中展开“Visual C#”类型节点，单击“Windows”子节点，选择中间窗格中的“Windows 窗体应用程序”。在下方“名称”文本框中输入项目名“bookManage”。单击“确定”按钮完成项目的新建。

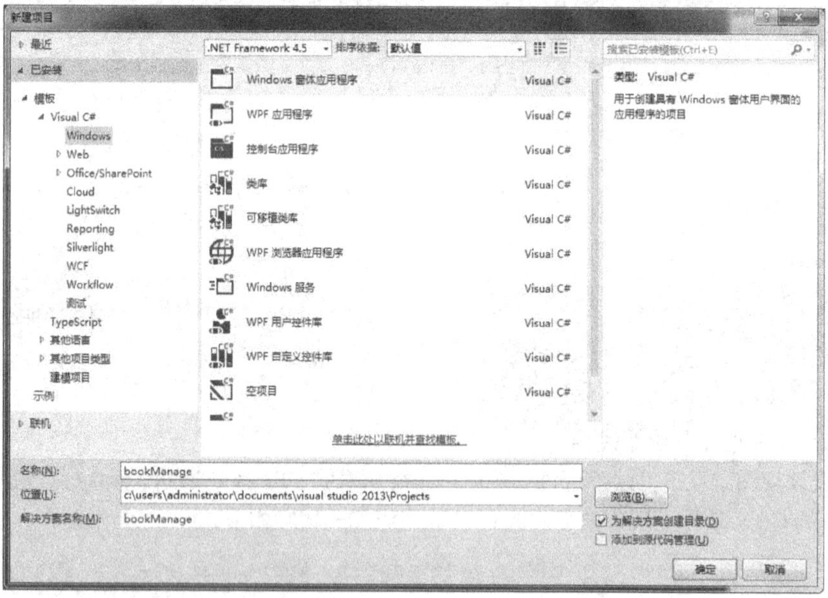

图 P4.1 新建 Visual C#项目

2. 添加窗体

在“解决方案资源管理器”面板中，右击项目“bookManage”，在弹出的快捷菜单中选择“添加”→“Windows 窗体”命令，弹出“添加新项-book Manage”对话框，选择“MDI 父窗体”模板，保持默认名称“MDIParent1.cs”不变，如图 P4.2 所示，单击“添加”按钮完成父窗体的添加。

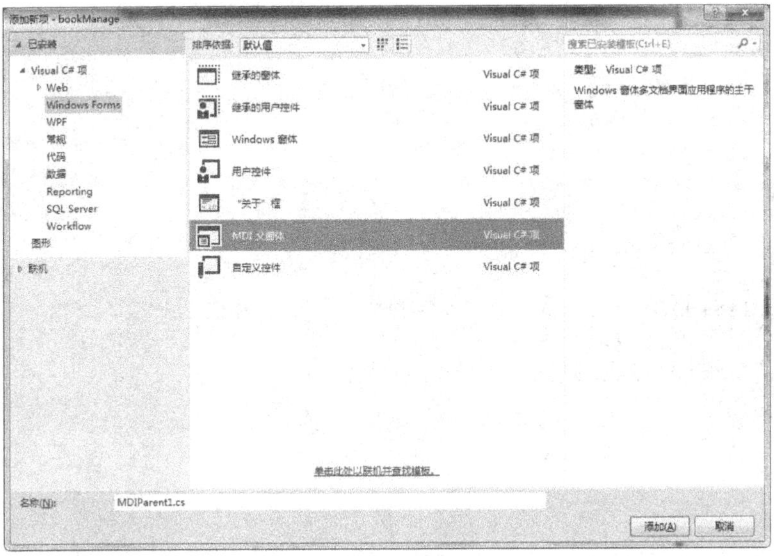

图 P4.2　添加父窗体

可用同样的方法往项目中添加子窗体，只须在“添加新项-book Manage”对话框中选择“Windows 窗体”模板即可。因新建项目时系统已自动生成了一个窗体“Form1”，这里就直接用它作为“借书还书”功能的子窗体，而无须另外添加窗体。

3. 设置窗体

在添加完应用程序所需的窗体后，还要设置各窗体属性，定义它们之间的关联和启动顺序，设计步骤如下。

1）设置父窗体属性

打开父窗体的属性窗口，把“Text”属性值设置为“图书管理系统”。删除父窗体中原有的“menuStrip”和“toolStrip”控件。

2）添加主菜单

从工具箱中拖放一个“menuStrip”菜单控件到父窗体中，分别添加“图书查询”、“借书查询”、“借书还书”、“读者管理”、“图书管理”和“关于”菜单项，如图 P4.3 所示。

图 P4.3　添加主菜单

3）删除原有代码

按 F7 键打开 MDIParent1.cs 代码页，删除 MDIParent1 部分类中除构造函数外的所有代码，删除后剩余的代码如下。

```
using System;
using System.Collections.Generic;
using System.ComponentModel;
using System.Data;
using System.Drawing;
```

```
using System.Linq;
using System.Text;
using System.Threading.Tasks;
using System.Windows.Forms;

namespace bookManage
{
    public partial class MDIParent1 : Form
    {
        public MDIParent1()         //MDIParent1 的构造方法
        {
            InitializeComponent(); //初始化
        }
    }
}
```

4）添加代码

返回窗体设计模式，双击“借书还书”按钮，系统自动切换到 MDIParent1.cs 代码页中并添加借书还书 ToolStripMenuItem_Click 方法，表示当程序运行时单击父窗体“借书还书”按钮时所执行的事件方法，代码如下：

```
private void 借书还书 ToolStripMenuItem_Click(object sender, EventArgs e)
{
    Form1 form1 = new Form1();
    form1.MdiParent = this;              //form1 的父窗体为 MDIParent1
    form1.Show();                        //显示“借书还书”子窗体
}
```

5）设置启动窗体

将父窗体设置为首选执行（启动）窗体。在“解决方案资源管理器”面板中打开“Program.cs”源文件，将“form1”修改为“MDIParent1”。修改后的代码如下。

```
……
namespace bookManage
{
    static class Program
    {
        /// <summary>
        /// 应用程序的主入口点
        /// </summary>
        [STAThread]
        static void Main()
        {
            Application.EnableVisualStyles();
            Application.SetCompatibleTextRenderingDefault(false);
            Application.Run(new MDIParent1());
        }
    }
}
```

至此完成了应用程序窗体的设置。

P4.2 功能实现：借书还书

完整的图书管理系统包括图书查询、借书查询、借书还书、读者管理、图书管理和关于等功能，限于篇幅，这里只介绍“借书还书”一项功能，感兴趣的读者可以自己完成其他的功能。

1．功能描述

“借书还书”窗体（Form1）的功能如下。

（1）根据借书证号查询此读者所借的书。当输入借书证号并单击“查询”按钮时，把该借书证号的读者所借的书本信息显示在界面上，并且在窗口左下角显示该读者姓名和借书量，若读者表中存有照片，界面上会同时显示照片，如图 P4.4 所示。

（2）输入要借图书的 ISBN 和索书号，执行借书操作。当单击“借书”按钮时，将借书证号、ISBN 和索书号作为 book_borrow 存储过程的参数并调用此存储过程，完成图书的借阅。

（3）根据提供的索书号，归还图书。当给出索书号，单击“还书”按钮时，删除数据库中对应索书号的借阅记录，并由触发器 tlend_delete 来保证读者借书量和该书库存量的正确。

此窗体主要操作数据库 MBOOK 中的“rbl”视图、调用 book_borrow 存储过程和应用 tlend_delete 触发器。

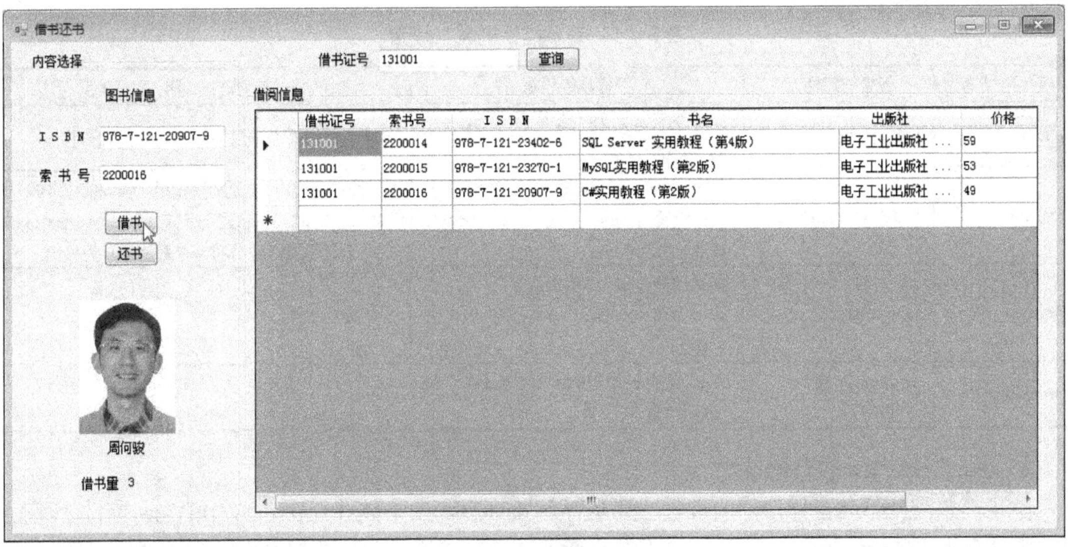

图 P4.4 “借书还书”界面

2．界面设计

“借书还书”窗体的设计步骤如下。

1）控件的布局

切换到“借书还书”窗体（Form1）设计模式，从工具箱中拖放 2 个 groupBox、3 个 button、5 个 label、5 个 textBox、1 个 pictureBox 和 1 个 dataGridView 控件到窗体上。布局好的窗体如图 P4.5 所示。此窗体的“Text”属性设置为“借书还书”。

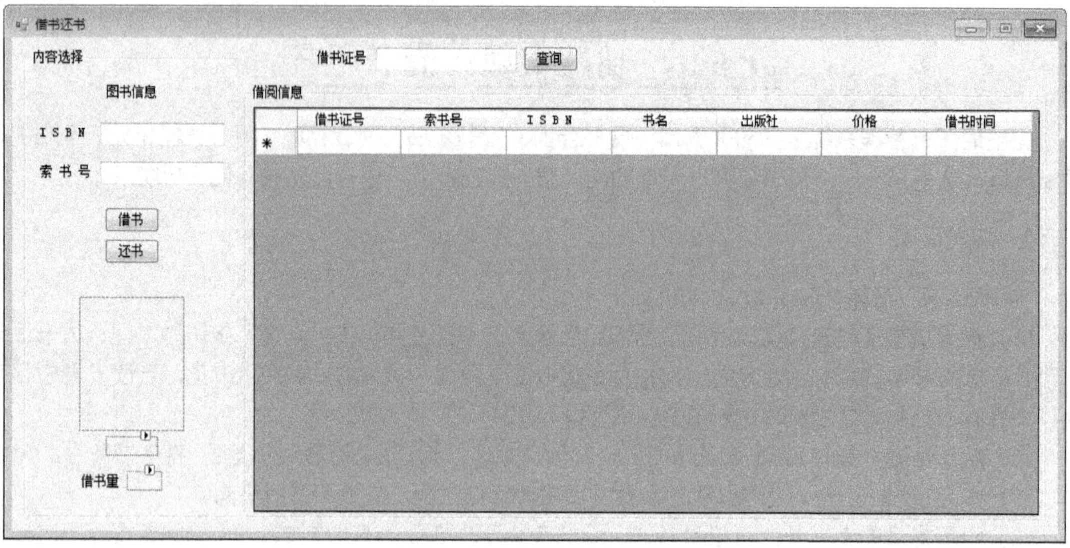

图 P4.5　控件布局后的“借书还书”窗体

2）简单控件属性的设置

此窗体上简单控件的属性设置如表 P4.1 所示。

表 P4.1　简单控件的属性设置

控件类别	包含的控件 ID	控件属性设置	说　明
button	button1~button3	Text 属性分别为“借书”、“还书”和“查询”	分别执行借还书和查询此读者所有借的书
textBox	textBox1~textBox5	其中 textBox4、textBox5 的 ReadOnly 属性设置为 True（只读），BorderStyle 属性设置为 None（无边框）	textBox1~textBox3 分别接受用户输入的“ISBN”、“索书号”和“借书证号”信息；textBox4、textBox5 则用于显示读者姓名和借书量信息，为只读
Label	label1~label5	Text 属性分别为“图书信息”、“I S B N”、“索书号”、“借书证号”和“借书量”	显示提示字样
groupBox	groupBox1 和 groupBox2	Text 属性分别设置为“内容选择”和“借阅信息”	

3）dataGridView 控件的设置

除了简单控件，此窗体控件的设置主要是针对 dataGridView 控件。在 dataGridView 控件“属性”窗口中，单击“DataSource”属性，如图 P4.6 所示，单击“添加项目数据源”按钮，弹出“数据源配置向导”对话框。

选择“数据库”并单击“下一步”按钮到“选择数据连接”页，单击“新建连接”按钮，在弹出的“添加连接”对话框中设置数据库连接参数，如图 P4.7 所示。测试连接成功后单击“确定”按钮，单击“下一步”按钮，提示是否将数据库连接字符串保存到配置文件中，勾选“是”复选框，单击“下一步”按钮。

弹出“选择数据库对象”对话框，选择 rbl 视图中的字段，如图 P4.8 所示，单击“完成”按钮完成数据源的添加。

右击“dataGridView”控件，在弹出的快捷菜单中选择“编辑列”命令，在弹出的“编辑列”对话框中将各个字段的“HeaderText”设置为对应汉字，如图 P4.9 所示，单击“确定”按钮。

图 P4.6　添加数据源

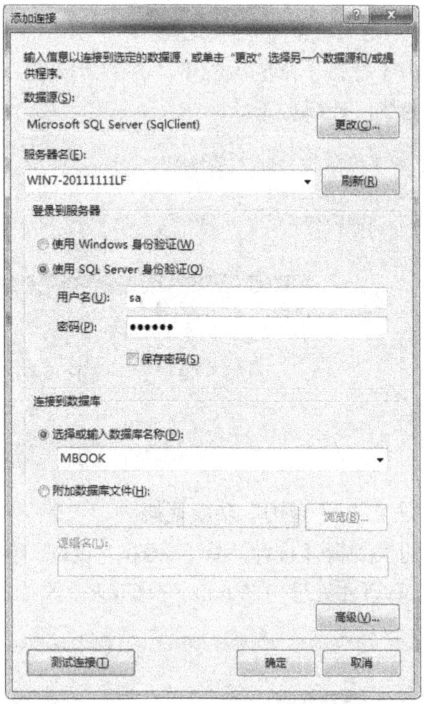

图 P4.7　设置数据库连接参数

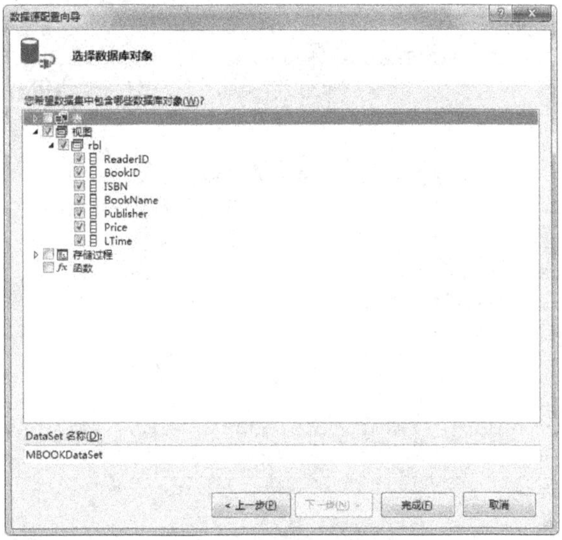

图 P4.8　选择数据库对象

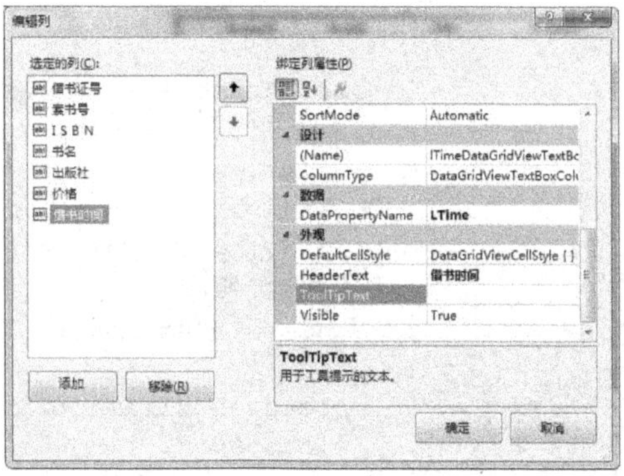

图 P4.9　编辑列

3. 代码编写

1）添加命名空间

因为本窗体涉及操作 SQL Server 2012 数据库和流的处理，所以打开 Form1.cs 代码页，添加命名空间如下。

```
using System.Data.SqlClient;
using System.IO;
```

2）定义连接字符串变量

为了在接下来的编程中，各个方法能方便地使用数据库连接字符串，将数据库连接字符串定义为成员变量，代码如下。

```
namespace bookManage
{
    public partial class Form1 : Form
    {
        string strcon = bookManage.Properties.Settings.Default.MBOOKConnectionString;
        public Form1()
        {
            InitializeComponent();
        }
    ......
}
```

3）添加“查询”功能代码

切换到窗体设计界面，双击“查询”按钮，系统切换到“Form1.cs”代码页面并添加了 Button3 的 Click 事件处理方法 button3_Click。添加的代码如下。

```
private void button3_Click(object sender, EventArgs e)     //查询读者和借阅信息
{
    SqlConnection conn = new SqlConnection(strcon);       //新建数据库连接对象
    string sqlStrSelect = "SELECT ReaderID,BookID,ISBN,BookName,Publisher,Price,
    LTime FROM rbl
    WHERE ReaderID='" + textBox3.Text.Trim() + "'";       //查询借阅信息的SQL语句
    string sqlImgSelect = "SELECT Name,Num,Photo FROM TReader WHERE ReaderID='" + textBox3.
    Text.Trim() + "'";                                 //查询读者及照片信息的 SQL 语句
    try
    {
        SqlDataAdapter adapter = new SqlDataAdapter(sqlStrSelect, conn);
                                                          //实例化数据库适配器
        DataSet dstable = new DataSet();                  //定义数据集 dstable
        adapter.Fill(dstable, "testTable");               //填充数据集
        dataGridView1.DataSource = dstable.Tables["testTable"];
        //表 testTable 为 dataGridView1 数据源
        dataGridView1.Show();                          //显示 dataGridView1 数据
        //读取和显示照片
        if (this.pictureBox1.Image != null)  //如果 pictureBox1 中有图片，则先销毁
        {
            pictureBox1.Image.Dispose();
            pictureBox1.Image = null;
        }
        SqlCommand cmd = new SqlCommand(sqlImgSelect, conn);//新建操作数据库命令对象
        conn.Open();                                      //打开数据库连接
        SqlDataReader sdr = cmd.ExecuteReader();
        MemoryStream memStream = null;                    //定义一个内存流
        if (sdr.HasRows)                                  //如果有记录
        {
            sdr.Read();                                   //读取第一行记录
            textBox4.Text = sdr["Name"].ToString();       //读取姓名
            textBox5.Text = sdr["Num"].ToString();        //读取借书量
            if (!(sdr["Photo"]==DBNull.Value))            //如果有照片
```

```
            {
                byte[] data = (byte[])sdr["Photo"];
                memStream = new MemoryStream(data);          //字节流转换为内存流
                this.pictureBox1.Image = Image.FromStream(memStream); //内存流
                                                                   转换为照片
                memStream.Close();                           //关闭内存流
            }
            sdr.Close();                                     //关闭 sdr
        }
    }
    catch (Exception ex)
    {
        MessageBox.Show(ex.Message);
    }
    finally
    {
        conn.Close();                                        //关闭数据库连接
    }
}
```

4）添加“借书”功能代码

切换到窗体设计界面，双击“借书”按钮，系统切换到“Form1.cs”代码页面并添加了 Button1 的 Click 事件处理方法 button1_Click。添加的代码如下。

```
private void button1_Click(object sender, EventArgs e)      //借书功能
{
    //检查存储过程所需的 3 个参数是否输入齐全
    if (textBox1.Text.Trim() == "" || textBox2.Text.Trim() == "" || textBox3.
    Text.Trim() == "")
    {
        MessageBox.Show("借书证号，ISBN，索书号输入完整！");
        return;
    }
    SqlConnection conn = new SqlConnection(strcon);          //新建数据库连接对象
    SqlCommand cmd = new SqlCommand("book_borrow", conn);//新建数据库命令对象
    cmd.CommandType = CommandType.StoredProcedure;           //设置命令类型为存储过程
    SqlParameter inReaderID = new SqlParameter("@in_ReaderID", SqlDbType.Char, 8);
    inReaderID.Direction = ParameterDirection.Input;         //参数类型为输入参数
    inReaderID.Value = textBox3.Text.Trim();                 //给参数赋值
    cmd.Parameters.Add(inReaderID);                          //添加“借书证号”参数
    SqlParameter inISBN = new SqlParameter("@in_ISBN", SqlDbType.Char, 18);
    inISBN.Direction = ParameterDirection.Input;
    inISBN.Value = textBox1.Text.Trim();
    cmd.Parameters.Add(inISBN);                              //添加“ISBN”参数
    SqlParameter inBookID = new SqlParameter("@in_BookID", SqlDbType.Char, 8);
    inBookID.Direction = ParameterDirection.Input;
    inBookID.Value = textBox2.Text.Trim();
    cmd.Parameters.Add(inBookID);                            //添加“索书号”参数
    SqlParameter outReturn = new SqlParameter("@out_str", SqlDbType.Char, 30);
    outReturn.Direction = ParameterDirection.Output;         //参数类型为输出参数
    cmd.Parameters.Add(outReturn);                           //添加参数
    try
    {
        conn.Open();                                         //打开数据库连接
```

```
            cmd.ExecuteNonQuery();                              //执行存储过程
            MessageBox.Show(outReturn.Value.ToString());        //输出数据库返回的信息
        }
        catch
        {
            MessageBox.Show("借书出错！");
        }
        finally
        {
            conn.Close();                                    //关闭数据库连接
            button3_Click(null, null);                       //调用 button3_Click 方法
        }
    }
```

5）添加“还书”功能代码

切换到窗体设计界面，双击“还书”按钮，系统切换到“Form1.cs”代码页面并添加了 Button2 的 Click 事件处理方法 button2_Click。添加的代码如下。

```
    private void button2_Click(object sender, EventArgs e)   //还书功能
    {
        if (textBox2.Text.Trim() == "")                       //必须输入索书号
        {
            MessageBox.Show("请输入索书号！");
            return;
        }
        SqlConnection conn = new SqlConnection(strcon);       //新建数据库连接对象
        string sqlStrDelete = "DELETE FROM TLend WHERE BookID='" + textBox2.Text.Trim() + "'";
        SqlCommand cmd = new SqlCommand(sqlStrDelete, conn); //新建数据库命令对象
        cmd.Parameters.Add("@BookID", SqlDbType.Char, 10).Value = textBox2.Text.
        Trim();                                               //添加参数
        try
        {
            conn.Open();                                      //打开数据库连接
            int a = cmd.ExecuteNonQuery();                    //执行 SQL 语句
            if (a != 0)                                       //返回值判断操作是否成功
            {
                MessageBox.Show("还书成功");
            }
            else
            {
                MessageBox.Show("没有此索书号的借阅记录！");
            }
        }
        catch
        {
                MessageBox.Show("删除错误！");
        }
        finally
        {
                conn.Close();                                //关闭数据库连接
                button3_Click(null, null);                   //调用 button3_Click 方法
        }
    }
```

至此，完成了“借书还书”窗体的设计及功能开发。

附录 A 学生成绩(pxscj)数据库表样本数据

表 A.1 学生信息表（xsb）样本数据

学　号	姓　名	性　别	出生时间	专　业	总学分	备　注
191301	王林	男	1995-2-10	计算机	50	
191302	程明	男	1996-2-1	计算机	50	
191303	王燕	女	1994-10-6	计算机	50	
191304	韦严平	男	1995-8-26	计算机	50	
191306	李方方	男	1995-11-20	计算机	50	
191307	李明	男	1995-5-1	计算机	54	提前修完《数据结构》
191308	林一帆	男	1994-8-5	计算机	52	班长
191309	张强民	男	1994-8-11	计算机	50	
191310	张蔚	女	1996-7-22	计算机	50	三好学生
191311	赵琳	女	1995-3-18	计算机	50	
191313	严红	女	1994-8-11	计算机	48	C++语言不及格，待补考
221301	王敏	男	1994-6-10	通信工程	42	
221302	王林	男	1994-1-29	通信工程	40	C++语言不及格，待补考
221303	王玉民	男	1995-3-26	通信工程	42	
221304	马琳琳	女	1995-2-10	通信工程	42	
221306	李计	男	1995-9-20	通信工程	42	
221310	李红庆	男	1994-5-1	通信工程	44	三好学生
221316	孙祥欣	男	1994-3-19	通信工程	42	
221318	孙研	男	1995-10-9	通信工程	42	
221320	吴薇华	女	1995-3-18	通信工程	42	
221321	刘燕敏	女	1994-11-12	通信工程	42	
221341	罗林琳	女	1995-1-30	通信工程	50	准备转专业学习

表 A.2 学生表（xsb）表结构

列　名	数据类型	长　度	是否可空	默认值	说　明
学号	定长字符型（char）	6	×	无	主键，前两位表示班级，中间两位为年级号，后两位为序号
姓名	定长字符型（char）	8	×	无	
性别	位型（bit）	默认值	√	1	1 为男；0 为女
出生时间	日期型（date）	默认值	√	无	
专业	定长字符型（char）	12	√	无	
总学分	整数型（int）	默认值	√	0	
备注	不定长字符型（varchar）	500	√	无	

表 A.3 课程表（kcb）样本数据

课程号	课程名	开课学期	学时	学分
101	计算机基础	1	80	5
102	程序设计与语言	2	68	4
206	离散数学	4	68	4
208	数据结构	5	68	4
210	计算机原理	5	85	5
209	操作系统	6	68	4
212	数据库原理	7	68	4
301	计算机网络	7	51	3
302	软件工程	7	51	3

表 A.4 课程表（kcb）表结构

列名	数据类型	长度	是否可空	默认值	说明
课程号	定长字符型（char）	3	×	无	主键
课程名	定长字符型（char）	16	×	无	
开课学期	整数型（tinyint）	1	√	1	范围为 1～8
学时	整数型（tinyint）	1	√	0	
学分	整数型（tinyint）	1	×	0	范围为 1～6

表 A.5 成绩表（cjb）样本数据

学号	课程号	成绩	学号	课程号	成绩	学号	课程号	成绩
191301	101	80	191307	101	78	191311	206	76
191301	102	78	191307	102	80	191313	101	63
191301	206	76	191307	206	68	191313	102	79
191303	101	62	191308	101	85	191313	206	60
191303	102	70	191308	102	64	221301	101	80
191303	206	81	191308	206	87	221302	101	65
191304	101	90	191309	101	66	221303	101	87
191304	102	84	191309	102	83	221304	101	91
191304	206	65	191309	206	70	221310	101	76
191302	102	78	191310	101	95	221316	101	81
191302	206	78	191310	102	90	221318	101	70
191306	101	65	191310	206	89	221320	101	82
191306	102	71	191311	101	91	221321	101	76
191306	206	80	191311	102	70	221341	101	90

表 A.6 成绩表（cjb）表结构

列名	数据类型	长度	是否可空	默认值	说明
学号	定长字符型（char）	6	×	无	主键
课程号	定长字符型（char）	3	×	无	主键
成绩	整数型（int）	默认值	√	0	范围为 0～100

附录 B SQL Server 与 XML

SQL Server 提供将关系数据和 XML 结合在一起的数据库解决方案的能力。XML 在 SQL Server 中的应用主要有创建 XML 类型的字段并导入 XML 文件内容；定义 XML 类型的变量；为 XML 类型的字段设置 XML 索引；使用 XQuey 对 XML 字段的内容进行查询；使用 FOW XML 子句将 SELECT 查询结果转换为 XML 格式等。

B.1 XML 类型

【例 B.1】 在 pxscj 数据库中创建一个表 Xmltable，表中包含两列，即 Name 和 Content，分别存储 XML 文件名和 XML 文件的内容；定义一个 XML 类型的变量并赋值。

创建表 Xmltable 的 T-SQL 语句如下。

```
USE pxscj
GO
CREATE TABLE Xmltable
(
    Name char(20)NOT NULL PRIMARY KEY,
    Content  xml  NULL,
)
```

定义的 XML 类型变量的 T-SQL 语句如下。

```
DECLARE @doc xml
SELECT
@doc=N'<XMLdata><name>note.xml</name><content>Hello!</content></XMLdata>'
```

说明：

也可以以界面方式新建包含 XML 类型列的表。

B.2 在 SQL Server 中导入 XML 数据

在表中新建了 XML 类型的列以后，需要将 XML 文件中的数据导入到 SQL Server 的相关数据表中，才能进行 XML 数据的查询。要导入 XML 数据，首先要保证相应的数据表中有 XML 类型的字段。导入 XML 数据的方法一般有两种。

1. 使用 INSERT 语句直接插入

可以使用 INSERT 语句将 XML 数据以字符串形式直接插入 XML 类型列中。

【例 B.2】 向新建的表 Xmltable 中插入一行包含 XML 数据的记录，示例数据为之前定义的 note.xml 文件的内容。

```
INSERT INTO Xmltable VALUES('note.xml', '<note><to>wang</to><from age="20">zhang</from>
```

```
<heading>Reminder</heading><body>Don&apos;t forget me this weekend!</body></note>')
```

2. 使用行集函数 OPENROWSET 语句

当 XML 文件的内容较多时，可以使用行集函数 OPENROWSET 来完成。OPENROWSET 函数返回一个表，可以在查询的 FROM 子句中像引用表名那样引用 OPENROWSET 函数。将 OPENROWSET 函数返回的内容用做 INSERT 或 MERGE 语句的源表，即可将数据文件中的数据导入到 SQL Server 表中。

OPENROWSET 函数的语法格式如下。

```
OPENROWSET
(
    BULK '数据文件'
    , { FORMATFILE = '格式化文件路径' [ <bulk 选项> ]
    | SINGLE_BLOB | SINGLE_CLOB | SINGLE_NCLOB }
)
```

说明：

（1）BULK：使用 OPENROWSET 的 BULK 行集访问接口读取文件中的数据。在 SQL Server 中，OPENROWSET 无须将数据文件中的数据加载到目标表，便能够读取这些数据。这样便可在单个 SELECT 语句中使用 OPENROWSET。

（2）'数据文件'：数据文件的完整路径，该文件的数据将被复制到目标表中。

（3）FORMATFILE= '格式化文件路径'：指定格式化文件的完整路径。<bulk 选项>用于指定 BULK 选项的一个或多个参数，这里不展开讨论。

（4）SINGLE_BLOB：表示将数据文件的内容作为类型为 varbinary(MAX)的单行单列行集返回。

（5）SINGLE_CLOB：表示通过以 ASCII 格式读取数据文件，使用当前数据库的排序规则将内容作为类型为 varchar(MAX)的单行单列行集返回。

（6）SINGLE_NCLOB：表示通过以 Unicode 格式读取数据文件，使用当前数据库的排序规则将内容作为类型为 nvarchar(MAX)的单行单列行集返回。

注意：

这里建议用户仅使用 SINGLE_BLOB 选项（而不是 SINGLE_CLOB 和 SINGLE_NCLOB）导入 XML 数据，因为只有 SINGLE_BLOB 支持所有的 Windows 编码转换。

与 SELECT 一起使用的 FROM 子句可以调用 OPENROWSET(BULK…)而非表名，同时可以实现完整的 SELECT 功能。带有 BULK 选项的 OPENROWSET 函数在 FROM 子句中需要使用 AS 子句指定一个别名。也可以指定列别名，如果未指定列别名列表，则格式化文件必须具有列名，指定列别名会覆盖格式化文件中的列名。例如：

```
SELECT … FROM OPENROWSET(BULK…) AS table_alias
SELECT … FROM OPENROWSET(BULK…) AS table_alias(column_alias,…n)
```

【例 B.3】 假设 note.xml 文件保存在 D 盘根目录下，使用 OPENROWSET 函数将该文件导入到数据表 Xmltable 中。

插入数据使用如下语句。

```
INSERT INTO Xmltable(name, content)
    SELECT 'note2.xml' AS name, *
        FROM OPENROWSET(BULK N'D:\note.xml', SINGLE_BLOB) AS note
```

XML 数据插入后可以使用 SELECT 语句查看插入了哪些数据。

```
SELECT * FROM Xmltable
```

B.3 XQuery 的基本用法

XQuery 是一种从 XML 文档中查找和提取元素及属性的查询语言，可以查询结构化甚至半结构化的 XML 数据。由于 SQL Server 数据库引擎中提供 XML 数据类型支持，因此可以将文档存储在数据库中，然后使用 XQuery 进行查询。XQuery 基于现有的 XPath 查询语言。

1．XPath 语法

XPath 是一种在 XML 文档中查找信息的语言，使用 XPath 的标准路径表达式可以在 XML 文档中选取相应的 XML 节点。在 XPath 中有 7 种类型的节点：元素、属性、文本、命名空间、处理指令、注释和文档（根）节点。例如，在之前创建的 note.xml 文件中，“<note>”是根节点，“<to>wang</to>”是元素节点，“age="20"”是属性节点。

XPath 是根据路径表达式在 XML 文档中查找信息的，其路径表达式与 Windows 的文件路径类似。可以把 XPath 看成文件管理路径，通过文件管理路径，可以按照一定的规则查找所需要的文件；同样，依据 XPath 所制定的规则，也可以很方便地找到 XML 结构文档树中的任何一个节点。XPath 中常用的基本表达式在表 B.1 中列出。表 B.2 中给出了一些 XPath 中路径表达式的实例。

表 B.1 XPath 中的常用基本表达式

表 达 式	描 述
nodename	选取此节点的所有子节点
/	从根节点选取
//	从匹配选择的当前节点选择文档中的节点，而不考虑它们的位置
.	选取当前节点
..	选取当前节点的父节点
@	选取属性

表 B.2 XPath 路径表达式实例

路径表达式实例	含 义
school	选择 school 下的所有子节点
/school	选取根元素 school，假如路径起始于正斜杠“/”，则此路径始终代表到某元素的绝对路径
school/class	选取所有属于 school 的子元素的 class 元素
//class	选取所有 class 子元素，而不管它们在文档中的位置
school//book	选择所有属于 school 元素的后面的 class 元素，而不管它们位于 school 之下的什么位置
//@property	选取所有名为 property 的属性

另外，还可以使用谓词和通配符表达更为复杂的路径表达式，如表 B.3 所示。

表 B.3 复杂的路径表达式实例

路径表达式实例	含 义
/school/class[1]	选取属于 school 的第 1 个 class 元素
/school/class[last()]	选取属于 school 的最后 1 个 class 元素
/school/class[last()-1]	选取属于 school 的倒数第 2 个 class 元素
/school/class[position<4]	选取属于 school 的最前面 3 个 class 元素
/school/class[student_count>35]	选取所有 school 元素的 class 元素，且其中 student_count 元素的值必须大于 35
//school[@property="20"]	选取所有属性 property 等于 20 的 school 元素
/school/*	选取 school 下的所有子节点
//*	选取所有元素
//property=[@*]	选取所有带有 property 属性的元素

XPath 的作用是选取相应的 XML 节点，而在对 XML 文档的具体数据进行查询时，仅仅使用 XPath 是不够的。所以在 XPath 的基础上引入了 XQuery，XQuery 使用与 XPath 相同的函数和运算符，所以 XPath 中的路径表达式在 XQuery 中也适用。

2．XML 数据类型方法

SQL Server 系统提供了一些内置的用于 XML 数据类型的方法。由于 XML 数据是分层次的，具有完整的结构和元数据，所以在查询 XML 实例时与普通数据类型不同。可以使用 XML 数据类型方法查询存储在 XML 类型的变量或列中的 XML 实例。常用的 XML 数据类型方法有以下几种。

1）query()方法

其语法格式如下。

```
query ('XQuery')
```

该方法只有一个参数 XQuery，XQuery 为一个字符串，用于指定查询 XML 实例中的 XML 节点（如元素、属性）的 XQuery 表达式。query()方法返回一个 XML 类型的结果。

【例 B.4】 声明一个 XML 变量并将有关学生信息的 XML 数据分配给它，再使用 query()方法对文档指定 XQuery 来查询<student>子元素。

代码如下：

```
DECLARE @xmldoc xml
SET @xmldoc=' <school>
<class>
    <student>
        <name>王林</name>
        <sex>男</sex>
        <age>20</age>
    </student>
    <student>
        <name>何丽</name>
        <sex>女</sex>
        <age>21</age>
    </student>
</class>
</school>'
SELECT @xmldoc.query('/school/class/student') AS 学生信息
```

2）value()方法

其语法格式如下。

```
value (XQuery, SQLType)
```

value()方法对 XML 执行 XQuery 查询，并返回 SQL 类型的标量值。通常，可以使用此方法从 XML 类型列、参数或变量内存储的 XML 实例中提取值。这样就可以指定将 XML 数据与非 XML 列中的数据进行合并或比较的 SELECT 查询了。

> **说明：**
>
> - XQuery：XQuery 表达式，一个字符串文字，从 XML 实例内部检索数据。XQuery 必须最多返回一个值，否则将返回错误。
> - SQLType：要返回的首选 SQL 数据类型，value()方法的返回类型要与 SQLType 参数匹配。

【例 B.5】 使用 value()方法从 XML 数据中查询出元素的属性值，并赋给 char 变量。

代码如下：

```
DECLARE @xmldoc xml
DECLARE @number char(6)
SET @xmldoc=' <school>
<class>
    <student number="191301">
        <name>王林</name>
        <sex>男</sex>
        <age>20</age>
    </student>
    <student number="191302">
        <name>何丽</name>
        <sex>女</sex>
        <age>21</age>
    </student>
</class>
</school>'
SET @number=@xmldoc.value('(/school/class/student/@number)[1]','char(6)')
SELECT @number AS 学号
```

> **说明：**
>
> vaule()方法返回一个带有结果的非 XML 数据类型，且只能返回单个值。

3）exist()方法

其语法格式如下。

```
exist (XQuery)
```

exist()方法返回一个“位”值，表示下列条件之一。

- 1，表示 True（如果查询中的 XQuery 表达式返回一个非空结果），即它至少返回一个 XML 节点。
- 0，表示 False（如果它返回一个空结果）。
- NULL（如果执行查询的 XML 数据类型实例包含 NULL）。

【例 B.6】 使用 exist()方法判断一个 XML 变量中是否存在某个属性。

代码如下，执行结果如图 B.1 所示。

	位值
1	1

图 B.1　exist()方法的使用

```
DECLARE @xmldoc xml
SET @xmldoc= '<student name="王林"></student>'
SELECT @xmldoc.exist('/student/@name') AS 位值
```

4）modify()方法

其语法格式如下。

```
modify (XML_DML)
```

使用该方法可以修改 XML 文档的内容，也可以修改 XML 类型变量或列的内容等。XML_DML 参数是 XML DML 中的字符串，使用 XML DML 语句可以在 XML 数据中插入、更新或删除节点。modify()方法只能在 UPDATE 语句的 SET 子句中使用。

XML DML 是对 XQuery 语言的扩展，使 XQuery 语言能够进行数据操作（DML）。XML DML 将下列区分大小写的关键字添加到 XQuery 中：insert（插入）、delete（删除）、replace value of（替换）。

XML DML 中 insert 关键字的功能是将一个或多个节点作为 XML 实例中节点的子节点或同级节点插入 XML 实例中。其语法格式如下。

```
INSERT  表达式1 {{AS FIRST | AS LAST} INTO | AFTER | BEFORE}表达式2
```

> **说明：**
>
> （1）表达式 1：标识要插入的一个或多个节点。
>
> （2）表达式 2：标识 XML 实例中的节点。“表达式 1”标识的节点是相对于“表达式 2”标识的节点插入的。“表达式 2”可以是 XQuery 表达式，返回当前被引用的文档中现有节点的引用。如果返回多个节点，则插入失败。如果“表达式 2”返回一个空序列，则不会发生插入操作，并且不会返回任何错误。
>
> （3）INTO | AFTER | BEFORE：INTO 关键字表示“表达式 1”标识的节点作为“表达式 2”标识的节点的子节点插入。如果“表达式 2”中的节点已有一个或多个子节点，则必须使用 AS FIRST 或 AS LAST 来指定，所需的新节点的添加位置分别在子列表的开头或末尾。插入属性时忽略 AS FIRST 和 AS LAST 关键字。AFTER 表示“表达式 1”标识的节点作为“表达式 2”标识的节点的同级节点直接插入在其后面。而 BEFORE 则表示“表达式 1”标识的节点作为“表达式 2”标识的节点的同级节点直接插入在其前面。

【例 B.7】 使用 XML DML 语句在一段 XML 数据中一个节点的后面添加一个节点。

代码如下：

```
DECLARE @xmldoc xml
SET @xmldoc='<student><name>王林</name><sex>男</sex><age>20</age></student>'
SELECT @xmldoc AS 插入节点前数据
SET @xmldoc.modify('INSERT <birthday>1991-02-10</birthday> after (/student/sex)[1]')
SELECT @xmldoc 插入节点后数据
```

执行结果如图 B.2 所示。

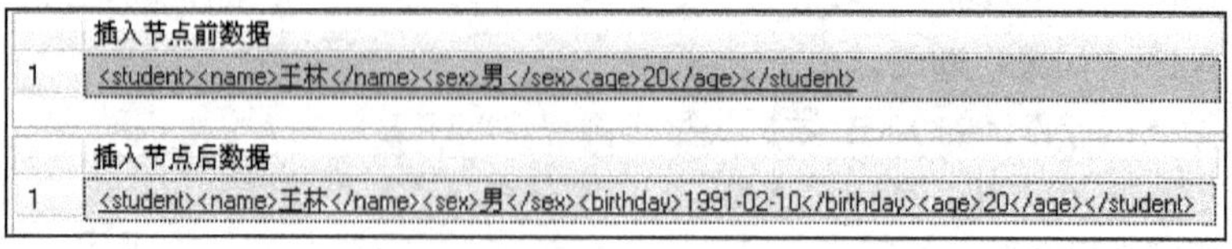

图 B.2 插入节点

XML DML 语句的 DELETE 关键字的功能是删除 XML 实例中的节点。其语法格式如下。

```
DELETE 表达式
```

表达式不能是根节点。如果表达式返回空序列，则不进行删除，不返回错误。

【例 B.8】 删除 XML 类型变量中的一个节点。

代码如下：

```
DECLARE @xmldoc xml
SET @xmldoc= '<student><name>王林</name><sex>男</sex><age>20</age></student>'
SELECT @xmldoc AS 删除节点前数据
SET @xmldoc.modify('DELETE (/student/age)[1]')
SELECT @xmldoc 删除节点后数据
```

执行结果如图 B.3 所示。

图 B.3 删除节点

XML DML 语句的 REPLACE VALUE OF 关键字的功能是在 XML 文档中更新节点的值。其语法格式如下。

```
REPLACE VALUE OF 表达式1 WITH 表达式2
```

“表达式 1”标识其值要更新的节点，它必须仅标识一个单个节点。“表达式 2”用于指定节点的新值。

【例 B.9】 将学生信息的 XML 数据中的 name 节点的属性值“081101”使用“091101”来代替。

代码如下：

```
DECLARE @xmldoc xml
SET @xmldoc= '<student><name number="081101">王林</name><sex>男</sex><age>20
</age> </student>'
SELECT @xmldoc AS 更新节点前数据
SET @xmldoc.modify('REPLACE VALUE OF (/student/name/@number)[1] with "091101" ')
SELECT @xmldoc 更新节点后数据
```

执行结果如图 B.4 所示。

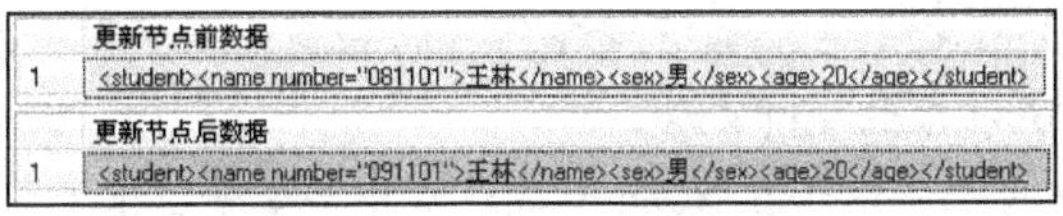

图 B.4 更新节点的值

5）nodes()方法

nodes()方法可以将 XML 实例拆分成关系数据。nodes()方法的结果是一个包含原始 XML 实例的逻辑副本的行集。在这些逻辑副本中，每个行示例的上下文节点都被设置成由查询表达式标识的节点之一。这样，后续的查询可以浏览与这些上下文节点相关的节点。其语法格式如下。

```
nodes (XQuery) AS 表(列)
```

XQuery 参数是一个字符串形式的 XQuery 表达式。如果查询表达式构造节点，这些已构造的节点将在结果行集中显示。“表(列)”用于指定结果行集的表名称和列名称。

【例 B.10】 使用 nodes()方法查找并列的<student>节点。

代码如下，执行结果如图 B.5 所示。

```
DECLARE @xmldoc xml
SET @xmldoc='<class>
<student number="081101">
    <name>王林</name>
        <sex>男</sex>
        <age>20</age>
    </student>
    <student number="081102">
        <name>王燕</name>
        <sex>女</sex>
        <age>21</age>
    </student>
</class>'
SELECT T.a.QUERY('.') AS 结果
    FROM @xmldoc.nodes('/class/student') T(a)
```

	结果
1	<student number="081101"><name>王林</name><sex>男</sex><age>20</age></student>
2	<student number="081102"><name>王燕</name><sex>女</sex><age>21</age></student>

图 B.5　nodes()方法的使用

3. XQuery 查询

SQL Server 支持的 XQuery 基本语法中除了能够使用 Xpath 路径表达式进行查询外，还包含一个通用标准格式：FLWOR 表达式。FLWOR 是 For、Let、Where、Order by、Return 的缩写。以下示例说明了 FLWOR 的用法（假设 book 元素是根元素）。

```
for $x in doc("note.xml")/book/note
let $y :=/book/note/to
where $x/number<20
order by $x/brand
return $x/brand
```

说明：

FLWOR 表达式可以由以下几部分组成。

（1）for 语句：将 note.xml 文件中 book 元素下所有的 note 元素提取出来赋给变量$x。其中，doc()是内置函数，其作用是打开相应的 xml 文档。

（2）let 语句：该语句可选，用于在 XQuery 表达式中为变量赋值。

（3）where 语句：该语句可选，用于选取 note 元素下 number 元素小于 20 的 note 元素。

（4）order by 语句：该语句可选，用于指定查询结果按照 brand 升序排序。

（5）return 语句：return 语句中的表达式用于构造 FLWOR 表达式的结果。

【例 B.11】 查询 xml 文档中 age 元素小于 20 的 name 元素的数据。

代码如下，执行结果如图 B.6 所示。

```
DECLARE @xmldoc xml
SET @xmldoc='<class>
<student number="081101">
```

```
    <name>王林</name><sex>男</sex><age>20</age>
</student>
<student number="081102">
    <name>王燕</name><sex>女</sex><age>19</age>
</student>
    <student number="081103">
    <name>程明</name><sex>男</sex><age>18</age>
</student>
</class>'
SELECT @xmldoc.query('/class/student [age<20]')
```

	(无列名)
1	<student number="081102"><name>王燕</name><sex>女</sex><age>19</age></student><student number="081103"><name>程明</name><sex>男</sex><age>18</age></student>

图 B.6　查询 age 元素小于 20 的 XML 数据

【例 B.12】 使用 FLWOR 表达式查询 XML 数据。

代码如下，执行结果如图 B.7 所示。

```
DECLARE @x XML
SET @x='<ManuInstructions ProductModelID="1" ProductModelName="SomeBike" >
    <Location LocationID="L1" >
        <Step>Manu step 1 at Loc 1</Step>
        <Step>Manu step 2 at Loc 1</Step>
        <Step>Manu step 3 at Loc 1</Step>
    </Location>
    <Location LocationID="L2" >
        <Step>Manu step 1 at Loc 2</Step>
        <Step>Manu step 2 at Loc 2</Step>
        <Step>Manu step 3 at Loc 2</Step>
    </Location>
    </ManuInstructions>'
SELECT @x.query( 'for $step in /ManuInstructions/Location[1]/Step
        return string($step) ' )
```

	(无列名)
1	Manu step 1 at Loc 1 Manu step 2 at Loc 1 Manu step 3 at Loc 1

图 B.7　FLWOR 表达式的使用

B.4　FOR XML 子句的使用

在 SELECT 语句中使用 FOR XML 子句可以将 SQL Server 中表的数据检索出来并自动生成 XML 格式。其语法格式如下。

```
FOR XML
{
    { RAW [ ( '元素名' ) ] | AUTO }
    [    <通用指令>
        [ , { XMLDATA | XMLSCHEMA [ ( '目标命名空间 URI' ) ] } ]
        [ , ELEMENTS [ XSINIL | ABSENT ]
    ]
    | EXPLICIT [ <通用指令> [ , XMLDATA ] ]
```

```
    | PATH [ ( '元素名' ) ] [<通用指令> [ , ELEMENTS [ XSINIL | ABSENT ] ] ]
}
```

其中，<通用指令>的语法格式如下。

```
<通用指令> ::=
[ , BINARY BASE64 ]
[ , TYPE ]
[ , ROOT [ ( '根元素名' ) ]]
```

由语法格式可以看出，FOR XML 子句可以分为 4 种模式：RAW、AUTO、EXPLICIT 和 PATH。下面将具体介绍这些模式。

1. FOR XML RAW

FOR XML RAW 是 FOR XML 查询模式中最简单的一种。它获得查询结果并将结果集内的每一行转换为以一般标识符<row />作为元素标记的 XML 元素。默认情况下，RAW 模式下元素名称为<row>，结果集中非空的列值将映射为<row>元素的一个属性，即<row>元素的属性名称为列名或列别名。如果需要定义其他元素名称，则可以使用"元素名"来指定。

RAW 模式下可以使用以下选项。

- BINARY BASE64：指定查询返回二进制 base64 编码格式的二进制数据。
- TYPE：指定查询以 XML 类型返回结果。
- ROOT [('根元素名')]：指定将一个根元素添加到结果 XML 中。可指定要使用"'根元素名'"生成的根元素名称，如果不指定，则默认为<root>。
- XMLDATA：返回内联 XDR 架构，但不将根元素添加到结果中。后续的 SQL Server 版本将删除该选项，这里不推荐使用。
- XMLSCHEMA [('目标命名空间 URI')]：返回内联 XSD 架构。如果指定该选项（用于返回架构中指定的命名空间），则可以选择指定目标命名空间 URI。
- ELEMENTS：指定列作为子元素返回。其中，ELEMENTS XSINIL 指定为空列值创建其 xsi:nil 属性设置为 True 的元素。ELEMENTS ABSENT 指示对于空列值，将不在 XML 结果中添加对应的 XML 元素。

【例 B.13】 查询 pxscj 数据库的 XSB 表中总学分大于 50 的学生信息，并将结果返回为 XML 元素。

代码如下，执行结果如图 B.8 所示。

```
USE pxscj
GO
SELECT 学号, 姓名, 性别, 出生时间
    FROM XSB
    WHERE 总学分>50
    FOR XML RAW
```

```
<row 学号="081101" 姓名="王林    " 性别="1" 出生时间="1990-02-10" />
<row 学号="081107" 姓名="李明    " 性别="1" 出生时间="1990-05-01" />
<row 学号="081108" 姓名="林一帆  " 性别="1" 出生时间="1989-08-05" />
```

图 B.8 使用 RAW 模式将查询结果生成为 XML 元素

【例 B.14】 使用 RAW 模式指定以 XML 类型返回结果。

代码如下，执行结果如图 B.9 所示。

```
DECLARE @x XML
```

```
SET @x=(SELECT *
        FROM KCB
        FOR XML RAW('course'),TYPE)
SELECT @x
```

执行结果如图 B.9 所示。

```
<course 课程号="101" 课程名="计算机基础          " 开课学期="1" 学时="80" 学分="5" />
<course 课程号="102" 课程名="程序设计与语言      " 开课学期="2" 学时="68" 学分="4" />
<course 课程号="206" 课程名="离散数学            " 开课学期="4" 学时="68" 学分="4" />
<course 课程号="208" 课程名="数据结构            " 开课学期="5" 学时="68" 学分="4" />
<course 课程号="209" 课程名="操作系统            " 开课学期="6" 学时="68" 学分="4" />
<course 课程号="210" 课程名="计算机原理          " 开课学期="5" 学时="85" 学分="5" />
<course 课程号="212" 课程名="数据库原理          " 开课学期="7" 学时="68" 学分="4" />
<course 课程号="301" 课程名="计算机网络          " 开课学期="7" 学时="51" 学分="3" />
<course 课程号="302" 课程名="软件工程            " 开课学期="7" 学时="51" 学分="3" />
```

图 B.9　返回 XML 类型的结果

2. FOR XML AUTO

FOR XML AUTO 模式也返回 XML 文档，该模式将查询结果返回为嵌套的 XML 树形式。不过和 RAW 模式不同的是，在 AUTO 模式中使用表名作为元素名称，FROM 子句中每个在 SELECT 子句中至少列出一次的表都被表示为一个 XML 元素，使用列名作为属性名称。AUTO 模式中使用的选项命令与 RAW 模式的相同。

【例 B.15】 使用 AUTO 模式检索出学生的学号、课程名和成绩信息。

代码如下，执行结果如图 B.10 所示。

```
SELECT CJB.学号, 课程名, 成绩
    FROM CJB JOIN KCB
        ON CJB.课程号=KCB.课程号
    FOR XML AUTO
```

```
<CJB 学号="081101" 成绩="80">
  <KCB 课程名="计算机基础        " />
</CJB>
<CJB 学号="081101" 成绩="78">
  <KCB 课程名="程序设计与语言    " />
</CJB>
<CJB 学号="081101" 成绩="76">
  <KCB 课程名="离散数学          " />
</CJB>
<CJB 学号="081102" 成绩="78">
  <KCB 课程名="程序设计与语言    " />
  <KCB 课程名="离散数学          " />
</CJB>
<CJB 学号="081103" 成绩="62">
  <KCB 课程名="计算机基础        " />
</CJB>
<CJB 学号="081103" 成绩="70">
  <KCB 课程名="程序设计与语言    " />
</CJB>
<CJB 学号="081103" 成绩="81">
  <KCB 课程名="离散数学          " />
</CJB>
```

……

图 B.10　使用 AUTO 模式生成 XML 元素

3. FOR XML EXPLICIT

使用 RAW 和 AUTO 模式都不能很好地控制从查询结果生成的 XML 的形状，而 FOR XML EXPLICIT 模式允许用户显式定义结果 XML 树的形状。EXPLICIT 模式产生独立于表的具有任意树形的层次结构。

如果直接在 SELECT 语句中使用 FOR XML EXPLICIT 子句会出现错误。要正确使用 FOR XML

EXPLICIT 模式，在 SELECT 关键字后必须增加两个数据列：Tag 和 Parent。第一列名称为 Tag，Tag 列必须提供当前元素的标记号（整数类型），查询必须为从行集构造的每个元素提供唯一标记号。第二列名称为 Parent，Parent 列必须提供父元素的标记号，如果父元素为根元素，则可以使用 NULL 或 0。这样，Tag 和 Parent 列将提供层次结构信息。例如，若 Tag 列的值为 1，Parent 列的值为 NULL，则相应的元素将作为根元素；若 Tag 列的值为 2，Parent 列的值为 1，则标记号为 2 的数据列的一组元素将作为根元素的子元素添加。

除了在 SELECT 子句后包含 Tag 和 Parent 列外，还应该至少包含一个数据列。其语法格式如下。

```
[ 元素名!标记号!属性名!指令 ]
```

说明：

- 元素名：所生成元素的通用标识符。例如，如果将元素名指定为 Customers，将生成<Customers>元素。
- 标记号：分配给元素的唯一标记值。
- 属性名：提供要在指定的元素名中构造的属性名称。
- 指令：指令是可选的，可以使用它来提供有关 XML 构造的其他信息。

可以将 HIDE、ELEMENT、ELEMENTXSINIL、XML、XMLTEXT 和 CDATA 关键字用做指令。HIDE 指令会隐藏节点；ELEMENT 指令生成的结果中包含的是元素而不是属性；如果要为 NULL 列值生成元素，可以指定 ELEMENTXSINIL 指令；除不发生实体编码外，XML 指令与 ELEMENT 指令相同；如果指定了 XMLTEXT 指令，则列内容包装在与文档的其余部分集成在一起的单个标记中；CDATA 指令通过将数据与 CDATA 部分包装在一起来包含数据。

一般使用一个 SELECT 语句往往不能体现出 FOR XML EXPLICIT 子句的优势，所以通常使用 UNION 语句将两个或两个以上的 SELECT 语句连接起来。

【例 B.16】 使用 EXPLICIT 模式检索出学号、姓名、总学分 3 列的信息。

代码如下：

```
SELECT DISTINCT 1 AS Tag, NULL AS Parent,
        XSB.学号 AS [学生信息!1!学号],
        姓名 AS [学生信息!1!姓名],
        NULL AS [成绩信息!2!成绩]
    FROM XSB, CJB
    WHERE XSB.学号=CJB.学号
UNION ALL
SELECT 2 AS Tag, 1 AS Parent,
        XSB.学号, 姓名, 成绩
    FROM XSB, CJB
    WHERE XSB.学号=CJB.学号
    ORDER BY [学生信息!1!学号],[成绩信息!2!成绩]
FOR XML EXPLICIT
```

说明：

上述语句中使用 UNION ALL 组合了两个查询，第一个查询将<学生信息>设为父元素，并设置属性“学号”和“姓名”，将值 2 赋给<成绩信息>元素的 Tag，将值 1 赋给 Parent，从而将<成绩信息>设为<学生信息>的子元素。应用 FOR XML EXPLICIT，并指定所需的 ORDER BY 子句。必须先按“学号”、再按“成绩”对行集进行排序，以便先显示成绩中的 NULL 值，如图 B.11 所示。

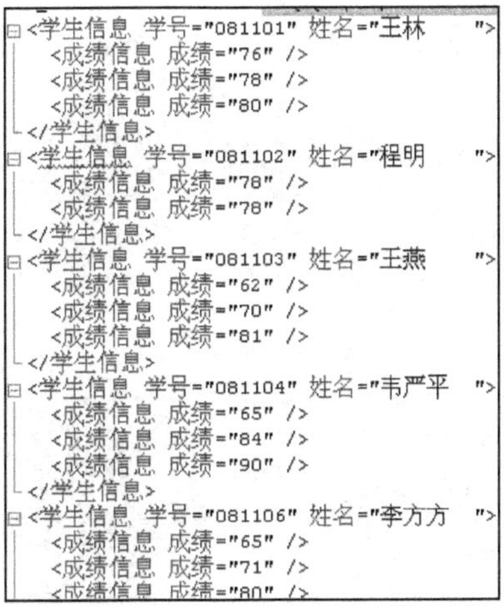

图 B.11 使用 EXPLICIT 模式生成 XML 元素

4．FOR XML PATH

FOR XML PATH 模式提供了一种更简单的方法来混合元素和属性。PATH 模式还是一种用于引入附加嵌套来表示复杂属性的较简单的方法。使用 PATH 模式可以为使用 EXPLICIT 指令所编写的查询提供更简单的代替方案。其语法格式如下。

```
FOR XML PATH [ ( '元素名' ) ] [<通用指令> [ , ELEMENTS [ XSINIL | ABSENT ] ] ]
```

> **说明：**
>
> 默认情况下，PATH 模式为结果集中的每一行生成一个<row>元素，也可以使用“元素名”自定义元素的名称。如果提供了空字符串（如 FOR XML PATH('')），则不会生成任何元素。

在 PATH 模式中，列名或列别名被作为 XPath 表达式来处理。这些表达式指明了如何将值映射到 XML。每个 XPath 表达式都是一个相对 XPath，它提供了项类型（如属性、元素和标量值）及将相对于行元素而生成的节点的名称和层次结构。

如果查询生成的结果集中包含了列名，则指定的列名将作为<row>元素的子元素，相应的列值将作为元素的内容。例如：

```
SELECT *
    FROM XSB
    WHERE 学号= '081101'
    FOR XML PATH
```

上述语句的执行结果如下。

```
<row>
    <学号>081101</学号>
    <姓名>王林      </姓名>
    <性别>1</性别>
    <出生时间>1990-02-10</出生时间>
    <专业>计算机        </专业>
    <总学分>60</总学分>
</row>
```

如果指定的列别名以“@”符号开始并且不包含“/”标记，则将创建包含相应列值的<row>元素的属性。例如：

```
SELECT 学号 AS '@编号', 姓名, 出生时间, 总学分
     FROM XSB
     WHERE 学号= '081101'
     FOR XML PATH
```

上述语句的执行结果如下：

```
<row 编号="081101">
    <姓名>王林      </姓名>
    <出生时间>1990-02-10</出生时间>
    <总学分>60</总学分>
</row>
```

使用“/”标记可以指定元素的层次。例如，“学生信息/学号”可以指定<学生信息>为父元素，<学号>为子元素。

【例 B.17】 查找总学分大于 50 的学生，<row>元素更名为<学生管理>，“备注”作为“学生管理”的属性。“学生管理”元素下是“学生信息”元素，“学号”、“姓名”和“总学分”作为“学生信息”的子元素。

代码如下，执行结果如图 B.12 所示。

```
SELECT 备注 AS '@备注',
    学号 AS '学生信息/学号',
    姓名 AS '学生信息/姓名',
    总学分 AS '学生信息/总学分'
 FROM XSB
 WHERE 总学分>50
 FOR XML PATH('学生管理')
```

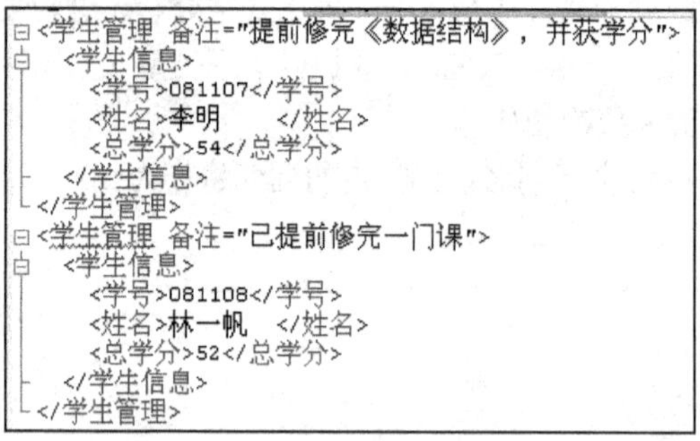

图 B.12 使用 PATH 模式生成 XML 元素

反侵权盗版声明